高等学校环境专业规划教材

环境影响评价

金腊华　主编　｜　潘涌璋　石　雷　蒋娜莎　副主编

Environmental
Impact
Assessment

化学工业出版社
·北京·

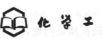

本书根据我国颁布的有关环境保护的最新法律法规、环境影响评价技术导则和环境科学研究最新成果，系统地介绍环境影响评价的依据、基本理论与方法，重点地阐述地表水、地下水、大气、土壤、声环境和生态环境的现状评价与影响预测以及环境风险评价、区域环境影响评价和规划环境影响评价的技术方法，概要介绍地表水污染、地下水污染、大气污染、土壤污染、噪声污染和固体废物污染等的减轻与防治措施以及生态环境保护措施与对策，对环境影响评价文件的格式和要求也进行了概述，并分类提供了详细的案例分析。

本书适合于作为环境类、市政工程类、土木及建筑类等相关专业的硕士生、本科生的教材，也可供相关专业科研人员和工程技术人员参考。

图书在版编目（CIP）数据

环境影响评价/金腊华主编. —北京：化学工业
出版社，2015.9（2023.1 重印）
ISBN 978-7-122-24891-6

Ⅰ.①环… Ⅱ.①金… Ⅲ.①环境影响-评价
Ⅳ.①X820.3

中国版本图书馆 CIP 数据核字（2015）第 185671 号

责任编辑：刘兴春 　　　　　　　　　　装帧设计：史利平
责任校对：宋　玮

出版发行：化学工业出版社（北京市东城区青年湖南街 13 号　邮政编码 100011）
印　　装：天津盛通数码科技有限公司
787mm×1092mm　1/16　印张 21¾　字数 557 千字　2023 年 1 月北京第 1 版第 8 次印刷

购书咨询：010-64518888 　　　　　　售后服务：010-64518899
网　　址：http://www.cip.com.cn
凡购买本书，如有缺损质量问题，本社销售中心负责调换。

定　　价：68.00 元 　　　　　　　　　　　　　　　版权所有　违者必究

前 言
FOREWORD

环境是人类赖以生存和发展的基本条件。 人类生活和生产活动既能有意识地改造自然环境，又不由自主地影响环境。 环境影响评价就是为了科学引导人类活动，尽可能减轻人类活动对环境的不良影响。 从 20 世纪 60 年代初环境影响评价概念的提出，到 21 世纪初环境影响评价国家法规的颁布，环境影响评价已经发展成为环境管理过程中的一项具体的法律，并且也发展成为环境科学体系中一门专业性学科。

根据我国环境影响评价工作发展的实际需要，结合在高校环境影响评价课程的教学要求和建设项目环境影响评价工作的实践经验，本着与时俱进的思想和为国家培养环境评价事业优质人才的目的，根据国家最新法律法规、标准、技术导则和最新科研成果，编写了此书。 本书由暨南大学金腊华任主编，暨南大学潘涌璋、石雷和广州蓝碧环境科学工程顾问有限公司蒋娜莎任副主编。金腊华负责全书的统稿和编写第 1~9 章以及第 14 章，潘涌璋负责编写第 10 章，石雷负责编写第 11 章，蒋娜莎负责编写第 12~13 章。 另外，暨南大学的叶顺林、陆钢、伍刚也参与了本书部分内容的编写，在此表示感谢！

全书以环境影响评价的基本理论和方法为基础，注重介绍实际应用实例，便于读者深刻领会和掌握环境影响评价的技术方法，有利于读者自学；各章末附有练习题，便于读者对所学知识进行巩固和提高。 全书通俗易懂，简明实用，既有理论阐述、又有练习，同时注重内容的先进性和新颖性。

本书可作为环境类、市政工程类、土木工程类和水利工程类等专业本科生或研究生的教材或教学参考书，也可作为相关专业科研、工程技术人员的参考书。

本书出版得到了暨南大学本科教材资助项目资金的支持，在此表示衷心感谢！

限于编者编写时间和水平，不足和疏漏之处在所难免，敬请读者提出修改建议。

编者

2015 年 5 月

目录

CONTENTS

参考文献 ··· **335**

第 1 章

本章介绍地球环境、环境影响、环境影响评价等基本概念，分析环境评价的依据，阐述环境评价标准、环境评价资质要求和环境评价文件的质量要求。

1.1 地球圈层结构与环境

1.1.1 地球的圈层结构

地球圈层结构是由大气圈、水圈、土壤圈、岩石圈和生物圈组成的。

1.1.1.1 大气圈

大气圈是地球外面由各种气体和悬浮物组成的复杂流体系统。

（1）大气圈的结构

地表以上大气的浓度随着高度的增加而逐渐减少。一般以距离地表 800km 以内的高空作为大气层。目前，普遍采用的大气圈分层方法是 1962 年世界气象组织执行委员会正式通过的国际大地测量和地球物理学联合会建议的分层系统，即根据大气温度垂直变化特征，将大气圈分为对流层、平流层、中间层、暖层和散逸层。

① 对流层　位于大气圈最下层、平均厚度 12km，存在强烈的垂直对流作用和水平运动。对流层中水汽和埃尘含量较高，雷电、雨雪、云雾、霜、雹等天气现象与过程都发生在这一层，对人类影响也最大。通常所指的大气污染就是对此层而言的。在这一层中，大气温度随高度增加而下降，其平均递减速率为 $-6.5℃/km$。

② 平流层　位于对流层顶部至大约 50km 的高度。其下部有低温的稳定层，温度基本不随高度变化，近似等温状态。稳定层以上温度又随高度增加而上升，这是由于地表辐射影响的减少和氧及臭氧对太阳辐射吸收加热使大气温度上升结果。平流层由于水汽和埃尘含量极少，没有雨雪等天气现象。

③ 中间层　位于平流层顶到大约 80km 的高度，温度随高度增加而下降，到其顶部达到最低，是大气圈中最冷的一层。该层中又有大气的垂直对流运动。

④ 暖层　位于中间层顶以上，又叫作电离层。温度随高度增加急剧上升，到大约

800km 高度时，白天温度可以达到 1000～1750K。该层空气分子在各种射线作用下大多发生电离，成为原子、离子和自由电子。

⑤ 散逸层 位于热成层之上，是大气圈的最外侧，大约延伸至 800km 的高度。这里大气极其稀薄，地心引力微弱，运动较快的质点可以逃出而逸入宇宙空间。

（2）地球大气的精细平衡

首先，应当区别清楚空气与大气。一般地，对于室内或某个特定场所（如车间、会议室和厂区等）供人和动植物生存的气体习惯上称作空气；而在气象学、环境科学中把大区域或全球性的气流叫作大气。

大气是多种气体的混合物，其组成包括恒定的、可变的和不定的组分。大气的恒定组分是指大气中含有的氮、氧、氩及微量的氖、氦、氪、氙等稀有气体，其中，氮、氧、氩三种组分约占大气总量的 99.96%，在近地层大气中这些气体组分的含量几乎认为是不变的；大气的可变组分主要是指大气中的二氧化碳、二氧化硫、臭氧和水蒸气等，这些气体的含量由于受地区、季节、气象以及人们生活和生产活动等因素的影响而有所变化；大气中的不定组分来源于自然界的火山爆发、森林火灾、海啸、地震等灾害引起的成分（如尘埃、硫化氢、硫氧化物、氮氧化物和细菌等）。

由恒定组分及正常状态下的可变组分所组成的大气叫作洁净大气。

1.1.1.2 水圈

地球海洋和陆地上的液态水和固态水构成了水圈。

水对人类和生态环境的作用十分重要，表现为：其一，水是一切生命得以存在和发展的基本物质；其二，水是无色透明的，它使太阳光中的可见光和波长较长的紫外线可以透过，使光化作用所需的光能可到达水面以下的一定深度，但对生物体有害的短波紫外线被阻挡，这不仅在地球上生命的产生和进化过程中起了关键性的作用，今天对生活在水中的各种生物也具有重要意义；其三，水是一种极好的溶剂，不仅为生命过程中营养物和废弃物的传输提供了最基本的媒介，而且由于水的介电常数在所有的液体中是最高的，使得大多数离子化合物能够在其中溶解并发生最大程度的电离，这对于营养物质的吸收和生物体内各类生化反应的进行具有重要意义；其四，水的比热容是所有的液体和固体中最大的，并且水的蒸发热也很高，使得地球上的海洋、湖泊、河流等水体白天吸收到达地表的太阳光的热量，夜晚又将热量释放到大气中，避免了大气温度的剧烈变化，使地表温度长期保持在一个相对恒定的范围内；其五，水在 4℃时密度最大，这一特性在控制水体温度分布和垂直循环中起着重要作用，冰轻于水的特性同样对水下生物的生存具有重要作用。

1.1.1.3 土壤圈

土壤是地球陆地上能供植物生长与繁殖的疏松表层。它是人类环境的重要组成要素，是人类社会最基本的、不可替代的自然资源。各地土壤圈的厚度相差很大，有的地方土壤层厚度在厘米级，而有的地方却在米级，个别地方，例如热带、亚热带的有些地方土壤可达到几十米厚。

土壤具有一定的缓冲能力，能够在一定程度上抵抗、减缓土壤中酸性或碱性物质的影响，对大气降水和气温有调节和缓冲的作用，并有调节和平衡向大气环境中释放二氧化碳、甲烷、二氧化硫等温室气体的能力；土壤还具有一定的净化能力，能够通过物理的、化学的和生物的多种过程和作用，使进入土壤的有毒有害物质的浓度、数量或者毒性降低。

1.1.1.4　岩石圈

岩石圈是位于土壤圈下的那层，是地球内部各圈层的最外层。

岩石圈对人类生存和发展的作用包括：提供化石燃料；提供矿物原料，包括提供各类金属矿料和非金属矿料。

1.1.1.5　生物圈

把包括地球岩石的上部、水圈和大气圈的下部的范围叫作生物圈。其范围一般认为是从地球表面不到11km的深度（即太平洋海沟最深处）至地面以上不到 9km 的高度（即喜马拉雅山珠穆朗玛峰顶）的范围。生物圈是地球表面全部有机体及与之相互发生作用的物理环境的总称。由于这个环境里有空气、水、土壤而能够维持生物的生命，故人们习惯于把地球上凡是有生命的地方称为生物圈。污染物对环境的影响主要在生物圈内。环境影响评价也主要是针对这个范围。

地球各圈层之间存在着物质和能量的交换。例如，大气圈中的物质可通过降水或沉降方式进入水圈和土壤圈；水圈和土壤圈的某些物质通过挥发或蒸发进入大气圈；土壤粉尘通过风蚀可进入大气圈；岩石分化可转化为土壤；生物代谢或死亡后其躯体可进入土壤圈或焚烧后以废气形式进入大气圈；土壤肥力通过植物生长转化为生物圈物质等。

1.1.2　环境及环境系统

1.1.2.1　环境

环境是以人类社会为主体的外部世界的全体。这里的外部世界是指人类已经认识到的、直接或间接影响人类生存与发展的各种自然因素和社会因素。

根据《中华人民共和国环境保护法》对环境的定义，环境是指影响人类生存和发展的各种天然的和经过人工改造的自然因素的总体，包括大气、水、海洋、土地、矿藏、森林、草原、野生动物、自然遗迹、自然保护区、风景名胜区、城市和乡村等。

1.1.2.2　环境系统

（1）系统的概念

系统是由两个或者两个以上相互独立又相互联系和制约、执行特定功能的要素组成的整体。组成系统的要素叫作子系统，而且每个子系统又可以由若干个更小的子系统所构成；同样，每一个系统又是一个更大系统的子系统。可以按不同的方法对系统进行分类。

按照系统的成因可以分为：自然系统、人工系统和复合系统。其中，复合系统是介于自然系统与人工系统或者包含自然和人工系统的系统。

按照系统同周围环境的关系可以划分为：封闭系统和开放系统。封闭系统的内部和外部事物之间没有物质、能量、信息等的联系，外部事物的变化可使系统发生一定的变化，但不能使系统的结构发生改变；而开放系统则是系统的内部事物和外部事物之间有各种各样的物质、能量和信息等方面的联系，而且外部事物的变化能使系统的结构发生改变。

（2）环境系统

环境是一个巨大的、复杂多变的开放系统，是由自然环境和人类社会以及这两大互相联系和互相作用的系统组成的整体。

环境由环境要素构成。环境要素是构成环境系统的子系统，是环境中互相联系又相互对立的基本组成部分；每个环境要素又由许多子要素组成；环境系统是各种环境要素及其相互关系的总和。

（3）地球环境的基本特征

地球环境系统具有如下基本特征。

① 整体性　环境是一个统一的整体，组成环境的每一要素即具有其相对独立的整体性，又有相互之间的联系性、依存性和制约性。例如，某地的环境实际上包括地表水环境、地下水环境、大气环境、土壤环境、声环境和生态环境等。

② 地域差异性　地球上处于不同地理位置和不同大小面积的环境系统存在着显著的差异。

③ 变动性和稳定性　环境系统处于自然过程和人为社会过程的共同作用中，因此，环境的内部结构和内部状态始终处于不断变化之中，这种变动既是确定的，又带有随机性，反映在系统所处的状态参数的变化以及输入系统的各种因素的变化上。环境系统的变动性和稳定性是相辅相成的，变动是绝对的，稳定是相对的。

④ 资源性及其有限性　环境具有资源性，环境系统是环境资源的总和。环境提供了人类生存所必须的物质和能量，人类社会离开了这些物质和能量就不可能生存，如果环境中物质和能量的供应不足或不平衡也会危及人类社会的生存和发展。因此，人类社会的生存和发展要求环境有相应的付出，环境为人类社会的生存和发展提供必要的条件，这就是环境的资源性。虽然环境资源是非常丰富多样，但是有限的。当环境系统遭受到人类活动的过度影响或破坏，环境系统就可能会崩溃。

1.1.2.3　环境质量

环境质量是指环境系统的内在结构和外部状态对人类以及生物界的生存和繁衍的适宜性。

环境质量是表示环境本质属性的一个抽象概念，是环境状态品质优劣的表示。环境质量既指环境的总体质量（综合质量），也指环境要素的质量。应该注意到，环境质量是相对的和动态变化的。在不同的地方、不同的历史时期人类对环境适应性的要求是不同的。在我国，人们对环境适应性的要求随着收入的增加在迅速提高。

环境质量可以用各种方法和手段做定性和定量描述。用于定量描述的有各种质量参数值、指标和质量指标数值；用于定性描述的是各种反应其程度的形容词、名词、短语，例如，好、差、符合标准、不符合标准等。

环境是由各种环境要素组成的。每一个环境要素的质量状况可以由参数或因子加以描述，其中，一部分参数决定着环境要素的物理状态，这些参数称为环境要素的状态参数或者状态因子；另一部分是直接反映环境要素物理状态和化学组分的参数。

（1）地表水环境质量参数

根据我国《地表水环境质量标准》（GB 3838—2002），地表水环境质量基本参数有水温、pH 值、溶解氧、高锰酸钾指数、COD、BOD_5、氨氮、总磷、总氮、铜、锌、氟化物、硒、砷、汞、镉、铬（六价）、铅、氰化物、挥发酚、石油类、阴离子表面活性剂、硫化物、粪大肠菌群，共计 24 项；集中式生活饮用水地表水源地补充参数有硫酸盐（以 SO_4^{2-} 计）、氯化物（以 Cl^- 计）、硝酸盐（以 N 计）、铁、锰，共计 5 项；集中式生活饮用水地表水源地特定参数有三氯甲烷、四氯化碳、三溴甲烷、二氯甲烷等共计 68 项。

（2）地下水环境质量参数

根据我国《地下水质量标准》（GB/T 14848—93），地下水质量参数有色（度）、嗅和味、浑浊度（度）、肉眼可见物、pH 值、总硬度（以 $CaCO_3$ 计）、溶解性总固体、硫酸盐、氯化物、铁、锰、铜、锌、铝、钴、挥发性酚类（以苯酚计）、阴离子合成洗涤剂、高锰酸盐指数、硝酸盐（以 N 计）、亚硝酸盐（以 N 计）、氨氮、氟化物、碘化物、氰化物、汞、砷、硒、镉、铬（六价）、铅、铍、钡、镍、滴滴涕、六六六、总大肠菌群、细菌总数、总 α 放射性、总 β 放射性，共计 39 项。

（3）大气环境质量参数

根据我国《环境空气质量标准》（GB 3095—2012），环境空气污染物基本参数有 SO_2、NO_2、CO、O_3、颗粒物 PM_{10}、颗粒物 $PM_{2.5}$，共 6 项；环境空气污染物其他参数有 TSP、NO_x、铅、苯并[a]芘，共 4 项。

（4）土壤环境质量参数

根据我国《土壤环境质量标准》（GB 15618—1995），土壤环境质量参数有镉、汞、砷、铜、铅、铬、锌、镍、六六六、滴滴涕，共 10 项。

根据我国《土壤环境质量标准（修订）》（GB 15618—2008 征求意见稿），土壤环境质量参数有 76 项。

① 重金属与其他无机物 总镉、总汞、总砷、总铅、总铬、六价铬、总铜、总镍、总锌、总硒、总钴、总钒、总锑、稀土总量、氟化物、氰化物 16 项。

② 挥发性有机物 甲醛、丙酮、丁酮、苯、甲苯、二甲苯、乙苯、1,3-二氯苯、氯仿、四氯化碳、1,1-二氯乙烷、1,2-二氯乙烷、1,1,1-三氯乙烷、1,1,2-三氯乙烷、氯乙烯、1,1-二氯乙烯、1,2-二氯乙烯（顺）、1,2-二氯乙烯（反）、三氯乙烯、四氯乙烯 20 项。

③ 多环芳烃类有机物 苯并[a]蒽、苯并[a]芘、苯并[b]荧蒽、苯并[k]荧蒽、二苯并[a,h]蒽、茚并[1,2,3-cd]芘、苊、萘、菲、苊、蒽、荧蒽、芴、芘、苯并[g,h,i]苝、苊烯（二氢苊）16 项。

④ 持久性有机污染物与农药 艾氏剂、狄氏剂、异狄氏剂、氯丹、七氯、灭蚁灵、毒杀芬、滴滴涕总量、六氯苯、多氯联苯总量、二噁英总量、六六六总量、阿特拉津、2,3-二氯苯氧乙酸（2,3-D）、西玛津、敌稗、草甘膦、二嗪磷（地亚农）、代森锌 19 项。

⑤ 其他 石油烃总量、邻苯二甲酸酯类总量、苯酚、2,3-二硝基甲苯、3,3-二氯联苯胺 5 项。

（5）声环境质量参数

根据我国《声环境质量标准》（GB 3096—2008），声环境质量通过声频率、声压级、声功率等参数来描述，声压级包括 A 声级、等效 A 声级、昼夜等效声级、最大声级、累积百分声级等。

（6）生态环境质量参数

生态环境是指影响人类生存与发展的水资源、土地资源、生物资源以及气候资源数量与质量的总称。它包括生物和非生物的自然环境。其中，非生物的自然环境包括水环境、大气环境、土壤环境和声环境；其中，生物可划分为原核生物、原生生物、动物、真菌、植物五大类，可用种属、数量、分布、优势度等参数来描述其质量状况。

1.2 环境污染与环境影响

1.2.1 环境污染与生态破坏

1.2.1.1 环境污染及其分类

在环境中发生有害物质的积聚状态称为环境污染。具体地说，环境污染是指有害物质对大气、水体、土壤和动物、植物的污染，并达到了致害的程度。

向环境排放或者释放有害物质或者对环境产生有害影响的场所、设备和装置称为污染源。

根据引起环境污染的因素不同，环境污染可分为以下四类。

① 化学污染　某些单质及有机或无机化合物被引入环境而发生了化学破坏作用。例如农药污染、化肥污染等。

② 物理污染　粉尘及各种固体废弃物、噪声、恶臭、废热、震动、各种破坏性辐射线、地面沉降等。例如烟尘污染、交通噪声污染、温排水污染等。

③ 生物污染　各种病菌或霉菌对环境的侵袭。例如医院废水污染等。

④ 生态系统失调　生态系统自我调节能力丧失。

在这些污染中，化学污染是造成环境污染的主要原因。

根据污染对象的不同，环境污染可划分为水污染、大气污染、土壤污染、噪声污染等形式。

1.2.1.2 水体污染

天然洁净水由于人类活动而被污染的现象叫作水污染。

水在被使用后而丧失了其使用价值，于是被废弃外排，这种被废弃外排的水就叫作废水。废水的基本特征就是被废弃了，它可能包含污染物、也可能不包含污染物。

按照不同的分类方法，可对废水进行不同的分类。

根据污浊程度分类，可分为净废水和污水，其中，净废水又可称为清净下水。例如，水电站尾水就是净废水，而生活污水就是被污染了的废水。

根据来源分类，可分为生活污水和生产废水。生活污水是日常居民生活中所产生的废水，而生产废水是工农业生产中产生的废水。

根据所含污染物种类分类，可分为有机废水和无机废水。有机废水中含有大量的有机物，而无机废水只含有无机物，绝大多数生产废水都属于有机废水。

根据所含毒物种类分类，可分为含酚废水、含汞废水、含氰废水等。

还可以根据产生废水的部门或工艺分类，例如，酒厂废水、汽车厂废水、印染废水、电镀废水、造纸废水等。

水体污染可产生六个方面的危害：其一是危害人体健康；其二是影响农业灌溉和农作物产量和品质；其三是影响渔业生产的产量和品质；其四是制约了以水为原料的工业生产；其五是加速了生态环境的退化；其六是造成经济损失。

1.2.1.3 大气污染

大气污染是指在空气的正常组分外，增加了新的组分，或者原有的组分骤然增加，使空气中的污染物的数量超过了环境的自净能力，引起空气质量恶化，从而造成人体健康和动植物生长的危害，甚至引起自然界某些变化的现象。

大气污染源可分为天然污染源和人为污染源。

天然污染源是自然灾害造成的，如火山爆发喷出的大量的火山灰和二氧化硫；有机物分解产生的碳、氮和硫的化合物；森林火灾产生的大量的二氧化硫、二氧化氮、二氧化碳及烃类化合物；大风刮起的沙土以及散布于空气中的细菌、花粉等。天然污染源目前还不能控制，但它所造成的污染是局部的、暂时的，通常在大气污染中起次要作用。

人为污染源是人类生产和生活所造成的污染。一般所说的大气污染问题主要是指人为因素引起的污染。按照不同的分类方法，可对人为污染源进行不同的分类。

（1）按照污染源的性质划分

可分为生活污染源、工业污染源和交通污染源。

生活污染源就是人类生活过程中排放污染物的设施，例如取暖锅炉、餐饮炉灶等。

工业污染源是人类生产过程中所产生大气污染的污染源，例如炼油厂排气筒。

交通污染源是指汽车、飞机、火车和船舶等交通工具排放的尾气污染。

（2）根据污染源的移动性划分

可划分为固定污染源和移动污染源。

固定污染源主要是指排放污染物的固定设施，例如：工矿企业的烟囱、民用炉灶等，生活污染源和工业污染源也属于固定污染源；移动污染源主要是指交通污染源。

（3）根据污染源的分布特点划分

可划分为点污染源，线污染源和面污染源。

点污染源是指一个烟囱或多个相距很近的固定污染源，其排放的污染物只构成小范围内的环境污染，可把这些污染源看成是点污染源；线污染源是指沿确定的线状路径排放污染物的污染源，例如汽车、飞机等；面污染源是指可造成大范围污染的污染源，例如：大工业区内工业生产烟囱和交通运输工具排出的废气，可构成较大范围的大气污染，故可看作是面污染源。

（4）根据排放的污染物的稳定性划分

可划分为一次污染源和二次污染源。

一次污染源是指直接向大气排放一次污染物的设施。比较常见的一次污染物有微粒物质、一氧化碳、氮氧化物、硫氧化物和烃类化合物等。

二次污染源是可产生二次污染物的发生源。所谓二次污染物是指不稳定的一次污染物与空气中原有成分发生反应，或在各种污染物之间相互反应而生成的一系列新的污染物质。常见的二次污染物有：臭氧、过氧乙酰硝酸酯（PAN）、醛类、硝酸烷基酯、酮等。被称为"杀人烟雾"的光化学烟雾就是一大类一次污染物和二次污染物混合物的总称。

大气污染主要来自于能源（煤、石油）的消耗。根据能源类型的不同，大气污染可分为煤烟型、石油型、混合型和特殊型四类。

大气中的主要污染物有粉尘、硫氧化物、氮氧化物、碳氧化物、烃类化合物和光化学烟雾等。

1.2.1.4 土壤污染

人为活动产生的污染物进入土壤并积累到一定程度，引起土壤质量恶化，并进而造成农作物中某些指标超过国家标准的现象，称为土壤污染。

土壤污染的危害在于导致土壤的组成、结构和功能的变化，进而影响到植物的正常生长，并造成有害物质在植物体内积累，然后通过食物链影响到人类的健康。

土壤污染最大的特点是一旦土壤受到污染，特别是受到重金属或有机农药的污染后，其污染物很难消除。

按照污染物的性质，土壤污染物可划分为四类：其一有机污染物，主要是化学农药；其二重金属；其三放射性元素，来源于核实验、核利用等排放的废弃物；其四病原微生物。

1.2.1.5 固体废物及化学品污染

固体废物是指人类在生产、流通、消费以及生活等过程中产生的，在一定的时间和地点无法利用而被废弃的固态或泥浆状的物质。

根据来源，固体废物可以划分为 5 类：a. 矿业废物，来源于矿山、选冶；b. 工业废物，来源于各类工业生产；c. 城市垃圾，来源于居民生活、商业、机关和市政维护、管理部门；d. 农业废物，来源于农业、林业、水产；e. 放射性废物，来源于核工业、核电站、放射性医疗和科研单位。

按照对固体废物管理的需要出发，固体废物可划分为 3 类：a. 城市固体废物，包括城市生活垃圾、城建渣土、商业垃圾、办公垃圾等；b. 工业固体废物，包括各类工业固体废物；c. 有害废物（又叫作危险废物）：包括易燃、易爆、腐蚀性、有毒性、反应性、传染疾病性、放射性等物品。

固体废物对环境的危害主要表现在以下 5 个方面：侵占土地、污染土壤、污染水体、污染大气和影响环境卫生和景观。

1.2.1.6 噪声污染与其他物理性污染

凡是不需要的、使人烦厌并干扰人的正常生活、工作和休息的声音叫作噪声。噪声主要来源于交通运输、工业生产、建筑施工和日常生活。

电磁辐射对周围生物造成的危害叫作电磁污染。

电磁污染的危害主要有：a. 高强度的电磁辐射以热效应和非热效应方式作用于人体，能够使人体组织温度升高，导致身体机能障碍和功能紊乱；b. 电磁辐射对电器设备、电子设备、飞机、构筑物可造成直接破坏；c. 容易引燃易爆物品。

光污染是指光辐射过量而对生活、生产环境以及人体健康产生不良的影响。光污染的直接危害是导致视力下降，人工白昼污染可使生物节律受到破坏。

废热污染主要指排放热气、热水对周围环境造成的危害。

1.2.1.7 生态破坏

生物群体与大气、水、土壤、石、化学物质等非生物环境之间密切相关，相互进行着物质和能量的交换。这种生物的群落与非生物环境构成的相对稳定的统一整体就叫作生态系统。

生态系统并不是静止的，而是处于不断的变化发展之中的。但是，在一定时期内，系统的各种组分保持着动态平衡状态，系统的基本特点没有改变，当有外界干扰时能自行校正以维持平衡，这种状态就叫作生态平衡。生态系统之所以能够保持这种平衡主要是由于其内部具有自动调节能力。对于污染物来说，就是环境具有自净能力。某生态系统内出现了机能异常，就可以被不同部分调节所抵消。但是，生物系统的自我调节能力是有一定限度的，当外界对系统的干扰超过此限度时，系统调节失效，那么系统便遭到瓦解，这就是生态平衡的破坏。

生态破坏是指生态平衡的破坏，或者说是生态失衡。影响生态平衡因素有自然的、也有人为的。人为因素包括人类有意识的行动和无意识的造成对生态系统的破坏，例如，砍伐森林、疏干沼泽、围湖围海和环境污染等。植被破坏是生态破坏的最典型特征之一。因为植被破坏不仅极大地影响了该地区的自然景观，而且由此带来一系列的严重后果，例如生态系统恶化，环境质量下降、水土流失、土地沙化以及自然灾害加剧，进而可能引起土壤荒漠化。

1.2.2 环境影响

1.2.2.1 环境影响的定义

环境影响是指人类活动（包括经济活动、政治活动和社会活动）导致的环境变化以及由此引起的对人类社会的效应。

按照国际标准组织制定 ISO 14001 标准的定义，环境影响是"全部或部分组织的活动、产品或服务给环境造成的任何有益或者有害的变化"。但是，人们更关心的是负面的影响，即有害的变化。

1.2.2.2 环境影响的分类

按照不同的分类方法，环境影响可划分为以下几类。

（1）按影响的来源分类

可划分为直接影响、间接影响和累积影响。

直接影响是指由于人类活动的结果而对于人类社会和其他环境的直接作用，而由于这种直接作用诱发的其他后续结果则为间接影响。累计影响是指当一项活动与其他过去、现在及可以合理预见的将来的活动结合在一起时，因影响的增加而产生的对环境的影响。

（2）按影响效果分类

可分为有利影响和不利影响。

影响是否有利针对人群健康、社会经济发展或其他环境状况而言的。

（3）按影响程度分类

可分为可恢复影响和不可恢复影响。

影响程度是针对可否通过人为措施或自然净化作用使受到影响的环境来恢复到受影响前的状态而言的。

（4）按照影响的时间长度分类

划分为短期影响和长期影响、暂时影响和连续影响。

（5）按照影响的时序分类

可划分为建设期影响、运营期影响以及退场后或终结后影响。

另外，还可以根据影响的范围或影响的性质等分类，划分为局地影响、区域性影响、全球影响以及单个影响和综合影响等。

1.2.3 环境影响评价的概念

1.2.3.1 环境影响评价的定义

根据《中华人民共和国环境影响评价法》，环境影响评价是指对规划和建设项目实施后可能造成的环境影响进行分析、预测和评估，提出预防或者减轻不良环境影响的对策和措施，进行跟踪监测的方法与制度。

1.2.3.2 需进行环境影响评价的项目类型

根据《中华人民共和国环境影响评价法》，在中华人民共和国领域和中华人民共和国管辖的其他海域内建设对环境有影响的项目，应当进行环境影响评价。

（1）需进行环评的建设项目类型

所有新建项目、改建项目、扩建项目和技术改造项目，都必须进行环境影响评价。

（2）需进行环评的规划类型

国务院有关部门、设区的市级以上地方人民政府及其有关部门，对其组织编制的土地利用的有关规划，区域、流域、海域的建设、开发利用规划，应当在规划编制过程中组织进行环境影响评价，编写该规划有关环境影响的篇章或者说明。

国务院有关部门、设区的市级以上地方人民政府及其有关部门，对其组织编制的工业、农业、畜牧业、林业、能源、水利、交通、城市建设、旅游、自然资源开发的有关专项规划，应当在该专项规划草案上报审批前，组织进行环境影响评价，并向审批该专项规划的机关提出环境影响报告书。

1.2.3.3 环境影响评价文件的类型

对于需要进行环境影响评价的项目，经委托有环境影响评价资质的单位完成项目环境影响评价后，编制环境影响评价文件。

建设项目环境影响评价文件的种类有两种：环境影响报告书和环境影响报告表。环境影响登记表不属于环境影响评价文件。

规划项目环境影响评价文件的种类有两种：环境影响篇章、环境影响报告书。

1.2.3.4 从事环境影响评价工作的资质要求

根据《中华人民共和国环境影响评价法》，接受委托为建设项目环境影响评价提供技术服务的机构，应当经国务院环境保护行政主管部门考核审查合格后，颁发资格证书，按照资格证书规定的等级和评价范围，从事环境影响评价服务，并对评价结论负责。

从事环境影响评价的人员须持有注册环境影响评价工程师证书或环境影响评价上岗证。

建设项目环境影响评价资格证书分甲级、乙级两个等级，并根据持证单位的专业特长和工作能力，按行业和环境要素划定业务范围。持有甲级评价证书的单位，可以按照评价证书规定的业务范围，承担一切建设项目环境影响评价工作，编制环境影响报告书或环境影响报告表；持有乙级评价证书的单位，可以按照评价证书规定的业务范围，承担地方各级环境保护部门负责审批的建设项目的环境影响评价工作，编制环境影响报告书或环境影响报告表。

环境影响评价文件中的环境影响报告书或者环境影响报告表，应当由具有相应环境影响评价资质的机构编制。

1.2.3.5 环境影响评价的分类

（1）根据时间属性分类

环境评价可划分为回顾评价、现状评价和影响评价。

环境质量回顾评价是对某一区域某一历史阶段的环境质量的历史变化的评价，评价的资料为历史数据。这种评价可以预测环境质量的变化发展趋势。

环境质量现状评价是利用近期的环境监测数据，对照环境质量标准要求进行评价，反映的是具体的环境质量的现状。环境质量现状评价是环境综合整治和区域环境规划的基础。

环境影响评价是对拟议中的重要决策或者开发活动可能对环境产生的物理性、化学性或者生物性的作用及其造成的环境变化和对人体健康可能造成的影响，进行的系统分析和评估，并提出减免这些影响的对策和措施。

（2）按照评价所涉及的环境要素分类

环境评价可划分为综合评价和单要素评价。

例如：大气环境质量评价、地表水环境质量评价、土壤环境质量评价等都属于单要素评价。

（3）按照评价区域类型分类

环境评价可划分为单个建设项目的环境影响评价、区域环境影响评价。

针对单个建设项目的环境影响进行分析、预测和评估，提出预防或者减轻不良环境影响的对策和措施，就属于单个建设项目的环境影响评价。

针对一个具体的区域内的开发活动可能造成的环境影响进行分析、预测和评估，提出预防或者减轻不良环境影响的对策和措施，就属于区域环境影响评价。

（4）按照人类活动的性质分类

环境评价可划分为建设项目的环境影响评价、规划项目的环境影响评价和公共政策的环境影响评价。

根据《中华人民共和国环境影响评价法》，我国现阶段只对建设项目和规划项目进行环境影响评价，暂不进行公共政策的环境影响评价。

1.3　环境影响评价的依据

环境影响评价有四个方面的依据，即国家颁布的与环境保护相关的法律和国务院有关部门颁布的与环境保护相关的行政法规与规章、地方颁布的环境保护相关法规与规章、环境影响评价相关技术导则和规范、项目相关技术资料与环评委托书等。

1.3.1　国家相关法律、法规及规章

我国环境保护法律法规体系的构成如下：其一，《中华人民共和国宪法》第 26 条关于环境保护的规定；其二，环境保护基础法，即《中华人民共和国环境保护法》；其三，环境保护单行法；其四，环境保护行政法规；其五，环境保护部门规章；其六，环境保护地方性法规和地方政府规章；其七，环境标准；其八，我国签署的环境保护国际条约。

该体系以《中华人民共和国宪法》关于环境保护的规定为基础，以综合性环境基本法为核心，相关法律关于环境保护的规定为补充，是由若干相互联系协调的环境保护法律、法规、规章、标准及国际条约所组成的一个完整而又相对独立的法律法体系。

1.3.1.1　环境保护基础法

1989 年 12 月 26 日颁布实施的《中华人民共和国环境保护法》是我国环境保护的基础法。

1.3.1.2 环境保护单行法

我国颁布的环境保护单行法涵盖水环境、大气环境、声环境、土壤环境等保护与污染防治领域，例如：《中华人民共和国水污染防治法》、《中华人民共和国大气污染防治法》、《中华人民共和国环境噪声污染防治法》、《中华人民共和国固体废物污染环境防治法》、《中华人民共和国水法》、《中华人民共和国水土保持法》、《中华人民共和国土地管理法》、《中华人民共和国城乡规划法》、《中华人民共和国节约能源法》、《中华人民共和国城市房地产管理法》、《中华人民共和国清洁生产促进法》、《中华人民共和国环境影响评价法》等。

1.3.1.3 环境保护行政法规与部门规章

包括由国务院及其有关部门颁布的环境保护相关行政法规与规章，例如：《建设项目环境保护管理条例》（中华人民共和国国务院令，第253号令）、《中华人民共和国土地管理法实施条例》（国务院令第256号）、《关于进一步加强建设项目环境保护管理工作的通知》[国家环保局，环发（2001）19号]、《环境影响评价公众参与暂行办法》[环发（2006）28号，2006年3月18日实施]、《建设项目环境影响评价分类管理名录》（2008年10月）、《关于进一步加强环境影响评价管理防范环境风险的通知》[环发（2012）77号]、《关于印发〈建设项目环境影响评价政府信息公开指南（试行）〉的通知》[环办（2013）103号]、《产业结构调整指导目录（2011年本）（修正版）》（2013年5月1日起施行）等。

1.3.2 地方环境保护相关法规及规章

设区的市级以上地方政府颁布的与环境保护相关的行政法规与规章，例如：《广东省建设项目环境保护管理条例》（根据2012年7月26日广东省第十一届人民代表大会常务委员会第三十五次会议修正）；《广东省珠江三角洲环境保护规划纲要》[粤府（2005）16号]2005年2月18日；《广东省工业产业结构调整实施方案》（修订版）[粤府办（2005）15号]；《广东省珠江三角洲水质保护条例》（省人大常委会，1999年1月）；《广东省地表水功能区划》[粤府函（2011）29号]；《关于同意广东省地下水功能区划的批复》[粤府函（2009）29号]；《广东省地下水功能区划》[粤水资源（2009）9号]；《广东省政府关于加强水污染防治工作的通知》[粤府（1999）74号]；《关于进一步加强环境保护工作的决定》[粤府（2002）71号]；《关于深入贯彻〈广东省珠江三角洲水质保护条例〉的意见》（省环保局，2000年）；《广东省人民政府关于推进"三旧"改造促进节约集约用地的若干意见》[粤府（2009）78号]；《广东省饮用水源水质保护条例》2007年7月执行；《广东省建设项目环保管理公众参与实施意见》[粤环（2007）99号]；《珠江三角洲地区改革发展规划纲要（2008～2020年）》；《广东省环境保护厅关于印发南粤水更清行动计划》（2013～2020年）的通知[粤环（2013）13号]；《广州市环境保护条例》[广州市人民代表大会常务委员会公告（1997）第66号文]；《广州市大气污染防治规定》（2005年1月1日执行）；《广州市环境空气质量功能区区划》（2012修订版）；《广州市环境噪声污染防治规定》[广州市人大常务委员会（2001）第64号公告]；《广州市〈城市区域环境噪声标准〉适用区域划分》[穗府（1995）第58号文]；《广州市固体废物污染防治规定》（广州市大会常务委员会2001年49号文）；《广州市城市绿化管理条例》[广州市人大常委会（1996）第56号公告]；《广州市建筑废弃物管理条例》（2011年12月14日广州市第十三届人民代表大会常务委员会第四十六次会议通过，2012年3月30日广东省第十一届人民代表大会常务委员会第三十三次会议批准）；《广州市饮用水源污染防治规定》（2011 年 5 月 1 日起施行）。

1.3.3 相关技术导则与规范

1.3.3.1　环境影响评价技术导则

我国已经颁布的环境影响评价技术导则，主要有：《环境影响评价技术导则　总纲》（HJ 2.1—2011 代替 HJ/T 2.1—1993）；《环境影响评价技术导则　地表水环境》（HJ/T 2.3—93）；《环境影响评价技术导则　地下水环境》（HJ 610—2011）；《环境影响评价技术导则　大气环境》（HJ 2.2—2008 代替 HJ/T 2.2—93）；《环境影响评价技术导则　声环境》（HJ 2.4—2009 代替 HJ/T 2.4—1995）；《环境影响评价技术导则　生态影响》（HJ 19—2011 代替 HJ/T 19—1997）；《环境影响评价技术导则　钢铁建设项目》（HJ 708—2014）；《环境影响评价技术导则　输变电工程》（HJ 24—2014 代替 HJ/T 24—1998）；《环境影响评价技术导则　制药建设项目》（HJ 611—2011）；《环境影响评价技术导则　农药建设项目》（HJ 582—2010）；《环境影响评价技术导则　陆地石油天然气开发建设项目》（HJ/T 349—2007）；《环境影响评价技术导则　石油化工建设项目》（HJ/T 89—2003）；《环境影响评价技术导则　煤炭采选工程》（HJ 619—2011）；《环境影响评价技术导则　城市轨道交通》（HJ 453—2008）；《环境影响评价技术导则　水利水电工程》（HJ/T 88—2003）；《环境影响评价技术导则　民用机场建设工程》（HJ/T 87—2002）；《建设项目环境风险评价技术导则》（HJ/T 169—2004）；《开发区区域环境影响评价技术导则》（HJ/T 131—2003）；《工业企业土壤环境质量风险评价基准》（HJ/T 25—1999）；《500kV 超高压送变电工程电磁辐射环境影响评价技术规范》（HJ/T 23—1998）；《规划环境影响评价技术导则　总纲》（HJ 130—2014 代替 HJ/T 130—2003）；《规划环境影响评价技术导则　煤炭工业矿区总体规划》（HJ 463—2009）；《辐射环境保护管理导则　电磁辐射环境影响评价方法与标准》（HJ/T 10.3—1996）；《建设项目环境影响技术评估导则》（HJ 616—2011）。

1.3.3.2　环境影响评价技术规范

我国已经颁布的环境影响评价技术规范主要有：《环境质量报告书编写技术规范》（HJ 641—2012）；《500kV 超高压送变电工程电磁辐射环境影响评价技术规范》（HJ/T 23—1998）；《工业企业土壤环境质量风险评价基准》（ HJ/T 25—1999）

1.3.3.3　环境标准

环境标准是为了保护人群健康、社会物质财富和促进生态良性循环，对环境结构和状态，在综合考虑自然环境特征、科学技术水平和经济条件的基础上，由国家按照法定程序制定和批准的技术规范。环境标准是国家环境政策在技术方面的具体体现，也是执行各项环境法规的基本依据。

我国环境标准分为国家级、地方级和行业级三个级别。

国家级环境标准可划分为环境质量标准、污染物排放标准、环境标准样品标准、环境方法标准和环境基础标准五大类。

地方级环境标准包括地方环境质量标准和地方污染物排放标准二大类。地方环境质量标准只能补充国家级环境质量标准中没有的内容；地方污染物排放标准必须严格于国家级污染物排放标准。

行业级环境标准只有行业污染物排放标准。

综上所述，污染物排放标准可能有 3 个，即国家级污染物排放标准、地方级污染物排放标准和行业级污染物排放标准。3 个污染物排放标准的执行次序是：行业级污染物排放标准优先，地方污染物排放标准次之，国家级污染物排放标准列后，并且不能混用。

1.3.4 其他依据

环境影响评价的依据除了前述依据外，还有项目环境影响评价委托书、项目可行性论证材料、建设项目规划用地批复或用地许可材料、规划部门或其他相关部门有关项目的立项备案或批复意见材料等。

1.4 环境影响评价的程序

环境影响评价程序是指按一定的顺序或步骤指导完成环境影响评价工作的过程。环境影响评价程序可分为管理程序和工作程序，前者用于指导环境影响评价的监督与管理，后者用于指导环境影响评价的工作内容和进程。

1.4.1 环评的管理程序

1.4.1.1 环境影响评价的分类管理

根据我国《环境影响评价法》，国家根据建设项目对环境的影响程度，对建设项目的环境影响评价实行分类管理。建设项目环境影响评价分类管理名录由国务院环境保护行政主管部门制定并公布。

建设单位应当按照下列规定组织编制环境影响评价文件：a. 可能造成重大环境影响的，应编制环境影响报告书，对产生的环境影响进行全面评价；b. 可能造成轻度环境影响的，应编制环境影响报告表，对产生的环境影响进行分析或专项评价；c. 对环境影响很小、不需要进行环境影响评价的，应当填报环境影响登记表。

建设项目对环境的影响程度的判别方法如下。

（1）建设项目对环境可能造成重大影响的情形

主要有：a. 原料、产品或生产过程中涉及的污染物种类多、数量大或毒性大、难以在环境中降解的建设项目；b. 可能造成生态系统结构重大变化、重要生态功能改变、或生物多样性明显减少的建设项目；c. 可能对脆弱生态系统产生较大影响或可能引发和加剧自然灾害的建设项目；d. 容易引起跨行政区环境影响纠纷的建设项目；e. 所有流域开发、开发区建设、城市新区建设和旧区改建等区域性开发活动或建设项目。

（2）建设项目对环境可能造成轻度影响的情形

主要有：a. 污染因素单一，而且污染物种类少、产生量小或毒性较低的建设项目；b. 对地形、地貌、水文、土壤、生物多样性等有一定影响，但不改变生态系统结构和功能的建设项目；c. 基本不对环境敏感区造成影响的小型建设项目。

（3）建设项目对环境影响很小，不需要进行环境影响评价的情形

主要有：a. 基本不产生废水、废气、废渣、粉尘、恶臭、噪声、震动、热污染、放射性、电磁波等不利环境影响的建设项目；b. 基本不改变地形、地貌、水文、土壤、生物多样性等，不改变生态系统结构和功能的建设项目；c. 不对环境敏感区造成影响的小型建设项目。

环境敏感区是指具有下列特征的区域。

① 需特殊保护地区 国家法律、法规、行政规章及规划确定或经县级以上人民政府批准的需要特殊保护的地区，如饮用水水源保护区、自然保护区、风景名胜区、生态功能保护区、基本农田保护区、水土流失重点防治区、森林公园、地质公园、世界遗产地、国家重点文物保护单位、历史文化保护地等。

② 生态敏感与脆弱区 沙尘暴源区、荒漠中的绿洲、严重缺水地区、珍稀动植物栖息地或特殊生态系统、天然林、热带雨林、红树林、珊瑚礁、鱼虾产卵场、重要湿地和天然渔场等。

③ 社会关注区 人口密集区、文教区、党政机关集中的办公地点、疗养地、医院等，以及具有历史、文化、科学、民族意义的保护地等。

1.4.1.2 环境影响评价项目的监督管理

（1）评价单位资格考核与人员培训

评价单位要持有国家环保部颁发的《建设项目环境影响评价资格证书》，评价人员要持有注册环境影响评价工程师证书或环境影响评价上岗证。

（2）实行建设项目环评工作登记备案制度

建设单位与其委托的环评单位开展环评工作前，须到负责审批该项目的环境保护行政主管部门（由国家环保部审批的建设项目须到省环保厅预备案）登记备案。

环评工作备案时需提供以下情况。

① 项目背景情况 a. 实行审批制的项目，提供项目建议书及投资主管部门立项批复文件；b. 实行核准制的项目，提供行业主管部门或其他相关部门确认的项目名称、建设地点、投资额度、建设规模等相关材料；c. 实行备案制的项目，提供投资主管部门予以备案的文件；d. 提供环评单位《建设项目环境影响评价资格证书》复印件。

② 项目建设位置情况 a. 项目建设区域位置及周围环境敏感点图；b. 到省环境保护行政主管部门备案（或预备案）的，须提供项目所在地的环境保护行政主管部门对项目和选址的初步意见。

环境保护行政主管部门受理环评登记备案时，审核环评单位的行业资质；按照《建设项目环境保护分类管理名录》确定环评报告的类别；确定项目的污染源和环境现状数据需要现场实测或利用已有数据，并明确出具数据认证材料的环境监测部门；根据有关规定和项目的实际情况确定环评工作需要编报环评大纲、工作方案或直接编写环评报告。

（3）评价大纲的审查

对受理的环评大纲，环境保护行政主管部门可根据项目环评工作的复杂程度，确定委托技术评估部门评估后审批、主持召开专家会议审查后审批或直接审批。评价单位依据经过审批大纲，开展环境影响评价工作。

出现下列任一情况的，要编制环境影响评价工作实施方案：a. 所编大纲不够具体，对评价工作的指导作用不足；b. 建设项目特别重要或环境问题特别严重；c. 环境状况十分敏感。

对受理的环评工作方案，环境保护行政主管部门可根据项目环评工作的复杂程度，确定主持召开专家会议审查后审批或直接审批。

按照环境影响评价大纲或环评工作方案，有组织、有计划地进行环境影响评价工作是确保环境影响评价质量的重要措施。质量保证工作应贯穿于环境影响评价的全过程。

（4）环境影响评价报告书的审批

评价单位编制的环境影响报告书由建设单位负责报主管部门预审，主管部门提出预审期间后转到负责审批的环境保护部门，环保部门一般组织专家对报告书进行评审。在专家审查中，若有修改意见，评价单位应对报告书进行修改。审查通过后的环境影响报告书由环保主管部门批准后实施。

① 建设项目环境影响评价文件的报批时限　建设单位应当在建设项目可行性研究阶段报批建设项目环境影响报告书、环境影响报告表或者环境影响登记表；但是，铁路、交通等建设项目，经有审批权的环境保护行政主管部门同意，可以在初步设计完成前报批环境影响报告书或者环境影响报告表。

按照国家有关规定，不需要进行可行性研究的建设项目，建设单位应当在建设项目开工前报批建设项目环境影响报告书、环境影响报告表或者环境影响登记表；其中，需要办理营业执照的，建设单位应当在办理营业执照前报批建设项目环境影响报告书、环境影响报告表或者环境影响登记表。

② 建设项目环境影响评价文件的审批时限　审批部门应当自收到环境影响报告书之日起六十日内，收到环境影响报告表之日起三十日内，收到环境影响登记表之日起十五日内，分别做出审批决定并书面通知建设单位。

建设项目的环境影响评价文件经批准后，建设项目的性质、规模、地点、采用的生产工艺或者防治污染、防止生态破坏的措施发生重大变动的，建设单位应当重新报批建设项目的环境影响评价文件。

建设项目的环境影响评价文件自批准之日起超过五年，方决定该项目开工建设的，其环境影响评价文件应当报原审批部门重新审核；原审批部门应当自收到建设项目环境影响评价文件之日起十日内，将审核意见书面通知建设单位。

③ 建设项目环境影响评价文件的分级审批　国家环保部负责审批的环境影响评价文件的范围：其一，核设施、绝密工程等特殊性质的建设项目；其二，跨省、自治区、直辖市行政区域的建设项目；其三，由国务院审批的或者由国务院授权有关部门审批的建设项目。

其他建设项目的环境影响评价文件的审批权限，由省、自治区、直辖市人民政府规定。

建设项目可能造成跨行政区域的不良环境影响，有关环境保护行政主管部门对该项目的环境影响评价结论有争议的，其环境影响评价文件由共同的上一级环境保护行政主管部门审批。

省环保厅建设项目环评分级审批的原则：其一，以建设项目对环境影响程度、建设项目投资性质、立项主体、建设规模、工程特点等因素为依据，分政府财政性投资项目和非政府财政性投资项目两类规定审批级别；其二，对化工、印染、酿造、化学制浆、农药、电镀以及其他严重污染环境的建设项目，其环境影响评价文件应由市（地）级以上环境保护行政主管部门审批；其三，符合法律、法规、规章关于环境影响评价文件审批管理的其他有关规定。

④ 建设项目环境影响报告书的审查内容　其一，审查资料是否齐全，检查环境影响报告书和有关资料是否具备报批所规定的条件；其二，审查评价依据是否充分，审查编制原则是否符合有关方针和政策规定；所涉及的评价范围、内容、深度及重点是否与批准的评价大纲一致；其三，审查所使用的资料、计算模式、工作手段、数据处理、结果和文字表述是否符合规范要求，准确度如何；其四，审查项目选址、工程规模、产品结构是否符合环保要求，其结论是否正确；所述主要环境影响因素及其影响范围、程度是否可靠；所提出的防治

对策、建议是否适用。

环境影响报告书通过预审后，方可进入审查阶段。建设项目环境影响报告书的审查按照《建设项目环境影响技术评估导则》（HJ 616—2011）要求进行，重点审查该项目是否符合下列六点要求：其一，是否符合国家产业政策；其二，是否符合区域发展规划与环境功能规划；其三，是否符合清洁生产的原则，采用了最佳可行技术来控制环境污染；其四，是否做到污染物达标排放；其五，是否满足国家和地方规定的污染物总量控制指标；其六，项目建成后是否能够维持地区环境质量。

我国基本建设程序与建设项目环境影响评价管理程序的关系如图 1-1 所示。

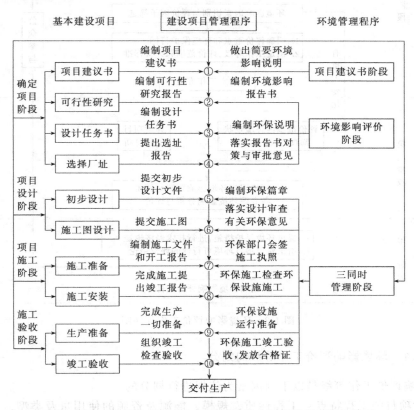

图 1-1　我国基本建设程序与项目环境影响评价管理程序的关系

1.4.2　环评的工作程序

根据《环境影响评价技术导则 总纲》（HJ 2.1—2011），环境影响评价工作一般分为 3个阶段。

① 前期准备、调研和工作方案阶段　主要工作为研究有关文件，进行初步的工程分析和环境现状调查，筛选重点评价项目，确定各单项环境影响评价的工作等级，编制评价大纲。

② 分析论证和预测评价阶段　主要工作为详细的工程分析和环境现状调查，并进行环境影响预测和环境影响评价。

③ 环境影响评价文件编制阶段　其主要工作为汇总、分析第二阶段工作所得到的各种资料、数据，给出结论，完成环境影响评价文件的编制。

环境影响评价工作程序如图 1-2 所示。

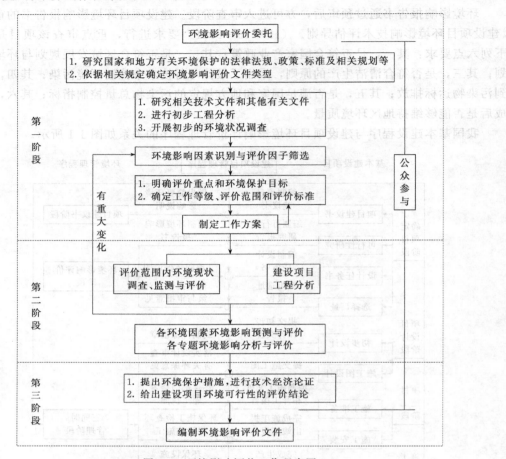

图 1-2　环境影响评价工作程序图

1.4.2.1　环境影响评价工作等级的划分

环境影响评价工作等级是以下列因素为依据进行划分的。

① 建设项目的工程特点　工程性质、规模、能源及资源的使用量及类型、污染物排放特点（排放量、排放方式、排放去向，主要污染物种类、性质、排放浓度）等。

② 建设项目所在地区的环境特征　自然环境特点、环境敏感程度、环境质量现状及社会经济环境状况等。

③ 国家和地方政府所颁发的有关法律法规。

按照以上划分依据，可将各单项影响评价划分为三个工作等级，即一级、二级和三级，其中一级评价最详细，二级次之，三级较简略。

对于单项影响评价的工作等级均低于第三级的建设项目，不需编制环境影响报告书，只需按国家颁发的《建设项目环境保护管理办法》填写《建设项目环境影响报告表》。对于建设项目中个别评价工作等级低于第三级的单项影响评价，可根据具体情况进行简单的叙述、分析或不做叙述、分析。

对于某一具体建设项目，在划分其评价项目的工作等级时，根据建设项目对环境影响、所在地区的环境特征或者当地对环境的特殊要求等情况可以做适当调整。

1.4.2.2 评价大纲的编制

评价大纲应当在开展评价工作之前编制，它是具体指导建设项目环境影响评价的技术文件，也是检查报告书内容和质量的主要依据，其内容应该尽量具体、详细。评价大纲一般应在充分研读有关文件、进行初步的工程分析和环境现状调查后编制。

1.4.2.3 工程分析

（1）工程分析的对象

主要从下列几个方面分析建设项目与环境影响有关的情况。

① 通过对工艺流程各环节的分析，了解各类影响来源，各种污染物的排放情况，各种废物的治理、回收、利用措施及其运行与污染物排放间的关系等。

② 通过对建设项目资源、能源、废物等的装卸、搬运、储藏、预处理等环节的分析，掌握与这些环境有关的环境影响来源的各种情况。分析由于建设项目的建设和运行，使当地及附近地区交通运输量增加所带来的环境影响。

③ 通过了解拟建项目对土地开发利用，了解土地利用现状和环境间的关系，以分析项目用地开发利用带来的环境影响。对建设项目试产运行阶段开车、停车、检修、一般性事故和泄漏等情况时的污染物不正常排放进行分析，找出这类排放的来源、发生的可能性以及发生的频率等。

（2）工程分析方法

当建设项目的规划、可行性研究和设计等技术文件不能满足评价要求时，应根据具体情况选用适当的方法进行工程分析。目前采用较多的工程分析方法有：类比分析法、物料平衡计算法、查阅参考资料分析法等。

1.4.2.4 所在地区环境现状的调查

根据建设项目所在地点的环境特点，结合各地单项环境影响评价的工作等级，确定各环境要素的现状调查范围，并筛选出应当调查的有关参数。进行环境现状调查时，首先应收集现有的资料，当这些资料不能满足要求时再进行现场调查和测试。环境现状调查中，对环境中与评价项目有密切关系的部分（如大气、地表水、地下水等）应全面、详细，对这些部分的环境质量现状亦有定量的数据并且做出分析和评价；对一般自然环境与社会环境的调查，应当根据评价地区实际情况，进行评价。

1.4.2.5 建设项目的环境影响预测

环境影响预测的范围、时段、内容及方法均应根据其评价工作等级、工程与环境的特性、当地的环保要求而定。同时应尽量考虑预算范围内，规划的建设项目可能产生的环境影响。

预测环境影响时应尽量选用通用、成熟、简便并能满足准确度要求的方法。目前使用较多的预测方法有：数学模式法、物理模型法、类比调查法和专业判断法。

建设项目的环境影响，按照项目实施过程的不同阶段，可以划分为建设阶段的环境影响、生产运行阶段的环境影响和服务期满后的环境影响三种，生产运行阶段可分为运行初期和运行中后期。在进行建设项目影响预测时，所有建设项目均应预测生产运行阶段正常排放和不正常排放两种情况的环境影响。在进行环境影响预测时，应考虑环境对影响的衰减能力。一般情况，应该考虑两个时段，即影响的衰减能力最差的时段（对污染来说就是环境净化能力最低的时段和影响的衰减能力一般的时段）。如果评价时间较短，评价工作等级又较低时，可只预测环境对影响衰减能力最差的时段。预测范围的大小、形状等取决于评价工作的等级、工程和环境的特性。一般情况，预测范围等于或略小于现状调查的范围。在预测范围内应布设适当的预测点，通过预测这些点所受的环境影响，由点及面反映该范围所受的环境影响。预测点的数量与布置，因工程和环境的特点、当地的环保要求及评价工作的等级而不同。

1.4.2.6 环境影响报告书的编制

环境影响报告书应全面、概括地反映环境影响评价的全部工作，文字应简洁、准确，并尽量采用图表和照片，提出的论点明确，利于阅读和审查。原始数据、全部计算过程等不必在报告书中列出，必要时可以编入附录。所参考的主要文献应按其发表的时间次序由近到远列出目录。评价内容较多的报告书，其重点评价项目另编分项报告书，主要的技术问题另编专题技术报告。

1.5 环境影响评价的目的和作用

1.5.1 环境影响评价的目的

在开发活动或者决策之前，全面的评估人类活动给环境造成的显著变化，并提出减免措施，从而起到"防患于未然"的作用。

建设项目环境影响评价目的如下。

① 通过对国家和省市的产业政策、城市及环境规划的了解和分析，论证建设项目总体设计的可行性和合理性。

② 通过对建设项目的工程内容进行分析，明确污染源和可能产生的污染因素，计算污染物的排放量，掌握项目对环境产生的不利影响；对建设项目所在地的自然环境、社会环境和环境质量现状调查，确定环境评价的主要保护目标和评价重点。

③ 通过环境质量现状监测分析，查清建设项目所在地区的环境质量现状，得到当地的环境质量现状的结论；对建设项目建设期、营运期可能造成的环境影响进行评价，确定建设项目对当地环境可能造成的不良影响的范围和程度，从而提出避免污染、减少污染的对策措施。

④ 根据工程分析和影响预测评价的结果，对工程方案和环保措施进行可行性论证。

⑤ 从环保的角度明确给出项目建设的可行性结论。

1.5.2 环境影响评价的作用

环境影响评价是环境管理工作的重要组成部分，具有不可替代的预知功能、导向和调控作用。

对开发项目而言，它可以保证建设项目的选址和布局的合理性，它同时也可以提出各种不利环境影响的减免措施和评价各种减免措施的技术经济可行性，从而为污染治理工程提供依据。

区域环境影响评价和公共政策的环境影响评价，可以在更高层次上保证区域开发和公共政策对环境的负面影响降低到最小或者人们可以接受的程度。

练习题

1. 简述地球的圈层结构。

2. 大气污染一般发生在大气圈的什么位置？

3. 名词解释

① 环境 ② 环境质量 ③ 环境影响 ④ 环境影响评价 ⑤ 环境污染 ⑥ 环境敏感区

4. 为什么要进行建设项目的环境影响评价？

5. 哪些建设项目需要进行环境影响评价？

6. 哪些规划项目需要进行环境影响评价？

7. 简述环境影响评价文件的类型。

8. 简述环境影响评价工作的资质要求。

9. 说明环境影响回顾评价与环境影响评价的区别。

10. 简述环境影响评价的依据。

11. 什么是环境标准？我国的环境标准包括哪三级？污染物排放标准的执行次序是什么？

12. 简述国家级环境质量标准与地方级环境质量标准的区别。

13. 简述环境影响评价分类管理的内涵。

14. 评价大纲是什么？为什么要编制评价大纲？

15. 什么情况下需要编制环境影响评价工作实施方案？

16. 建设单位应当在什么时候报批建设项目环境影响报告书？

17. 简述国家环境保护部负责审批的环境影响评价文件的范围。

18. 简述环境影响报告书的预审内容。

19. 简述环境影响报告书的审查要点。

20. 环境影响评价工作程序有哪三个阶段？各阶段的主要任务是什么？

21. 环境影响评价工作等级划分的依据是什么？

22. 建设项目工程分析的方法主要有哪些？

23. 简述建设项目环境影响评价的目的和作用。

第2章

环境评价技术方法

本章介绍污染源调查与评价方法、环境质量评价方法、环境影响识别和评价方法。

2.1 污染源调查与评价方法

2.1.1 污染源调查的目的

通过调查，掌握污染源排放的污染物的种类、数量、排放方式、排放途径以及污染源的类型和位置。在此基础上，判断出主要的污染物和主要污染源，为环境评价与污染治理提供依据。

2.1.2 污染源调查的内容

（1）工业污染源

① 企业概况 企业名称、位置、所有制性质、占地面积、职工总数以及构成，工厂规模、投产时间、产品种类、产量、产值、生产水平、企业环保机构等。

② 生产工艺 工艺原理、工艺流程、工艺水平和设备水平，生产中的污染产生环节。

③ 原材料和能源消耗 原材料和燃料的种类、产地、成分、消耗量、单耗、资源利用率、电耗、供水量、供水类型、水的循环率和重复利用率等。

④ 生产布局 原料、燃料堆放场地、车间、办公室、厂区、居住区域、堆杂区、排污口、绿化带等的位置，并绘制布局图。

⑤ 管理状况 管理体制、编制、管理制度、管理水平。

⑥ 污染物排放情况 种类、数量、浓度、排放方式、控制方法、事故排放情况。

⑦ 污染防治调查 废水、废气和固体废物处理处置方法、投资、运行费用、效果。

⑧ 污染危害调查 污染对人体、生物和生态系统工程影响调查。

（2）生活污染源

① 居民人口调查 总人口、总户数、流动人口、年龄结构、密度。

② 居民用水排水状况 居民用水类型、居民生活人均用水量，办公、旅馆、餐饮、医院、学校等的用水量、排水量、排水方式以及污水出路。

③ 生活垃圾 数量、种类、收集和清运方式。

（3）农业污染源

① 农药使用　调查使用的农药品种、数量、使用方法、有效成分含量、时间、农作物品种、使用的年限。

② 化肥使用　调查使用化肥的品种、数量、方式、时间。

③ 农业废弃物　作物茎秆、牲畜粪便的产生量及其处理处置方式以及综合利用情况。

④ 水土流失情况。

2.1.3　污染源调查方法

2.1.3.1　普查与详查

污染源调查一般是采用普查与详查相结合的方法。对于排放量大、影响范围广、危害严重的重点污染源，应当进行详查。详细调查时调查人员要深入现场，核实被调查对象填报的数据是否准确，同时进行必要的监测。其余的非重点污染源一般采用普查的方法。进行污染源普查时，对调查时间、项目、方法、标准都要做出设计规定并采取统一表格。表格一般由被调查对象填写。

2.1.3.2　污染物排放量的估算

确定污染物排放量的方法有三种，即物料平衡法、排污系数法和实测法。

（1）物料平衡法

根据物质不灭定律，在生产过程中，投入的物料量 G_t 应当等于产品所包含的这种物料的量 P 与物料流失量 Q 的总和。如果物料的流失量全部转化为污染物，那么污染物排放量就对于物料流失量。即：

$$G_t = P + Q \tag{2-1}$$

$$Q = G_t - P \tag{2-2}$$

如果物料流失量只有部分转化为污染物，其大部分以别的形式存在，那么排放量 Q' 应当由物料流失量 Q 乘以修正系数 R 得到。

$$Q' = RQ \tag{2-3}$$

（2）排污系数法

污染物的排放量 Q 可以根据生产过程中单位产品的经验排污系数进行计算。计算公式为：

$$Q = KW \tag{2-4}$$

式中　K——单位产品的经验排放系数；

　　　W——某种产品的单位时间产量。

污染物的排放系数是在特定条件下产生的，随区域、生产技术条件的不同，污染物排放系数和实际排放系数可能有较大差别。因此，在选择时，应根据实际情况加以修正。

（3）实测法

对污染源进行现场测定，得到污染物的排放浓度和流量，然后计算出排污量，即

$$Q = Cq \tag{2-5}$$

式中　C——实测的污染物算术平均浓度，mg/L；

　　　q——烟气或废水的流量，m^3/s。

这种方法只适用已经投产的污染源，并且容易受到采样次数的限制。如果实际数据没有代表性，也不易得到真实的排放量。

2.1.4 污染源评价方法

污染源评价方法很多，目前大多采用等标污染负荷法，分别对水、气态污染物进行评价。

（1）等标污染负荷与等标污染负荷比

第 i 个污染源的第 j 种污染物的等标污染负荷定义为

$$P_{ij} = G_{ij}/C_{sj} \tag{2-6}$$

式中　G_{ij}——第 i 个污染源中第 j 种污染物的年排放量，t/a；

　　　C_{sj}——第 j 污染物的评价标准，对水 mg/L，对气 mg/m³，一般取排放标准。

第 i 个污染源的等标污染负荷 P_I 是其污染物的等标污染负荷之和，即

$$P_I = \sum_{j=1}^{n} P_{ij} \tag{2-7}$$

区域的等标污染负荷 P 为该区域内所有污染源的等标污染负荷之和，即

$$P = \sum_{i=1}^{m} P_I = \sum_{i=1}^{m} \sum_{j=1}^{n} P_{ij} \tag{2-8}$$

第 j 种污染物占工厂的等标污染负荷比

$$K_j = \frac{P_{ij}}{P_I} = \frac{P_{ij}}{\sum\limits_{j=1}^{n} P_{ij}} \tag{2-9}$$

第 i 个污染源占区域的等标污染负荷比

$$K_i = \frac{P_I}{P} = \frac{\sum\limits_{j=1}^{n} P_{ij}}{\sum\limits_{i=1}^{m} \sum\limits_{j=1}^{n} P_{ij}} \tag{2-10}$$

（2）主要污染物的确定

将某污染源的所有污染物的等标污染负荷按数值大小排列，从小到大分别计算百分比和累计百分比，将累计百分比大于 80% 的污染物确定为该污染源的主要污染物。

（3）主要污染源的确定

将某区域所有污染源的等标污染负荷按照数值大小排列，从小到大分别计算百分比和累计百分比，将累计百分比大于 80% 的污染源确定为该区域的主要污染源。

采用等标污染负荷法确定主要污染物，容易造成一些毒性大、在环境中易于积累的污染物排不到主要污染物中去，然而对这些污染物的排放控制又是必要的。所以在通过计算后，还应做全面考虑和分析，最后确定出主要污染源和主要污染物。

2.2　环境质量评价方法

2.2.1　环境质量指数评价法

2.2.1.1　单因子评价指数

单因子评价指数定义为评价因子的实际监测值与其对应的评价标准值的比值，即：

$$I_j = c_j/c_{sj} \tag{2-11}$$

式中 c_j、c_{sj}——第 j 种评价因子在环境中的观测值和评价标准。

单因子评价指数又称为单因子环境质量标准指数或单因子标准指数。一般污染物的单因子标准指数可采用式(2-11) 计算，但 pH 值和 DO 的标准指数必须采用以下公式计算。

pH 值的标准指数：

$$I_{pH}=\begin{cases} \dfrac{7-c_j}{7-c_{sd}} & \text{当} c_j < 7.0 \text{ 时} \\[2mm] \dfrac{c_j-7.0}{c_{su}-7.0} & \text{当} c_j > 7.0 \text{ 时} \end{cases} \tag{2-12}$$

式中 c_{sd}、c_{su}——pH 值评价标准的下限值、上限值；

c_j——实测 pH 值。

DO 的标准指数：

$$I_{DO}=\begin{cases} \dfrac{|DO_f-c_j|}{DO_f-c_s} & \text{当} c_j \geqslant c_s \text{ 时} \\[2mm] 10-9\dfrac{c_j}{c_s} & \text{当} c_j < c_s \text{ 时} \end{cases} \tag{2-13}$$

式中 c_s——DO 的评价标准，mg/L；

c_j——实测 DO 值，mg/L；

DO_f——水中饱和溶解氧，mg/L，其计算公式为 $DO_f = 468/(31.6+T)$，其中 T 为水温，℃。

单因子评价指数是无量纲数，它表示某种评价因子在环境中的观测值相对于环境质量评价标准的程度。它是随着观测值和评价标准而变化的。

根据所选用的评价标准、计算方法和评价因子的观测值获取方式不同，将单因子指数分为以下几类。

(1) 采用环境质量标准绝对值为评价标准的评价指数

这类指数主要针对环境中的污染物进行评价，例如，国家将对大气污染物、各种地表水、地下水中的污染物、环境噪声都制定和颁布了分类分级的评价标准，用上式计算的单因子评价指标 I_j 表示这一污染物的超标倍数，其值越大，表示该因子的单项环境质量越差；$I_j=1$ 表示环境质量处于临界状态。目前，环境质量评价中污染因子的单因子指数基本上都采用这种形式。

(2) 采用环境质量标准相对值为评价标准的评价指数

这类指数主要针对环境中的非污染生态因子进行评价，因为生态因子的地域性很强，很难在大范围制定统一的国家标准。这类因子的评价标准通常采用评价范围内远离人群并且未受到人为影响的地点的环境质量作为评价标准，也可以是环境专家指定区域的环境质量作为评价标准。例如，土壤环境质量经常选用区域土壤背景值或者本底值来计算土壤污染指数。在生态评价中，经常选用指定环境质量较好的地点的标定值作为评价标准，来计算标定相对量作为评价指数，其表达式为

$$P_i = B_i/B_{oi} \tag{2-14}$$

式中 B_i——植被生长量、生物量、物种量、土壤有机储量；

B_{oi}——植被标定生长量、标定相对的生物量、标定相对物种量、标定相对储量；所谓标定值是相对于对照点的环境质量而言的。

（3）采用环境质量相对百分数作为单因子评价指数

这类环境质量相对百分数目前越来越多的用在景观生态学评价和生物多样性评价中。由于这些数字本身已经是相对的，可以直接作为该单因子的评价指数。例如，景观生态学通过空间结构分析和功能与稳定性分析评价生态环境质量。

（4）采用经验公式直接计算的单因子评价指数

这类指数计算中不直接采用评价标准，而是根据实测资料中污染参数与污染危害的关系，建立类似经验公式的指数计算公式，来求得无量纲的单因子污染指数。例如，二氧化硫污染指数和烟尘浓度污染指数有下列计算公式：

$$a_1 S^{b_1} = 84.0 S^{0.431} \tag{2-15}$$

$$a_2 C^{b_2} = 26.6 C^{0.576} \tag{2-16}$$

式中　　　　　S——二氧化硫实测日均浓度，mg/m^3；

　　　　　　　C——实测日均烟雾系数，COH 单位/1000feet；

a_1、a_2、b_1、b_2——确定指数尺度的常数。

单因子环境质量指数只能代表单个环境因子的环境质量状况，不能反映环境要素以及环境综合质量的全貌，但它是其他各种环境质量分指数、环境质量综合指数的基础。

2.2.1.2　多因子环境质量分指数

对于每一待评价的环境要素，通常都需要对该要素中的多个因子的单因子评价指数进行综合，将多因子目标值组合成一个单指数，这就是该环境要素的多因子环境质量分指数。

目前，计算环境质量分指数的主要方法是对多个因子的单因子评价指数加权后综合。

（1）累加型分指数

累加型分指数是将多个具有可比性的单因子评价指数累加后得到的综合指数。根据累加的方式，又可以将其分为以下几种。

① 简单累加式环境质量分指数　将多个单因子评价指数简单相加而得到的综合分指数。其计算公式为

$$I = \sum_{j=1}^{n} I_j \tag{2-17}$$

式中　　n——参与该环境要数分指数综合计算所涉及的评价因子的数；

　　　　I_j——对应的单一因子评价指数。

例如，采用这种方式的分子数有大气污染综合指数 PINDEX。

② 矢量累加式环境质量分指数　将多个单因子评价指数进行矢量累加所得到的综合分指数。其计算公式为

$$I = \sqrt{\sum_{j=1}^{n} I_j^2} \tag{2-18}$$

采用这种方式的分指数有大气质量指数 MAQI、极值指数 EVI 等。

③ 加权累加式环境质量分指数　根据不同评价因子的环境特性，对每个单因子评价指数乘以权值系数后在进行简单累加或者矢量累加。其计算公式为

$$I = \sum_{j=1}^{n} W_j I_j \Big/ \sum_{j=1}^{n} W_j \quad \text{或者} \quad I = \sqrt{\sum_{j=1}^{n} W_j I_j^2 \Big/ \sum_{j=1}^{n} W_j} \tag{2-19}$$

式中　W_j——各单因子评价指数对应的权系数，其值大于 0。

上述三种累加方式中，前二种可以看成是第三种方式权系数等于 1 的特例。

（2）幂函数累加型分指数

将多个具有可比性的单因子评价指数进行加权累加后取幂函数方式映射得到的综合指数。其计算公式为

$$I = a \left(\sum_{j=1}^{n} W_j I_j \right)^b \tag{2-20}$$

式中　a、b——系数和指数。

由于幂函数累加型分指数在后续处理中不如一般累加型分指数简单且意义明确，因此实际应用不多。

（3）兼顾极值的累加型分指数

简单累加型分指数和幂函数累加型分指数在加权累加时，对结果有一种平均化的效应，这样很容易掩盖某单因子评价指数极端不好时对环境质量评价的影响。例如，环境中有一种污染物严重超标，实际上对环境的影响很大，简单累加型分指数和幂函数累加型分指数都不能够反映出来。因此，在计算分指数时不仅要考虑 I_j 的平均值 $\overline{I_j}$，还应当兼顾 I_j 中的最大值 $\max I_j$，例如，内罗梅型多因子指数。

$$I = \sqrt{\frac{(\max I_j)^2 + (\overline{I_j})^2}{2}} \tag{2-21}$$

（4）分指数计算中加权系数的确定

在目前的分指数计算中，线性加权累加方式由于具有简单、易理解、可比性好的特点，越来越得到人们广泛的使用。为了客观反映各个单因子指数对分指数的相对重要性，如何确定科学合理的权系数是分指数计算中非常重要的内容。

环境专家对环境问题的认识不同，其定权方法也不同，这就存在着一定的主观性。同时，分指数计算结果大多数方法是建立在各环境影响因子相互独立、互不相关的基础上，而且简化了各单因子之间的协同和拮抗作用。现在，首先给出分指数计算中权系数的确立方法。

① 应用单个因子观测值的统计资料来确定权值　计算公式如下。

$$W_i = \frac{\sigma_i}{\sum \sigma_i} \tag{2-22}$$

式中　σ_i——某因子观测值的标准差。

这种权系数随该因子观测值标准差的增大而加大，从评价的角度看，变化幅度大的评价因子理应给予较大权重。

② 应用单个因子的环境容量来确定权值　环境容量是指环境对某种环境污染物可容纳的程度，即污染物开始引起环境恶化的极限。其计算公式如下。

$$V_i = \frac{S_i - B_i}{B_i} \tag{2-23}$$

式中　S_i，B_i——该因子的评价标准和环境背景值；

　　　　V_i——环境可容纳量。

由于可容纳量越大，所容许的污染物的数量也就可以越大，对该因此评价时其权重系数就可以降低，即

$$W_i = \frac{U_i}{\sum U_i} \tag{2-24}$$

式中　$U_i = 1/V_i$。

③ 应用环境化学或环境毒理学研究结果确定权值　从环境化学和环境毒理学角度来看，多种污染物的影响具有相加、协同、拮抗等联合作用，而能够导致生物体和人体出现毒副作用反应的污染物最小摄入量因人而异，这就给科学、合理、准确的评价带来较大的困难。国家颁布的污染物环境质量评价标准是综合考虑了这方面的结果，要求严格的因子，其评价标准数值很小；反之，要求宽松的因子，其评价标准数值较大。如果在计算污染因子综合分指数时，若以评价标准的倒数为权系数，则在某种程度上突出了重点控制的环境污染因子。其计算公式如下。

$$W_i = \frac{1/S_i}{\sum 1/S_i} \tag{2-25}$$

④ 专家调查评分方法确定权值　由于专家对分指数中各种环境因子有一个全面而深刻的认识，能够根据评价的目的、范围、等级和规模给出各种环境因子在分指数中的相对重要性，从而可最终确定各因子的权值。

⑤ 主成分分析法确定权值　基本思路是对高维变量系统进行综合与简化，将复杂的数集综合成指数。具体做法是在保证数据信息损失最小的前提下，经过线性变换和舍去一小部分次要信息，以少数新的综合变量取代原始采用的多维变量。

（5）其他多因子指数

① 橡树岭大气质量指数

$$ORAQI = \left(5.7\sum_{i=1}^{5}\frac{C_i}{S_i}\right)^{1.37} \tag{2-26}$$

式中　C_i——参与评价的污染物 24 小时环境平均浓度，mg/m^3；

　　　S_i——相应的大气质量评价标准，mg/m^3。

$ORAQI$ 规定采用 5 种污染物参与评价：SO_2、NO_x、CO、O_3 和 TSP。当环境浓度相当于未受污染的背景值时：$ORAQI = 10$；当环境浓度等于评价标准时：$ORAQI = 100$。

② 美国大气污染指数　美国大气污染物标准指数 PSI 为二氧化硫、氮氧化物、一氧化氮、臭氧、颗粒物质以及二氧化硫与颗粒物质的单因子指数的乘积，共六项分指数，选择其中的最高值作为该日的大气污染标准指数 PSI。即

$$PSI = \max\{I_1, I_2, I_3, I_4, I_5, I_6\} \tag{2-27}$$

式中　I_1——二氧化硫指数；

　　　I_2——氮氧化物指数；

　　　I_3——一氧化氮指数；

　　　I_4——臭氧指数；

　　　I_5——颗粒物指数；

　　　I_6——二氧化硫指数与颗粒物指数的乘积。

③ 上海大气质量指数

$$I = \sqrt{\left(\frac{C_i}{S_i}\right)_{max}\left(\frac{1}{n}\sum_{i=1}^{n}\frac{C_i}{S_i}\right)} \tag{2-28}$$

2.2.1.3　多要素环境质量综合因子

针对环境中某一要素的环境质量分指数评价方法，适用于地表水质评价、空气质量评

价、土壤环境质量评价以及非污染生态环境质量评价等等单要素。但是，一个区域的环境是由多种环境要素组成的复杂综合体系，例如，它包括大气、水、土壤、野生生物、生态系统、景观生态系统、社会经济环境等诸多方面。因此，要评价一个区域的环境质量，不仅要对其中每个环境要素进行评价，还需要对一个区域的环境质量进行综合评价，以得出该地区环境总体质量状况。

相对而言，综合指数更宏观、层次更高、综合性更强，人们对它与各要素分指数的关系就比对分指数与分指数中单个因子的关系考虑得更简单一些。从目前国内外的环境质量评价实践来看，由多个要素的环境质量分指数产生环境质量综合指数的主要方法是对各分指数的线性加权累加，得到一个综合评价指数后，根据综合指数的范围对最终的评价对象确定其环境质量等级，而对分指数的非线性和相互耦合作用较少考虑。

在这些综合指数计算中，权值的确定仍然是方法的关键。最常见用的权值确定的方法有专家评分法、模糊综合评判法、层次分析法、主成分分析法等。

2.2.1.4　环境质量指数的分级方法

环境质量分级一般是按一定的指标对环境质量指数范围进行分级。

首先，要掌握污染状况变化的历史资料，弄清指数变化与污染状况变化的相关性；其次，确定出来污染、重污染（质量差）、严重污染（危险）等几个突出的污染级别与相应的指数范围；然后，根据评价结果做具体分级。要做好环境质量分级，必须从实际出发，掌握大量的历史观测资料，并可借助其他地区已有的分级经验。根据所采用的权值方法的不同，环境质量指数的分级方法也不相同。

较常用的分级方法有总分法、加权求和法和模糊综合评价法三种。

（1）总分法

设评价对象有 n 个因子，每个因子有一个评价指数 I_i，计算评价对象中各因子的总分之和。

$$I = \sum_{i=1}^{n} I_i \tag{2-29}$$

例如，$I_{综合} = I_{大气} + I_{地面水} + I_{地下水} + I_{土壤} + I_{其他}$

总分法按照 I 的大小对评价对象排出名次或确定环境质量级别。应用总分法计算分指数和综合指数进行评价分级和比较时，应满足以下条件：a. 要求 n 值是确定的，即进行比较时，所选的因子数地下相同；b. 各因子的单因子指数或者某要素分指数的分级标准和等级划分必须一致。

在用综合指数值来衡量环境系统的环境质量时，综合指数应当介于 0～100 之间，将指数高低及其生态学影响结合考虑，将环境质量共分为五个污染等级，见表 2-1。

表 2-1　环境质量分级

环境质量总指数	环境污染等级	各环境要素污染状况
<1	清洁	各环境要素的污染一般均不超标
1～5	轻度	个别环境要素超标
5～10	中度	个别环境要素超标较多
10～50	严重	个别环境要素超标可达 10 倍以上
>50	极严重	个别环境要素超标可达 50 倍以上

而对应的大气、地表水、地下水等的环境质量评价指数的分级标准与综合总指数的分级

标准基本是一致的，见表 2-2。

表 2-2　大气与地表水环境质量分级

级别	大气环境质量指数	地表水环境质量指数	级别	大气环境质量指数	地表水环境质量指数
清洁	0～0.01	<0.02	较重污染	4.5～10	5.0～10
微污染	0.01～0.1	0.2～0.5	严重污染	10～50	10～100
轻污染	0.1～1.0	0.5～1.0	极严重污染	>50	>100
中度污染	1.0～4.5	1.0～5.0			

（2）加权求和法

设评价对象有 n 个因子，每个因子有一个评价指数 I_i，计算评价对象中各因子的加权求和值为

$$I = \sum_{i=1}^{n} W_i I_i \Big/ \sum_{i=1}^{n} W_i \tag{2-30}$$

式中　W_i——对应因子的权重系数。

加权求和的各单因子指数或某要素分指数的分级标准和等级划分应当与加权求和后的值的分级标准和等级划分一致。

2.2.2　环境质量模糊综合评价法

在很多情况下，环境质量评价等级难于用一个简单的数值来表示。例如，某些城市进行天气预报时，对第二天是否下雨会给出一个概率或可能性。这样既科学、合理，又有利于人们的理解和接受。对环境质量分级同样存在这种要求。因此，将模糊数学观点引入到环境评价中是有实际意义的。

2.2.2.1　模糊集合的概念

对于一个集合，若存在一个子集 A，则空间任一元素 x 属于 A 或不属于 A，二者必居其一，用函数表示为 $A(x)$，叫作集合 A 的特征函数（或隶属函数），只取 0、1 两值。

即

$$A(x) = \begin{cases} 1 & x \in A \\ 0 & x \notin A \end{cases} \tag{2-31}$$

将特征函数推广到模糊集合的 [0，1] 区间，即可对模糊集合做如下定义。

定义：设给定论域 U，U 上的一个子集 A，对于任意元素 $x \in U$，都能够确定一个函数 $\mu_A(x) \in [0,1]$，用以表示 x 属于 A 的程度。$\mu_A(x)$ 称为 x 对 A 的隶属度。

由于常用的模糊子集是离散形式，故 A 可以表达为

$$A = \{\mu_A(x_1)/x_1, \mu_A(x_2)/x_2, \cdots, \mu_A(x_n)/x_n\} \tag{2-32}$$

式中　$x_1, x_2, x_3, \cdots, x_n \in U$。

模糊子集没有确定的边界，其集合形状是模糊的，但它有确定的隶属函数来表述。隶属函数既可以用数学公式描述，也可以人为方式确定。例如，在环境质量评价中，论域是评定的等级 V，常取 $V=$（优，良，中，差，劣），它是由优、良、中、差、劣 5 个评语构成的集合。一个确切的评价就是从 V 中选定一个元素。但是，严格说来，环境评价不是确切的评价。同一个人面对同样环境质量，往往会做出不同的评价；然而不同的人面对同一环境质量也会有不同的看法。因此，环境评价应该是 V 的一个模糊子集，即优、良、中、差、劣均有，实施程度上的差别。只有 30％的人认为环境质量良好，70％的人为中等，这模糊评价的子集可写为

$$A = \{0/优, 0.3/良, 0.7/中, 0/差, 0/劣\} \tag{2-33}$$

2.2.2.2　模糊集合运算

模糊集合运算方法与普通集合相似,有相等、余、并、交、代数积与代数和等基本预算。

(1) 相等

域 U 上二个模糊子集 A、B 相等的充分必要条件是

$$\mu_A(x) = \mu_B(x) \tag{2-34}$$

(2) 余

域 U 上二个模糊子集 A 的余记作 $\bar{A}$,其隶属度为 $\mu_{\bar{A}}(x)$,则定义

$$\mu_{\bar{A}}(x) = 1 - \mu_A(x) \tag{2-35}$$

例如,$A = \{0/0, 0.1/1, 0, 0.4/2, 0.7/3, 0.9/4, 1.0/5\}$,则余为

$$\bar{A} = \{1/0, 0.9/1, 0.6/2, 0.3/3, 0/1/4, 1.0/5\}$$

如果 A 为"二级环境质量",则 B 为"非二级环境质量"。

(3) 并

域 U 上二个模糊子集 A 和 B 的并集,记作 $A \cup B$,若令 $C = A \cup B$,则

$$\mu_C(x) = \max\{\mu_A(x), \mu_B(x)\} \tag{2-36}$$

也可以表示为 $\mu_C(x) = \mu_A(x) \vee \mu_B(x)$

例如,有 5 个监测点监测值超标的集合,其水质超标的集合为 A,空气质量超标的集合为 B,则有

$$X = [x_1, x_2, x_3, x_4, x_5]$$
$$A = \{0.2/x_1, 0.7/x_2, 1/x_3, 0/x_4, 0.5/x_5\}$$
$$B = \{0.5/x_1, 0.3/x_2, 0/x_3, 0.1/x_4, 0.7/x_5\}$$
$$A \cup B = \{0.2 \vee 0.5/x_1, 0.7 \vee 0.3/x_2, 1 \vee 0/x_3, 0 \vee 0.1/x_4, 0.5 \vee 0.7/x_5\}$$
$$= \{0.5/x_1, 0.7/x_2, 1/x_3, 0.1/x_4, 0.7/x_5\}$$

结果表示水质超标或空气质量超标的模糊集合。

(4) 交

域 U 上二个模糊子集 A 和 B 的交集,记作 $A \cap B$,若令 $C = A \cap B$,则

$$\mu_C(x) = \min\{\mu_A(x), \mu_B(x)\} \tag{2-37}$$

也可以表示为 $\mu_C(x) = \mu_A(x) \wedge \mu_B(x)$

例如,仍以上例为例,则

$$A \cap B = \{0.2 \wedge 0.5/x_1, 0.7 \wedge 0.3/x_2, 1 \wedge 0/x_3, 0 \wedge 0.1/x_4, 0.5 \wedge 0.7/x_5\}$$
$$= \{0.2/x_1, 0.3/x_2, 0/x_3, 0/x_4, 0.5/x_5\}$$

结果表示水质超标且空气质量超标的模糊集合。

(5) 代数积

域 U 上二个模糊子集 A 和 B 的代数积,记作 $A \cdot B$,若令 $C = A \cdot B$,则

$$\mu_C(x) = \mu_A(x) \cdot \mu_B(x) \tag{2-38}$$

例如,仍以上例为例,则

$$C = A \cdot B = \{0.2 \times 0.5/x_1, 0.7 \times 0.3/x_2, 1 \times 0/x_3, 0 \times 0.1/x_4, 0.5 \times 0.7/x_5\}$$
$$= \{0.1/x_1, 0.21/x_2, 0/x_3, 0/x_4, 0.35/x_5\}$$

（6）代数和

域 U 上二个模糊子集 A 和 B 的代数和，记作 $A \oplus B$，若令 $C = A \oplus B$，则

$$\mu_C(x) = \mu_A(x) + \mu_B(x) - \mu_A(x) \cdot \mu_B(x) \tag{2-39}$$

例如，仍以上例为例，则

$$C = \{0.7 - 0.1/x_1, 1 - 0.21/x_2, 1 - 0/x_3, 0.1 - 0/x_4, 1.2 - 0.35/x_5\}$$
$$= \{0.6/x_1, 0.79/x_2, 1.0/x_3, 0.1/x_4, 0.85/x_5\}$$

2.2.2.3 模糊关系和模糊矩阵复合运算

模糊关系：二个域 X、Y 的积集记作 $X \times Y$，定义 $X \times Y$ 的一个模糊子集 R，R 称为 X 与 Y 的一个模糊关系，写成 $R: X \times Y \rightarrow [0,1]$，其关系特征可以用隶属函数 $\mu_R(x, y)$ 来表示。

隶属函数 $\mu_R(x, y)$ 可以用多种方法确定，例如，X 与 Y 的模糊关系可以用相关系数确定；环境中某污染物浓度与可评价等级的模糊关系可用隶属度来确定。如果 X、Y 为有限集合，可以用矩阵来表示 X 与 Y 之间的模糊关系。例如，X =（空气，水，土壤，生物），Y =（优，良，中，差，劣），则 X 与 Y 的模糊关系可通过各要素划分为对应评价等级的隶属度构成的模糊关系矩阵 R 来表达。

$$R = \begin{bmatrix} 0.0 & 0.3 & 0.7 & 0.0 & 0.0 \\ 0.0 & 0.18 & 0.45 & 0.37 & 0.0 \\ 0.0 & 0.0 & 0.7 & 0.3 & 0.0 \\ 0.0 & 0.2 & 0.6 & 0.2 & 0.0 \end{bmatrix} \begin{matrix} 空气 \\ 水体 \\ 土壤 \\ 生物 \end{matrix}$$
$$\quad 优 \quad 良 \quad 中 \quad 差 \quad 劣$$

在该模糊矩阵中，R_{ij} 表示第 i 个要素被评为第 j 级环境质量的可能性，即 i 对 j 的隶属度。

模糊矩阵运算：把模糊矩阵的乘法运算称为模糊矩阵的复合运算。

目前，模糊矩阵的复合运算有四种模型。

（1）模型 1［记作 $M1(\wedge, \vee)$］

设有二个模糊矩阵 A、B，其复合运算结果记为 $C = A \circ B$，则

$$C_{ij} = \max_k \min[a_{ik}, b_{kj}] = \bigvee_k [a_{ik} \wedge b_{kj}] \tag{2-40}$$

例如，有二个模糊矩阵 A、B

$$A = \begin{bmatrix} 0.8 & 0.7 \\ 0.5 & 0.3 \end{bmatrix} \qquad B = \begin{bmatrix} 0.2 & 0.4 \\ 0.6 & 0.9 \end{bmatrix} \qquad 则$$

$$C = A \circ B = \begin{bmatrix} (0.8 \wedge 0.2) \vee (0.7 \wedge 0.6) & (0.8 \wedge 0.4) \vee (0.7 \wedge 0.9) \\ (0.5 \wedge 0.2) \vee (0.3 \wedge 0.6) & (0.5 \wedge 0.4) \vee (0.3 \wedge 0.9) \end{bmatrix} = \begin{bmatrix} 0.6 & 0.7 \\ 0.3 & 0.4 \end{bmatrix}$$

$$B \circ A = \begin{bmatrix} (0.2 \wedge 0.8) \vee (0.4 \wedge 0.5) & (0.2 \wedge 0.7) \vee (0.4 \wedge 0.3) \\ (0.6 \wedge 0.8) \vee (0.9 \wedge 0.5) & (0.6 \wedge 0.7) \vee (0.9 \wedge 0.3) \end{bmatrix} = \begin{bmatrix} 0.4 & 0.3 \\ 0.6 & 0.6 \end{bmatrix}$$

（2）模型 2（记作 $M2[\cdot, \oplus]$）

设有二个模糊矩阵 A、B，其复合运算结果记为 $C = A \circ B$，则

$$C_{ij} = \sum_k (a_{ik} \cdot b_{kj}) = (a_{i1} \cdot b_{1j}) \oplus (a_{i2} \cdot b_{2j}) \oplus \cdots \oplus (a_{in} \cdot b_{nj}) \tag{2-41}$$

其中，（代数积）乘积算子 $a \cdot b = ab$，（代数和）闭合加法算子 $a \oplus b = (a+b) \wedge 1$。

例如，仍用上例，则有

$$C = A \circ B = \begin{bmatrix} (0.8 \cdot 0.2) \oplus (0.7 \cdot 0.6) & (0.8 \cdot 0.4) \oplus (0.7 \cdot 0.9) \\ (0.5 \cdot 0.2) \oplus (0.3 \cdot 0.6) & (0.5 \cdot 0.4) \oplus (0.3 \cdot 0.9) \end{bmatrix} = \begin{bmatrix} 0.58 & 0.95 \\ 0.28 & 0.47 \end{bmatrix}$$

（3）模型 3〔记作 $M3(\cdot, \vee)$〕

设有二个模糊矩阵 A、B，其复合运算结果记为 $C = A \circ B$，则

$$C_{ij} = \max_k (a_{ik} \cdot b_{kj}) = \bigvee_k (a_{ik} \cdot b_{kj}) \tag{2-42}$$

例如，仍用上例，则有

$$C = A \circ B = \begin{bmatrix} (0.8 \cdot 0.2) \vee (0.7 \cdot 0.6) & (0.8 \cdot 0.4) \vee (0.7 \cdot 0.9) \\ (0.5 \cdot 0.2) \vee (0.3 \cdot 0.6) & (0.5 \cdot 0.4) \vee (0.3 \cdot 0.9) \end{bmatrix} = \begin{bmatrix} 0.42 & 0.63 \\ 0.18 & 0.27 \end{bmatrix}$$

（4）模型 4〔记作 $M4(\wedge, \oplus)$〕

设有二个模糊矩阵 A、B，其复合运算结果记为 $C = A \circ B$，则

$$C_{ij} = \sum_k (a_{ik} \wedge b_{kj}) = (a_{i1} \wedge b_{1j}) \oplus (a_{i2} \wedge b_{2j}) \oplus \cdots \oplus (a_{in} \wedge b_{nj})$$

例如，仍用上例，则有

$$C = A \circ B = \begin{bmatrix} (0.8 \wedge 0.2) \oplus (0.7 \wedge 0.6) & (0.8 \wedge 0.4) \oplus (0.7 \wedge 0.9) \\ (0.5 \wedge 0.2) \oplus (0.3 \wedge 0.6) & (0.5 \wedge 0.4) \oplus (0.3 \wedge 0.9) \end{bmatrix} = \begin{bmatrix} 0.8 & 1.0 \\ 0.5 & 0.7 \end{bmatrix}$$

比较四种模型的计算结果，$M4(\wedge, \oplus)$ 不能突出主要因素，在环境评价中不宜采用，其他三种均可采用。$M1(\wedge, \vee)$ 和 $M2(\cdot, \oplus)$ 计算结果比较接近。

2.2.2.4　模糊综合评价

模糊综合评价的步骤如下：

第一步：建立评价对象的因素集 $U = \{u_1, u_2, \cdots, u_n\}$，因素就是参与评价的 n 个因子的数值。

第二步：建立评价集 $V = \{v_1, v_2, \cdots, v_n\}$。其中 V 是与 U 相应的评价标准分级的集合。

第三步：找出因素域 U 与评价域 V 之间的模糊关系矩阵 $R : U \times V \rightarrow [0, 1]$，$R$ 称为单因素评价矩阵。于是，(U, V, R) 构成综合评价模型。

第四步：综合评价。由于对 U 中各因素有不同的侧重，需要对每个因素赋予不同的权重，可表示为 U 上的一个模糊子集 $A = \{a_1/u_1, a_2/u_2, \cdots, a_n/u_n\}$，并且规定 $\sum a_i = 1, a_i \geqslant 0$。在 R 与 A 求出后，则综合评价为

$$B = A \circ R \tag{2-43}$$

式中　B——V 上的一个模糊子集，即 $B = \{b_1/v_1, b_2/v_2, \cdots, b_n/v_n\}$。如果 $\sum b_j \neq 1$，则应当将其归一化处理。

模糊评价方法对分指数和综合指数的计算都适用。

2.3　环境影响识别和评价方法

2.3.1　环境影响识别方法

环境影响识别就是要找出所受到的影响的环境因素，以使环境影响预测减少盲目性、环境影响综合分析增加可靠性、污染防治对策具有针对性。

环境影响评价方法是指在环境影响评价的实际工作中，按照环境评价技术导则和评价工作规律，为解决某些特殊问题而创建的一类方法。

2.3.1.1 环境影响因子的识别

首先要弄清楚该工程影响地区的自然环境和社会环境状况，确定环境影响评价的工作范围；在此基础上，根据工程的组成的、特性及其功能，结合工程影响地区的特点，从自然环境和生活环境两个方面，选择需要进行影响评价的环境因子。

2.3.1.2 环境影响程度的识别

工程建设项目对环境因子的影响程度可以用等级划分来反映，按不利影响与有利影响两类分别划分级别。

（1）不利影响

不利影响常用负号表示，按环境敏感度划分。环境敏感度是指在不损失和不降低环境质量的情况下，环境因子对外界压力的相对计量，例如可以以划分为五个等级。

① 极端不利　外界压力引起某环境因子无法替代、恢复与重建的损失，这种损失是永远的，不可逆的。

② 非常不利　外界压力引起某个环境因子严重而长期的损害或者损失，其替代、恢复和重建非常困难和昂贵，并且需要很长的时间。

③ 中度不利　外界压力引起某个环境因子的损害和破坏，其替代和恢复是可能的，但相当困难并且可能要比较高的代价和比较长的时间。

④ 轻度不利　外界压力引起某个环境因子的轻微损失或者是暂时性破坏，其再生、恢复与重建可以实现，但需要一定的时间。

⑤ 微弱不利　外界压力引起某个环境因子暂时性破坏和受到干扰，其敏感度中的各项是人类能够忍受的，环境的破坏和干扰能够较快的自动恢复或者再生，或者其替代与重建比较容易实现。

（2）有利影响

有利影响一般用正号表示，按照对环境与生态产生的良性循环、提高的环境质量，产生的社会经济效益程度而确定等级，例如，可以分为微弱有利、轻度有利、中等有利、大有利、特有利五级。

在划定环境因子受影响的程度时，对于受影响程度的预测要尽可能客观，必须认真做好环境的本底调查，同时要对建设项目必须达到的目标及其相应的技术指标有清楚的了解。然后预测环境因子由于环境变化而产生的生态影响、人群健康影响和社会经济影响，确定影响程度的等级。

2.3.2 环境影响评价方法

环境影响评价方法主要有核查表法、类比法、专家调查法和模型分析法等方法。

2.3.2.1 核查表法

将可能受开发方案影响的环境因子和可能产生的影响性质，通过核查在一张表上列出的识别方法，故亦称一览表法或者列表清单法。这种表单有三种主要形式：简单型清单、描述性清单和分级型清单。

列表清单法是将拟实施的开发建设活动影响因素与可能受影响的环境因子分别列在同一张表格中，逐项进行分析，并以正负符号、数值、其他符号表示影响的性质、强度、相对大小等，由此分析开发建设活动的生态环境影响。

这种方法主要用于影响识别和评价因子的筛选以及进行开发建设活动对环境因子的影响分析。

【例 2-1】　在某经济开发区的环境影响评价中，由于该开发区的建设和发展属于大规模开发项目，同时在开发区建设中会出现大量工业并且有相当数量的移民，因而该开发区建设项目对社会经济环境影响需要进行详细的评价。根据所收集的现有资料，经过专业判断，得到了社会经济环境影响见表 2-3。

表 2-3　某开发区社会经济环境影响

影响因子		以建设为主阶段			以营运为主阶段		
		征地拆迁	开发建设	营运	征地拆迁	开发建设	营运
社会	人口迁移	−3s	−2s	0	−1s	0	0
	住房	−3s	−1s	+1r	−1s	0	+2r
	科研单位	−1r	−1r	+1r	−1r	0	+1r
	学校	−1r	−1r	+1r	−1r	−1r	+1r
	医院	−1r	−2r	+1r	−1r	−1r	+3r
	公共设施	−3r	−1r	+2r	−1r	0	+3r
	社会福利	−2r	−1r	+2r	−1r	+1r	+3r
经济	经济基础	−2r	−1r	+2r	−1r	+2r	+3r
	需求水平	−2r	+1r	+2r	−1r	+2r	+3r
	收入分配	−1r	+1r	+2r	−1r	+2r	+3r
	就业	−2r	+1r	+2r	−1r	+2r	+3r
美学	自然景观	−2s	−1s	0	−1s	0	0
	人工景观	−1s	0	+1r	0	+1r	+2r

注：+有利影响；−不利影响；r可逆影响；s不可逆影响；3、2、1、0影响强、中、弱、无。

从表 2-3 中可以初步判断、筛选出主要影响因子如下。

在以建设为主阶段中，主要的社会经济影响活动为征地拆迁，并且表现为不利影响，而主要的影响因子为人口迁移、住房、公共设施、就业、自然景观。

在以营运为主阶段中，主要经济社会影响活动为生产营运活动并且表现为有利影响，主要的影响因子为公共设施、经济基础、需求水平、收入分配、就业等因子。在实际开展评价时，要有针对性对主要的社会经济影响活动和影响因子进行重点评价。

2.3.2.2　类比法

这是最简单的主观预测方法。它是将拟建工程对环境的影响在性质上做出全面分析和在总体上做出判断的一种方法。其基本原理是将拟建工程同选择的已建工程进行比较，根据已建工程对环境产生的影响，作为评价拟建工程对环境影响的主要依据。

类比分析法是一种比较常用的定性和半定量评价方法。类比对象是进行对比分析或者预测评价的基础，也是该法成败的关键。一般说来，类比对象的选择条件如下。

① 具有与评价的拟建工程相似的自然地理环境，例如，地理位置相似、地质和气候条件相似、环境特征相似。

② 具有与评价的拟建工程相似的工程性质、工艺和规模相当。

③ 类比工程应具有一定的运行年限，所产生的影响已基本全部显现。

类比对象确定后，需要选择和确定类比因子及指标，并被类比对象开展调查与评价，然后分析拟建项目于类比对象的差异。根据类比对象同拟建项目的比较，做出类比分析结论。

类比分析法的基本步骤如下。

① 类比工程和拟建工程的环境状况调查。首先要对拟建工程的自然环境和社会环境的现状进行全面调查，然后对已建工程现状及其本底资料进行全面调查研究。

② 对调查的资料进行分析，分析资料时应按照不同因子，逐项进行，特别是对受影响较大的因子，要进行十分细致的分析，以便为类比分析打好基础。

③ 进行比较。将拟建工程与类比工程在自然环境、社会环境等方面逐项进行比较。特别要注意类比工程未建之前的环境状况与拟建工程的环境现状的比较。

根据类比工程环境影响预测成果和评价结论，分析拟建工程建成后可能产生的环境影响的性质和程度，并做出对拟建工程的环境影响评价结论。

由于环境问题的复杂性，类比分析法可更多的用于生态环境影响识别和评价因子筛选、预测生态环境问题的发生与发展趋势及其危害、确定环保目标和寻求最有效最可行的环境保护措施等方面。

2.3.2.3 专家调查法

当缺乏足够的数据、资料而无法进行客观地统计分析时，又难以用数学模式进行定量化分析，且由于因果关系太复杂而找不到适当的预测模式条件下，不能应用客观预测方法，那么只能用主观预测方法。最简单的解决办法就是召开专家咨询会，综合专家的实践经验，进行类比、对比分析以及归纳、演绎、推理，来预测拟建工程的环境影响。

专家调查法是指组织环境评价相关领域的专家，运用专业方面的知识和经验，对被评价者的过去、现状及发展趋势等进行研究，从而对被评价者的整体发展趋势和状况做出科学的判断。专家调查法是一种预测性的环评调查方法。专家调查法的具体形式有许多类型，如头脑风暴法、特尔菲法、广议法、集体商议法、圆桌仲议法等，在此仅介绍特尔菲法。

特尔菲（Delphi）是一座古希腊城名，是传说中神谕灵验、可预卜未来的阿波罗神殿所在地，因而该城被认为是预言家们活动的场所。在 20 世纪 40 年代，美国兰德公司与道格拉斯公司协作，研究如何通过有控制的反馈更为可靠地搜集有关专家意见的方法时，以"特尔菲"为代号，特尔菲法由此而得名。此后，这一方法便迅速被世界各国所采用。

特尔菲法是采用函询调查的办法，将讨论的问题和必要的背景材料编制成调查表，采用通信的方式寄给各位专家，利用专家的智慧和经验进行信息交流，而后将他们的意见进行归纳、整理，匿名反馈给大家，再次征求意见。然后再进行归纳、反馈。这样经过多次循环以后，就可以得到意见比较一致且可靠性较大的意见。在环境评价中，利用特尔菲法可以获取与研究课题相关的专家提供的宝贵信息。

2.3.2.4 模型分析法

由于人类活动对环境的影响因素众多，影响机制复杂，采用上述的核查表法、类比法和专家调查法往往因人为因素影响很难将实际情况全面真实地反映出来。而根据污染物迁移转化规律或环境毒理学规律等理论基础建立的环境影响模型，可以在很大程度上弥补上述分析方法的不足。

人类活动对环境的影响是通过人类-环境系统而发生作用的。环境影响可以通过环境系统模型来表达，故环境影响模型是以环境系统模型为基础的。

系统模型是对一个系统某一方面本质属性的抽象、描述或模仿，它以某种确定的形式（例如实物、图表、数学表达式等）提供关于该系统的信息。系统模型应当是现实系统的抽象或模仿，由反映系统本质的主要因素组成，能够集中体现这些因素之间的关系。

系统模型一般可分为物理模型、文字模型和数学模型三大类，如图 2-1 所示。

物理模型包括实体模型、相似模型和仿真模型。实体模型就是系统本身，当系统大小适合做研究又不存在危险时就可以把系统本身作为模型；相似模型是把系统放大或缩小，使之适合于研究，如果把系统的纵横尺寸都按相同比例缩放就构成正态模型，如果系统纵横尺寸按不同比例缩放就构成了变态模型；仿真模型是利用一种系统去模仿另一系统，例如用电路系统模仿热力学系统。

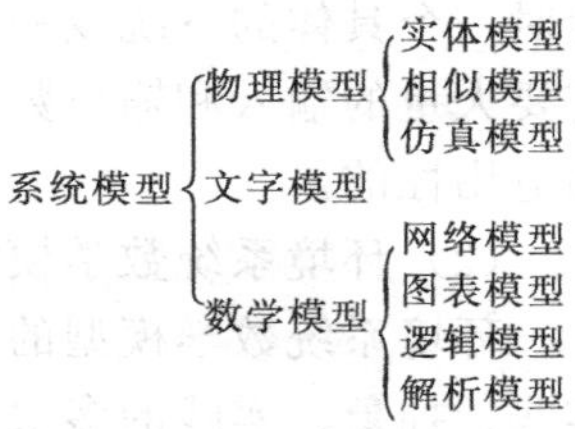

数学模型包括网络模型、图表模型、逻辑模型和解析模型。网络模型是用网络图来描述系统的组成元素以及元素之间的相互关系；图表模型是用图和表格来描述的模型；逻辑模型是表达逻辑关系的模型，如方框图、程序单等；解析模型是用数学方程式表示的模型，也是环境影响评价中应用最多的模型。文字模型是指技术报告等，当物理模型和数学模型都很难建立时就不得不用它来描述研究结果。

图 2-1　系统模型分类

一般说来，物理模型由于需要建立实物模型往往历时较长（数月或更长）、所需耗费的人力和财力较多，在环境影响评价中较少采纳。而数学模型因其建模快、耗费人力和财力少、计算结果可重复、便于检验等特点，在环境影响预测分析中得到了广泛的应用。

（1）数学模型的分类

按照不同的分类方法，可对数学模型进行不同的分类，见表 2-4。

表 2-4　数学模型的分类

划分依据	模型类型	划分依据	模型类型
变量与时间关系	稳态模型、动态模型	参量性质	集中参数模型、分布参数模型
变量间关系	线性模型、非线性模型	模型用途	模拟模型、管理模型
变量变化规律	确定性模型、随机性模型		

按照时间与变量的关系，可划分为稳态模型和动态模型，后者的变量状态是时间的函数，而前者则不随时间变化。

按照变量之间的关系，可划分为线性模型和非线性模型，前者各变量之间呈线性关系，而后者呈非线性关系。

按照变量的变化规律，可划分为确定性模型和随机性模型，前者的变量都遵循某种确定的规律运动和变化，而后者变量的变化是随机的。

按照模型参数的性质，可划分为集中参数模型和分布参数模型。把参数看作是不随时空变化的模型就是集中参数模型，而把参数看作是时间和空间的函数的模型就是分布参数模型。

按照模型的用途，可划分为模拟模型和管理模型，前者用于环境质量的模拟、环境影响的预测和评价上，而后者用于环境系统规划和管理决策上。

根据模型的结构不同，还可以把数学模型划分为白箱模型、灰箱模型和黑箱模型三种。

白箱模型是以客观事物的变化规律为基础建立起来的，又叫作机理模型，其适用范围广。只有对所要描述的客观事物的变化机理掌握得比较清楚的情况下，才有可能建立白箱模型。用于对客观事物认识的深度限制，一个完全的白箱模型实际上是很难获得的。

灰箱模型又叫做半机理模型，它是在人们对客观事物的机理认识还不够充分、只知道各因素之间的定性关系，并不确切知道定量的关系，还需要用一些经验系数来对因素进行定量化表达的情况下，建立起来的一种半理论半经验模型。目前，环境影响预测分析中所使用的数学模型绝大多数属于此类。

黑箱模型属于纯经验模型，它是在人们尚不了解客观事物的变化机理的情况下，根据系统的输入、输出数据建立各个变量之间的关系，而完全不考虑其内在的机理。该模型往往是针对一个具体的系统或一个具体的状态而建立的，其适用范围是非常有限的。建立黑箱模型需要大量的输入和输出数据，这些数据正确与否、代表性是直接决定所建立的模型的可靠性和适用性的。

（2）环境系统数学模型的建立

环境系统数学模型的建立过程实际上是对环境系统内在行为规律的认知过程，必须经过实践、抽象、实践的多次反复才能得到一个实用的模型。建立环境系统模型，一般需要经历以下几个阶段。

① 准备阶段　在建模开始前，必须弄清楚问题的背景、建模的目的，尽可能详细全面的收集与建模有关的资料，例如，环境质量背景资料、监测资料、污染源资料、污染物排放资料等。

② 系统认识阶段　对于复杂的系统，首先需要用一个概略图来定性地描述系统，并假定有关的成分和因素、系统环境的界定以及设定系统适当的外部条件和约束条件。对于有若干子系统的系统，通常确定子系统，画出分图来表明它们之间的联系，并描述各个子系统的输入/输出（I/O）关系。在这个阶段应注意到精确性与简化性有机结合的原则，通常系统范围外延大、变量多、子系统繁乱会导致模型的呆板、求解困难、精确性降低；反之，系统变量的集结程度过高，使一些决定性因素被省略，从而导致模型失真。这其中有一个变量单位尺度选取的问题，许多变量值在一定的适当的单位尺度范围内才能够显现出其变化的规律性。例如，多数河流在某一点的瞬时流速是随机脉动的，若以秒为时间单位来观察流速的时间变化则毫无规律可言，而如果将时间的单位尺度放大到小时或天，就可以看到一个较为稳定的平均流速随时间的变化规律；如果继续放大，则所显现的规律还会被淹没掉。这里将能使变量的变化规律显现出来的单位尺度称为特征尺度。特征尺度不仅可以减少模型中参数的个数，而且可以帮助人们抓住模型的本质并判定有关因素的重要性。

③ 系统建模阶段　在建立模型之前，通常根据系统的特性和建模目的做一些必要的假设；在此基础上，根据自然科学和社会科学的理论和方法，建立一系列的数学关系式。模型的建立需要各相关学科知识的综合，微积分、微分方程、线性代数、概率统计、图与网络、排队论、规划论、对策论等数学知识是建模的基础，而专业学科知识则是有力的工具。

练习题

1. 简述污染源调查的目的。
2. 污染源调查采用什么方法？
3. 什么是等标污染负荷？什么是等标污染负荷比？
4. 简述区域主要污染源和主要污染物的评价方法。
5. 某评价区域现有水污染源及其排污情况见下表，试采用等标污染负荷法找出主要的污染源。

序号	公司	废水排放量/(t/a)	COD_{Cr}/(mg/L)	NH_3-N/(mg/L)
1	YC 鞋厂	1825	0.55	0.04
2	NX 个人护理产品有限公司	12053	3.77	0.07
3	ZH 帽服制品有限公司	8760	2.63	0.18
4	LY 塑料镀膜有限公司	2409	0.7	0.05
5	QD 精细化工有限公司	4480	4.1	0.15
6	WG 压缩机有限公司	8687	2.6	0.17
7	LJ 伟业酒店用品有限公司	14166	2.12	0.26
8	TY 化妆品有限公司	5143	0.18	0.01

续表

序号	公　司	废水排放量/(t/a)	COD$_{Cr}$/(mg/L)	NH$_3$-N/(mg/L)
9	JX 制衣有限公司	36500	1.17	0.54
10	SL 文化用品有限公司	14600	2.22	0.29
11	CQ 皮具制品有限公司	23999	4.76	0.25
12	BS 体育公司	3650	1.09	0.07
13	HY 皮具有限公司	32000	1.27	0.17
14	YQ 皮具有限公司	2190	0.66	0.04
15	HJ 手袋厂	6545	0.88	0.06
16	KL 手袋加工厂	8182	1.09	0.07
17	LQ 手袋厂	3273	0.44	0.03
18	ZF 印花有限公司	22537	1.66	0.12
19	STX 木业饰面板厂	1095	0.33	0.02
20	DY 皮具有限公司	18250	1.68	0.52
21	MXT 皮具有限公司	23360	1.27	0.17
22	CZ 化妆品厂	7435	0.32	0.01
23	FSY 制衣厂	7300	2.19	0.15
24	YY 塑胶五金有限公司	14600	1.81	0.17
25	JY 快递有限公司	2190	0.66	0.04
26	KT 数控机床有限公司	3139	0.23	0.06
27	HS 空调有限公司	6640	0.64	0.05
28	HL 化工有限公司	2592	0.08	0.02
29	WN 科技有限公司	3650	1.1	0.07
30	BL 皮具有限责任公司	17399	4.6	0.14
31	HX 机械制造有限公司	15990	3.47	0.06
32	MTH 皮具有限公司	2555	0.77	0.05
33	JTL 微电机有限公司	27000	0.56	0.57
	排放标准/(mg/L)	—	100	10

6. 什么是单因子指数？为什么说单因子环境质量指数反映了单因子污染的程度？

7. 广州河段某点实测水质数据和水质评价标准见下表。采用环境质量指数法评价该点水质现状。

名称	监测项目及监测结果[单位为 mg/L,除水温(℃)pH 值外]							
	水温/℃	pH 值	DO	COD$_{Cr}$	BOD$_5$	氨氮	总磷	石油类
实测点	23.4	7.12	5.6	14.6	3.8	1.04	0.15	0.07
评价标准		6~9	≥3	≤30	≤6	≤1.5	≤0.3	≤0.5

8. 同加权累加式环境质量分指数相比，简单累加式环境质量分指数有什么不足之处？

9. 简述因子权重的常见确定方法。

10. 简述大气污染标准指数 PSI 的计算方法。

11. 简述常用的环境质量指数的分级方法。

12. 有 5 个监测点监测值超标的集合，其水质超标的集合为 A，空气质量超标的集合为 B，即

$$A = \{0.2/x_1, 0.7/x_2, 1/x_3, 0/x_4, 0.5/x_5\}, \quad B = \{0.5/x_1, 0.3/x_2, 0/x_3, 0.1/x_4, 0.7/x_5\}$$

试根据模糊集合的计算方法确定水质超标或空气质量超标的模糊集合和水质超标且空气质量超标的模糊集合。

13. 什么是环境影响识别？

14. 常见的环境影响评价方法有哪些？

15. 在进行新建项目环境影响的类比分析中，类比对象的选择条件是什么？

16. 专家调查法一般在什么情况下采用？

17. 在环境影响预测中经常采用的数学模型一般包括哪些类型的模型？

第3章

地表水环境影响评价

本章介绍废水排放量的预测、地表水中污染物的迁移转化过程、地表水环境影响评价工作分级与评价范围、地表水环境现状调查与评价、地表水环境影响预测以及地表水环境影响评价。

3.1 废水排放量的预测方法

3.1.1 点源废水排放量的预测方法

以点源形式排放的废水，可以采用实测的方法测定，或者采用估值法确定。

(1) 实测法

借助于流量计、流速仪测定或者采用薄壁堰（三角堰或矩形堰）来测定点源排放的废水量。这种方法直观、准确，但只适用于已建项目并已有废水排放的情形。

(2) 估值法

常用估算点源废水排放量的方法是排污系数推算法。

对于居民生活污水排放量的估算，按照人均排水定额来估算，即

$$Q_s = \frac{qNK_s}{86400} \tag{3-1}$$

式中 q——每人每日排水定额，L/d；

N——人口总数，人；

K_s——总变化系数，介于 1.5～1.7。

对于工业废水排放量的估算，有两种估算方法。

① 按定额用水量指标估算 根据工业用水量扣除工业用水循环量后得到的工业实际用水量，乘以排放系数，得到工业废水排放量。其中，排放系数与工业门类、工艺水平和技术进步等因素有关，可视具体情况取值，一般其值介于 60%～80%。

② 按万元工业产值综合排污系数估算 按照国内外统计结果，工业废水年均增长率与工业总产值年均增长率之间有一定的关系，工业总产值增长 1%，工业废水量要增长 0.3～0.6%，那么可得到如下估算式。

$$Q = \alpha A \beta \tag{3-2}$$

式中　Q——预测年工业废水排放量，t；

$\quad\quad$ A——预测年工业总产值，万元；

$\quad\quad$ α——万元工业总产值用水量，t/万元；

$\quad\quad$ β——综合排污系数。

随着科技进步和工艺改进，万元工业总产值用水量 α 值和综合排污系数 β 都应当是逐年降低的。

3.1.2　非点源废水排放量的预测方法

非点源是指分散或均匀地通过岸线进入水体的废水。主要包括城市雨水、农田排水、矿山废水等，情况往往比较复杂，需要根据具体情况来确定。在作为粗略估算时，可按单位面积的排污系数乘以排污面积来估算面源的污水排放量。

3.2　地表水中污染物迁移转化过程

污染物进入到地表水流后，一方面在分子运动、水流运动和紊动作用下会发生浓度扩散和分散现象；另一方面在重力等质量力和其他化学或生物化学作用下会发生转化和降解，其综合作用的结果是使地表水中污染物浓度发生改变。

3.2.1　地表水中污染物迁移转化机制

3.2.1.1　污染物在地表水中的扩散

污染物进入到地表水体后，由于分子运动、水流运动和紊动作用，会发生从浓度高处向浓度低处迁移的现象，这就是污染物在水体中的扩散现象。一般说来，水体中污染物的扩散包括分子扩散、对流扩散和紊动扩散，其中，分子扩散在水体非静止的情况下比其他二个扩散要小得多。

众多实验观测表明，无论是分子扩散、对流扩散还是紊动扩散，都可以用费克（Fick）定律来描述，即在单位时间内按一定方向通过一定面积扩散输送的污染物质量与该方向的浓度梯度成正比，用方程表达为以下几种。

① 三维静水分子扩散方程。

$$\frac{\partial C}{\partial t} = D\left(\frac{\partial^2 C}{\partial x^2} + \frac{\partial^2 C}{\partial y^2} + \frac{\partial^2 C}{\partial z^2}\right) \tag{3-3}$$

式中　D——分子扩散系数，cm^2/s；D 值大则扩散快，反之则扩散慢，可实验测定其数值。

三维动水对流扩散方程

$$\frac{\partial C}{\partial t} + \bar{u}\frac{\partial C}{\partial x} + \bar{v}\frac{\partial C}{\partial y} + \bar{w}\frac{\partial C}{\partial z} = D\left(\frac{\partial^2 C}{\partial x^2} + \frac{\partial^2 C}{\partial y^2} + \frac{\partial^2 C}{\partial z^2}\right) \tag{3-4}$$

式中　$\bar{u}, \bar{v}, \bar{w}$——水流时均流速。

$$\frac{\partial C}{\partial t} = E_x\frac{\partial^2 C}{\partial x^2} + E_y\frac{\partial^2 C}{\partial y^2} + E_z\frac{\partial^2 C}{\partial z^2} \tag{3-5}$$

式中　E_x, E_y, E_z——紊动扩散系数，单位与分子扩散系数相同。

如果在物质输送过程中，有质量输入（源）或输出（汇），那么在扩散方程中应当计入，即

$$\frac{\mathrm{d}C}{\mathrm{d}t}=D\,\nabla^2 C+E_i\,\frac{\partial^2 C}{\partial X_i{}^2}+S\downarrow\uparrow \qquad (i=1,2,3) \tag{3-6}$$

式中，$S\uparrow$ 为源，$S\downarrow$ 为汇，$\dfrac{\mathrm{d}C}{\mathrm{d}t}=\dfrac{\partial C}{\partial t}+\bar{u}\dfrac{\partial C}{\partial x}+\bar{v}\dfrac{\partial C}{\partial y}+\bar{w}\dfrac{\partial C}{\partial z}$。

式（3-6）也可写成下列形式

$$\frac{\partial C}{\partial t}+\bar{u}\frac{\partial C}{\partial x}+\bar{v}\frac{\partial C}{\partial y}+\bar{w}\frac{\partial C}{\partial z}=(E_i+D)\frac{\partial^2 C}{\partial X_i{}^2}-\kappa C \qquad (i=1,2,3) \tag{3-7}$$

上述方程都是二阶线性偏微分方程，只要给定合适的初始条件和边界条件，理论上就可以求得空间上或时间上扩散物质的浓度场。

3.2.1.2 污染物在地表水中的分散

实际水流由于具有黏滞性，水流边界对水流往往形成阻滞作用，使水流具有流速梯度和剪切力。一般把具有流速梯度的流动称为剪切流。由于剪切流时均流速分布不均匀而引起的污染物扩散称为分散，也叫做离散或弥散。污染物的分散只是污染物在水流中的一种特殊的扩散现象，原则上可以通过紊动扩散方程求解。但由于三维剪切流分散方程十分复杂，以往大量的研究都只得到一些简单情况下的解析解。为了简化问题，常将三维剪切流问题简化为二维或一维剪切流问题。下面仅介绍明渠流一维分散问题。

以明渠为例来建立剪切流的一维分散方程。

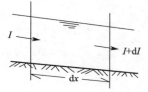

图 3-1 明渠流分析示意

明渠流分析示意如图 3-1 所示，在明渠流动中取一微分流段 $\mathrm{d}x$，设流段上游断面面积为 A，断面平均流速为 U，通过上游断面的扩散物质流量为 $I=\displaystyle\int_A uC\mathrm{d}A$，其中，$u$ 和 C 为上游断面上任意点的流速和污染物浓度。而通过下游断面的扩散物质流量为

$$I+\mathrm{d}I=\int_A uC\mathrm{d}A+\frac{\partial}{\partial x}\Big(\int_A uC\mathrm{d}A\Big)\mathrm{d}x$$

由于是对断面积分，微元面积上的通量应当采用时间平均值 $\overline{uC}$，故在 $\mathrm{d}t$ 时段内流入与流出微分流段的扩散物质之差为 $-\dfrac{\partial}{\partial x}\displaystyle\int_A \overline{uC}\mathrm{d}A\,\mathrm{d}x\,\mathrm{d}t$。

若污染物为持久性污染物，在 $\mathrm{d}t$ 时段内流入与流出的污染物量之差应当与流段内污染物增量相等，即

$$\frac{\partial}{\partial t}(\bar{C}A\mathrm{d}x)\mathrm{d}t=-\frac{\partial}{\partial x}\int_A \overline{uC}\mathrm{d}A\,\mathrm{d}x\,\mathrm{d}t \quad \text{或} \quad \frac{\partial(\bar{C}A)}{\partial t}=-\frac{\partial}{\partial x}\int_A \overline{uC}\mathrm{d}A \tag{3-8}$$

在一元流的过水断面上，任意点的实际流速 u 可以分解为三部分：断面平均流速 U、脉动流速 u' 和该点时均流速与断面平均流速的差值 $\hat{u}$，即

$$u=U+u'+\hat{u} \tag{3-9}$$

同理，断面上任意点的瞬时浓度也可以表达为

$$C=\bar{C}+C'+\hat{C} \tag{3-10}$$

式中　$\bar{C}$——断面平均浓度；

$\quad C'$——任意点的脉动浓度；

$\quad \hat{C}$——任意点时均浓度与断面平均浓度之差。

下面来分析方程(3-8) 的右端积分。

考虑到 $\overline{C'}=0$，$\overline{u'\hat{C}}=0$，$\overline{u'\bar{C}}=0$，得到

$$\overline{uC}=(U+\hat{u})(\bar{C}+\hat{C})+\overline{u'C'}=U\bar{C}+U\hat{C}+\hat{u}\bar{C}+\hat{u}\hat{C}+\overline{u'C'}$$

将 $\overline{uC}$ 取断面平均，并考虑到 $\hat{C}$、$\hat{u}$ 的断面平均值都是 0，得到

$$\frac{1}{A}\int_A\overline{uC}\,\mathrm{d}A=U\bar{C}+\frac{1}{A}\int_A(\hat{u}\hat{C}+\overline{u'C'})\,\mathrm{d}A$$

故

$$\int_A\overline{uC}\,\mathrm{d}A=AU\bar{C}+\int_A(\hat{u}\hat{C}+\overline{u'C'})\,\mathrm{d}A \tag{3-11}$$

将式(3-11) 代入式(3-8)，得到

$$\frac{\partial(\bar{C}A)}{\partial t}=-\frac{\partial}{\partial x}\Big[AU\bar{C}+\int_A(\hat{u}\hat{C}+\overline{u'C'})\,\mathrm{d}A\Big] \tag{3-12}$$

在无侧向入流的情况下，明渠一维非恒定流连续方程为

$$\frac{\partial A}{\partial t}+\frac{\partial(AU)}{\partial x}=0 \tag{3-13}$$

将连续方程代入式(3-12) 后化简，得到

$$\frac{\partial\bar{C}}{\partial t}+U\frac{\partial\bar{C}}{\partial x}=-\frac{1}{A}\frac{\partial}{\partial x}\int_A\hat{u}\hat{C}\,\mathrm{d}A-\frac{1}{A}\frac{\partial}{\partial x}\int_A\overline{u'C'}\,\mathrm{d}A \tag{3-14}$$

这就是考虑纵向分散的一维河流污染物浓度变化基本方程。该方程右边第一项是由于流速和浓度在断面上分布不均匀而引起的分散，右边第二项是由脉动引起的扩散。将上式同式(3-7) 相比，可以明显看出二者的区别。实践证明，对于明渠和管道，分散占有很大份量，不可忽略，而在许多情况下紊动扩散可略去不计。

下面来求解分散方程(3-14)。

根据水流紊动扩散规律，有

$$\frac{1}{A}\int_A\overline{u'C'}\,\mathrm{d}A=-E_x\frac{\partial\bar{C}}{\partial x} \tag{3-15}$$

对于分散项，假设可采用类似的表达式来反映，即

$$\frac{1}{A}\int_A\hat{u}\hat{C}\,\mathrm{d}A=-E_L\frac{\partial\bar{C}}{\partial x} \tag{3-16}$$

式中 E_L——纵向分散系数。

将式(3-15) 和式(3-16) 代入方程 (3-14)，则

$$\frac{\partial\bar{C}}{\partial t}+U\frac{\partial\bar{C}}{\partial x}=\frac{1}{A}\frac{\partial}{\partial x}\Big[A(E_L+E_x)\frac{\partial\bar{C}}{\partial x}\Big] \tag{3-17}$$

这就是河流一维污染物迁移基本方程。

如果断面面积沿程变化可忽略，那么方程 (3-17) 可简化为

$$\frac{\partial\bar{C}}{\partial t}+U\frac{\partial\bar{C}}{\partial x}=\frac{\partial}{\partial x}\Big(E_M\frac{\partial\bar{C}}{\partial x}\Big) \tag{3-18}$$

式中，$E_M=E_L+E_x$ 可称为混合扩散系数。显然，混合扩散系数 E_M 同断面流速分布情况有关。

如果 E_M 不沿程变化，那么方程 (3-18) 成为

$$\frac{\partial\bar{C}}{\partial t}+U\frac{\partial\bar{C}}{\partial x}=E_M\frac{\partial^2\bar{C}}{\partial x^2} \tag{3-19}$$

不难看出，以上方程同扩散方程［即方程（3-4）］在一维时的形式完全一样，故可以采用相同的求解方法求解。虽然分散方程与层流扩散方程形式上一样，但两方程所代表的物理意义有区别，尤其是分子扩散系数 D 与分散系数 E_M 有本质区别。

3.2.1.3 污染物在水流中的衰减

（1）有机物在河流中的衰减变化

有机物在河流中迁移的同时还会发生衰减变化。正是由于这些有机物大量排入水体，在水体中进行氧化分解，使河水的溶解氧不断消耗，使鱼类以至原生动物死亡，细菌大量繁殖，生态循环遭到破坏。当河水中没有溶解氧时，有机物受到厌气性细菌的还原作用而生成甲烷气，同时水中存在的硅酸根离子将由硫酸还原菌的作用而变成硫化氢，从而引起水体发臭，除此之外，硫醇等的分解也会产生恶臭。

（2）含碳化合物的氧化

可以用一级动力学反应式来表达含碳有机物在水流中的衰减变化，即

$$\frac{dL_c}{dt} = -k_1 L_c \tag{3-20}$$

该式表明含碳有机物的衰减反应速率与水体剩余 BOD 量成正比例。

对方程（3-20）积分得到

$$L_c = L_{c0} e^{-k_1 t} \tag{3-21}$$

式中　L_c、L_{c0}——$t = 0$ 和 $t = t$ 时 CBOD 的浓度，mg/L；

　　　k_1——CBOD 的衰减速率系数或称耗氧速率系数，1/d，其物理意义是单位时间内 CBOD 的衰减百分率。

（3）硝化反应

含氮化合物进入水体后，在一定条件下，经过一系列生化反应过程，进行着十分复杂的循环过程，硝化过程就是这种复杂循环过程的重要组成部分。

硝化过程是一个生化耗氧过程，它受到许多因素的影响。其中，温度、pH 值和细菌等是主要影响因素，溶解氧是硝化过程发生的必要条件。一般当水中的溶解氧在 $0.75 \sim 0.85 \text{mg/L}$ 以上时，排入水体中的氨氮（$NH_3\text{-}N$）或排入水体中的有机氮经水解而产生的氨氮，可发生两步连贯反应

$$NH_3 + 1\frac{1}{2}O_2 \xrightarrow{\text{亚硝化菌}} NO_2^- + H^+ + H_2O + \Delta H_1$$

或

$$NH_4 + 1\frac{1}{2}O_2 \xrightarrow{\text{亚硝化菌}} NO_2^- + 2H^+ + H_2O + \Delta H_1 \tag{3-22}$$

$$NO_2^- + \frac{1}{2}O_2 \xrightarrow{\text{硝化菌}} NO_3^- + \Delta H_2 \tag{3-23}$$

总反应为

$$NH_3 + 2O_2 \longrightarrow NO_3^- + H^+ + H_2O + \Delta H$$

或

$$NH_4^+ + 2O_2 \longrightarrow NO_3^- + 2H^+ + H_2O + \Delta H \tag{3-24}$$

式中，$\Delta H = \Delta H_1 + \Delta H_2$ 为反应热，$\Delta H_1 = -352 \times 10^3 \sim -243 \times 10^3 \text{J/mol}$，$\Delta H_2 = -105 \sim -63 \text{kJ/mol}$。

　　实际上，硝化过程是指水环境中的含氮化合物在特定的自养菌作用下，氨氮和亚硝酸盐氮被溶解在水中的氧氧化成硝酸盐。根据上述化学反应方程计算可知，每毫克氨氮完全氧化成亚硝酸盐氮需要 3.43mg 氧；每毫克亚硝酸盐氮完全氧化成硝酸盐氮则需要 1.14mg 氧。因此，理论上完全的硝化过程的耗氧量可表达为

$$NBOD = f_{n1}[NH_4^+\text{-}N]_{oxide} + f_{n2}[NO_2^-\text{-}N]_{oxide} = (3.43+1.14)[NH_4^+\text{-}N]_{oxide} + 1.14[NO_2^-\text{-}N]_{oxide}$$

$$= 4.57 f_{n1}[NH_4^+\text{-}N]_{oxide} + 1.14[NO_2^-\text{-}N]_{oxide} \tag{3-25}$$

式中　f_{n1}、f_{n2}——氨氮氧化成亚硝酸盐氮和亚硝酸盐氮氧化成硝酸盐氮的耗氧系数，mgO_2/mgN_2；

　　$[NH_4^+\text{-}N]_{oxide}$——被氧化的氨氮和亚硝酸盐氮的浓度，mg/L。

　　一般河水中的 $NH_3\text{-}N$ 浓度不高，硝化过程、氨氮衰减过程和亚硝酸盐氮衰减过程都可以认为符合一级反应动力学，即

$$\frac{dL_N}{dt} = -k_N L_N \tag{3-26}$$

$$\frac{dL_{N1}}{dt} = -k_{N1} L_N \tag{3-27}$$

$$\frac{dL_{N2}}{dt} = -k_{N2} L_N \tag{3-28}$$

式中　L_N、L_{N1} 和 L_{N2}——NBOD、氨氮和亚硝酸盐氮的浓度，mg/L；

　　k_N、k_{N1} 和 k_{N2}——NBOD、氨氮和亚硝酸盐氮的衰减速率系数，1/d。

　　在初始条件为 L_{N0}、L_{N10} 和 L_{N20} 下，对式（3-26）～式（3-28）积分，便得到反映 NBOD 硝化、氨氮衰减过程和亚硝酸盐氮衰减过程的公式

$$L_N = L_{N0} e^{-k_N t} \tag{3-29}$$

$$L_{N1} = L_{N10} e^{-k_{N1} t} \tag{3-30}$$

$$L_{N2} = L_{N20} e^{-k_{N2} t} \tag{3-31}$$

　　（4）脱氮反应

　　当水中溶解氧消耗殆尽时，水中硝酸盐氮将被还原菌还原成亚硝酸盐氮，最后生成氨。这个过程叫作脱氮反应，也可叫作反硝化反应。

　　脱氮反应过程可表达为

$$HNO_3 \longrightarrow HNO_2 \longrightarrow H_2N_2O_2 \longrightarrow NH_2OH \longrightarrow NH_3 \tag{3-32}$$

脱氮过程在一定条件下可产生氮或氧化亚氮（N_2O），但并不产生恶臭。

　　（5）水体中硫化物的反应

　　当河水中缺乏溶解氧和硝酸根离子而水温又高时，易于生成硫化氢和其他恶臭物质。因为含硫蛋白质在厌气状态下，可被大肠杆菌分解，生成的半胱氨酸被还原，生成有臭味的硫化氢，其反应过程是

$$\begin{matrix} CH_2CH(NH_2)\cdot COOH \\ | \\ S \\ | \\ S \\ | \\ CH_2CH(NH_2)\cdot COOH \end{matrix} \quad +5H_2 \longrightarrow 2H_2S + 2NH_3 + 2CH_3\cdot CH_2COOH$$

　　这种反应在夏季污染的河流中最容易发生，其中，H_2S 产生的基本条件是有含硫成分存在。而在潮汛河口的海水中，富含 SO_4^{2-}，因此，潮汛河口一旦遭受污染容易生成 H_2S 等恶臭气体。

3.2.2 水体的耗氧与复氧过程

3.2.2.1 水体耗氧过程

废水进入地表水体后，随着污染物在水体中的迁移，由于下列几种原因而消耗河水中的溶解氧：a. 河水中含碳化合物被氧化而引起耗氧；b. 河水中含氮化合物被氧化而引起耗氧；c. 河床底泥中的有机物在缺氧条件下，发生厌氧分解，产生有机酸、甲烷、二氧化碳和氨等还原性气体，当这些物质释放到水体中时，消耗水中的氧；d. 晚间光合作用停止时，由于水生植物（如藻类）的呼吸作用而耗氧；e. 废水中其他还原性物质引起水体的耗氧。

(1) 流水中有机物的耗氧

水体中有机物的碳化耗氧量可表达为

$$Y_c = L_{c0} - L_c = L_{c0}(1 - e^{-k_1 t}) \tag{3-33}$$

式中 Y_c——CBOD 耗氧量，mg/L。

水体中有机物的硝化耗氧量可表达为

$$Y_N = L_{N0}(1 - e^{-k_N t}) \tag{3-34}$$

式中 Y_N——NBOD 耗氧量，mg/L。

水体中氨氮转化为亚硝酸盐氮的耗氧量

$$Y_{N1} = L_{N10}(1 - e^{-k_{N1} t}) \tag{3-35}$$

式中 Y_{N1}——氨氮转化为亚硝酸盐氮的耗氧量，mg/L。

水体中的亚硝酸盐氮转化为硝酸盐氮的耗氧量

$$Y_{N2} = L_{N20}(1 - e^{-k_{N2} t}) \tag{3-36}$$

式中 Y_{N2}——亚硝酸盐氮转化为硝酸盐氮的耗氧量，mg/L。

水流中 BOD 的总耗氧量等于 CBOD 耗氧量与 NBOD 耗氧量之和，即

$$Y = L_{C0}(1 - e^{-k_1 t}) + L_{N0}[1 - e^{-k_N(t - t_a)}] \tag{3-37}$$

或

$$Y = L_{C0}(1 - e^{-k_1 t}) + L_{N1}[1 - e^{-k_{N1}(t - t_{a1})}] + L_{N2}[1 - e^{-k_{N2}(t - t_{a2})}] \tag{3-38}$$

式中 L_{C0}、L_{N0}、L_{N1}、L_{N2}——$t = 0$ 时的 CBOD、NBOD、氨氮和亚硝酸盐氮浓度，mg/L；

k_1、k_N、k_{N1}、k_{N2}——CBOD、NBOD、氨氮和亚硝酸盐氮的氧化分解速率系数，1/d；

t_{a1}、t_{a2}——氨氮和亚硝酸盐氮的氧化比 CBOD 的氧化滞后的时间，d；

Y——水流中 BOD 的总耗氧量，mg/L。

(2) 水生植物呼吸耗氧

水体中的藻类和其他水生植物在光合作用停止后的呼吸作用需要消耗水中的溶解氧，其耗氧速率为

$$\frac{dY_3}{dt} = -R \tag{3-39}$$

式中 Y_3——水生植物耗氧量，mgO_2/m^3；

R——水生植物呼吸耗氧速率系数，$mgO_2/(m^3 \cdot d)$。

(3) 水体底泥耗氧

水体底泥耗氧主要是由两方面因素引起的：其一是底泥表层中的耗氧污染物返回到水中

耗氧，其二是底泥表层耗氧物质的氧化分解耗氧。目前，对底泥耗氧的机理尚未完全了解清楚。

水体底泥耗氧可用下式表达

$$\frac{dY_4}{dt} = -k_b L_b \tag{3-40}$$

式中　Y_4——水体底泥耗氧量，mgO_2/m^3；

$\quad\quad k_b$——河床耗氧速率系数，$mgO_2/(m^2 \cdot d)$；

$\quad\quad L_b$——河床 BOD 面积负荷，mg/m^2。

3.2.2.2　水体复氧过程

河水中溶解氧的来源有：a. 上游河水或有潮汐河段海水所带来的溶解氧；b. 排入河中的废水所带来的溶解氧；c. 河水流动时，大气中的氧向水中扩散、溶解；d. 水体中繁殖的光合自养型水生植物（如藻类）白天通过光合作用放出氧气，溶于水中。

大气中的氧溶解到水体中的现象叫作大气复氧。关于大气复氧的机理问题，国内外已经进行了大量研究。已有的研究成果可归纳为三类，即分子扩散理论模式、双膜理论模式和渗透理论模式。分子扩散理论模式把大气复氧现象看作是一种气相和液相之间的扩散现象；双膜理论认为在气项和液项之间的界面上，存在气体和液体两层薄膜，通过此薄膜的气体进行分子扩散；渗透理论认为双膜理论只适用于膜的接触时间比分子扩散时间还长的场合，而其他场合则应考虑非稳定的分子扩散。

由于大气复氧作用引起的液项中溶解氧含量的变化可用下式计算

$$\frac{dO}{dt} = \frac{dD}{dt} = -k_2 D \tag{3-41}$$

式中　D——液项中的氧亏，mg/L，$D = O_s - O$；

$\quad\quad O_s$——液项中的饱和溶解氧，mg/L；

$\quad\quad k_2$——大气复氧速率系数，$1/d$。

在水体中它是水温、盐度和大气压力的函数，在 101kPa 大气压力下，淡水中的饱和溶解氧浓度为

$$O_s = \frac{468}{31.6 + T} \tag{3-42}$$

式中　T——水温，℃。

下面来讨论大气复氧速率系数 k_2。

一般说来，大气复氧速率系数 k_2 是水流流态和温度等因素的函数，目前尚没有找到计算其值的理论公式，实际工程大多采用经验公式估算，其基本形式为

$$k_2 = \lambda_1 \frac{U^{\lambda_2}}{h^{\lambda_3}} \tag{3-43}$$

式中　　　　U——平均流速，m/s；

$\quad\quad\quad\quad h$——平均水深，m；

λ_1、λ_2 和 λ_3——经验常数。

实际上，大气复氧速率系数 k_2 与氧分子迁移速率系数 k_L 成正比，即

$$k_2 = k_L/h \tag{3-44}$$

常见的确定大气复氧速率系数 k_2 的经验公式如下。

① 欧康纳—多宾斯（O'Conner-Dobbins）公式。

$$k_2 = \begin{cases} 294 \dfrac{(D_m U)^{0.5}}{h^{1.5}} & (C_z \geqslant 17) \\[3mm] 824 \dfrac{D_m^{0.5} J_b^{0.25}}{h^{1.5}} & (C_z < 17) \end{cases} \tag{3-45}$$

式中　C_z——谢才系数，其计算式为 $C_z = \dfrac{1}{n} h^{1/6}$；

　　　J_b——河流堤坡坡降，%；

　　　n——河床糙率；

　　　D_m——分子扩散系数，其计算式为 $D_m = 1.774 \times 10^{-4} \times 1.037^{T-20}$；

　　　T——水温，℃。

② 欧文斯等的（Owens，et，al）公式　欧文斯等提出下列计算大气复氧速率系数经验公式。

$$k_2 = 5.34 \frac{U^{0.67}}{h^{1.85}} \tag{3-46}$$

式(3-46) 适用条件是：$0.1\text{m} \leqslant h \leqslant 0.6\text{m}$，$U \leqslant 1.5\text{m/s}$。

③ 邱吉尔（Churchill）公式　邱吉尔提出计算大气复氧速率系数经验公式。

$$k_2 = 5.03 \frac{U^{0.696}}{h^{1.673}} \tag{3-47}$$

式(3-47) 适用条件是：$0.6\text{m} \leqslant h \leqslant 8\text{m}$，$0.6\text{m/s} \leqslant U \leqslant 1.8\text{m/s}$。

④ 水温对大气复氧速率的影响　水温对大气复氧具有一定影响，以上有关大气复氧速率系数计算式都是在水温为 20℃条件下得到的，当水温不是 20℃时，可采用式(3-48) 进行修正。

$$k_{2,T} = k_{2,20} \theta_r^{T-20} \tag{3-48}$$

式中　$k_{2,T}$——在水温 T(℃) 时的大气复氧速率系数，1/d；

　　　θ_r——温度修正系数，其值介于 1.015～1.047 之间，通常取值 1.024；

　　　$k_{2,20}$——在 20℃时的大气复氧速率系数，1/d。

水生植物的光合作用是水体复氧的另一个重要来源。欧康纳（O'Conner，1965）认为光合作用的速率随着光照强弱的变化而变化，中午光照最强时的产氧速率最快，夜晚没有光照时产氧速率为零。

对于时间平均模型，可以取产氧速率为一天中的平均值，即将产氧速率取为一个常数

$$\frac{\partial O}{\partial t} = p \tag{3-49}$$

式中　p——产氧速率，kg/(d·ha)。

根据美国俄亥俄河水试验测试结果，藻类光合作用的产氧量为 $p = 63.9\text{kg/(d·ha)}$，而藻类呼吸作用需氧量为 $R = 50.5\text{kg/(d·ha)}$，产氧量与需氧量之比为 1.3。

3.3　**地表水环境影响评价工作分级与评价范围**

3.3.1　地表水环境影响评价工作等级的划分依据

地表水环境影响评价工作等级的划分依据是：a. 建设项目的污水排放量；b. 污水水质的复杂程度；c. 各种受纳污水的地表水域的规模以及对它的水质要求。

（1）污水排放量

污水排放量中不包括间接冷却水、循环水以及其他含污染物极少的清净下水的排放量，但包括含热量大的冷却水的排放量。

（2）污水水质的复杂程度

污水水质的复杂程度按污水中拟预测的污染物类型以及某类污染物中水质参数的多少划分为复杂、中等和简单三类。

根据污染物在水环境中输移、衰减特点以及它们的预测模式，将污染物分为 4 类：a. 持久性污染物（其中还包括在水环境中难降解、毒性大、易长期积累的有毒物质）；b. 非持久性污染物；c. 酸和碱（以 pH 值表征）；d. 热污染（以温度表征）。

污水水质的复杂程度判别方法如下。

① 复杂　污染物类型数≥3，或者只含有两类污染物，但需预测其浓度的水质参数数目≥10。

② 中等　污染物类型数＝2，且需预测其浓度的水质参数数目＜10；或者只含有一类污染物，但需预测其浓度的水质参数数目≥7。

③ 简单　污染物类型数＝1，需预测浓度的水质参数数目＜7。

（3）地表水体的大小规模

① 河流与河口　按建设项目排污口附近河段的多年平均流量或平水期平均流量 Q 划分：$Q \geq 150 \mathrm{m}^3/\mathrm{s}$ 为大河；$Q = 15 \sim 150 \mathrm{m}^3/\mathrm{s}$ 为中河；$Q < 15 \mathrm{m}^3/\mathrm{s}$ 为小河。

② 湖泊和水库　按枯水期湖泊或水库的平均水深以及水面面积 A 划分。

当平均水深≥10m 时：$A \geq 25 \mathrm{km}^2$ 为大湖（库），$A = 2.5 \sim 25 \mathrm{km}^2$ 为中湖（库），$A < 2.5 \mathrm{km}^2$ 为小湖（库）。

当平均水深＜10m 时：$A \geq 50 \mathrm{km}^2$ 为大湖（库），$A = 5 \sim 50 \mathrm{km}^2$ 为中湖（库），$A < 5 \mathrm{km}^2$ 为小湖（库）。

（4）地表水域的水质要求

对地表水域的水质要求（即水质类别）以国标 GB 3838—2002 为依据。该标准将地表水环境质量分为五类。如受纳水域的实际功能与该标准的水质分类不一致时，由当地环保部门对其水质提出具体要求。

3.3.2　地表水环境影响评价工作等级的划分

地表水环境影响评价工作分为三级：一级最详细，需要对建设项目对地表水环境的影响进行全面分析；二级次之；三级较简略。

低于第三级地表水环境影响评价条件的建设项目，不必进行地表水环境影响评价，只需按照环境影响报告表的有关规定，简要说明所排放的污染物类型和数量、给排水状况、排水去向等，并进行一些简单的环境影响分析。

海湾环境影响评价分级判据见表 3-1，陆地水环境影响评价工作分级判据见表 3-2。

表 3-1　海湾环境影响评价分级判据

污水排放量/(m³/d)	污水水质的复杂程度	一级	二级	三级
≥20000	复杂	各类海湾		
	中等	各类海湾		
	简单	小型封闭海湾	其他各类海湾	

续表

污水排放量/(m³/d)	污水水质的复杂程度	一级	二级	三级
<20000 ≥5000	复杂	小型封闭海湾	其他各类海湾	
	中等		小型封闭海湾	其他各类海湾
	简单		小型封闭海湾	其他各类海湾
<5000 ≥1000	复杂		小型封闭海湾	其他各类海湾
	中等或简单			各类海湾
<1000 ≥500	复杂			各类海湾

表 3-2 陆地水环境影响评价工作分级判据

建设项目污水排放量/(m³/d)	建设项目污水水质的复杂程度	一级 地表水域规模	一级 地表水水质类别	二级 地表水域规模	二级 地表水水质类别要求	三级 地表水域规模	三级 地表水水质类别要求
≥20000	复杂	大	I～Ⅲ	大	Ⅳ、V		
		中、小	I～Ⅳ	中、小	V		
	中等	大	I～Ⅲ	大	Ⅳ、V		
		中、小	I～Ⅳ	中、小	V		
	简单	大	I、Ⅱ	大	Ⅲ～V		
		中、小	I～Ⅲ	中、小	Ⅳ、V		
<20000 ≥10000	复杂	大	I～Ⅲ	大	Ⅳ、V		
		中、小	I～Ⅳ	中、小	V		
	中等	大	I、Ⅱ	大	Ⅲ、Ⅳ	大	V
		中、小	I、Ⅱ	中、小	Ⅲ～V		
	简单			大	I～Ⅲ	大	Ⅳ、V
		中、小	I	中、小	Ⅱ～Ⅳ	中、小	V
<10000 ≥5000	复杂	大、中	I、Ⅱ	大、中	Ⅲ、Ⅳ	大、中	V
		小	I、Ⅱ	小	Ⅲ、Ⅳ	小	V
	中等			大、中	I～Ⅲ	大、中	Ⅳ、V
		小	I	小	Ⅱ～Ⅳ	小	V
	简单			大、中	I、Ⅱ	大、中	Ⅲ～V
				小	I～Ⅲ	小	Ⅳ、V
<5000 ≥1000	复杂			大、中	I～Ⅲ	大、中	Ⅳ、V
				小	Ⅱ～Ⅳ	小	V
	中等			大、中	I、Ⅱ	大、中	Ⅲ～V
				小	I～Ⅲ	小	Ⅳ、V
	简单			小	I	大、中	I～Ⅳ
						小	I～V
<1000 ≥200	复杂					大、中	I～Ⅳ
						小	I～V
	中等					大、中	I～Ⅳ
						小	I～V
	简单					中、小	I～Ⅳ

3.3.3 地表水环境影响评价的范围

地表水环境影响评价的范围一般包括：建设项目对周围地表水环境响较显著的区域、建设项目水污染物排放后可能的达标范围以及排污口下游附近主要取水口等环境敏感点等。

对于单向流动的河流，地表水环境影响评价范围一般包括：排污口上游 500m 处至排污口下游建设项目排放的水污染物明显衰减到可能达标的断面之间的范围。

3.4　地表水环境现状调查与评价

3.4.1　地表水环境现状调查

3.4.1.1　现状调查的范围

地表水环境现状的调查范围应包括建设项目对周围地面水环境响较显著的区域。在此区域内进行的调查，能全面说明与地面水环境相联系的环境基本状况，并能充分满足环境影响预测的要求。

在确定某项具体工程的地面水环境调查范围时，应尽量按照将来污染物排放后可能的达标范围，并考虑评价等级的高低（评价等级高时可取调查范围略大，反之可略小）后决定。

3.4.1.2　现状调查的时间

地表水现状调查的时间应根据当地的水文资料，初步确定河流、河口、湖泊、水库的丰水平期和平水期以及枯水期，同时确定最能代表这三个时期限的季节域月份。对于海湾，应确定评价期限间的大潮期和小潮期。

评价等级不同，对各类水域调查时期的要求也不同。表 3-3 列出了不同评价等级时各类水域的水质调查时期。

表 3-3　各类水域在不同评价等级时水质的调查时期

水域	一　级	二　级	三　级
河流	一般情况，为一个水文年的丰水期，平水期和枯水期；若评价时间不够，至少应调查平水期和枯水期	条件许可，可调查一个水文年的丰水期，平水期和枯水期；一般情况，可只调查枯水期限和平水期；若评价时间不够，可只调查枯水期	一般情况，可只在枯水期限调查
河口	一般情况，为一个潮汐年的丰水期，平水期限和枯水期；若评价时间不够，至少应调查平水期和枯水期	一般情况，应调查平水期和枯水期；若评价时间不够，可只调查枯水期	一般情况，可只在枯水期调查
湖泊水库	一般情况，为一个水文年的丰水期，平水期限和枯水期；若评价时间不够，至少应调查平水期和枯水期	一般情况，应调查平水期限和枯水期；若评价时间不够，可只调查枯水期	一般情况，可只在枯水期调查
海湾	一般情况，应调查评价工作期限间的大潮期和小潮期	一般情况，应调查评价工作期间的大潮期和小潮期	一般情况，应调查评价工作期间的大潮期和小潮期

当调查区域面源污染严重，丰水期水质劣于枯水期时，一、二级评价的各类水域应调查丰水期，若时间允许，三级评价也应调查丰水期。

冰封期较长的水域，且作为生活饮用水、食品加工用水的水源或渔业用水时，应调查冰封期的水质、水文情况。

3.4.1.3　水文调查

应尽量向有关的水文测量和水质监测等部门收集现有资料，当上述资料不足时，应进行一定的水文调查与水文测量，特别需要进行与水质同步的水文测量。

一般情况，水文调查与水文测量在枯水期进行，必要时，其他时期（丰水期、平水期、冰封期等）可进行补充调查。

水文测量的内容与拟采用的环境影响预测方法密切相关。在采用数学模式时应根据所选取用的预测模式及应输入的参数的需要决定其内容。在采用物理模型时，水文测量主要应取得足够的制作模型及模型试验所需的水文要素。

与水质调查同步进行的水文测量，原则上只在一个时期内进行（此时的水质资料应尽量采用水团追踪调查法取得）。

3.4.1.4　现有污染源调查

在调查范围内能对地面水环境产生影响的主要污染源均应进行调查。污染源包括两类：点源和非点源或面源。

（1）点源调查内容

① 排放口的平面位置（附污染源平面位置图）及排放方向。

② 排放口在断面上的位置。

③ 排放形式　分散排放还是集中排放。

④ 排放数据　根据现有的实测数据、统计报表表以及各厂矿的工艺路线等选定的主要水质参数，并调查现有的排放量、排放速度、排放浓度及其变化等数据。

⑤ 用排水状况　主要调查取水量、用水量、循环水量及排水总量等。

⑥ 厂矿企业、事业单位的废、污水处理状况。

（2）非点源调查内容

① 概况　原料、燃料、废弃物的堆放位置（即主要污染源，要求附污染源平面位置图）、堆放面积、堆放形式（几何形状、堆放厚度）、堆放点的地面铺装及其保洁程度、堆放物的遮盖方式等。

② 排放方式、排放去向与处理情况　应说明非点源污染物是有组织的汇集还是无组织的漫流；是集中后直接排放还是处理后排放；是单独排放还是与生产废水和生活污水混合排放等。

③ 排放数据　根据现有实测数据、统计报表以及根据引塌非点源污染的原料、燃料、废料、废弃物的物理、化学、生物化学性质选定调查的主要水质参数，调查有关排放季节、排放时期、排放量、排放浓度及其他变化等数据。

3.4.1.5　水质调查

水质调查时应尽量得用现有数据资料，如资料不足时应实测。

调查的水质参数包括现两类：一类是常规水质参数，它能反映水域水质一般状况；另一类是特征水质参数，它能代表建设项目将来排放的水质。

当受纳水域的环境保护要求较高（如自然保护区、饮用水源地、珍贵水生生物保护区、经济鱼类养殖区等），且评价等级为一、二级时，应考虑调查水生生物和底质。其调查项目可根据具体工作要求确定，或从下列项目中选择部分内容。

① 水生生物方面　主要调查浮游动杆物、藻类、底栖无脊椎动物的种类和数量、水生生物群落结构等。

② 底质方面　主要调查与拟建工程排水水质有关的易积累的污染物。

3.4.1.6　水利用状况（即水域功能）的调查

水利用状况是地面水环境影响评价的基础资料，一般应由环境保护部门规定。调查的目的是核对与补充这个规定，若还没有规定则应通过调查明确，并报环境保护部门认可。调查的方法以间接为主，并辅以必要的实地踏勘。

水利用状况调查，可根据需要选择下述全部或部分内容：城市、工业、农业、渔业、水产养殖业等各类的用水情况（其中，包括各种用水的用水时间、用水地点等），以及各类用水的供需关系、水质要求和渔业、水产状殖业等所需的水面面积等。此外，对用于排泄污水或灌溉退水的水体也应调查。在水利用状况调查时还应注意地面水与地下水之间的水力联系。

3.4.2　地表水环境现状评价

3.4.2.1　现状评价的原则

评价水质现状主要采用文字分析与描述，并辅之以数学表达式。

在文字分析与描述中，有时可采用检出率、超标率等统计值。

数学表达式分两种：一种用于单项水质参数评价；另一种用于多项水质参数综合评价。单项水质参数评价简单明了，可以直接了解该水质参数现状与标准的关系，一般均可采用；多项水质参数综合评价只在调查的水质参数较多时方可应用，此方法只能了解多个水质参数的综合现状与相应标准的综合情况之间的某种相对关系。

3.4.2.2　评价依据

《地表水环境质量标准》和有关法规及当地的环保要求是评价的基本依据。地表水环境质量标准应采用 GB 3838 或相应的地方标准，海湾水质标准应采用 GB 3097，有些水质参数国内尚无标准，可参照国外或建议临时标准，所采用的国外标准应按国家环保局规定的程序报有关部门批准。评价区内不同功能的区域应采用不同类别的水质标准。

综合水质的分级应与 GB 3838 中水域功能的分类一致，其分级判据与所采用的多项水质参数综合评价方法有关。

3.4.2.3　现状评价方法

（1）水质参数数值的确定

在单项水质参数评价中，一般情况下某水质参数的数值可采用多次监测的平均值，但如该水质参数变化甚大，为了突出高值的影响可采用内梅罗（Nemerow）平均值，或其他计算高值影响的平均值。内梅罗平均值计算公式如下：

$$c = \sqrt{\frac{c_{max}^2 + c_{ave}^2}{2}} \tag{3-50}$$

式中　c_{max}——某水质参数多次监测值的最大值，mg/L；

c_{ave}——某水质参数多次监测值的平均值，mg/L。

（2）水质参数评价方法

地表水环境现状评价方法一般采用环境质量指数评价法。

3.5　地表水环境影响预测

3.5.1　地表水环境影响预测总则

（1）预测的原则

对于季节性河流，应依据当地环保部门所定的水体功能，结合建设项目的特性确定其预测的原则、范围、时段、内容及方法。

当水生生物保护对地面水环境要求较高时（如珍贵水生生物保护区、经济鱼类养殖区等），应简要分析建设项目对水生生物的影响。分析时一般可采用类比法或专业判断法。

（2）预测范围和预测点的确定

地面水环境预测的范围与地面水环境现状调查的范围相同或略小（特殊情况也可以略大）。

在预测范围内应布设适当的预测点，通过参测这些点所受的环境影响来全面反映建设项目对该范围的地面水环境的影响。预测点的数量和预测的布设应根据受纳水体和建设项目的特点、评价等级以及当地的环保要求确定。

虽然在预测范围以外，但估计有可能受到影响的重要用水地点，也应设立预测点。

环境现状监测点应确定为预测点。水文特征突然变化和水质突然变化处的上、下游，重要水工建筑物附近，水文站附近等应布设预测点。当需要预测河流混合过程段的水质时，应在该段河流中布设若干预测点。

当预测溶解氧时，应预测最大氧亏点的位置及该点的浓度，但是分段预测的河段不需要预测最大氧亏点。

排放口附近常有局部超标区，如有必要可在适当水域加密预测点，以便确定超标区的范围。

（3）预测时期的确定

所有建设项均应预测生产运行期对地表水环境的影响。该阶段的地表水环境影响应按正常排放和不正常排放两种情况进行预测。

大型建设项目应根据该项目建设期的特点和评价等级、受纳水体特点以及当地环保要求决定是否预测建设期的地表水环境影响。但同时具备如下三个特点的大型建设项目应预测建设期的环境影响：其一，地表水水质要求较高，如要求达Ⅲ类以上；其二，可能进入地表水环境的堆积物较多或土方量较大；其三，建设阶段时间较长，如超过一年。建设期对水环境的影响主要来自水土流失和堆积物的流失。

根据建设项目的特点、评价等级、地面水环境特点和当地环保要求，个别建设项目应预测服务期满后对地面水环境的影响。矿山开发项目一般应预测此项。

评价等级为一、二级时应分别预测建设项目在水体自净能力最小和一般两个时段的环境影响。冰封存期较长的水域，当其水体功能为生活饮用水、食品工业用水水源或渔业用水时，还应预测此时段的环境影响。评价等级为三级或评价等级为二级但评价时间较短时，可只预测自净能力最小时段（即枯水期）的环境影响。

（4）拟预测水质参数的筛选

建设项目实施过程各阶段拟预测的水质参数应根据工程分析和环境现状、评价等级、当地的环保要求筛选和确定。拟预测水质参数的数目应既说明问题又不过多。一般应少于环境现状调查水质参数的数目。

对河流，可以按下式将水质参数排序后从中选取：

$$ISE = \frac{c_p Q_p}{(c_s - c_h) Q_h} \tag{3-51}$$

式中　Q_h——河流的流量，m^3/s；

　　　c_h——河流中污染物的背景浓度，mg/L；

Q_p——排入河流的废水流量，m^3/s；

c_p——废水中的污染物浓度，mg/L；

c_s——水质标准，mg/L。

ISE 越大说明建设项目对河流中该项水质参数的影响越大。

3.5.2　河流水质预测

河流水质预测采用河流水质模型进行。

河流水质模型是用来预测污染物进入河流后其迁移变化过程的计算手段。运用水质模型预测河流水质时，常假设该河段内无支流，在预测时段内河流的水力条件是稳态的且只在河流的起点有废水（或污染物）排入。如果在河段内有支流汇入，并且沿河有多个污染源，那么就应采用多河段模型。

3.5.2.1　持久性污染物

（1）充分混合段

1）河流完全混合浓度模型

含持久性污染物的废水从排污口排入河流后，污染物会发生对流扩散、紊动扩散和分散现象，如图 3-2 所示。若该河段无支流或其他排污口废水进入，在排污口下游某断面废水和河水能在整个断面上达到均匀混合（即该断面任一点污染物浓度与断面平均浓度之比在 0.95～1.05 之间），那么该完全混合断面的污染物浓度 c 可按下式计算：

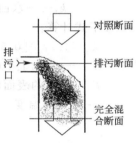

图 3-2　污染物混合过程

$$c=\frac{Q_h c_h+Q_p c_p}{Q_h+Q_p} \qquad (3\text{-}52)$$

式中　Q_h——河流的流量，m^3/s；

c_h——河流中污染物的背景浓度，mg/L；

Q_p——排入河流的废水流量，m^3/s；

c_p——废水中的污染物浓度，mg/L。

2）河流完全混合 pH 模型

河水的碳酸盐和重碳酸盐对受纳的酸性废水或碱性废水起中和作用，故废水的 pH 值是会发生变化的。在 pH≤9 的情况下，如果废水能够与河水较快地混合，在充分混合的断面上，可按下列公式计算河水的 pH 值。

排放酸性废水　$$pH=pH_h+\lg\left[\frac{C_{bh}(Q_p+Q_h)-C_{ap}Q_p}{C_{bh}(Q_p+Q_h)+10Q_p C_{ap}K_{al}pH_h}\right] \qquad (3\text{-}53)$$

排放碱性废水　$$pH=pH_h+\lg\left[\frac{C_{bh}(Q_p+Q_h)+C_{ap}Q_p}{C_{bh}(Q_p+Q_h)-10Q_p C_{bp}K_{al}pH_h}\right] \qquad (3\text{-}54)$$

式中　pH_h——上游来水的 pH 值；

C_{bh}——河流的碱度，$mg \cdot N/L$；

C_{ap}——排放废水的酸度，$mg \cdot N/L$；

K_{al}——碳酸一级平衡常数（见表 3-4）；

C_{bp}——排放废水的碱度，$mg \cdot N/L$。

表 3-4　碳酸一级平衡常数 K_{a1}

温度/℃	0	5	10	15	20	25	30	40
K_{a1}	2.65	3.04	3.43	3.80	4.15	4.45	4.71	5.06

3）河流水温模型

当河流水温在断面上是均匀分布时，若污染源排放的废热水能与河水很快混合，则由热废水排放引起的水流水温变化可以采用一维日均水温模型计算。

① 初始断面水温

$$T_0 = \frac{Q_p(T_p - T_h)}{Q_h + Q_p} + T_h \qquad (3-55)$$

式中　T_p、T_h——废水水温和排放口上游河流水温，℃。

② 平衡温度　平衡温度 T_e 是净表面热交换速率为零时的水温。

$$T_e = T_d + \frac{H_s}{k_s} \qquad (3-56)$$

式中　T_e、T_d——平衡温度和露点温度，℃；

　　　　H_s——到达水面的太阳短波辐射，W/m^2；

　　　　k_s——水面热交换系数，$W/(m^2 \cdot ℃)$。

按下式计算：

$$k_s = 15.7 + [0.515 - 0.00425(T_s + T_d) + 0.000051(T_s - T_d)^2](70 + 0.7U_z^2) \qquad (3-57)$$

式中　U_z——水面上 10m 处风速，m/s；

　　　　T_s——水的表面温度，℃。

③ 一维日均温度

$$T = T_e + (T_0 - T_e)\exp\left(-\frac{k_s x}{\rho C_p' HU}\right) \qquad (3-58)$$

式中　ρ——水的密度，kg/m^3；

　　　C_p'——水的比热容，$J/(kg \cdot ℃)$；

　　　H——河流平均水深，m；

　　　U——河流断面平均流速，m/s。

（2）混合过渡段

1）平直河流混合过程段

① 二维稳态混合模型　在河流为恒定流、废水稳定连续排放的情形下，可采用下列模式预测排污口下游任一点污染物浓度。

对于岸边排放：

$$c(x,y) = c_h + \frac{c_p Q_p}{h\sqrt{\pi E_{yM}xu}}\left\{\exp\left(-\frac{uy^2}{4E_{yM}x}\right) + \exp\left[-\frac{u(2B-y)^2}{4E_{yM}x}\right]\right\} \qquad (3-59)$$

对于非岸边排放：

$$c(x,y) = c_h + \frac{c_p Q_p}{2h\sqrt{\pi E_{yM}xu}}\left\{\exp\left(-\frac{uy^2}{4E_{yM}x}\right) + \exp\left[-\frac{u(2a+y)^2}{4E_{yM}x}\right] + \exp\left[-\frac{u(2B-2a-y)^2}{4E_{yM}x}\right]\right\}$$

$$(3-60)$$

式中　u——河流纵向水流流速，m/s；

　　　h——河流断面平均水深，m；

　　　E_{yM}——河流横向混合系数，m^2/s；

a——排放口到岸边的距离，m；

B——河流宽度，m；

π——圆周率；

x、y——坐标。

② 弗罗模型

$$c_N = \left(\frac{c_p}{N} + \frac{N-1}{N} c_h \right) \tag{3-61}$$

其中，$N = \dfrac{\gamma Q_h + Q_p}{Q_p}$；$\gamma = \dfrac{1 - \exp(-\beta x^{1/3})}{1 + \dfrac{Q_h}{Q_p} \exp(-\beta x^{1/3})}$；$\beta = 0.604 \varepsilon \left(\dfrac{hun}{R^{1/6} Q_p} \right)^{1/3}$

式中 c_N——稀释倍数为 N 时计算断面（混合过程范围内）的污染物平均浓度，mg/L；

ε——排放口系数，岸边排放取值 1.0，河中心排放取值 1.5，其他情况在 1.0～1.5 之间；

n——天然河道糙率；

R——河流断面水力半径，m。

2）弯曲河流混合过程段

对于弯曲河流混合过程段，可采用稳态混合累积流量模型来预测污染物的扩散过程，即

岸边排放

$$c(x,q) = c_h + \frac{c_p Q_p}{\sqrt{\pi E_q x}} \left\{ \exp\left(-\frac{q^2}{4 E_q x} \right) + \exp\left[-\frac{(2Q_h - q)^2}{4 E_q x} \right] \right\} \tag{3-62}$$

非岸边排放

$$c(x,q) = c_h + \frac{c_p Q_p}{2\sqrt{\pi E_q x}} \left\{ \exp\left(-\frac{q^2}{4 E_q x} \right) + \exp\left[-\frac{(2ahu + q)^2}{4 E_q x} \right] + \exp\left[-\frac{(2Q_h - 2ahu - q)^2}{4 E_q x} \right] \right\} \tag{3-63}$$

式中 $q = huy$；

$E_q = h^2 u E_{yM}$。

3.5.2.2 非持久性污染物

（1）河流 BOD-DO 耦合模型

1）充分混合段

① 一维稳态模型 在河流流量和其他水文条件稳定不变、排污稳定的情况下，污染物三维扩散方程（3-7）可简化为一维形式。

$$E_{yM} \frac{\partial^2 C}{\partial x^2} - u_x \frac{\partial C}{\partial x} - k_1 C = 0 \tag{3-64}$$

对于非持久性污染物或可降解污染物，在初始条件 $x = 0$ 时 $c = c_0$ 条件下，其解析解为

$$c = c_0 \exp\left[\frac{ux}{2E_{yM}} \left(1 - \sqrt{1 + \frac{4k_1 E_{yM}}{u^2}} \right) \right] \tag{3-65}$$

对于一般顺直河段，推流作用比弥散作用大得多，可忽略式（3-62）中左边第一项，那么可解得

$$c = c_0 \exp\left(-k_1 \frac{x}{86400u} \right) \tag{3-66}$$

② S-P 模型 1925 年 H. Streeter 和 E. Phelps 提出了描述一维河流中生化耗氧量 BOD 与溶解氧量 DO 的消长变化规律的模型：Streeter-Phelps 模型（简称 S-P 模型）。

该模型的建立是在如下基本假设基础上的：其一，河流中的 BOD 衰减和 DO 的复氧都是一级反应；其二，反应速率是恒定的；其三，河流中的耗氧是由 BOD 衰减引起的，而河流中的溶解氧来源则是大气复氧。

根据该模型的基本假设，得到下列方程组：

$$\left. \begin{array}{l} dc/dt = -k_1 c \\ dD/dt = k_1 c - k_2 D \end{array} \right\} \tag{3-67}$$

式中 c、D——河水中的 BOD 值和河水中的氧亏值，mg/L；

k_1——河水中的 BOD 衰减系数，1/d；

k_2——河水复氧系数，1/d；

t——河水流动时间，s。

方程组(3-67)是 BOD-DO 耦合模型，其解析解为：

$$c = c_0 \exp(-k_1 t) \tag{3-68}$$

$$D = \frac{k_1 c_0}{k_2 - k_1}(\exp(-k_1 t) - \exp(-k_2 t)) + D_0 \exp(-k_2 t) \tag{3-69}$$

式中 c_0——河流起始点的 BOD 值，mg/L；

D_0——河流起始点的氧亏值，mg/L；

$t = x/(86400u)$。

如果以河流的溶解氧来表示，那么

$$O = O_s - D = O_s - \frac{k_1 L_0}{k_2 - k_1}[\exp(-k_1 t) - \exp(-k_2 t)] - D_0 \exp(-k_2 t) \tag{3-70}$$

式中 O、O_s——河流的溶解氧值和饱和溶解氧值，mg/L。

在工程上，最关心的是溶解氧浓度最低点——临界点。在临界点，河水的氧亏值最大且变化速率为零，即 $\frac{dD}{dt} = 0$，那么得到临界点的氧亏值 D_c 及其出现的时间 t_c。

$$D_c = \frac{k_1}{k_2} c_0 \exp(-k_1 t_c) \tag{3-71}$$

$$t_c = \frac{1}{k_2 - k_1} \ln\left\{ \frac{k_2}{k_1}\left[1 - \frac{D_0(k_2 - k_1)}{c_0 k_1} \right] \right\} \tag{3-72}$$

S-P 模型在环境预测中应用很广。在该模型基础上，结合河流自净过程中的不同影响因素，出现了不少修正模型。

③ 托马斯（Thomas）模型 1937 年，H. Jr. Thomas 在 S-P 模型的基础上，增加了因悬浮物沉降作用对 BOD 去除的影响，模型方程如下。

$$\frac{dc}{dt} = -(k_1 + k_3)c \tag{3-73}$$

$$\frac{dD}{dt} = k_1 c - k_2 D \tag{3-74}$$

式中 k_3——沉淀作用去除 BOD 的速率系数，1/d。

该模型的解为：

$$c = c_0 \exp\{-(k_1 + k_3)t\} \tag{3-75}$$

$$D=\frac{k_1 c_0}{k_2-(k_1+k_3)}[\mathrm{e}^{-(k_1+k_3)t}-\mathrm{e}^{-k_2 t}]+D_0\mathrm{e}^{-k_2 t} \tag{3-76}$$

Thomas 模型适用于沉降作用明显的河段。

④ 多宾斯—康布（Dobbins—Camp）模型　1939 年，Dobbins-Camp 在 S-P 模型的基础上，提出了考虑底泥耗氧和光合作用复氧的模型。

$$\frac{\mathrm{d}c}{\mathrm{d}t}=-(k_1+k_3)c+k_B \tag{3-77}$$

$$\frac{\mathrm{d}D}{\mathrm{d}t}=-k_2 D+k_1 c-P \tag{3-78}$$

式中　k_B——底泥的耗氧速率，1/d；

　　　P——河流中光合作用的产氧速率。

该模型的解为：

$$c=\left(c_0-\frac{k_B}{k_1+k_3}\right)\exp\{-(k_1+k_3)t\}+\frac{k_B}{k_1+k_3} \tag{3-79}$$

$$D=\frac{k_1(c_0-k_B/k_3)}{k_2-(k_1+k_3)}[\mathrm{e}^{-(k_1+k_3)t}-\mathrm{e}^{-k_2 t}]+\frac{k_1}{k_2}\left(\frac{k_B}{k_1+k_3}-\frac{P}{k_1}\right)(1-\mathrm{e}^{-k_2 t})+D_0\mathrm{e}^{-k_2 t} \tag{3-80}$$

如果 k_3、P、k_B 都为零，那么式(3-77) 和式(3-78) 就化简为 S-P 模型。

2）平直河流混合过程段

① 二维稳态衰减模型

在河流为恒定流、废水稳定连续排放的情形下，可采用下列模式预测排污口下游任一点污染物浓度。

对于岸边排放：

$$c(x,y)=\left\{c_h+\frac{c_p Q_p}{h\sqrt{\pi E_{yM}xu}}\left\{\exp\left(-\frac{uy^2}{4E_{yM}x}\right)+\exp\left[-\frac{u(2B-y)^2}{4E_{yM}x}\right]\right\}\right\}\exp\left(-k_1\frac{x}{86400u}\right) \tag{3-81}$$

对于非岸边排放：

$$c(x,y)=\left\{c_h+\frac{c_p Q_p}{2h\sqrt{\pi E_{yM}xu}}\left\{\exp\left(-\frac{uy^2}{4E_{yM}x}\right)+\exp\left[-\frac{u(2a+y)^2}{4E_{yM}x}\right]+\exp\left[-\frac{u(2B-2a-y)^2}{4E_{yM}x}\right]\right\}\right\}\cdot$$
$$\exp\left(-k_1\frac{x}{86400u}\right) \tag{3-82}$$

式中　u——河流纵向水流流速，m/s；

　　　h——河流断面平均水深，m；

　　E_{yM}——河流横向混合系数，m²/s；

　　　a——排放口到岸边的距离，m；

　　　B——河流宽度，m；

　　　π——圆周率；

　x、y——坐标。

根据式(3-81) 和式(3-82)，可求得河流混合段长度：

河中心排放　　　　　　　　　$x=\frac{0.1uB^2}{E_{yM}} \tag{3-83}$

河岸边排放

$$x = \frac{0.4uB^2}{E_{yM}}$$

(3-84)

② 弗罗衰减模型

$$c_N = \left(\frac{c_p}{N} + \frac{N-1}{N}c_h\right)\exp\left(-k_1\frac{x}{86400u}\right)$$

(3-85)

其中，$N = \dfrac{\gamma Q_h + Q_p}{Q_p}$；$\gamma = \dfrac{1-\exp(-\beta x^{1/3})}{1+\dfrac{Q_h}{Q_p}\exp(-\beta x^{1/3})}$；$\beta = 0.604\varepsilon\left(\dfrac{hun}{R^{1/6}}Q_p\right)^{1/3}$。

（3）弯曲河流混合过程段

可采用稳态混合衰减累积流量模型，即

岸边排放

$$c(x,q) = c_A(x,q)\exp\left(-k_1\frac{x}{86400u}\right)$$

(3-86)

非岸边排放

$$c(x,q) = c_B(x,q)\exp\left(-k_1\frac{x}{86400u}\right)$$

(3-87)

式中　$c_A(x,q)$、$c_B(x,q)$——持久性污染物弯曲河段混合过程岸边排放和非岸边排放的计算浓度，即分别采用式（3-62）和式（3-63）的计算结果。

3.5.2.3　一维多河段水质模型

在河流的水文条件和水力条件都沿程变化的情况下，沿河有支流汇入或废水输入，或者有取水口和渠道引水的情形下，需将河流分成若干河段，确保每一河段都只有一个支流汇入或废水输入，那么在每个河段都采用上述解析模型进行污染物浓度预测。

3.5.2.4　河流水质模型识别与参数估值

水质模型是按照一定的程序建立起来的。虽然按照模型建立的目的、期限与考虑的因素不同，建立的过程也有所不同，但一般来说建立模型的程序有以下几个步骤：其一，模型构思；其二，数学表达；其三，修正；其四，标定；其五，检验；其六，定型；其七，应用。

在实际工作中，一般都是应用已开发出来的水质模型，只需要对所选用的水质模型进行结构的识别和参数估值。模型的识别包括模型的标定和模型的检验。模型的标定是利用一组或几组已观测到的输入与输出数据，对所选用的模型的参数和结构进行调整、修改和定型。模型的检验是利用另外一组独立的输入和输出数据，试验已经标定过的模型，验证模型的计算结果与实测数据是否符合要求。

（1）河流水质模型的辨识

河流水质模型的识别往往是一个既有尝试又有主观判断的模拟计算和迭代的过程。通常根据已有的河流水质信息以及污染物在河流中变化规律，先选择一个初始模型和一组初始参数值，然后把该模型的输出与实际观测值做比较，如果二者差别甚大，就要根据所提供的信息，调整模型的参数值以减小其误差。如果通过调整模型参数值还不能达到所要求的精度，则需要对模型的结构做相应的变动，甚至重新选择新的水质模型。重复以上过程，直至模型输出与实测值之间的误差在某种准则下达到满意或合理。在其中要注意的是应当合理确定误差的允许值。一般说来，误差的允许值取决于研究问题的性质、所建立的水质模型的用途、可能获得的资料的范围和可靠性以及人为经验等。

（2）水质模型的参数估值

河流水质模型的参数是河流水体的物理、化学和生物化学动力学过程的常数。这些参数有：k_1、k_2、k_3、k_N、E_{yM}、k_B、P、R、u、h 等。确定这些参数值的方法有单一估值法和同时估值法等方法。

1）单参数估值法

① 紊动扩散系数 E_{yM} 的估值　紊动扩散系数一般采用下列经验公式计算。

a. 顺直河道、流量恒定、浅水情形

$$E_{yM} = \alpha_y h u_* \tag{3-88}$$

式中　h——平均水深；

$\quad u_*$——水流摩阻流速，即 $u_* = \sqrt{gHI}$；

$\quad g$——重力加速度；

$\quad I$——河流的水力坡度；

$\quad \alpha_y$——系数。

Fisher 统计分析了许多矩形明渠资料，得出 $\alpha_y = 0.1 \sim 0.2$；根据我国一些实测资料统计，陆雍森提出 $\alpha_y = 0.058h + 0.0065B$，$B$ 为河宽，该式适用于宽深比 $B/h \leqslant 100$。

Elder-Leendertse 提出下列公式：

对于湖库

$$E_{yM} = 18.57 \frac{uh}{c_z} \tag{3-89}$$

式中　c_z——谢才系数。

b. 弯曲河道、流量恒定情形

针对弯曲河段，Fisher 于 1969 年提出了经验关系：

$$\frac{E_{yM}}{hu_*} \propto \left(\frac{U}{u_*}\right)^2 \left(\frac{h}{R}\right)^2$$

式中　R——弯道的曲率半径。

Yotsukura 根据 Missouri 河弯道资料，得到：

$$\frac{E_{yM}}{hu_*} = 1750 \left(\frac{U}{u_*}\right)^2 \left(\frac{h}{R}\right)^2 \tag{3-90}$$

Fisher 提出对于弯道和不规则河岸，系数 $\alpha_y \geqslant 0.4$，实用上可取 $0.4 \sim 0.8$。

② 耗氧系数 k_1 的估值

a. 实验室测定值修正法

实验室测定 k_1 的方法：利用自动 BOD 测定仪或者培养法，测定要研究河段同一水样的 $1 \sim 10\text{d}$ 或更长时间的 BOD 值，点绘 BOD 过程曲线，如图 3-3 所示。设水中总的碳化 BOD 值为 c_a，任意时刻 t 需氧量为 c_1，那么：

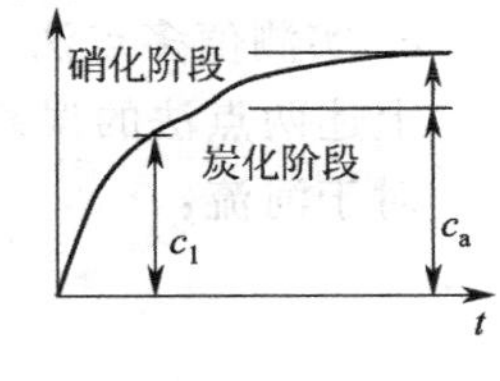

$$c_1 = c_a (1 - e^{-k_1 t}) \tag{3-91}$$

用级数展开

图 3-3　水体中 BOD
衰减过程

$$1 - e^{-k_1 t} = k_1 t \left[1 - \frac{k_1 t}{2} + \frac{(k_1 t)^2}{6} - \frac{(k_1 t)^3}{24} + \cdots \right]$$

由于 $k_1 t (1 + e^{k_1 t})^{-3} = k_1 t \left[1 - \frac{k_1 t}{2} + \frac{(k_1 t)^2}{6} - \frac{(k_1 t)^3}{24} + \cdots \right]$

以上两式很接近，故可以将 c_1 写成

$$c_1 = c_a k_1 t \left(1 + \frac{k_1 t}{6}\right)^{-3} \qquad \text{或} \qquad \left(\frac{t}{c_1}\right)^{1/3} = (c_a k_1)^{-1/3} + \left(\frac{k_1^{2/3}}{6c_a^{1/3}}\right)t \qquad (3-92)$$

令 $a = (c_a k_1)^{-1/3}$，$b = \dfrac{k_1^{2/3}}{6c_a^{1/3}}$，则

$$k_1 = 6\frac{b}{a}, \quad L_a = \frac{1}{k_1 a^3} \qquad (3-93)$$

那么，式(3-94)可改写成

$$\left(\frac{t}{c_1}\right)^{1/3} = a + bt \qquad (3-94)$$

根据实验资料，点绘 $\left(\dfrac{t}{c_a}\right)^{1/3}$-$t$ 关系线，就可以得到 a 和 b 值，代入式(3-93)便可求得 k_1 和 c_a 值。

实验室测定值的修正：实验室测定的 k_1 值一般可以直接用于湖库水质模拟，若用于河流则必须修正。1966 年，K. Bosko 提出应当按照河流的纵向底坡、平均流速和水深对实验室测定值 k_1 进行修正：

$$k_1' = k_1 + (0.11 + 54I)\frac{u}{h} \qquad (3-95)$$

b. 实测两点法

根据河流中 BOD 的沿程变化规律，通过测定河流上下两断面的 BOD 值，在中间没有支流和废水排入的条件下，便可以求得 k_1 值，即

$$k_1 = \frac{1}{t}\ln\left(\frac{c_{\text{up}}}{c_{\text{down}}}\right) \qquad (3-96)$$

式中 c_{up}、c_{down}——河流上游断面和下游断面的 BOD 值，mg/L。

采用同样的方法，可以估算湖库的 k_1 值。设径向 A、B 二点的 BOD 值为 c_A、c_B，径向距离为 r_A、r_B，根据式(3-96)，可得：

$$k_1 = \frac{2q}{\phi H(r_B^2 - r_A^2)}\ln\left(\frac{c_A}{c_B}\right) \qquad (3-97)$$

c. 实测值多点法

上述两点法的误差较大，为了提高准确度，应当增加测点数目 m，一般 $m \geqslant 3$。

对于河流：

$$k_1 = 86400 \times \frac{u\left(m\sum_{i=1}^{m} x_i \ln c_i - \sum_{i=1}^{m} \ln c_i \sum_{i=1}^{m} x_i\right)}{\left(\sum_{i=1}^{m} x_i\right)^2 - m\sum_{i=1}^{m} x_i^2} \qquad (3-98)$$

式中 k_1——碳化 BOD 耗氧系数，1/d；

x_i——测点 i 离起点距离，m；

u——流速，m/s；

c_i——测点 i 的 BOD 值，mg/L。

对于湖库：

$$k_1 = 172800 \times \frac{Q_\mathrm{P}\left(m\sum_{i=1}^{m}r_i^2\ln c_i - \sum_{i=1}^{m}\ln c_i\sum_{i=1}^{m}r_i^2\right)}{\phi h\left[\left(\sum_{i=1}^{m}r_i^2\right)^2 - m\sum_{i=1}^{m}r_i^4\right]} \tag{3-99}$$

式中 r_i——第 i 测点离排放口的径向距离，m；

ϕ——废水在湖中的扩散角。

③ 耗氧系数 k_N 的估值

耗氧系数 k_N 可以采用类似于求 k_1 的方法来估值。

2）多参数同时估值法

在没有条件逐项测定模型的各个系数时，可采用多系数同时估值法。该方法是根据实测的水文、水质数据，利用数学优化方法，同时确定多个环境水力学参数和模型系数。由于篇幅限制，在此不做介绍，请参阅有关文献。

3.5.3 入海河口及感潮河段水质模型

河口是河流的终段，是河流和受纳水体的结合地段。受纳水体可能是海洋、湖泊、水库和河流等，因而河口可分为入海河口、入湖河口、入库河口和支流河口等。

入海河口是指河流进入海洋的门户及其受到潮汐影响的一段水体。它是一个半封闭的海岸水体，与海洋自由沟通，海水在其中被陆域来水所冲淡。入海河口的许多特性影响着近海水域，因此，它是海岸带的组成部分。

入海河口可划分为三部分：河流近口段、口外海滨和河口段。河流近口段以河流特性为主；口外海滨以海洋特性为主；河口段的河流因素和海洋因素则强弱交替地相互作用，有独特的性质。

感潮河段是指受到潮汐影响的河段。河流近口段和河口段都属于感潮河段。

潮汐对河口水质的影响主要表现为以下几点。

① 随着海潮的涌入，大量的 Cl^- 及海洋泥沙进入河口段，Cl^- 及泥沙吸附污染物，使其相对密度增大而沉降，易于造成河口床底淤积、底泥污染物含量增大。

② 潮水携带大量的溶解氧进入河口段，增强了河口段的同化能力。

③ 受潮流的顶托作用，河口污水上溯，从而扩大了污染的范围、延长了污染物在河口的停留时间，有机物的降解会进一步降低水中的溶解氧，使水质下降。

④ 潮汐使河口的含盐量增加。

⑤ 海潮使河口水位波动，海水与上游下泄淡水交汇，掺混作用明显，使河口污染物分布趋于均匀。

3.5.3.1 河口的水流特征

河口不仅受到上游淡水来流作用，还受到海洋潮汐影响，咸淡水混合是由于小尺度的紊动扩散和大尺度平均流速场共同作用的结果。但其中除了一般的重力作用外，还有潮汐和浮力的作用，风的影响也大，地形一般也不规则，这就使得河口的混合比河道要复杂得多。

与河流相比，一般河口混合有以下几个特点。

（1）混合的非恒定性

在河口段，由于潮汐变化使水流来回流动，时涨时退；加上河口段河宽一般都比较大，风对流动有较明显的影响，在任意周期的风力变化作用下，水流在潮周内周期性变化的同时，还有小周期的随机性变化。流动的非恒定性使水体的混合情况也随时间而明显地变化。

（2）潮汐的抽吸和阻滞作用

潮流除引起紊动混合外还会产生较大尺度的流动。这种流动除了引起类似于河流中的剪切离散以外还引起其他一些环流，这类环流对河口中的混合产生抽吸作用和阻滞作用。

大多数潮流可分解为往复流叠加一个净的恒定环流，常称之为"剩余环流"。在大河口附近引起剩余环流的原因之一是地球的自转，地球自转使北半球河流的流动偏向右面，南半球河流的流动偏向左面。因此，在北半球涨潮流偏向左岸，退潮流偏向右岸，引起逆时针环流。此外，潮汐流和不规则的海底相互作用以及弯道分流的不同组合都会导致环流。为了区别于风力及河流引起的环流，把这种潮汐作用产生的环流叫作抽吸环流。抽吸作用是河口段污染物的运动和盐水上溯的重要机理之一，是产生河口段纵向离散的一个重要原因。另外，河口地区的次海湾和小支流的存在也会增加离散作用，特别在潮汐流动中它们对水流的离散作用会被强化。即使无"死水区"，由于断面上流速分布不均匀，在潮汐流动中也会发生类似于"死水区"的作用。这是由于当涨潮结束、潮水位开始下降时，岸边水流由于流速低、动量小，流动方向跟着发生变化，水位与流速的变化基本上是同步的；而主槽中的水流由于流速高、动量大，要沿着原来的方向继续流向上游，经过一段时间后才变为流向下游，水位与流速的变化存在相位差。这就会使原来处于同一断面附近的示踪云团在纵向被拉开，经一段时间后边槽中的云团向主槽扩散，并随反向后的主槽水流迅速向下游输移，与原来主槽中的云团相距一段距离。不难分析，在涨潮过程中也会有类似的情况，不同点是示踪云团在向上游输移过程中被拉开。这种在潮汐作用下因岸边低速水流引起的物质分散，故称之为潮汐的阻滞作用。在某些河口中，它可能是引起纵向离散的主要原因。

（3）密度分层与斜压环流作用

在浮力作用下河口段密度小的淡水和密度大的海水将分别趋向水面和河底，形成分层流动。而潮汐的作用则促使水体混合，对分层起破坏作用。河口中密度的变化情况取决于浮力所提供的分层功率与潮汐所提供的混合功率的比值，可用河口理查森数 R 的大小来反映，即

$$R = \frac{(\Delta\rho/\rho)gQ_f}{BU_t^3}$$ (3-100)

式中 ρ——水体的密度；

$\Delta\rho$——海水与淡水的密度差；

g——重力加速度；

Q_f——淡水流量；

B——河宽；

U_t——潮汐流速的均方根。

R 很大，意味着浮力作用很强，密度差引起的流动占支配地位，河口将强烈分层；R 很小，意味着潮汐作用很强，河口混合的好，密度差的影响可以忽略。实际河口观测表明，只有当 R 小到 0.08 时才可忽略密度差的作用。

对一个局部分层的河口来说，密度等值线的顶部倾向海洋而底部倾向陆地，这意味着潮周平均流速在表层朝向海洋，而在底层朝向陆地，从而在水流内部产生一个因密度变化引起的环流。为了与等密度流动中所发生的"正压环流"相区别，把它叫作"斜压环流"。斜压环流是河口混合中需要分析确定的一个问题，是分层河口中混合的一个重要机理。

3.5.3.2　河口与感潮河段水质模型

污染物在河口潮流区的混合输移过程是在三维空间方向上进行的，其水质模型的基本方程组是二阶偏微分非齐次方程组。显然，直接求解该方程组是非常困难的。考虑到在河口水质预测和管理方面人们更关心的是潮周平均、高潮平均和低潮平均水质，故可以忽略掉一些次要因素，对方程组进行简化。

(1) 河口一维动态混合衰减模型

1) 基本方程

在潮汐作用下，河口水流中污染物扩散以纵向离散作用为主，在充分混合的条件下，如果取污染物浓度的潮周平均值，可以写出一维河口水质模型的基本方程如下。

水流连续方程

$$B\frac{\partial Z}{\partial t}+\frac{\partial Q}{\partial x}=q \tag{3-101}$$

水流运动方程

$$\frac{\partial Q}{\partial t}+\frac{\partial}{\partial x}\left(\beta\frac{Q^2}{A}\right)+gA\left(\frac{\partial Z}{\partial x}+S_f\right)=0 \tag{3-102}$$

水质变化方程

$$\frac{\partial(AC)}{\partial t}+\frac{\partial(QC)}{\partial x}-\frac{\partial}{\partial x}\left(AE_{xM}\frac{\partial C}{\partial x}\right)+Ak_1C=S_m \tag{3-103}$$

式中　A——河道断面面积；

　　　B——河宽；

　　　C——污染物浓度；

　　　Z——断面平均水位；

　　　Q——河道断面流量；

　　　q——旁侧入流流量；

　　　S_f——摩阻坡降，可采用曼宁公式计算，即 $S_f=gn^2/h^{1/3}$；

　　　k_1——氯的降解速率常数；

　　　S_m——源、汇项；

　　　x、t——距离、时间；

　　　E_{xM}——河段纵向离散系数，可采用下列方法确定其值。

① 淡水含量百分比法

$$E_{xM}=0.194\frac{QS_{\sigma i}\Delta x}{A(S_{\sigma i+1}-S_{\sigma i-1})} \tag{3-104}$$

式中　Q——河水流量，m^3/s；

　　　A——河道断面面积，m^2；

　　　$S_{\sigma i}$——第 i 断面的断面平均含盐度，‰；

　　　Δx——两断面间的距离，m。

② 荷—哈—费（Hobbery-Harbeman-Fisher）公式

$$E_{xM}=63nu_{t\max}R^{5/6} \tag{3-105}$$

式中　n——河床糙率；

　　　$u_{t\max}$——断面上纵向最大潮汐平均流速，m/s；

　　　R——河口的水力半径，m。

③ 狄奇逊（Dichison）公式

$$E_{xM} = 1.23 u_{t\max}^2 \tag{3-106}$$

④ 海福林—欧康奈尔（Hefling-O'Connell）公式

$$E_{xM} = 0.48 u_{t\max}^{4/3} \tag{3-107}$$

⑤ 鲍登（Bowden）公式

$$E_{xM} = 0.295 u_{t\max} h \tag{3-108}$$

式中　h——平均水深，m。

2) 稳定排污情形的解

欧·康奈尔（O'Connell）针对稳定连续排污情形，求得方程（3-103）的解。

① 均匀河口

对排放口上游（$x<0$）　$C = C_r + \dfrac{C_p q_p}{(Q+q_p)W} \exp\left[\dfrac{ux}{2E_{xM}}(1+W)\right]$　（3-109）

对排放口下游（$x>0$）　$C = C_r + \dfrac{C_p q_p}{(Q+q_p)W} \exp\left[\dfrac{ux}{2E_{xM}}(1-W)\right]$　（3-110）

式中　C_r——河流上游污染物浓度；

　　　C_p——污染物排放浓度；

　　　Q——河流流量；

　　　q_p——废水排放流量；

$W = \sqrt{1 + \dfrac{4k_1 E_{xM}}{u^2}}$。

② 断面面积与距离成正比$\left(\text{即 } A = \dfrac{A_0}{x_0}x\right)$的河口

当 $x<x_0$ 时　$C = C_r + \dfrac{C_p q_p x_0}{A_0 E_{xM}} N_E\left(x_0\sqrt{\dfrac{k_1}{E_{xM}}}\right) J_E\left[x\sqrt{\dfrac{k_1}{E_{xM}}}\left(\dfrac{x}{x_0}\right)^E\right]$　（3-111）

当 $x>x_0$ 时　$C = C_r + \dfrac{C_p q_p x_0}{A_0 E_{xM}} J_E\left(x_0\sqrt{\dfrac{k_1}{E_{xM}}}\right) N_E\left[x\sqrt{\dfrac{k_1}{E_{xM}}}\left(\dfrac{x}{x_0}\right)^E\right]$　（3-112）

式中　A_0——$x=x_0$ 处河流的断面面积；

　　$J_E(\ )$——第一类 E 阶贝塞尔函数；

　　$N_E(\ )$——第二类 E 阶贝塞尔函数；

　　　E——贝塞尔函数的阶数。

（2）河口一维稳态 BOD-DO 耦合模型

对于一维稳态情形，由一维河流 BOD-DO 耦合模型可推得描述河口氧亏的基本方程

$$E_{XM}\frac{\partial^2 D}{\partial x^2} - u\frac{\partial D}{\partial x} - k_2 D + k_1 c = 0 \tag{3-113}$$

若给定边界条件：当 $x \to \infty$ 时，$D=0$，那么方程（3-113）的解为

对排放口上游（$x<0$）

$$D = \frac{k_1 C_p q_p}{(k_2-k_1)Q}\left\{\frac{\exp\left[\dfrac{u}{2E_{xM}}\left(1+\sqrt{1+\dfrac{4k_1 E_{xM}}{u^2}}\right)\right]}{\sqrt{1+\dfrac{4k_1 E_{xM}}{u^2}}} - \frac{\exp\left[\dfrac{u}{2E_{xM}}\left(1-\sqrt{1+\dfrac{4k_1 E_{xM}}{u^2}}\right)\right]}{\sqrt{1+\dfrac{4k_1 E_{xM}}{u^2}}}\right\}$$

$$\tag{3-114}$$

对排放口下游（$x>0$）

$$D=\frac{k_1 C_p q_p}{(k_2-k_1)Q}\left\{\frac{\exp\left[\dfrac{u}{2E_{xM}}\left(1+\sqrt{1+\dfrac{4k_2 E_{xM}}{u^2}}\right)\right]}{\sqrt{1+\dfrac{4k_2 E_{xM}}{u^2}}}-\frac{\exp\left[\dfrac{u}{2E_{xM}}\left(1-\sqrt{1+\dfrac{4k_2 E_{xM}}{u^2}}\right)\right]}{\sqrt{1+\dfrac{4k_2 E_{xM}}{u^2}}}\right\}$$

(3-115)

根据式（3-114）和式（3-115）的计算结果，可以绘制出河口段排放口上、下游的氧亏分布图（见图 3-4）。从图 3-4 可见，涨潮时（图中虚线），受潮水的顶托，河水的流动趋于静止（$u=0.01\text{m/s}$），最大氧亏出现在排放口附近，同时由于潮水带来大量的溶解氧，临界氧亏值要比一般河流中小得多。

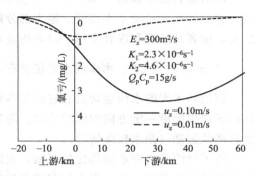

图 3-4　一维潮汐河口的氧化分布

（3）河口二维动态混合衰减模型

1967 年，Leendertse 首次应用交替方向隐差分格式（ADI）模拟二维潮汐潮流，并很快得到推广。后来，原苏联学者 Yanenko 等提出了分裂法，即从按空间坐标分裂到按物理机制（即方程中物理意义不同的项）分裂控制方程组。目前，用于潮流水质数学模型的方法主要有有限差分法、特征法、有限元法、有限分析法、边界元法及有限体积法等。海岸、河口、湖泊、大型水库等广阔水域，水平尺度远大于垂向尺度，水力参数（如流速、水深等）在垂直方向的变化，其流态可用沿水深的平均流动量来表示，因而可以采用平面二维水动力数值模拟技术。而在另外一些水域，如窄深潮汐通道、窄深河口地区，有关变量（如流速、温度、含盐度、含沙量等）的垂向变化不可忽视，这时往往要采用垂向二维水动力数值模拟技术。

二维数模的计算相对比较复杂，一般都采用非耦合解的算法，即潮流方程和水质方程分别单独求解，先求水力要素，再求水质。

对于二维河口动态混合情形，水质基本方程组为

$$\frac{\partial h}{\partial t}+\frac{\partial(uh)}{\partial x}+\frac{\partial(vh)}{\partial y}=0 \tag{3-116}$$

$$\frac{\partial u}{\partial t}+u\frac{\partial u}{\partial x}+v\frac{\partial u}{\partial y}=\nu_t\left(\frac{\partial^2 u}{\partial x^2}+\frac{\partial^2 u}{\partial y^2}\right)+fv-g\frac{\partial(h+z_b)}{\partial x}-gn^2 u\frac{\sqrt{u^2+v^2}}{h^{\frac{4}{3}}} \tag{3-117}$$

$$\frac{\partial v}{\partial t}+u\frac{\partial v}{\partial x}+v\frac{\partial v}{\partial y}=\nu_t\left(\frac{\partial^2 v}{\partial x^2}+\frac{\partial^2 v}{\partial y^2}\right)+fu-g\frac{\partial(h+z_b)}{\partial y}-gn^2 v\frac{\sqrt{u^2+v^2}}{h^{\frac{4}{3}}} \tag{3-118}$$

$$\frac{\partial(hC)}{\partial t}+\left[\frac{\partial(huC)}{\partial x}+\frac{\partial(hvC)}{\partial y}\right]=\left[\frac{\partial}{\partial x}\left(hE_{xM}\frac{\partial C}{\partial x}\right)+\frac{\partial}{\partial y}\left(hE_{yM}\frac{\partial C}{\partial y}\right)\right]-k_1 h+Sh \tag{3-119}$$

式中　ν_t——紊动粘滞系数。

上述方程组包含有非线性项，直接求解十分困难，一般只能采用数值解法，可采用 ADI 法求解。ADI 法是美国兰德公司于 20 世纪 70 年代初提出的一种差分近似解法，其特点是稳定性好、累积误差小、建模只需水深资料和港口潮位资料。在计算中，混合系数可采用爱-兰（Elder-Leendertse）公式确定，即

$$E_{xM} = 18.57uh/C_Z \qquad E_{yM} = 18.57vh/C_Z \qquad\qquad (3\text{-}120)$$

式中　C_Z——谢才系数；

　　　h——计算区域平均水深。

3.5.4　湖泊、水库水质模型

湖泊是天然形成的，水库是由于发电、区洪、航运、灌溉等目的拦河筑坝、人工形成的，它们的水流状况基本相同。绝大部分湖泊（水库）水域开阔，水流状况分为前进和振动二类，前者是湖流和混合作用，后者指波动和波漾。

3.5.4.1　湖泊、水库的水环境特征

湖泊和水库的水流运动具有它的基本特征。湖流是湖水在水力坡度、密度梯度和风力等作用下产生的沿一定方向的缓慢流动。湖流经常呈水平环状运动（在湖水较浅的情形下）或垂直环状运动（湖水较深情形）。

由于湖泊和水库水面都比较开阔，在风力作用下，很容易形成波浪，又叫做风浪。在多种复杂外力作用下，湖、库水位有节奏的升降变化，形成波漾。

水在湖泊和水库中的停留时间较长，一般可达数月至数年，这种水域属于缓流水域，湖库中的化学和生物学过程保持在一个比较稳定的状态。由湖库的边缘至中心，由于水深不同而产生明显的水生植物分层。在浅水区生长挺水植物（即茎叶伸出水面的植物），如芦苇；往深处，生长着扎根湖底但茎叶不露出水面的沉水植物，如苔草等。此外还有藻类和其他浮游植物等。这些植物一方面对湖库水流运动形成阻碍；另一方面这些植物死亡会恶化水质。

由于湖库类似于静水环境，进入湖库的含氮和含磷营养物在其中不断积累，容易使湖库水质发生富营养化。

在水深较大的水库或湖泊中，水温和水质是分层的。随着一年四季的气温变化，湖库的水温竖向分布也呈周期性变化。夏季表层水温高，因水流缓慢，上层的热量向下层扩散，所以形成自上而下的温度梯度。由于下层水温低、密度高，整个湖库处于稳定状态。到了秋末冬初，由于气温急剧下降，使得湖库表层的水温急剧下降，同时导致表层水的密度增加。当表层水密度大于底层水密度时，就出现水质的上下循环，这种现象叫作"翻池"。翻池使湖库水质趋于均匀分布。翻池现象在春末夏处也有时出现。但大多数时间里，湖库水质呈竖向分层分布状态。

3.5.4.2　零维及一维湖库水质模型

湖库水质模型可分为描述湖库营养状况的箱式模型、分层箱式模型和描述温度和水质竖向分布的分层模型。

（1）完全混合模型

完全混合模型属于箱式模型，也称作 Vollenwelder 模型。

对于停留时间很长、水质基本处于稳定状态的中小型湖泊和水库，可以看作一个均匀混合的水体，即假定湖泊中某种营养物的浓度随时间的变化率是输入、输出和在湖泊内沉积的该种营养物数量的函数。

1）营养污染物混合和降解模型

$$V \frac{\mathrm{d}C}{\mathrm{d}t} = \overline{W} - QC - k_1 CV \tag{3-121}$$

式中 V——湖库的容积，m^3；

     C——污染物或水质参数浓度，mg/L；

     $\overline{W}$——污染物或水质参数的平均排入量，mg/s；

     Q——湖库流量，m^3/s；

     k_1——污染物衰减或沉降系数，1/d；

     t——时间，s。

积分上方程，得到：

$$C = \frac{\phi}{Q + k_1 V} \left\{ \frac{\overline{W}}{\phi} - \exp \left[-\left(\frac{Q}{V} + k_1 \right) t \right] \right\} \tag{3-122}$$

式中 $\phi = \overline{W} - (Q + k_1 V) C_0$；

     C_0——湖库中污染物起始浓度。

如令

$$\alpha = \frac{Q}{V} + k_1 \tag{3-123}$$

那么，式(3-120)可改写为：

$$C = \frac{\overline{W}}{\alpha V} (1 - e^{-\alpha t}) + C_0 e^{-\alpha t} \tag{3-124}$$

对于持久性污染物，$k_1 = 0$，当时间足够长、湖库中污染物浓度达到了平衡时，此时浓度为：

$$C_K = \frac{\overline{W}}{\alpha V} \tag{3-125}$$

2）溶解氧模型

对于湖库水环境，在不考虑浮游植物增氧量的情形下，溶解氧模型方程为

$$\frac{\mathrm{d}D}{\mathrm{d}t} = \left(\frac{Q}{V} + k_1 \right) L + k_2 (O_s - O) - R \tag{3-126}$$

式中 k_2——大气复氧系数，1/d；

     R——湖库的生物和非生物因素耗氧总量（包括鱼类耗氧），mg/s。

（2）大湖稀释扩散模型

对于水域宽阔的大湖，当其污染来自沿湖厂矿或入湖河流时，污染往往出现在入湖口附近水域，形成一个圆锥形扩散，如图 3-5 所示。

根据湖水的对流扩散过程，按照质量守恒原理，可得到大湖扩散模型的基本方程

$$\frac{\partial C}{\partial r} = \left(E - \frac{q}{\phi H} \right) \frac{1}{r} \frac{\partial r}{\partial t} + E \frac{\partial^2 r}{\partial t^2} \tag{3-127}$$

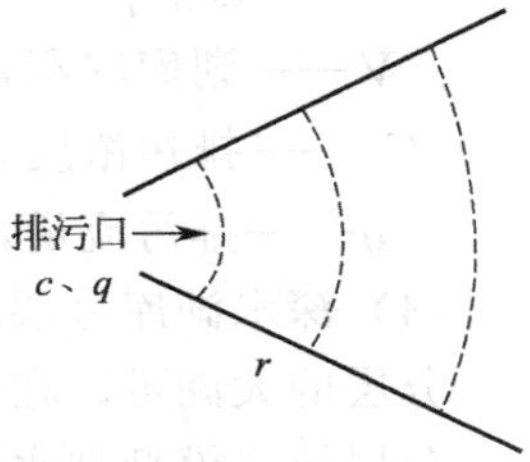

式中 q——排入湖中的废水量；

     r——计算点至排污口的距离；

     E——径向紊流扩散系数；

     H——废水扩散区平均水深；

图 3-5 湖边排污口
附近扩散现象

ϕ——废水在湖中的扩散角。

1）持久性污染物

对于持久性污染物，在稳定、无风的条件下，积分式（3-127）得到

$$C=C_P-(C_P-C_{r_0})\left(\frac{r}{r_0}\right)^{\frac{q}{\phi HE}} \tag{3-128}$$

式中 C_{r_0}——在 $r=r_0$ 处的污染物浓度值。

2）非持久性污染物

① 湖水污染物衰减模型

当湖水流速很小、风浪不大、湖水稀释扩散较差时，可以忽略弥散项，如果仍考虑稳态条件，并增加污染物的自净项，即可得到污水在湖水中对流和化学、生化降解共同作用下的浓度递减方程

$$q\frac{dc}{dr}=-k_1cH\phi r \tag{3-129}$$

代入边界条件 $r=0$ 时 $C=C_0$（排污口浓度），则其解为：

$$C=C_0\exp\left(-\frac{k_1\phi H}{2q}r^2\right) \tag{3-130}$$

其中，C 可以是 BOD 浓度 L。

② 湖水溶解氧方程

$$q\frac{dD}{dr}=(k_1C-k_2D)\phi Hr \tag{3-131}$$

式中 D——离排污口距离为 r 处的氧亏值（即 $D=O_s-O$）。

其解为： $$D=\frac{k_1C_0}{k_2-k_1}[\exp(-nr^2)-\exp(-mr^2)]+D_0\exp(-mr^2) \tag{3-132}$$

式中 D_0——排污口的氧亏量，$m=\frac{k_2\phi H}{2q}$，$n=\frac{k_1\phi H}{2q}$。

该模型是卡拉乌舍夫（A. B. КараущеВ）提出的，故又叫作卡拉乌舍夫模型。

（3）狭长湖库推流衰减模型

对于狭长的湖库，可以看成是一条河流，如果排污口在湖库尾部，则可用对流衰减模型计算：

$$C=\frac{C_0Q+C_1q}{Q+q}\exp(-k_1t) \tag{3-133}$$

式中 t 约为 $\frac{V}{Q+q}$；

V——湖库容积，m^3；

C_1——排污浓度，mg/L；

q——排污流量，m^3/s。

（4）深水湖库分层箱式模型

分层的大湖可以在分层期将全湖做分层箱式模型处理。

分层箱式模型把水体上层和下层各视为完全混合模型，在上下层之间存在着紊流扩散的传递作用。分层箱式模型分为夏季模型和冬季模型，其中夏季模型考虑上下分层现象，而冬季模型则考虑上下层之间的循环作用。

每层的水质可用 Vollenwelder 模型计算。在"翻池"期，可将整个湖泊看作一个完全混合模型来处理。当湖库很大、沿程有很多污染源排放口且不规则分布时，需将全湖网格化后，采用分层箱式模型进行计算。

3.5.4.3　二维湖库水质模型

对于近岸环流显著的大型湖库，横向分散混合作用显著，应当采用二维模型来描述其可降解污染物的浓度变化。

对于岸边稳态排放情形，可用下式计算二维湖库污染物浓度

$$C(x,y)=\left[C_0+\frac{C_p q_p}{H\sqrt{\pi E_{yM}xu}}\exp\left(-\frac{uy^2}{4E_{yM}x}\right)\right]\exp\left(-k_1\frac{x}{86400u}\right) \tag{3-134}$$

对于非岸边稳态排放情形，可用下式计算二维湖库污染物浓度

$$C(x,y)=\left\{C_0+\frac{C_p q_p}{2H\sqrt{\pi E_{yM}xu}}\left[\exp\left(-\frac{uy^2}{4E_{yM}x}\right)\exp\left(-\frac{u(2a+y)^2}{4E_{yM}x}\right)\right]\right\}\exp\left(-\frac{k_1 x}{86400u}\right) \tag{3-135}$$

3.5.5　地表水环境和污染源的简化

3.5.5.1　地表水环境简化

地表水环境简化包括边界几何形状的规范化和水文、水力要素时空分布的简化等。这种简化应根据水文调查与水文测量的结果和评价等级等进行。

（1）河流简化

河流可以简化为矩形平直河流，矩形弯曲河流和非矩形河流。

河流的断面宽深比≥20 时，可视为矩形河流。

① 大中河流　大中河流中，预测河段弯曲较大（如其最大弯曲系数＞1.3）时，可视为弯曲河流，否则可以简化为平直河流。

中河预测河段的断面形状沿程变化较大时，可以分段考虑。

大中河流断面上水深变化很大且评价等级较高（如一级评价）时，可以视为非矩形河流并应调查其流场，其他情况均可简化为矩形河流。

② 小河　小河可以简化为矩形平直河流。

河流水文特征或水质有急剧变化的河段，可在急剧变化之处分段，各段分别进行环境影响预测。

③ 河网　河网应分段进行环境影响预测。

④ 江心洲　评价等级为三级时，江心洲、浅滩等均可按无江心洲、浅滩的情况对待。

江心洲位于充分混合段，评价等级为二级时，可以按无江心洲对待；评价等级为一级且江心洲较大时，可以分段进行环境影响预测，江心洲较小时可不考虑。

江心洲位于混合过程段、可分段进行环境影响预测，评价等级为一级时也可以采用数值模式进行环境影响预测。

⑤ 人工控制河流　人工控制河流根据水流情况可以视其为水库，也可视其为河流，分段进行环境影响预测。

（2）河口简化

河口包括河流汇合部、河流感潮段、口外滨海段、河流与湖泊、水库汇合部。

河流感潮段是指受潮汐作用影响较明显的河段。可以将落潮时最大断面平均流速与涨潮时最小断面平均流速之差等于 0.05m/s 的断面作为其与河流的界限。除个别要求很高（如评价等级为一级）的情况外，河流感潮段一般可按潮周平均、高潮平均和低潮平均三种情况，简化为稳态进行预测。

河流汇合部可以分为支流、汇合前主流、汇合后主流三段分别进行环境影响预测。小河汇入大河时可以把小河看成点源。

河流与湖泊、水库汇合部可以按照河流和湖泊、水库两部分分别预测其环境影响。

河口断面沿程变化较大时，可以分段进行环境影响预测。

口外滨海段可视为海湾。

（3）湖泊、水库简化

在预测湖泊、水库环境影响时，可以将湖泊、水库简化为大湖（库）、小湖（库）和分层湖（库）三种情况进行。

评价等级为一级时，中湖（库）可以按大湖（库）对待，停留时间较短时也可以按小湖（库）对待。评价等级为三级时，中湖（库）对待，停留时间很长时也可以按大湖（库）对待。评价等级为二级时，如何简化可视具体情况而定。

水深＞10m 且分层期较长（如＞30 天）的湖泊、水库可视为分层湖（库）。

珍珠串湖泊可以分为若干区，各区分别按上述情况简化。

不存在大面积回流区和死水区且流速较快，停留时间较短的狭长湖泊可简化为河流。其岸边形状和水文要素变化较大时还可以进步分段。

不规则形状的湖泊、水库可根据流场的分布情况和几何形状分区。

自顶端入口附近排入废水的狭长湖泊或循环利用湖水的小湖，可以分别按各自的特点考虑。

（4）海湾简化

预测海湾水质时一般只考虑潮汐作用，不考虑波浪作用。评价等级为一级且海流（主要指风海流）作用较强时，可以考虑海流对水质的影响。

潮流可以简化为平面二维非恒定流场。当评价等级为三级时可以只考虑周期的平均情况。

较大的海湾交换周期很长、大河及评价等级为一、二级的中河应考虑其对海湾流场和水质的影响；小河及评价等级为三级的中河可规为点源，忽略其对海湾流场的影响。

3.5.5.2 污染源简化

污染源简化包括排放形式的简化和排放规律的简化。根据污染源的具体情况排放形式可简化为点源和面源，排放规律可简化为连续恒定排放和非连续恒定排放。

排入河流的两排放口的间距较近时，可以简化为一个，其位置假设在两排放口之间，其排放量为两者之和。两排放口间距较远时，可分别单独考虑。

排入小湖（库）的所有排放口可以简化为一个，其排放量为所有排放量之和。排入大湖（库）的两排放口间距较近时，可以简化成一介，其位置假设在两排放口之间，其排放量为两者之和。两排放口间距较远时，可分别单独考虑。

当评价等级为一、二级并且排入海湾的两排放口间距小于沿岸方向差分网格的步长时，可以简化两个，其排放量为两者之和，如不是这种情况，可分别单独考虑。评价等级为三级时，海湾污染源简化与大湖（库）相同。

无组织排放可以简化成面源。从多个间距很近的排放口排水时，也可以简化为面源。

在地表水环境影响预测中，通常可以把排放规律简化为连续恒定排放。

3.6　地表水环境影响评价

3.6.1　评价的范围和重点

评价建设项目的地表水环境影响是指评定与估价建设项目各生产阶段对地表水的环境影响，它是环境影响预测的继续。

地表水环境影响的评价范围与影响预测范围相同。

所有预测点和所有预测的水质参数均应进行各生产阶段不同情况的环境影响评价，但应有重点。在空间方面，水文要素和水质急剧变化处、水域功能改变处、取水口附近等应作为重点；在水质方面，影响较重的水质参数应只作为重点。

3.6.2　评价的基本资料

水域功能是评价建设项目环境影响的基本资料。

评价建设项目的地表水环境影响所采用的水质标准应与环境现状评价相同。河道断流时应由环保部门规定其功能，并据以选择标准，进行评价。

规划中几个建设项目在一定时期（如 5 年）内兴建并向同一地表水环境排污时，应由政府有关部门规定各建设项目的排污总量或允许利用体自净能力的比例（政府有关部门未做规定的可以自行拟定并报环保部门认可）。

向已超标的水体排污时，应结合环境规划酌情处理或由环保部门事先规定排污要求。

3.6.3　评价方法

3.6.3.1　水质评价方法

一般根据预测的水质数据，采用单因子标准指数法进行评价。

地表水多项水质参数综合评价建议采用与地表水环境现状评价相同的方法。

若规划中几个建设项目在一定时期内兴建并且向同一地表水环境排污的情况，可以采用自净利用指数进行单项评价。

位于地表水环境中 j 点的污染物 i 的自净利用指数 P_{ij} 定义如下：

$$P_{ij} = \frac{c_{ij} - c_{hij}}{\lambda(c_{sj} - c_{hij})} \tag{3-136}$$

式中　c_{ij}、c_{hij}、c_{sj}——j 点的污染物 i 的浓度、j 点上游污染物 i 的浓度和污染物 i 的评价标准，mg/L；

λ——自净能力允许利用率，％。

位于地表水环境中 j 点的溶解氧 DO 的自净利用指数定义为

$$P_{\mathrm{DO}_j} = \frac{\mathrm{DO}_j - \mathrm{DO}_{hj}}{\lambda(\mathrm{DO}_{hj} - \mathrm{DO}_s)} \tag{3-137}$$

式中　DO_j、DO_{hj}、DO_s——j 点的 DO 的浓度、j 点上游 DO 浓度和 DO 的评价标准，mg/L。

自净能力允许利用率 λ 应根据当地水环境自净能力的大小、现在和将来的排污状况以及建设项目的重要性等因素决定，并应征得有关单位同意。

当 $P_{ij} \leq 1$ 时，说明污染物 i 在 j 点利用的自净能力没有超过允许的比例；否则，说明超过允许利用的比例，这时 P_{ij} 的值即为超过允许利用的倍数，表明影响是重大的。

3.6.3.2 对拟建项目选址、生产工艺和废水排放方案的评价

项目选址、采用的生产工艺和废水排放方案对水环境影响有重要的作用。当拟建项目有多个选址、生产工艺和排水方案，应分别给出各种方案的预测结果，再结合环境、经济、社会的多种因素，从水环境保护角度推荐优先方案。

生产工艺主要是通过工程分析发现问题，如果有条件，应当采用清洁生产审计进行评价。如果有多种工艺方案，应当分别预测其影响，然后推荐优选方案。

3.6.4 小结的编写

评价等级为一、二级时应编写地表水环境影响评价小结。若地表水环境影响评价单独成册则应编写分册结论。

评价等级为三级且地表水环境部分在报告书中的篇幅较短时可以省略小结，直接有报告书的结论部分中叙述与地表水环境影响评价有关并应小结的问题。

小结的内容包括地表水环境现状概要、建设项目工程分析与地表水环境有关部分的概要、建设项目对地表水环境影响预测和评价的结果、水环境保护措施的评述和建议等。

评价建设项目的地表水环境影响的最终结果应得出建设项目在实施过程的不同阶段能否满足预定的地表水环境质量的结论。

下面两种情况应做出可以满足地表水环境保护要求的结论。

① 建设项目在实施过程的不同阶段，除排放口附近很小范围外，水域的水质均能达到预定要求。

② 在建设项目实施过程的某个阶段，个别水质参数在较大范围内不能达到预定的水质要求，但采取一定的环保措施后可以满足要求。

下面两种情况原则上应做出不能满足地表水环境保护要求的结论。

① 表水现状水质已经超标。

② 污染消减量过大以至于消减措施在技术、经济上明显不合理。

建设项目在个别情况下虽然不能满足预定的环保要求，但其影响不大而且发生的机会不多，此时应根据具体情况做出分析。

有些情况不宜做出明确的结论，如建设项目恶化了地表水环境的某些方面，同时又改善了其他某些方面。这种情况应说明建设项目对地表水环境的正影响、负影响及其范围、程度和评价者的意见。

练习题　--

1. 某拟建大型住宅区设计人口总数为 24350 人，人均用水定额为 210L/d，污水产生率为 0.9，不考虑用水波动影响，试预测该住宅区生活污水的排放量。

2. 污染物进入地表水域后会发生哪些扩散？

3. 简述地表水体中的耗氧因素和水体溶解氧的来源。

4. 地表水环境影响评价工作等级划分的依据有哪四个？

5. 在环境影响评价中把水污染物划分为哪四种类型？

6. 对于单向流动的河流，地表水环境影响评价范围如何确定？

7. 在水质现状调查中，应调查的水质参数包括哪两类？

8. 某水质因子 20 次监测数据的最大值为 58mg/L、平均值为 36mg/L，先计算该水质因子的内梅罗平均值，并采用单因子质量指数法评价该水质因子是否达标（该水质因子的质量标准值为 40mg/L）。

9. 某工厂向河流排放废水，废水流量 0.2m³/s、苯酚浓度 30μg/L；河水流量 6m³/s、苯酚浓度 0.5μg/L、流速 1.5m/s、苯酚降解速率系数为 0.2d⁻¹。废水在排污口下游 0.5km 处达到与河水完全混合。求完全混合断面苯酚浓度和排污口下游 10km 处的苯酚浓度。

10. 某河段水温为 20℃，计算该河段饱和溶解氧浓度 O_s。

11. 有一河段长 5km，河段起点 BOD$_5$ 浓度为 35mg/L，河段末端 BOD$_5$ 浓度为 28mg/L，河水平均流速为 1.6km/d。求该河段 BOD$_5$ 降解速率系数 k_1。

12. 某工业有机废水排入一条小河，废水排放量为 0.8m³/s、BOD$_5$ 浓度 30mg/L、DO 浓度 0.5mg/L；河水流量 8m³/s、BOD$_5$ 浓度 5mg/L、DO 浓度 3.5mg/L、流速 1.5m/s、BOD$_5$ 降解速率系数为 0.2d⁻¹，废水与河水很快就充分混合。已知水面大气复氧速率系数为 0.1d⁻¹，求排污口下游最大氧亏值及其距排污口的距离。

13. 某废水从岸边排入一条河流，已知河流流速为 1.5m/s、河宽 50m、河流横向混合系数为 10m²/s，求河流混合段长度。

14. 简述入海河口的水流特征。

15. 什么是自净利用指数？

16. 哪些情况应做出可以满足地表水环境保护要求的结论？

17. 哪些情况应做出不能满足地表水环境保护要求的结论？

第4章

地下水环境影响评价

本章介绍水文地质基础知识、地下水环境评价工作分级、地下水环境现状调查与评价、地下水环境影响预测和地下水环境影响评价。

4.1 水文地质基础知识

地下水是以各种形式埋藏在地壳空隙中的水，包括包气带和饱水带中的水。其中，包气带是地表与潜水面之间的地带，又可叫作非饱和带；饱水带是地下水面以下，土层或岩层空隙全部被水充满的地带，含水层都位于饱水带中。

4.1.1 地下水赋存条件

（1）岩石中的空隙

地下水赋存于岩石空隙中，岩石空隙既是地下水的储容场所，又是地下水的运动通道。空隙的多少、大小、连通情况及分布规律，决定着地下水分布与运动的特点。

将空隙作为地下水的储容场所与运动通道研究时，可以分为以下3类。

① 松散岩类中的孔隙 松散岩类由大大小小的颗粒组成，在颗粒或颗粒的集合体之间存在着相互连通的空隙，因是小孔状，称作孔隙。

② 坚硬岩石中的裂隙 固结的坚硬岩石，包括沉积岩、岩浆岩与变质岩。其中不存在或很少存在颗粒之间的孔隙，岩石中主要存在各种成因的裂隙，即成岩裂隙、构造裂隙与风化裂隙。

③ 易溶岩石中的溶穴与溶蚀裂隙 易溶的沉积岩，如岩盐、石膏、石灰岩、白云岩等，由于地下水对裂隙面的溶蚀而成溶蚀裂隙，进一步溶蚀便形成空洞就是溶穴或称溶洞。

衡量岩石中空隙发育程度的指标是空隙度，对应以上3类空隙分别称孔隙率、裂隙率和岩溶率。

（2）岩石中水的存在形式

岩石中存在着各种形式的水。存于岩石空隙中的有结合水、重力水及毛细水，另外还有气态水和固态水。组成岩石的矿物中则有矿物结晶水。

① 结合水 松散岩类的颗粒表面及坚硬岩石的裂隙壁面均带有电荷，水分子受静电作

用在固体表面受到强大的吸力，排列较紧密，随着距离增大，吸力逐渐减弱，水分子排列渐为稀疏。受到固体表面的吸力大于其自身重力的那部分水便是结合水。结合水被束缚在固体表面，不能在重力作用下自由运动。

② 重力水　距离固体表面更远的那部分水分子，重力影响大于固相表面的吸引力，因而能在自身重力作用下自由运动，这部分水就是重力水。

③ 毛细水　松散岩类中细小孔隙通道可构成毛细管。在毛细力的作用下，地下水沿着细小孔隙上升到一定高度，这种既受重力又受毛细力作用的水称为毛细水。毛细水广泛存在于地下水面以上的包气带中。

（3）与地下水储容、运移有关的岩石性质

① 空隙的大小　当空隙足够大时，空隙中既有结合水又有重力水；微细的空隙，若颗粒间距小于结合水厚度的两倍，空隙中便全部充满结合水，而不存在重力水。在黏性土的微细孔隙及基岩的闭合裂隙中，几乎全部充满着结合水。而砂砾石、具有宽大张开裂隙及溶穴的岩层中，几乎全是重力水，结合水的量微不足道。

② 容水度　即岩石中所能容纳的最大的水的体积与溶水岩石体积之比，以小数或百分数表示。显然，在数值上溶水度与孔隙率、裂隙率、岩溶率相等。但是，对于膨胀性的黏土来说，充水后体积扩大，容水度可以大于孔隙度。

③ 持水度　饱水岩石在重力作用下释水时，一部分水从空隙中流出；另一部分水以结合水、触点毛细水的形式保持于空隙中。持水度是指受重力影响释水后岩石仍能保持的水的体积与岩石体积之比。

岩石空隙比表面积越大，结合水含量就越大，持水度也越大。颗粒细小的粘性土比表面积很大，有时其持水度可以等于容水度，即没有重力水给出；中、粗砂的持水度较小；具有宽大张开裂隙与溶穴的岩石，持水度是微不足道的。

④ 给水度　饱水岩石在重力作用下释出的水的体积与岩石体积之比。给水度在数值上等于容水度减去持水度。粗颗粒大空隙的岩石给水度接近容水度；黏性土及微细裂隙的岩石的给水度很小或等于零。

⑤ 岩石的透水性及其影响因素　岩石的透水性是指岩石允许水透过的能力，其定量指标是渗透系数。渗透系数是反映岩石透水性的重要指标，它反映了水在岩石中流动所受阻力情况，与空隙类型、大小及水的粘滞阻力有关。

4.1.2　含水层与隔水层

含水层是指能够透过并给出相当数量水的岩层。含水层不但储存有水，而且水可以在其中运移。

隔水层则是不能透过和给出水的或透过和给出水的数量很小的岩层。

划分含水层和隔水层的标志并不在于岩层是否含水，关键在于所含水的性质。空隙细小的岩层，所含的几乎全是结合水。而结合水在通常条件下是不能运动的，这类岩层起着阻隔水通过的作用，所以构成隔水层。空隙较大的岩层，则含有重力水，在重力作用下能透过和给出水，即构成含水层。

含水层和隔水层的划分又是相对的，并不存在截然的界限。例如，粗砂层中的泥质粉砂夹层，由于粗砂的透水和给水能力比泥质粉砂强，相对而言，后者可视为隔水层。而同样的泥质粉砂若夹在黏土层中，由于其透水和给水的能力比黏土强，又当视为含水层了。

在一定条件下，含水层与隔水层可以互相转化。例如，在正常条件下，黏性土层，特别是小孔隙的黏土层，由于饱含结合水而不能透水与给水，起着隔水层的作用。但当孔隙足够大时，在较大的水头差作用下，部分结合水会发生运动，黏土层便能透水并给出一定数量的水。这种现象实际上普遍存在着。对于这种兼具隔水与透水性能的岩层，可称为半含水-半隔水层。所谓的越流渗透主要是在这类岩层中进行的。

含水层的构成是由多种因素决定的，概括起来应具备下列条件：其一，首先要有储水空间；其二，要有储存地下水的地质构造条件，即在透水性良好的岩层下存在有隔水（不透水或弱透水）的岩层，以免重力水向下全部漏失，或在水流方向上有隔水岩体阻挡，以滞存地下水；其三，具有良好的补给来源，只有当岩层有了充足的补给来源，对供水有一定实际意义时，才能构成含水层。

由含水层和隔水层相互结合而形成的能够积蓄地下水的地质构造称蓄水构造。每个蓄水构造中地下水的补给、径流和排泄都是独立的。

4.1.3 地下水的补给、排泄与径流

4.1.3.1 地下水的补给

含水层自外界获得水量的作用过程称作补给。地下水的补给来源主要有：大气降水、地表水和灌溉回渗水。近年来，地下水的人工补给，已经成为一种不可忽视的补给来源。

（1）大气降水

大气降水通过岩层空隙渗入补给地下水。降雨初期，雨量较小时，先在包气带中形成结合水、悬挂毛细水，而不能进入含水层形成补给作用。随着雨量加大结合水和悬挂毛细水达到极限，在重力作用下继续下渗进入含水层，引起水位升高，形成补给作用。影响降水补给的因素主要有：降水强度、包气带岩性与厚度、地形坡度、植被发育情况等。

（2）地表水的补给

地表水包括河流、湖泊、水库、海洋等都可补给地下水。常见的以河流为主，河流与地下水之间的补给取决于河水位与地下水位的关系。

河流补给地下水的补给量大小取决于：河床以下地层的透水性、河流与地下水有联系部分的长度及河床湿周（浸水周界），河水位与地下水位高差以及河床过水时间的长短。

地表水对地下水的补给与大气降水不同：前者是带状补给，局限于地表水体的周边；后者是面状补给，普遍而均匀。地表水体附近的地下水，既接受降水补给，又接受地表水的补给，经开采后与地表水的水位差加大，可使地下水得到更多的（增加）补给量。因此，河流附近的地下水一般比较丰富。

4.1.3.2 地下水的排泄

含水层失去水量的过程称作排泄。在排泄过程中，含水层的水质也发生相应变化。地下水的排泄方式是多样的，可通过"泉"做点状排泄，通过向河水泄流做线状排泄，通过蒸发消耗做面状排泄。此外，一个含水层的水可向另一个含水层排泄。此时对后者来说，也是从前者获得补给。开发利用地下水或用井孔、渠道排除地下水，都属于地下水的人工排泄。

4.1.3.3 地下水的径流

地下水由补给区流向排泄区的过程称作径流。径流是连接补给与排泄的中间环节。通过径流，含水层中的水、盐由补给区输送到排泄区。径流的强弱影响着含水层的水量与水质。

除某些构造封闭的自流盆地及地势十分平坦地区的潜水外，地下水都处于不断的径流过程中。

地下水的径流方向总体上受地势控制，从上游流向下游。局部受地形控制从高处流向低处。控制地下水流动方向的根本因素是水位和水位差。在水头作用下，地下水从高水位流向低水位。例如在山前冲洪积扇的水源地附近一定范围内，地下水的流向并不都是背向山区流向平原，而是向着取水构筑物（水井）流动，因为井水位低于周边地下水位。

4.1.4　地下水运动的基本定律

（1）渗流的概念

地下水在岩石空隙（孔隙、裂隙及溶隙）中的运动称为渗透。由于岩石的空隙形状、大小和连通程度的变化，地下水在这些空隙中的运动是十分复杂的。要掌握地下水在每个实际空隙通道中的流动特征几乎是不可能的，也是不必要的。实际研究工作中，常用一种假想的水流去代替岩石空隙中的实际水流。这种假想的水流，一方面，认为它是连续地充满整个岩石空间（包括空隙和岩石骨架所占的空间）；另一方面，它要符合三个条件：其一，假想水流通过任一断面必须等于真正水流通过同一断面的流量；其二，假想水流在任一断面的水头必须等于真正水流在同一断面的水头；其三，假想水流在运动中所受的阻力必须等于真正水流所受的阻力。满足该三个假想条件的水流称为渗透水流，或简称渗流。发生渗流的区域称为渗流场

（2）线性渗流基本定律——达西定律

法国工程师达西（H. darcy）经过大量的试验研究，1856 年总结得出渗透能量损失与渗流速度之间的相互关系，发现水在单位时间内通过多孔介质的渗流量与渗流路径长度成反比而与过水断面面积和总水头损失成正比，即

$$Q = K\overline{\omega}\frac{\Delta h}{L} = K\overline{\omega}I \tag{4-1}$$

式中　Q——渗透流量，m^3/d；

$\overline{\omega}$——过水断面面积，m^2；

Δh——水头损失，m；

L——渗流长度，m；

I——水力坡度，%；

K——渗透系数，m/d。

假设渗流流速为 V，那么根据达西公式(4-1)，可知

$$V = KI \tag{4-2}$$

由此可见，达西定律描述了渗透流速与水力坡度成正比的关系，揭示了地下水径流运动的基本规律。

渗透系数 K 是反映岩石透水性能的指标，其大小不仅与岩石的孔隙性有关，而且还与渗透液体的粘滞性等物理性质有关。一般认为水的物理性质变化不大，影响可以忽略，而把渗透系数看成单纯说明岩石渗透性能的参数。对于不同地区的不同岩石，渗透系数是不同的。

绝大多数情况下，可以认为地下水的运动基本符合线性渗透定律。因此，达西定律适用范围很广，是地下水环境影响预测的基础。

4.1.5 地下水的理化性质与水质污染

4.1.5.1 地下水的物理性质

地下水的物理性质包括颜色、透明度、气味、味道、温度、密度、导电性和放射性等。

(1) 颜色

地下水一般是无色的，但由于化学成分的含量不同以及悬浮杂质的存在而常常呈现出各种颜色（见表4-1）。

表 4-1　地下水的颜色与水中存在物质的关系

存在物质	硬水	低铁	高铁	硫化氢	锰的化合物	腐殖酸盐
颜色	浅蓝	淡灰	锈色	翠绿	暗红	暗黄或灰黑

(2) 透明度

常见的地下水多是透明的，但如含有一些固体和胶体悬浮物时，则地下水的透明度有所改变。

(3) 气味

一般地下水是无味的，当其中含有某种气体成分和有机物质时，产生一定的气味。如地下水含有硫化氢气体时则有臭鸡蛋味。有机物质使地下水有鱼腥味。

(4) 味道

地下水的味道取决于它的化学成分及溶解的气体（见表4-2）。

表 4-2　地下水味道与所含物质的关系

存在物质	NaCl	Na_2SO_4	$MgCl_2$ 及 $MgSO_4$	大量有机物	铁盐	腐殖质	H_2S 与碳酸气同时存在	$CO_2 \cdot CaHCO_3$ 和 $MgHCO_3$
味道	咸味	涩味	苦味	甜味	墨水味	沼泽味	酸味	可口

(5) 水温

地下水的埋藏深度不同，水温变化规律也不同。近地表的地下水水温受气温的影响，具有周期性变化的特征。在常温层以上，水温产生季节性变化；在常温层中，地下水温度变化很小，一般不超过 0.1℃；而在常温层以下，地下水温则随深度的增加而逐渐升高。其变化规律决定于一个地区的地热增温级。地热增温级是指在常温层以下，温度每升高 1℃ 所需增加的深度。地热增温级一般为 3℃/100m。在不同地区，地下水温度差异很大。地下水的温度差异可分为如下几类（见表4-3）。

表 4-3　地下水温度分级

类别	非常冷的水	极冷的水	冷水	温水	热水	极热水	沸腾水
温度	<0	0～4	4～20	20～37	37～42	42～100	>100

4.1.5.2 地下水的化学性质

地下水中溶解的化学成分，常以离子、化合物、分子以及游离气体状态存在。

地下水中常见的化学成分有以下几种。

离子成分中阳离子有氢（H^+）、钾（K^+）、钠（Na^+）、镁（Mg^{2+}）、钙（Ca^{2+}）、铵（NH_4^+）、二价铁（Fe^{2+}）、三价铁（Fe^{3+}）、锰（Mn^{2+}）等；阴离子有氢氧根（OH^-）、

氯根（Cl^-）、硫酸根（SO_4^{2-}）、亚硝酸根（NO_2^-）、硝酸根（NO_3^-）、重碳酸根（HCO_3^-）、碳酸根（CO_3^{2-}）、硅酸根（SiO_3^{2-}）及磷酸根（PO_4^{3-}）等。

以未离解的化合物分子状态存在的有：Fe_2O_3、Al_2O_3 及硅酸（H_2SiO_3）等。

溶解的气体有：CO_2、O_2、N_2、CH_4、H_2S 及氡（Rn）等。

上述组分中以 Cl^-、SO_4^{2-}、HCO_3^-、K^+、Na^+、Ca^{2+}、Mg^{2+} 最常见、含量最多。

地下水中可能出现各种微量元素。在不同地区由于基岩、土壤成分和地下水补给、径流关系的差异，微量元素的种类和数量分布不尽相同。

地下水中的微量元素常见的有溴（Br）、碘（I）、氟（F）、硼（B）、磷（P）、铅（Pb）、锌（Zn）、锂（Li）、铷（Rb）、锶（Sr）、钡（Ba）、砷（As）、钼（Mo）、铜（Cu）、钴（Co）、镍（Ni）、银（Ag）、铍（Be）、汞（Hg）、锑（Sb）、铋（Bi）、钨（W）、铬（Cr）等。这些微量元素在天然地下水中一般含量很小。大部分元素迁移性能弱，分布不广。一系列因素阻碍了微量元素在含水介质中的积累和迁移。水中的阴离子 OH^- 和 CO_3^{2-} 能与重金属离子形成难溶的化合物。黏土矿物和各种有机质对微量元素具有很大的吸附性。

地下水的矿化度是指地下水中所含盐分的总量。通常是指在 $105 \sim 110℃$ 将水蒸干所得到的固体残余物的数量。地下水按矿化度分类，见表 4-4。

表 4-4　地下水按矿化度分类

水 的 类 别	矿化度/(g/L)	水 的 类 别	矿化度/(g/L)
淡水	<1	半咸水（中等矿化水）	4～10
微咸水（低矿化水）	1～3	咸水（高矿化水）	>10

地下水的硬度可分为总硬度、暂时硬度和永久硬度。总硬度是指水中所含钙、镁盐类的总含量。如 $Ca(HCO_3)_2$、$Mg(HCO_3)_2$、$CaSO_4$、$MgSO_4$、$CaCl_2$、$MgCl_2$ 等。暂时硬度又称重碳酸盐硬度是指当水煮沸时，重碳酸盐分解破坏而析出的 $Ca(HCO_3)_2$ 或 $Mg(HCO_3)_2$ 的含量。而当水煮沸时，仍旧存在于水中的钙盐和镁盐（主要是硫酸盐和氯化物）的含量，称为永久硬度又称非重碳酸盐硬度。

雨水属软水，地表水的硬度随地区等因素而异，一般地表水的硬度不会过高，地下水的硬度往往比地表水高。

4.1.5.3　地下水污染

人为或自然原因导致地下水化学、物理、生物性质改变使地下水水质恶化的现象。

工业及城市废水、废渣的不合理排放、处置，农业生产中农药、化肥的淋失等，可造成地下水水质污染。

地下水的污染程度和发展范围，虽然主要受各种污染源的影响，但同时决定于地质条件。

潜水埋藏浅，常与大气降水及各类地表水体直接发生联系，因此易于受到污染。

承压水一般埋藏比较深，不易直接受到地表水体的影响。平原地区，地表常覆盖一定厚度能起隔水作用的黏土或亚黏土，形成防止地下水污染的保护层，该保护层越厚对防止地下水污染越有利。

一般山前冲洪积扇中上部物质颗粒较粗、水力坡度较大，中下部颗粒较细、水力坡度较小。地下水受污染后即向下游扩散，地下径流越强，扩散速度也越快，但如果及时隔断污染来源，则地下水的恢复也较快。相反，地下径流越弱，则受污染后扩散也越慢，但隔断污染源后恢复也较迟缓。地下水径流的强弱决定于水力坡度与含水层的渗透性能。含水层中卵、砾石、粗砂层渗透性强，而中细砂层则较弱。

因自然或人类活动产生的与地下水有关的环境问题，如地面沉降、次生盐渍化、土地沙化等，叫作环境水文地质问题。

4.1.6　地下水运移过程中的理化作用

地下水运移过程中的物理、化学作用主要有：溶滤作用、浓缩作用、混合作用、阳离子交替吸附作用、沉淀和溶解作用、脱硫酸作用、脱碳酸作用等。

（1）溶滤作用

在水的作用下，岩石中某些组分进入水中的作用称为溶滤作用。溶滤作用是形成地下水原始化学成分的主要作用。对矿物而言，溶滤是指在保留原来矿物结晶格架的情况下，使部分元素转入水中的作用。矿物中所有元素按比例全部溶于水中的作用叫作溶解作用。溶滤作用主要发生在侵蚀基准面以上地带。由于浅部地下水迳流条件良好，水交替强烈，一般溶滤作用形成的地下水为低矿化度的重碳酸盐型水。溶滤作用形成的地下水化学成分与含水介质岩性十分密切。

（2）浓缩作用

当水分蒸发时，水中盐分含量不减，致使其浓度（即矿化度）相对增大，这种作用称为浓缩作用。浓缩作用的结果，除矿化度增加外，其化学成分也可能随之变化。浓缩作用主要发生在干旱、半干旱地区的潜水中。其直接影响深度一般不超过常温带的深度。

（3）混合作用

当两种以上化学成分或矿化度不同的地下水相遇时，所形成的地下水在化学成分或矿化度上都与混合前有所不同，这种作用称为混合作用。如海岸、湖岸、河岸、深部卤水、热水、矿泉出露的地方，都可以发生水的混合作用。

（4）阳离子交替吸附作用

岩石颗粒表面常带有负电荷，能吸附某些阳离子。一定条件下，岩石颗粒将吸附地下水中的某些阳离子，而将其原来吸附的阳离子转入水中，成为地下水的化学组分，这种交换称为阳离子的交替吸附作用。岩石对离子的吸附能力决定于岩石比表面积及参与吸附的离子本身的理化性质。岩石的颗粒越细，比表面积越大，则吸附能力越强；在其他条件相同的情况下，阳离子的电价越高，则被吸附性越强。此外，吸附能力与离子在水溶液中的浓度成正比，浓度大的离子比浓度小的离子易被吸附。

（5）沉淀和溶解作用

溶解在水中的某些离子，由于外界物理或化学条件的变化，浓度超过其饱和浓度时，则该离子将以某种盐的形式沉淀下来。由于沉淀作用，将导致地下水中所能携带的离子量大为减少，降低了其在地下水中的迁移。反过来，若地下水中某种离子浓度减小或条件变化，可以重新溶解已沉淀的盐分，使之进入地下水中，增大地下水中该离子的含量。

（6）脱硫酸作用

在还原环境中，水中的硫酸根离子在有机物存在时，因微生物的作用还原成硫化氢，使水中的硫酸根离子减少甚至消失，而硫化氢和重碳酸根离子的含量增大，这种现象称为脱硫酸作用。脱硫酸作用一般发生在封闭缺氧并有有机物存在的地质构造环境中，如储油构造。油田水中硫化氢含量较高，而硫酸根离子含量很少即是脱硫酸作用所致。

（7）脱碳酸作用

碳酸盐类，在水中的溶解度取决于水中所含 CO_2 的数量。当温度升高或压力减小时，水中 CO_2 含量就会减少，这时水中的 HCO_3^- 便会与 Ca^{2+}、Mg^{2+} 结合产生沉淀。这种使水

中 HCO_3^- 含量减少的作用称为脱碳酸作用。

（8）机械过滤作用

由于土壤颗粒较细，水中的悬浮物、细菌等颗粒较大的物质，在通过表层土壤时，可以被土体截留。在松散的地表土层中，悬浮物一般在 1m 土层深度内即被滤掉。但在裂隙岩层中，对悬浮物的过滤微弱。砂层一般对细菌没有过滤作用；而在黏性土层中，机械过滤对悬浮物是有效的，但对病毒无效或效果很差。

4.2　地下水环境评价工作分级

4.2.1　建设项目的分类

根据建设项目对地下水环境影响的特征，将建设项目分为以下 3 类。

① Ⅰ类　指在项目建设、生产运行和服务期满后的各个过程中，可能造成地下水水质污染的建设项目。

② Ⅱ类　指在项目建设、生产运行和服务期满后的各个过程中，可能引起地下水流场或地下水水位变化，并导致环境水文地质问题的建设项目。

③ Ⅲ类　指同时具备Ⅰ类和Ⅱ类建设项目环境影响特征的建设项目。

根据不同类型建设项目对地下水环境影响程度与范围的大小，将地下水环境影响评价工作等级划分为一、二、三级。

4.2.2　评价工作分级原则

Ⅰ类和Ⅱ类建设项目，分别根据其对地下水环境的影响类型、建设项目所处区域的环境特征及其环境影响程度划定评价工作等级。

Ⅲ类建设项目应分别按Ⅰ类和Ⅱ类建设项目评价工作等级划分办法，进行地下水环境影响评价工作等级划分，并按所划定的最高工作等级开展评价工作。

4.2.3　Ⅰ类建设项目工作等级划分

4.2.3.1　划分依据

Ⅰ类建设项目地下水环境影响评价工作等级的划分，应根据建设项目场地的包气带防污性能、含水层易污染特征、地下水环境敏感程度、污水排放量与污水水质复杂程度等指标确定。建设项目场地包括主体工程、辅助工程、公用工程、储运工程等涉及的场地。

（1）建设项目场地的包气带防污性能

建设项目场地的包气带防污性能按包气带中岩（土）层的分布情况分为强、中、弱三级，分级原则见表 4-5。

表 4-5　包气带防污性能分级

分级	包气带岩土的渗透性能
强	岩（土）层单层厚度 Mb≥1.0m,渗透系数 $K \leqslant 10^{-7}$cm/s,且分布连续、稳定
中	岩（土）层单层厚度 0.5m≤Mb<1.0m,渗透系数 $K \leqslant 10^{-7}$cm/s,且分布连续、稳定
	岩（土）层单层厚度 Mb≥1.0m,渗透系数 10^{-7}cm/s$<K \leqslant 10^{-4}$cm/s,且分布连续、稳定
弱	岩（土）层不满足上述"强"和"中"条件

注：表中"岩（土）层"是指建设项目场地地下基础之下第一岩（土）层。

（2）建设项目场地的含水层易污染特征

建设项目场地的含水层易污染特征分为易、中、不易三级，分级原则见表4-6。

表4-6　建设项目场地的含水层易污染特征分级

分级	项目场地所处位置与含水层易污染特征
易	潜水含水层埋深浅的地区；地下水与地表水联系密切地区；不利于地下水中污染物稀释、自净的地区；现有地下水污染问题突出的地区
中	多含水层系统且层间水力联系较密切的地区；存在地下水污染问题的地区
不易	以上情形之外的其他地区

（3）建设项目场地的地下水环境敏感程度

建设项目场地的地下水环境敏感程度可分为敏感、较敏感、不敏感三级，分级原则见表4-7。

（4）建设项目污水排放强度

建设项目污水排放强度可分为大、中、小三级，分级标准：污水排放量 $Q \geq 10000 \mathrm{m}^3/\mathrm{d}$ 为大强度，$Q = 1000 \sim 10000 \mathrm{m}^3/\mathrm{d}$ 为中等强度，$Q < 1000 \mathrm{m}^3/\mathrm{d}$ 为小强度。

（5）建设项目污水水质的复杂程度

根据建设项目所排污水中污染物类型和需预测的污水水质指标数量，将污水水质分为复杂、中等、简单三级，分级原则见表4-8。当根据污水中污染物类型所确定的污水水质复杂程度和根据污水水质指标数量所确定的污水水质复杂程度不一致时，取高级别的污水水质复杂程度级别。

表4-7　地下水环境敏感程度分级

分级	项目场地的地下水环境敏感特征
敏感	生活供水水源地（包括已建成的在用、备用、应急水源地，在建和规划的水源地）准保护区；除生活供水水源地以外的国家或地方政府设定的与地下水环境相关的其他保护区，如热水、矿泉水、温泉等特殊地下水资源保护区
较敏感	生活供水水源地（包括已建成的在用、备用、应急水源地，在建和规划的水源地）准保护区以外的补给径流区；特殊地下水资源（如矿泉水、温泉等）保护区以外的分布区以及分散居民饮用水源等其他未列入上述敏感分级的环境敏感区
不敏感	上述地区之外的其他地区

表4-8　污水水质复杂程度分级

污水水质复杂程度级别	污染物类型	污水水质指标/个
复杂	污染物类型数≥2	需预测的水质指标≥6
中等	污染物类型数≥2	需预测的水质指标<6
	污染物类型数=1	需预测的水质指标≥6
简单	污染物类型数=1	需预测的水质指标<6

4.2.3.2　Ⅰ类建设项目评价工作等级

（1）Ⅰ类建设项目地下水环境影响评价工作等级的划分见表4-9。

（2）地下储油库、危险废物填埋场应进行一级评价，不按表4-9划分评价工作等级。

表 4-9　Ⅰ类建设项目评价工作等级划分

评价级别	建设项目场地包气带防污性能	建设项目场地的含水层易污染特征	建设项目场地地下水环境敏感程度	建设项目污水排放量	建设项目水质复杂程度
一级	弱-强	易-不易	敏感	大-小	复杂-简单
	弱	易	较敏感	大-小	复杂-简单
			不敏感	大	复杂-简单
				中	复杂-中等
				小	复杂
		中	较敏感	大-中	复杂-简单
				小	复杂-中等
			不敏感	大	
				中	复杂
		不易	较敏感	大	复杂-中等
				中	复杂
	中	易	较敏感	大	复杂-简单
				中	复杂-中等
				小	复杂
			不敏感	大	复杂
		中	较敏感	大	复杂-中等
				中	复杂
	强	易	较敏感	大	复杂
二级	除了一级和三级以外的其他组合				
三级	弱	不易	不敏感	中	简单
				小	中等-简单
	中	易	不敏感	小	简单
		中	不敏感	中	简单
				小	中等-简单
		不易	较敏感	中	简单
				小	中等-简单
			不敏感	大	中等-简单
				中-小	复杂-简单
	强	易	较敏感	小	简单
			不敏感	大	简单
				中	中等-简单
				小	复杂-简单
		中	较敏感	中	简单
				小	中等-简单
			不敏感	大	中等-简单
				中-小	复杂-简单
		不易	较敏感	大	中等-简单
				中-小	复杂-简单
			不敏感	大-小	复杂-简单

4.2.4　Ⅱ类建设项目工作等级划分

4.2.4.1　划分依据

①　Ⅱ类建设项目地下水环境影响评价工作等级的划分，应根据建设项目地下水供水

（或排水、注水）规模、引起的地下水水位变化范围、建设项目场地的地下水环境敏感程度以及可能造成的环境水文地质问题的大小等条件确定。

② 建设项目供水或排水、注水规模按水量 Q 的多少可分为大、中、小三级，分级标准是：$Q \geqslant 1.0 \mathrm{m}^3/\mathrm{d}$，大；$Q = 0.2 \sim 1.0 \mathrm{m}^3/\mathrm{d}$，中；$Q \leqslant 0.2 \mathrm{m}^3/\mathrm{d}$，小。

③建设项目引起的地下水水位变化区域范围可用影响半径 R 来表示，分为大、中、小三级，分级标准是：$R \geqslant 1.5 \mathrm{m}$，大；$R = 0.5 \sim 1.5 \mathrm{m}$，中；$R \leqslant 0.5 \mathrm{m}$，小。

④ 建设项目场地的地下水环境敏感程度可分为敏感、较敏感、不敏感三级，分级原则见表 4-10。

表 4-10　地下水环境敏感程度分级

分级	项目场地的地下水环境敏感程度
敏感	生活供水水源地（包括已建成的在用、备用、应急水源地，在建和规划的水源地）准保护区；除生活供水水源地以外的国家或地方政府设定的与地下水环境相关的其他保护区，如热水、矿泉水、温泉等特殊地下水资源保护区；生态脆弱区重点保护区域；地质灾害易发区；重要湿地、水土流失重点防治区、沙化土地封禁保护区等
较敏感	生活供水水源地（包括已建成的在用、备用、应急水源地，在建和规划的水源地）准保护区以外的补给径流区；特殊地下水资源（如矿泉水、温泉等）保护区以外的分布区以及分散居民饮用水源等其他未列入上述敏感分级的环境敏感区
不敏感	上述地区之外的其他地区

⑤ 建设项目造成的环境水文地质问题包括：区域地下水水位下降产生的土地次生荒漠化、地面沉降、地裂缝、岩溶塌陷、海水入侵、湿地退化等，以及灌溉导致局部地下水位上升产生的土壤次生盐渍化、次生沼泽化等，按其影响程度大小可分为强、中等、弱三级，分级原则见表 4-11。

表 4-11　环境水文地质问题分级

级别	可能造成的环境水文地质问题
强	产生地面沉降、地裂缝、岩溶塌陷、海水入侵、湿地退化、土地荒漠化等环境水文地质问题，含水层疏干现象明显，产生土壤盐渍化、沼泽化
中等	出现土壤盐渍化、沼泽化迹象
弱	无上述环境水文地质问题

4.2.4.2　Ⅱ类建设项目评价工作等级

Ⅱ类建设项目地下水环境影响评价工作等级的划分见表 4-12。

表 4-12　Ⅱ类建设项目评价工作等级划分

评价等级	建设项目供水（或排水、注水）规模	建设项目引起的地下水位变化区域范围	建设项目场地的地下水环境敏感程度	建设项目造成的环境水文地质问题大小
一级	小-大	小-大	敏感	弱-强
	中等	中等	较敏感	强
		大	较敏感	中等-强
	大	大	较敏感	弱-强
			不敏感	弱-强
		中	较敏感	中等-强
		小	较敏感	强
二级	除了一级和三级以外的其他组合			
三级	小-中	小-中	较敏感-不敏感	弱-中

4.2.5　评价工作的技术要求

4.2.5.1　一级评价要求

通过搜集资料和环境现状调查，了解区域内多年的地下水动态变化规律，详细掌握评价区域的环境水文地质条件（给出大于或等于 1/10000 的相关图件）、污染源状况、地下水开采利用现状与规划，查明各含水层之间以及与地表水之间的水力联系，同时掌握评价区评价期内至少一个连续水文年的枯水期、平水期、丰水期的地下水动态变化特征；根据建设项目污染源特点及具体的环境水文地质条件有针对性地开展勘察试验，进行地下水环境现状评价；对地下水水质、水量采用数值法进行影响预测和评价，对环境水文地质问题进行定量或半定量预测和评价，提出切实可行的环保措施。

4.2.5.2　二级评价要求

通过搜集资料和环境现状调查，了解区域内多年的地下水动态变化规律，基本掌握评价区域的环境水文地质条件（给出大于或等于 1/50000 的相关图件）、污染源状况、项目所在区域的地下水开采利用现状与规划，查明各含水层之间以及与地表水之间的水力联系，同时掌握评价区至少一个连续水文年的枯水期、丰水期的地下水动态变化特征；结合建设项目污染源特点及具体的环境水文地质条件有针对性地补充必要的勘察试验，进行地下水环境现状评价；对地下水水质、水量采用数值法或解析法进行影响预测和评价，对环境水文地质问题进行半定量或定性的分析和评价，提出切实可行的环境保护措施。

4.2.5.3　三级评价要求

通过搜集现有资料，说明地下水分布情况，了解当地的主要环境水文地质条件（给出相关水文地质图件）、污染源状况、项目所在区域的地下水开采利用现状与规划；了解建设项目环境影响评价区的环境水文地质条件，进行地下水环境现状评价；结合建设项目污染源特点及具体的环境水文地质条件有针对性地进行现状监测，通过回归分析、趋势外推、时序分析或类比预测分析等方法进行地下水影响分析与评价；提出切实可行的环境保护措施。

4.3　地下水环境现状调查与评价

4.3.1　调查与评价原则

① 地下水环境现状调查与评价工作应遵循资料搜集与现场调查相结合、项目所在场地调查与类比考察相结合、现状监测与长期动态资料分析相结合的原则。

② 地下水环境现状调查与评价工作的深度应满足相应的工作级别要求。当现有资料不能满足要求时，应组织现场监测及环境水文地质勘察与试验。对一级评价，还可选用不同历史时期地形图以及航空、卫星图片进行遥感图像解译配合地面现状调查与评价。

③ 对于地面工程建设项目应监测潜水含水层以及与其有水力联系的含水层，兼顾地表水体，对于地下工程建设项目应监测受其影响的相关含水层。对于改、扩建 I 类建设项目，

必要时监测范围还应扩展到包气带。

4.3.2 调查与评价范围、因子

地下水环境现状调查与评价的范围以能说明地下水环境的基本状况为原则，并应满足环境影响预测和评价的要求。

4.3.2.1 调查与评价的范围

（1）Ⅰ类建设项目

① Ⅰ类建设项目地下水环境现状调查与评价的范围可参考表 4-13 确定。此调查评价范围应包括与建设项目相关的环境保护目标和敏感区域，必要时还应扩展至完整的水文地质单元。

表 4-13　Ⅰ类建设项目地下水环境现状调查评价范围

评价等级	调查评价范围/km²	备　注
一级	≥50	环境水文地质条件复杂、地下水流速较大的地区，调查评价范围可取较大值，否则可取较小值
二级	20～50	
三级	≤20	

② 当Ⅰ类建设项目位于基岩地区时，一级评价以同一地下水文地质单元为调查评价范围，二级评价原则上以同一地下水水文地质单元或地下水块段为调查评价范围，三级评价以能说明地下水环境的基本情况，并满足环境影响预测和分析的要求为原则确定调查评价范围。

（2）Ⅱ类建设项目

Ⅱ类建设项目地下水环境现状调查与评价的范围应包括建设项目建设、生产运行和服务期满后三个阶段的地下水水位变化的影响区域，其中，应特别关注相关的环境保护目标和敏感区域，必要时应扩展至完整的水文地质单元，以及可能与建设项目所在的水文地质单元存在直接补排关系的区域。

（3）Ⅲ类建设项目

Ⅲ类建设项目地下水环境现状调查与评价的范围应同时包括Ⅰ、Ⅱ类建设项目所确定的范围。

4.3.2.2 调查因子

地下水污染源调查因子应根据拟建项目的污染特征选定。

4.3.3 评价方法

4.3.3.1 评价标准

根据评价目的通常有两种评价标准：其一是国家标准《地下水环境质量标准》（GB/T 14848—93）；其二是以评价地区的污染起始值或背景值作为标准。通常把以前者为标准进行的评价称为环境质量评价，即地下水质量是否符合各种目的用水标准，也就是评价地下水质量的好与坏，优与劣；以后者为标准进行的评价称为地下水污染评价，即地下水的人为污染程度。

环评工作中的执行标准由政府环保主管部门给出，无特殊要求时执行《地下水环境质量标准》（GB/T 14848—93），其中的Ⅲ类标准基本对应了生活饮用水卫生标准（GB 5749—85）。

4.3.3.2 评价方法

评价方法可选用单因子指数法、综合评分法、尼梅罗指数法、模糊数学法及灰色关联度法等。各种方法的评价目标、适用范围不同，所满足的评价目的要求亦不同，监测因子数量要求也有很大区别，应根据实际情况和评价要求具体选用。

在实际环评工作中，一般评价范围较小、工程评价要求较简单的情形，常采用单因子指数法。单因子指数法计算评价简单，使用方便，可以明确表示污染因子与标准值的相关情况，但只能就单项指标进行评述，不能综合评价地下水的整体环境质量状况或污染情况。

综合评分法是将水质各单项组分（不包括细菌学指标）按《地下水环境质量标准》划分所属质量类别，对各类别按表4-14确定单项组分评分值 F_i；不同类别标准相同时取优不取劣，例如，挥发酚Ⅰ、Ⅱ类标准均为≤0.001mg/L，如果水质监测结果≤0.001mg/L，应定为Ⅰ类而不定为Ⅱ类。

表 4-14 地下水环境质量单项组分评分表

类　别	Ⅰ	Ⅱ	Ⅲ	Ⅳ	Ⅴ
F_i	0	1	3	6	10

综合评价分值为

$$F = \sqrt{\frac{\overline{F}^2 + F_{max}}{2}} \tag{4-3}$$

式中　$\overline{F}$——各单项组分评分值 F_i 的平均值，即 $F = \frac{1}{n}\sum_{i=1}^{n}F_i$；

F_{max}——单项组分评分值 F_i 的最大值；

n——项目数（标准规定的监测项目，不少于20项）。

根据计算的 F 值，按表4-15可划分地下水质量级别，再将细菌学指标评价类别注在级别定名之后。

表 4-15 地下水环境质量分级

级别	优良	良好	较好	较差	极差
F	<0.8	0.8~2.5	2.5~4.25	4.25~7.2	>7.2

4.4　地下水环境影响预测

4.4.1 预测原则

① 建设项目地下水环境影响预测应遵循《环境影响评价技术导则 总纲》（HJ 2.1—2011）中确定的原则进行。考虑到地下水环境污染的隐蔽性和难恢复性，还应遵循环境安全性原则，预测应为评价各方案的环境安全和环境保护措施的合理性提供依据。

② 预测的范围、时段、内容和方法均应根据评价工作等级、工程特征与环境特征，结合当地环境功能和环保要求确定，应以拟建项目对地下水水质、水位、水量动态变化的影响及由此而产生的主要环境水文地质问题为重点。

③ Ⅰ类建设项目，对工程可行性研究和评价中提出的不同选址（选线）方案、或多个排污方案等所引起的地下水环境质量变化应分别进行预测，同时给出污染物正常排放和事故排放两种工况的预测结果。

④ Ⅱ类建设项目，应遵循保护地下水资源与环境的原则，对工程可行性研究中提出的不同选址方案、或不同开采方案等所引起的水位变化及其影响范围应分别进行预测。

⑤ Ⅲ类建设项目，应同时满足Ⅰ类和Ⅱ类建设项目的要求。

4.4.2　预测范围与预测时段

（1）预测范围

地下水环境影响预测的范围可与现状调查范围相同，但应包括保护目标和环境影响的敏感区域，必要时扩展至完整的水文地质单元，以及可能与建设项目所在的水文地质单元存在直接补排关系的区域。

（2）预测重点

① 已有、拟建和规划的地下水供水水源区。

② 主要污水排放口和固体废物堆放处的地下水下游区域。

③ 地下水环境影响的敏感区域（如重要湿地、与地下水相关的自然保护区和地质遗迹等）。

④ 可能出现环境水文地质问题的主要区域。

⑤ 其他需要重点保护的区域。

（3）预测时段

地下水环境影响预测时段应包括建设项目建设、生产运行和服务期满后三个阶段。

4.4.3　预测因子

4.4.3.1　Ⅰ类建设项目

Ⅰ类建设项目预测因子应选取与拟建项目排放的污染物有关的特征因子，应包括以下几种。

① 改、扩建项目已经排放的及将要排放的主要污染物。

② 难降解、易生物蓄积、长期接触对人体和生物产生危害作用的污染物，应特别关注持久性有机污染物。

③ 国家或地方要求控制的污染物。

④ 反映地下水循环特征和水质成因类型的常规项目或超标项目。

4.4.3.2　Ⅱ类建设项目

Ⅱ类建设项目预测因子应选取水位及与水位变化所引发的环境水文地质问题相关的因子。

4.4.3.3　Ⅲ类建设项目

Ⅲ类建设项目，应同时满足Ⅰ类和Ⅱ类建设项目的要求。

4.4.4　预测方法

建设项目地下水环境影响预测方法包括数学模型法和类比预测法，其中，数学模型法包括数值法、解析法、均衡法、回归分析、趋势外推、时序分析等方法。

4.4.4.1　地下水水位变化区域半径的确定

常用的地下水位变化区域半径 R 的计算公式参照《环境影响评价技术导则 地下水环境》（HJ 610—2011）。

建设项目引起的地下水水位变化区域半径可根据包气带的岩性或涌水量进行判定，影响半径的经验数值见表 4-16 或表 4-17。当根据含水层岩性和涌水量所判定的影响半径不一致时，取二者中的较大值。

表 4-16　孔隙含水层的影响半径经验值

岩性名称	主要颗粒粒径/mm	影响半径/m	岩性名称	主要颗粒粒径/mm	影响半径/m
粉砂	0.05～0.1	50	极粗砂	1.0～2.0	500
细砂	0.1～0.25	100	小砾	2.0～3.0	600
中砂	0.25～0.5	200	中砾	3.0～5.0	1500
粗砂	0.5～1.0	400	大砾	5.0～10.0	3000

表 4-17　单位涌水量的影响半径经验值

单位涌水量/[L/(s·m)]	影响半径/m	单位涌水量/[L/(s·m)]	影响半径/m
＞2.0	＞300	0.5～0.33	50
2.0～1.0	300	0.33～0.2	25
1.0～0.5	100	＜0.2	10

4.4.4.2　废水入渗量计算

常用的污染场地废水入渗量计算公式见表 4-18。

表 4-18　废水入渗量计算公式

序号	污染源类型	入渗量计算式	备　注	符　号　说　明
1	渗坑或渗井	$Q_0 = q\beta$		Q_0 为入渗量，m^3/d； q 为渗坑或渗井的污水排放量，m^3/d； Q_{up}，Q_{down} 分别为上游与下游断面流量，m^3/d； Q_g 为实际处理水量，m^3/d； α 为降水入渗补给系数； β 为渗坑或渗井垂向入渗系数； F 为固废渣场渗水面积，m^2； X 为降雨量，mm
2	排污渠或河流	$Q_0 = Q_{up} - Q_{down}$		
3	固体废物填埋场	$Q_0 = \alpha F X \times 10^{-3}$	如无地下水动态观测资料，入渗系数 β 可取经验值	
4	污水土地处理	$Q_0 = \beta Q_g$	$\beta = 0.10 \sim 0.92$	

4.4.4.3　地下水流解析法

（1）应用条件

应用地下水流解析法可以给出在各种参数值的情况下渗流区中任何一点上的水位（水头）值。但这种方法有很大的局限性，只适用于含水层几何形状规则、方程式简单、边界条件单一的情况。

（2）预测模型

① 稳定运动

潜水含水层无限边界群井开采情况:

$$H_0^2 - h^2 = \frac{1}{\pi k} \sum_{i=1}^{n} \left(Q_i \ln \frac{R_i}{r_i} \right) \tag{4-4}$$

式中　H_0——潜水含水层初始厚度，m;

　　　h——预测点稳定含水层厚度，m;

　　　k——含水层渗透系数，m/d;

　　　i——开采井编号。

承压含水层无限边界群井开采情况:

$$s = \sum_{i=1}^{n} \left(\frac{Q_i}{2\pi T} \ln \frac{R_i}{r_i} \right) \tag{4-5}$$

式中　s——预测点水位降深，m;

　　Q_i——第 i 开采井开采量，m³/d;

　　T——承压含水层的导水系数，m²/d;

　　R_i——第 i 开采井的影响半径，m;

　　r_i——预测点到抽水井 i 的距离，m。

② 非稳定运动

潜水情况:

$$H_0^2 - h^2 = \frac{1}{2\pi K} \sum_{i=1}^{n} Q_i W(u_i) \tag{4-6}$$

$$u_i = r_i^2 \mu / 4K\overline{M}t \tag{4-7}$$

式中　H_0——潜水含水层初始厚度，m;

　　　h——预测点稳定含水层厚度，m;

　　　K——含水层渗透系数，m/d;

　　　Q_i——第 i 开采井开采量，m³/d;

　$W(u_i)$——井函数，可通过查表的方式获取井函数的值（《地下水动力学》）;

　　　μ——给水度，无量纲;

　　　$\overline{M}$——含水层平均厚度，m;

　　　t——自抽水开始到计算时刻的时间，d。

承压水情况:

$$s = \frac{1}{4\pi T} \sum_{i=1}^{n} Q_i W(u_i) \tag{4-8}$$

$$W(u_i) = \int_{u_i}^{\infty} \frac{e^{-y}}{y} dy \tag{4-9}$$

$$u_i = \frac{\mu^* r_i^2}{4Tt} \tag{4-10}$$

式中　μ^*——含水层的储水系数，无量纲。

4.4.4.4　地下水溶质运移解析法

（1）应用条件

求解复杂的水动力弥散方程定解问题非常困难，实际问题中多靠数值方法求解。但可用解析解对数值解法进行检验和比较，并用解析解去拟合观测资料以求得水动力弥散系数。

（2）预测模型

① 一维稳定流动一维水动力弥散问题

一维无限长多孔介质柱体，示踪剂瞬时注入情形：

$$C(x,t)=\frac{m/w}{2n\sqrt{\pi D_L t}}\mathrm{e}^{\frac{(x-ut)^2}{4D_L t}} \tag{4-11}$$

式中　x——距注入点的距离，m；

　　　t——时间，d；

　$C(x,t)$——t 时刻 x 处的示踪剂浓度，mg/L；

　　　m——注入的示踪剂质量，kg；

　　　w——横截面面积，m²；

　　　u——水流速度，m/d；

　　　n——有效孔隙度，无量纲；

　　D_L——纵向弥散系数，m²/d；

　　　π——圆周率。

一维半无限长多孔介质柱体，一端为定浓度边界情形：

$$\frac{C}{C_0}=\frac{1}{2}erfc\left(\frac{x-ut}{2\sqrt{D_L t}}\right)+\frac{1}{2}\mathrm{e}^{\frac{ux}{D_L}}erfc\left(\frac{x+ut}{2\sqrt{D_L t}}\right) \tag{4-12}$$

式中　$erfc(\ \ )$——余误差函数。

② 一维稳定流动二维水动力弥散问题

平面瞬时点源情形：

$$C(x,y,t)=\frac{m_M/M}{4\pi n\sqrt{D_L D_T t}}\mathrm{e}^{-\left[\frac{(x-ut)^2}{4D_L t}+\frac{y^2}{4D_T t}\right]} \tag{4-13}$$

式中　$C(x,y,t)$——t 时刻 $(x，y)$ 处的示踪剂浓度，mg/L；

　　　m_M——长度为 M 的线源瞬时注入的示踪剂质量，kg；

　　　D_L——纵向弥散系数，m²/d；

　　　D_T——纵向弥散系数，m²/d。

平面连续点源情形：

$$C(x,y,t)=\frac{m_t}{4\pi Mn\sqrt{D_L D_T}}\mathrm{e}^{\frac{xu}{2D_L}}\left[2K_0(\beta)-W\left(\frac{u^2 t}{4D_L},\beta\right)\right] \tag{4-14}$$

$$\beta=\sqrt{\frac{u^2 x^2}{4D_L^2}+\frac{u^2 y^2}{4D_L D_T}}$$

式中　　m_t——单位时间注入的示踪剂质量，kg；

　　$K_0(\beta)$——第二类零阶修正贝塞尔函数；

$W\left(\dfrac{u^2 t}{4D_L}，\beta\right)$——第一类越流系统井函数。

4.4.4.5 地下水数值模型

（1）应用条件

数值法可以解决许多复杂水文地质条件和地下水开发利用条件下的地下水资源评价问题，并可以预测各种开采方案条件下地下水位的变化，即预报各种条件下的地下水状态。但不适用于管道流（如岩溶暗河系统等）的模拟评价。

（2）预测模型

地下水水流模型如下。

对于非均质、各向异性、空间三维结构、非稳定地下水流系统。

控制方程

$$\mu_s \frac{\partial h}{\partial t} = \frac{\partial}{\partial x}\left(K_x \frac{\partial h}{\partial x}\right) + \frac{\partial}{\partial y}\left(K_y \frac{\partial h}{\partial y}\right) + \frac{\partial}{\partial z}\left(K_z \frac{\partial h}{\partial z}\right) + W \qquad (4\text{-}15)$$

式中　　μ_s——储水率，1/m；

h——水位，m；

K_x，K_y，K_z——x，y，z 方向上的渗透系数，m/d；

t——时间，d；

W——源汇项，1/d。

初始条件

$$h(x,y,z,t) = h_0(x,y,z) \qquad (x,y,z) \in \Omega, t=0 \qquad (4\text{-}16)$$

式中　$h(x,y,z,t)$——已知水位分布；

$h_0(x,y,z)$——已知水位函数；

Ω——模型模拟区。

边界条件

第一类边界

$$h(x,y,z,t)\big|_{\Gamma_1} = h(x,y,z,t) \qquad (x,y,z) \in \Gamma_1, t \geqslant 0 \qquad (4\text{-}17)$$

式中　　Γ_1——一类边界；

$h(x,y,z,t)$——一类边界上的已知水位函数。

第二类边界

$$h\frac{\partial h}{\partial \overrightarrow{n}}\bigg|_{\Gamma_2} = q(x,y,z,t) \qquad (x,y,z) \in \Gamma_2, t>0 \qquad (4\text{-}18)$$

式中　　Γ_2——二类边界；

$q(x,y,z,t)$——二类边界上的已知水位函数；

$\overrightarrow{n}$——边界的外法线方向。

第三类边界

$$\left[k(h-z)\frac{\partial h}{\partial \overrightarrow{n}} + \alpha h\right]\bigg|_{\Gamma_3} = q(x,y,z) \qquad (4\text{-}19)$$

式中　　α——已知函数；

Γ_3——三类边界；

k——三维空间上的渗透系数张量；

$\overrightarrow{n}$——边界的外法线方向；

$q(x，y，z)$——三类边界上已知流量函数。

4.4.4.6　地下水水质模型

水是溶质运移的载体，地下水溶质运移数值模拟应在地下水流场模拟基础上进行。因此，地下地下水溶质运移数值模型包括水流模型和溶质运移模型两部分。

控制方程

$$R\theta \frac{\partial C}{\partial t} = \frac{\partial}{\partial x_i}\left(\theta D_{ij}\frac{\partial C}{\partial x_j}\right) - \frac{\partial}{\partial x_i}(\theta v_i C) - WC_s - WC - \lambda_1 \theta C - \lambda_2 \rho_b \overline{C} \qquad (4\text{-}20)$$

式中　R——迟滞系数，无量纲，$R = 1 + \dfrac{\rho_b}{\theta}\dfrac{\partial \overline{C}}{\partial C}$；

ρ_b——介质密度，$mg/(dm)^3$；

θ——介质孔隙度，无量纲；

C——组分的浓度，mg/L；

$\overline{C}$——介质骨架吸附的溶质浓度，mg/L；

D_{ij}——水动力弥散系数张量，m^2/d；

v_i——地下水渗流速度张量，m/d；

W——水流的源和汇，$1/d$；

C_s——组分的浓度，mg/L；

λ_1——溶解相一级反应速率，$1/d$；

λ_2——吸附相反应速率，$1/(mg \cdot d)$。

初始条件

$$C(x,y,z,t) = c_0(x,y,z) \qquad\qquad (x,y,z) \in \Omega, t = 0 \qquad (4\text{-}21)$$

式中　$c_0(x,y,z)$——已知浓度分布；

Ω——模型模拟区。

定解条件

边界条件

第一类边界给定浓度

$$C(x,y,z,t)|_{\Gamma_1} = c(x,y,z,t) \qquad\qquad (x,y,z) \in \Gamma_1, t \geqslant 0 \qquad (4\text{-}22)$$

式中　　　Γ_1——定浓度边界；

$c(x，y，z，t)$——定边界上的浓度分布。

第二类边界给定弥散通量

$$\theta D_{ij}\frac{\partial C}{\partial x_j}\bigg|_{\Gamma_2} = f_i(x,y,z,t) \qquad\qquad (x,y,z) \in \Gamma_2, t \geqslant 0 \qquad (4\text{-}23)$$

式中　　　Γ_2——定通量边界；

$f_i(x，y，z，t)$——二类边界上的已知的弥散通量函数。

第三类边界给定溶质通量

$$\left(\theta D_{ij}\frac{\partial C}{\partial x_j} - q_i C\right)\bigg|_{\Gamma_3} = g_i(x,y,z,t) \qquad\qquad (x,y,z) \in \Gamma_3, t \geqslant 0 \qquad (4\text{-}24)$$

式中　　　Γ_3——混合边界；

$g(x, y, z, t)$——对流-弥散总的通量函数。

一级评价应采用数值法；二级评价中水文地质条件复杂时应采用数值法，水文地质条件简单时可采用解析法；三级评价可采用回归分析、趋势外推、时序分析或类比预测法。

采用数值法或解析法预测时，应先进行参数识别和模型验证。

采用解析模型预测污染物在含水层中的扩散时，一般应满足以下条件：其一，污染物的排放对地下水流场没有明显的影响；其二，预测区内含水层的基本参数（如渗透系数、有效孔隙度等）不变或变化很小。

采用类比预测分析法时，应给出具体的类比条件。类比分析对象与拟预测对象之间应满足以下要求：其一，二者的环境水文地质条件、水动力场条件相似；其二，二者的工程特征及对地下水环境的影响具有相似性。

4.4.5　预测模型概化方法

（1）水文地质条件概化

应根据评价等级选用的预测方法，结合含水介质结构特征，地下水补、径、排条件，边界条件及参数类型来进行水文地质条件概化。

（2）污染源概化

污染源概化包括排放形式与排放规律的概化。根据污染源的具体情况，排放形式可以概化为点源或面源；排放规律可以简化为连续恒定排放或非连续恒定排放。

（3）水文地质参数值的确定

对于一级评价，地下水水量（水位）、水质预测所需用的含水层渗透系数、释水系数、给水度和弥散度等参数值，应通过现场试验获取。

对于二级、三级评价所需的水文地质参数值，可从评价区以往环境水文地质勘察成果资料中选取，或依据相邻地区和类比区最新的勘察成果资料确定；对环境水文地质条件复杂而又缺少资料的地区，二级、三级评价所需的水文地质参数值，也应通过现场试验获取。

4.4.6　典型建设项目地下水环境影响类型

（1）工业类项目

① 废水的渗漏对地下水水质的影响。

② 固体废物对土壤、地下水水质的影响。

③ 废水渗漏引起地下水水位、水量变化而产生的环境水文地质问题。

④ 地下水供水水源地产生的区域水位下降而产生的环境水文地质问题。

（2）固体废物填埋场工程

① 固体废物对土壤的影响。

② 固体废物渗滤液对地下水水质的影响。

（3）污水土地处理工程

① 污水土地处理对地下水水质的影响。

② 污水土地处理对地下水水位的影响。

③ 污水土地处理对土壤的影响。

（4）地下水集中供水水源地开发建设及调水工程

① 水源地开发（或调水）对区域（或调水工程沿线）地下水水位、水质、水资源量的影响。

② 水源地开发（或调水）引起地下水水位变化而产生的环境水文地质问题。

③ 水源地开发（或调水）对地下水水质的影响。

（5）水利水电工程

① 水库和坝基渗漏对上、下游地区地下水水位、水质的影响。

② 渠道工程和大型跨流域调水工程，在施工和运行期间对地下水水位、水质、水资源量的影响。

③ 水利水电工程可能引起的土地沙漠化、盐渍化、沼泽化等环境水文地质问题。

（6）地下水库建设工程

① 地下水库的补给水源对地下水水位、水质、水资源量的影响。

② 地下水库的水位和水质变化对其他相邻含水层水位、水质的影响。

③ 地下水库的水位变化对建筑物地基的影响。

④ 地下水库的水位变化可能引起的土壤盐渍化、沼泽化和岩溶塌陷等环境水文地质问题。

（7）矿山开发工程

① 露天采矿人工降低地下水水位工程对地下水水位、水质、水资源量的影响。

② 地下采矿对地下水水位、水质、水资源量的影响。

③ 矿石、矿渣、废石堆放场对土壤、渗滤液对地下水水质的影响。

④ 尾矿库坝下淋渗、渗漏对地下水水质的影响。

⑤ 矿坑水对地下水水位、水质的影响。

⑥ 矿山开发工程可能引起的水资源衰竭、岩溶塌陷、地面沉降等环境水文地质问题。

（8）石油（天然气）开发与储运工程

① 油田基地采油、炼油排放的生产、生活废水对地下水水质的影响。

② 石油（天然气）勘探、采油和运输储存（管线输送）过程中的跑、冒、滴、漏油对土壤、地下水水质的影响。

③ 采油井、注水井以及废弃油井、气井套管腐蚀损坏和固井质量问题对地下水水质的影响。

④ 石油（天然气）田开发大量开采地下水引起的区域地下水位下降而产生的环境水文地质问题。

⑤ 地下储油库工程对地下水水位、水质的影响。

（9）农业类项目

① 农田灌溉、农业开发对地下水水位、水质的影响。

② 污水灌溉和施用农药、化肥对地下水水质的影响。

③ 农业灌溉可能引起的次生沼泽化、盐渍化等环境水文地质问题。

（10）线性工程类项目

① 线性工程对其穿越的地下水环境敏感区水位或水质的影响。

② 隧道、洞室等施工及后续排水引起的地下水位下降而产生的环境问题。

③ 站场、服务区等排放的污水对地下水水质的影响。

4.5 地下水环境影响评价

4.5.1 评价原则

① 评价应以地下水环境现状调查和地下水环境影响预测结果为依据，对建设项目不同选址（选线）方案、各实施阶段（建设、生产运行和服务期满后）不同排污方案及不同防渗措施下的地下水环境影响进行评价，并通过评价结果的对比，推荐地下水环境影响最小的方案。

② 地下水环境影响评价采用的预测值未包括环境质量现状值时，应叠加环境质量现状值后再进行评价。

③ Ⅰ类建设项目应重点评价建设项目污染源对地下水环境保护目标（包括已建成的在用、备用、应急水源地，在建和规划的水源地、生态环境脆弱区域和其他地下水环境敏感区域）的影响。评价因子与影响预测因子相同。

④ Ⅱ类建设项目应重点依据地下水流场变化，评价地下水水位（水头）降低或升高诱发的环境水文地质问题的影响程度和范围。

4.5.2 评价范围

地下水环境影响评价范围与环境影响预测范围相同。

4.5.3 评价方法

Ⅰ类建设项目的地下水水质影响评价，可采用标准指数法进行评价。

Ⅱ类建设项目评价其导致的环境水文地质问题时，可采用预测水位与现状调查水位相比较的方法进行评价，具体方法如下。

① 地下水位降落漏斗　对水位不能恢复、持续下降的疏干漏斗，采用中心水位降和水位下降速率进行评价。

② 土壤盐渍化、沼泽化、湿地退化、土地荒漠化、地面沉降、地裂缝、岩溶塌陷　根据地下水水位变化速率、变化幅度、水质及岩性等分析其发展的趋势。

4.5.4 评价要求

4.5.4.1 Ⅰ类建设项目

评价Ⅰ类建设项目对地下水水质影响时，可采用以下判据评价水质能否满足地下水环境质量标准要求。

（1）以下情况应得出可以满足地下水环境质量标准要求的结论

① 建设项目在各个不同生产阶段、除污染源附近小范围以外地区，均能达到地下水环境质量标准要求。

② 在建设项目实施的某个阶段，有个别水质因子在较大范围内出现超标，但采取环保措施后，可满足地下水环境质量标准要求。

（2）以下情况应做出不能满足地下水环境质量标准要求的结论

① 改、扩建项目已经排放和将要排放的主要污染物在评价范围内的地下水中已经

超标。

② 削减措施在技术上不可行，或在经济上明显不合理。

4.5.4.2　Ⅱ类建设项目

评价Ⅱ类建设项目对地下水流场或地下水水位（水头）影响时，应依据地下水资源补采平衡的原则，评价地下水开发利用的合理性及可能出现的环境水文地质问题的类型、性质及其影响的范围、特征和程度等。

4.5.4.3　Ⅲ类建设项目

Ⅲ类建设项目的环境影响评价应按照Ⅰ类建设项目和Ⅱ类建设项目的评价要求进行。

练习题

1. 什么是包气带？什么是饱水带？
2. 简述地下水在岩土中的存在形式。
3. 简述容水度、持水度和给水度之间的关系。
4. 什么是渗流？渗流必须满足哪三个假设？
5. 某地土壤的渗透系数为 10m/d，地下水水力坡度为 0.1，求该地的地下水渗流流速。
6. 在地下水环境影响评价中，将建设项目划分为哪三类？
7. 对于Ⅰ、Ⅱ类建设项目，地下水环境影响评级工作等级划分的依据是什么？
8. 什么是环境水文地质问题？
9. 地下水环境质量评价应采用什么标准？地下水污染评价应采用什么标准？
10. 地下水环境现状评价有哪些评价方法？
11. 地下水环境影响预测应预测建设项目的哪些时段？
12. 如何选取Ⅰ类和Ⅱ类建设项目地下水环境影响预测因子？
13. 简述垃圾填埋场对地下水的潜在影响。
14. 简述矿山开发项目对地下水的影响。
15. 哪些情况下应当得出可以满足地下水环境质量标准要求的结论？哪些情况下应当得出不能满足地下水环境质量标准要求的结论？

第5章

大气环境影响评价

本章介绍大气环境基础知识，大气环评工作的任务、程序、分级与范围，环境空气质量现状调查与评价，大气环境影响预测与评价等。

5.1　大气环境基础知识

5.1.1　描述大气的物理量

大气的物理状态和在其中发生的一切物理现象可以用一些物理量来加以描述。对大气状态和大气物理现象给予描述的物理量叫气象要素。气象要素的变化揭示了大气中的物理过程。气象要素主要有：气温、气压、气湿、风向、风速、云况、云量、能见度、降水、蒸发量，日照时数、太阳辐射、地面及大气辐射等。

（1）气温

气象学上讲的地面气温一般是指离地面 1.5m 高处在百叶箱中观测到的空气温度。气温一般用摄氏温度（℃）表示，理论计算常用热力学温度（K）表示。

（2）气压

气压是指大气作用在单位面积上的作用力。度量大气压力的单位有毫米汞柱（mmHg）、标准大气压（atm）、巴（bar）、毫巴（mbar）、帕（Pa）；其中标准化单位帕（$1Pa=1N/m^2$）现在作为气象上的法定计量单位。它们之间的关系是 $1atm=76mmHg=101325Pa=1013.25mbar$。

大气压力的气压值等于该地单位面积上的大气柱重量。因此，对任一地点来说，气压总是随着高度的增加而降低的。据实测，在近地层中高度每升高 100m，气压平均降低约 1240Pa；气压随高度增加而降低的关系，可用大气静力学方程来描述，即

$$dp = -\rho g\,dz \tag{5-1}$$

式中　p——气压，Pa；

ρ——大气质量密度，kg/m^3；

g——重力加速度，m/s^2。

（3）气湿

空气湿度简称气湿。它是反映空气中水汽含量多少和空气潮湿程度的一个物理量，常用的表示方法有绝对湿度、水蒸气分压力、比湿、混合比、相对湿度、饱和差等。其中，以相对湿度应用普遍，它是空气中的水蒸气分压力与同温度下饱和水汽压的比值，以百分数表示。

（4）风与升、降气流

气象学上把空气质点的水平运动称为风。空气质点的铅直运动称为升气流、降气流。

风是一个矢量，用风向和风速描述其特征。

① 风向　风向指风的来向。风向的表示方法有两种：一种是方位表示法；另一种是角度表示法。风向的方位表示法可用 8 个方位或 16 个方位来表示。海洋和高空的风向较稳定，常用角度来表示。规定北风为 0°，正东风为 90°。

统计所收集的长期地面气象资料中，各风向出现的频率，静风频率单独统计。在极坐标中按各风向标出其频率的大小，这样绘制的图称为风向玫瑰图，如图 5-1 所示。一般应绘制一个地点各季及年平均风向玫瑰图。

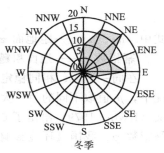

图 5-1　广州市花都区冬季风向玫瑰图

主导风向是指风频最大的风向角的范围。风向角范围一般在连续 45°左右，对于以 16 方位角表示的风向，主导风向一般是指连续 2～3 个风向角的范围。例如，图 5-1 对应的主导风向是 NE。

② 风速　风速是指空气在水平方向上移动的距离与所需时间的比值。风速的单位一般用 m/s 或 km/h。粗略估计风速，可依自然界的现象来判断它的大小，即以风力来表示。风力就是风作用到物体上的力，它的大小常以自然界的现象来表示。

蒲福在 1805 年根据自然现象将风力分为 13 个等级（0～12 级），见表 5-1。根据蒲福制定的公式，也可粗略地由风级算出风速，计算公式为

$$u = 3.02\sqrt{F^3} \tag{5-2}$$

式中　u——风速，km/h；

F——蒲福风力等级。

表 5-1　蒲福风力等级

风级	名称	风速/(m/s)	风速/(km/h)	陆地地面物象	海面波浪	浪高/m	最高/m
0	无风	0.0～0.2	<1	静,烟直上	平静	0.0	0.0
1	软风	0.3～1.5	1～5	烟示风向	微波峰无飞沫	0.1	0.1
2	轻风	1.6～3.3	6～11	感觉有风	小波峰未破碎	0.2	0.3
3	微风	3.4～5.4	12～19	旌旗展开	小波峰顶破裂	0.6	1.0
4	和风	5.5～7.9	20～28	吹起尘土	小浪白沫波峰	1.0	1.5
5	清风	8.0～10.7	29～38	小树摇摆	中浪折沫峰群	2.0	2.5
6	强风	10.8～13.8	39～49	电线有声	大浪白沫离峰	3.0	4.0
7	劲风(疾风)	13.9～17.1	50～61	步行困难	破峰白沫成条	4.0	5.5
8	大风	17.2～20.7	62～74	折毁树枝	浪长高有浪花	5.5	7.5
9	烈风	20.8～24.4	75～88	小损房屋	浪峰倒卷	7.0	10.0
10	狂风	24.5～28.4	89～102	拔起树木	海浪翻滚咆哮	9.0	12.5
11	暴风	28.5～32.6	103～117	损毁重大	波峰全呈飞沫	11.5	16.0
12	台风(飓风)	>32.6	>117	摧毁极大	海浪滔天	14.0	—

注：本表所列风速是指平地上离地 10m 处的风速值。

中国气象局于 2001 年下发《台风业务和服务规定》，以蒲福风力等级将 12 级以上台风补充到 17 级，即：12 级台风定为 $32.4 \sim 36.9 \mathrm{m/s}$；13 级为 $37.0 \sim 41.4 \mathrm{m/s}$；14 级为 $41.5 \sim 46.1 \mathrm{m/s}$，15 级为 $46.2 \sim 50.9 \mathrm{m/s}$，16 级为 $51.0 \sim 56.0 \mathrm{m/s}$，17 级为 $56.1 \sim 61.2 \mathrm{m/s}$。

在大气边界层中，由于摩擦力随着高度的增加而减小，风速将随高度的增加而增加。表示平均风速的值随高度变化的曲线称为风速廓线。风速廓线的数学表达式称为风速廓线模式。

在大气扩散计算中，需要知道烟囱和有效烟囱高度处的平均风速，但一般气象站只会观测地面风（10m 高处的风速）。因此，需要建立起风速廓线模式，用现有的地面风资料，计算出不同高度的风速。根据《环境影响评价技术导则 大气环境》（HJ 2.2—2008），一般情况下选用幂指数风速廓线模式来估算高空风速，即

$$u_2 = u_1 \left(\frac{z_2}{z_1} \right)^p \tag{5-3}$$

式中 u_2、u_1——距地面 z_1 和 z_2 高度处的 10min 平均风速，m/s；

幂指数 p——地面粗糙度和气温层结的函数。

在同一地区、相同稳定度情况下，幂指数 p 值为一常数；在不同地区或不同稳定度情况下，p 值取不同的值；大气越稳定，地面粗糙度越大，p 值越大，反之 p 值则越小。欧文（Irwin，1979）给出了 6 种稳定度（帕斯圭尔法）、两种下垫面（城市、乡村）情况下的幂指数 p；我国《环境影响评价技术导则 大气环境》也给出相应的 p 值，如表 5-2 所列。

表 5-2　不同稳定度下风速廓线幂指数 p 的取值

稳定度		A	B	C	D	E	F
欧文(Irwin)	城市	0.15	0.15	0.20	0.25	0.40	0.50
	乡村	0.07	0.07	0.10	0.15	0.35	0.55
环评导则		0.10	0.15	0.20	0.25	0.30	0.30

③ 大气稳定度　气温沿垂直高度是变化的，这种变化称为气温层结或层结。大气稳定度是指气团垂直运动的强弱程度。

气温 T 随高度 z 变化的快慢可用气温垂直递减率来表达，它是指单位高差（通常取100m）气温变化速率的负值，用 γ 表示，即 $\gamma = -\mathrm{d}T/\mathrm{d}z$。如果气温随高度增高而降低，$\gamma$ 为正值；如果气温随高度增高而增高，γ 为负值。

大气中的气温层结有四种典型情况：其一，气温随高度的增加而递减，$\gamma > 0$，称为正常分布层结或递减层结；其二，气温随高度的增加而增加，$\gamma < 0$，称为气温逆转简称逆温；其三，气温随铅直高度的变化等于或近似等于干绝热直减率通常以 γ_d 表示，即 $\gamma = \gamma_d$，称为中性层结；其四，气温随铅直高度增加是不变的，$\gamma = 0$，称为等温层结。其中，干绝热直减率 γ_d 是指干空气在绝热升降过程中每升降单位距离（通常取100m）气温变化速率的负值。

大气静力稳定度可以用气温直减率与干绝热直减率之差来判断，即

$\gamma - \gamma_d > 0$，大气不稳定；$\gamma - \gamma_d < 0$，大气稳定；$\gamma = \gamma_d$，大气中性。

大气静力稳定度的判据只适用于气团在运动过程中始终处于未饱和状态的情况。饱和湿空气，在升降过程中如果发生了相变和相变热交换，大气静力稳定度的判据不再适用。但在实际工作中，常遇到的是未饱和空气。

常用的大气稳定度分类方法有帕斯奎尔（Pasquill）法和国标原子能机构 IAEA 推荐的

方法。我国现有法规中推荐的修订帕斯奎尔分类法（简记 P·S），分为强不稳定 A、不稳定 B、弱不稳定 C、中性 D、较稳定 E 和稳定 F 六级。确定等级时，首先计算出太阳高度角，按表 5-3 查出太阳辐射等级数，再由太阳辐射等级数与地面风速按表 5-4 查找稳定等级。

表 5-3 太阳辐射等级数

去量，1/10	太阳辐射等级数				
总去量/低去量	夜间	$h_o \leqslant 15°$	$15° < h_o \leqslant 35°$	$35° < h_o \leqslant 65°$	$h_o > 65°$
$\leqslant 4/\leqslant 4$	-2	-1	$+1$	$+2$	$+3$
$5 \sim 7/\leqslant 4$	-1	0	$+1$	$+2$	$+3$
$\geqslant 8/\leqslant 4$	-1	0	0	$+1$	$+1$
$\geqslant 5/5 \sim 7$	0	0	0	0	$+1$
$\geqslant 8/\geqslant 8$	0	0	0	0	0

表 5-4 大气稳定度的等级

地面风速/(m/s)	太阳辐射等级					
	$+3$	$+2$	$+1$	0	-1	-2
$\leqslant 1.9$	A	A~B	B	D	E	F
$2 \sim 2.9$	A~B	B	C	D	E	F
$3 \sim 4.9$	B	B~C	C	D	D	E
$5 \sim 5.9$	C	C~D	D	D	D	D
$\geqslant 6$	D	D	D	D	D	D

（5）云量

云是大气中水汽凝结现象，它是由飘浮在空中的大量小水滴或小冰晶或两者的混合物构成的。云的生成、外形特征、量的多少、分布及其演变不仅反映了当时大气的运动状态，而且预示着天气演变的趋势。云量是云的多少。我国将视野能见的天空分为 10 等分，其中，云遮蔽了几分，云量就是几。例如，碧空无云，云量为零，阴天云量为 10。总云量是指不论云的高低或层次，所有的云遮蔽天空的分数。低云量是指低云遮蔽天空的分数。我国云量的记录规范规定以分数表示，分子为总云量，分母为低云量。低云量不应大于总云量。如总云量为 8，低云量为 3，记作 8/3。国外将天空分为 8 等分，其中云遮蔽了几分，云量就是几。

（6）能见度

在当时的天气条件下，正常人的眼睛所能见到的最大水平距离，称为能见度（即水平能见度）；所谓能见就是能把目标物的轮廓从它们的天空背景中分辨出来。为了要知道能见距离的远近，事先必须选择若干固定的目标物，量出它们距离测点的距离，例如，山头，塔，建筑物等，作为能见度的标准。在夜间，必须以灯光作为目标物来确定能见度。能见度的单位常用米或千米。能见度的大小反映了大气的混浊程度，反映出大气中杂质的多少。

5.1.2 大气污染及其影响因素

大气污染主要由人的活动造成，大气污染源主要有工厂排放、汽车尾气、农垦烧荒、森林失火、炊烟（包括路边烧烤）、尘土（包括建筑工地）等。大气污染源排放的污染物按其存在形态分为颗粒物污染物和气态污染物，其中，粒径小于 $15\mu m$ 的颗粒物污染物亦可划为气态污染物。

影响大气污染的主要因素有以下几点。

（1）大气污染物的排放形式与条件

　　大气中有害物质的浓度越高，污染就越重，危害也就越大。污染物在大气中的浓度，除了取决于排放的总量外，还同排放源高度、气象和地形等因素有关。

　　根据污染源排放的时间特征，可划分为连续排放或间断排放，其中，连续排放又可划分为稳定排放与不稳定排放。

　　根据污染源排放的高度特征，可划分为有组织排放与无组织排放。其中，无组织排放是指大气污染物不经过排气筒或者排气筒高度小于 15m 的无规则排放。无组织排放源可划入面源。

　　根据生产工况，可划分为正常排放与非正常排放。其中，非正常排放是指非正常工况下的污染物排放，如点火开炉、设备检修、污染物排放控制措施达不到应有效率、工艺设备运转异常等情况下的排放。

　　按照排气筒附近的地形特征，可划分为简单地形和复杂地形。

　　距污染源中心点 5km 内的地形高度（不含建筑物）低于排气筒高度时，定义为简单地形，如图 5-2 所示。在此范围内地形高度不超过排气筒基底高度时，可认为地形高度为 0m。

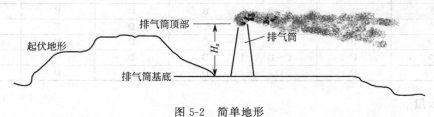

图 5-2　简单地形

　　距污染源中心点 5km 内的地形高度（不含建筑物）等于或超过排气筒高度时，定义为复杂地形，如图 5-3 所示。

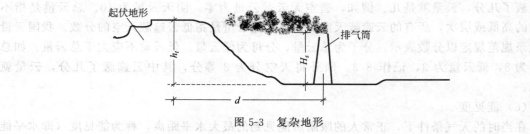

图 5-3　复杂地形

（2）影响大气污染的主要因素

　　影响大气污染的主要因素有污染物的排放情况、大气的自净过程、污染物在大气中的转化情况以及气象条件等。

　　① 污染物的排放情况　污染源的排放情况对大气污染状况产生直接影响，主要表现为以下几点。

　　其一，在单位时间内排放的污染物越多，即排放强度越大，则对大气的污染越重。在同类生产中排放量决定于生产过程、管理制度、净化设备的有无及其净化效果等；在同一企业中，排放量又随生产量的变化而变化。

　　其二，污染程度与污染源距离成反比，即与污染源距离越远，污染物扩散后的断面越大，稀释程度也越大，因而浓度越低。

　　其三，与排放高度有关，即污染物排放的高度越高，相应高度处的风速也越大，加速了污染物与大气的混合。当排出物扩散到地面时，其扩散开的面积也越大，污染物的浓度也越低。

② 大气的自净过程　污染物进入大气后，大气能通过稀释扩散、转化等多种方式使排入的污染物浓度逐渐降低，并逐步恢复到自然浓度状态，这个过程叫做大气的自净过程。大气自净作用有两种形式：其一是稀释作用，即污染物与大气混合而使污染物浓度降低，称为稀释。大气对污染物的稀释能力与气象因素有关。其二是沉降和转化作用，即污染物因自重或雨水洗涤等原因而从大气中沉降到地面而被除去。大气污染物在大气中的沉降过程往往进行得十分缓慢，大气的自净作用主要还是大气对污染物的扩散稀释作用。

③ 污染物在大气中的转化　污染物在大气中的转化是十分复杂的，其机理目前还不十分清楚。例如，二氧化硫可转变为硫酸烟雾，氮氧化物及有机物质在阳光照射下可变为臭氧、醛类、过乙酰硝酸酯等。转化后生成的二次污染物有时甚至比原来的一次污染物危害更大。

④ 风力和风向　风力大小和风向对污染物的扩散程度和扩散方位有决定性作用。把风向频率 P_w 与平均风速 U 之比叫作污染系数 R_p，即 $R_p = P_w/U$。可用污染系数反映不同风力和风向作用下的污染状况，即：污染系数小，则空气污染程度轻；污染系数大，则空气污染程度大。

⑤ 辐射与云　太阳辐射产生气流的热力运动，影响污染物扩散；云对太阳辐射有反射作用，通过影响大气的热力运动而影响污染物的扩散。

⑥ 天气形势　在低气压控制时，空气有上升运动，云量较多，如果风速稍大，大气多为中性或不稳定状态，有利于扩散；在高气压控制下，一般天气晴朗，风速很小，并往往伴有空气的下沉运动，形成下沉逆温，抑制湍流的发展，不利于扩散，甚至容易造成地面污染。

降水可以对空气污染物进行洗涤，一些污染物可随雨水降落地面。

雾可以凝集空气中的一些粒子污染物。但雾大多在近地面气层非常稳定的条件下才会出现，故雾的出现可能会造成不利的地面空气污染状态。

⑦ 下垫面条件　下垫面是气流运动的下边界，对气流运动状态和气象条件都会产生热力和动力影响，从而影响空气污染物的扩散。山区地形、水陆界面和城市热岛效应是三个典型的下垫面对大气污染的影响。

5.1.3　大气湍流扩散的基本理论

湍流是一种不规则的运动，其特征量是时空随机变量。在大气中，由于受各种大气尺度的影响，导致三维空间的风向、风速发生连续的随机涨落，这种增长是大气中污染物扩散过程的一种特征。

大气湍流包括两类：一类是机械湍流；另一类是热力湍流。

机械湍流是由机械运动或者是动力作用生成的，例如，近地面风切变、地表粗糙均可以产生机械湍流；太阳能加热地表导致热对流、地表受热不均匀或者气层不稳定等都可以引起热力湍流。一般情况下，大气湍流的强弱取决于热力和动力两种因子。在气温垂直分布呈强递减时，热力因子起主要作用；而在中性层结情况下，动力因子往往起主要作用。

湍流有极强的扩散能力。它比分子扩散快 $10^5 \sim 10^6$ 倍。大气中污染物能被扩散，主要是湍流的贡献。和烟团尺度相仿的湍流，对烟团扩散能力最强，比烟团尺度大好多倍的大湍涡，对烟团只起搬运作用，使烟流摆动，而扩散作用不大；比烟团尺度小好多倍的小湍涡，对烟团的扩散能力较小。

湍流扩散理论有三种：梯度输送理论，统计扩散理论和相似扩散理论。

（1）湍流梯度输送理论

该理论认为大气湍流扩散满足费克定律，其基本假定是：由湍流所引起的局地的某种属性的通量与这种属性的局地梯度成正比，通量的方向与梯度方向相反，用方程表达为

$$\frac{\mathrm{d}C}{\mathrm{d}t} = -K\frac{\partial^2 \overline{C}}{\partial^2 x} \tag{5-4}$$

式中　C——污染物浓度，mg/L；

　　　K——湍流交换系数。

（2）湍流统计理论

泰勒在 1921 年首先应用统计学的方法来研究湍流扩散问题，提出了著名的泰勒公式。它把描写湍流的扩散参数和统计特征量的相关系数建立起来，只要能找到相关系数的具体函数，通过积分就可求出扩散参数，污染物在湍流中扩散问题就得到解决。目前，应用较广泛的高斯烟流模式就是在大量实测资料分析的基础上，应用统计理论得到的。

（3）相似扩散理论

湍流扩散相似理论的基本观点是：湍流由许多大小不同的湍涡所构成，大湍涡失去稳定分裂成小湍涡，同时发生了能量转移，这一过程一直进行到最小的湍涡转化为热能为止。从这一基本观点出发，利用量纲分析，建立起某种统计物理量的普适函数，再找出普适函数的具体表达式，从而解决湍流扩散问题。

5.2　大气环评工作的任务、程序、分级与范围

5.2.1　大气环境评价工作的任务

通过调查、预测等手段，对项目在建设施工期及建成后运营期所排放的大气污染物对环境空气质量影响的程度、范围和频率进行分析、预测和评估，为项目的厂址选择、排污口设置、大气污染防治措施制定以及其他有关的工程设计、项目实施环境监测等提供科学依据或指导性意见。

5.2.2　大气环境评价工作的程序

大气环境评价工作的程序可划分为三个阶段。

① 第一阶段　主要工作包括研究有关文件、环境空气质量现状调查、初步工程分析、环境空气敏感区调查、评价因子筛选、评价标准确定、气象特征调查、地形特征调查、编制工作方案、确定评价工作等级和评价范围等。

② 第二阶段　主要工作包括污染源的调查与核实、环境空气质量现状监测、气象观测资料调查与分析、地形数据收集和大气环境影响预测与评价等。

③ 第三阶段　主要工作包括给出大气环境影响评价结论与建议、完成环境影响评价文件的编写等。

大气环境影响评价工作程序如图 5-4 所示。

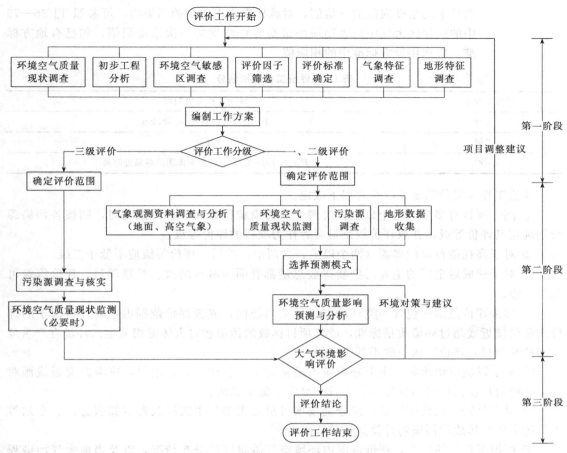

图 5-4　大气环境影响评价工作程序

5.2.3　大气环境评价工作的分级

根据评价项目的主要污染物排放量、周围地形的复杂程度以及当地执行的大气环境质量标准等因素，将大气环境影响评价工作划分为一级、二级、三级。

选择《环境影响评价技术导则 大气环境》（HJ 2.2—2008）推荐模式中的估算模式对项目的大气环境评价工作进行分级。根据项目的初步工程分析结果，选择 1～3 种主要污染物，分别计算每一种污染物的最大地面质量浓度占标率 P_i（第 i 个污染物）及第 i 个污染物的地面质量浓度达标准限值 10％时所对应的最远距离 $D_{10\%}$；然后按表 5-5 的分级判据进行划分。最大地面质量浓度占标率 P_i 按按式(5-5)计算，如污染物数 i 大于 1，取 P 值中最大者（P_{max}）和其对应的 $D_{10\%}$。

第 i 个污染物的最大地面质量浓度占标率 P_i 按下式计算

$$P_i = \frac{c_i}{c_{0i}} \times 100\% \tag{5-5}$$

式中　P_i——第 i 个污染物的最大地面质量浓度占标率，％；

　　　c_i——采用估算模式计算出的第 i 个污染物的最大地面质量浓度，mg/m^3；

　　　c_{0i}——第 i 个污染物的环境空气质量浓度标准，mg/m^3，一般选用 GB 3095 中 1h 平均取样时间的二级标准的质量浓度限值，对于没有小时浓度限值的污染物可取日平均浓度限值的三倍值，对该标准中未包含的污染物，可参照 TJ 36—79 中的居住区大气中有害物质的最高容许浓度的一次浓度限值，如已有地方标准，应选用地方标准中的相应值。

表 5-5 评价工作级别划分

评价工作等级	评价工作分级判据
一级	$P_{max} \geqslant 80\%$，且 $D_{10\%} \geqslant 5km$
二级	其他
三级	$P_{max} < 10\%$ 或 $D_{10\%} <$ 污染源距厂界最近距离

评价工作等级的确定还应符合以下规定。

① 同一项目有多个（两个以上，含两个）污染源排放同一种污染物时，则按各污染源分别确定其评价等级，并取评价级别最高者作为项目的评价等级。

② 对于高耗能行业的多源（两个以上，含两个）项目，评价等级应不低于二级。

③ 对于建成后全厂的主要污染物排放总量都有明显减少的改、扩建项目，评价等级可低于一级。

④ 如果评价范围内包含一类环境空气质量功能区，或者评价范围内主要评价因子的环境质量已接近或超过环境质量标准，或者项目排放的污染物对人体健康或生态环境有严重危害的特殊项目，评价等级一般不低于二级。

⑤ 对于以城市快速路、主干路等城市道路为主的新建、扩建项目，应考虑交通线源对道路两侧的环境保护目标的影响，评价等级应不低于二级。

⑥ 对于公路、铁路等项目，应分别按项目沿线主要集中式排放源（如服务区、车站等大气污染源）排放的污染物计算其评价等级。

⑦ 可根据项目的性质，评价范围内环境空气敏感区的分布情况，以及当地大气污染程度，对评价工作等级做适当调整，但调整幅度上下不应超过一级。调整结果应征得环保主管部门同意。

一、二级评价应采用《环境影响评价技术导则 大气环境》（HJ 2.2—2008）中推荐的预测模式进行大气环境影响预测工作；三级评价可不进行大气环境影响预测工作，直接以估算模式的计算结果作为预测与分析依据。

5.2.4 大气环境影响评价的范围

根据项目排放污染物的最远影响范围确定项目的大气环境影响评价范围。即以排放源为中心点，以 $D_{10\%}$ 为半径的圆或 $2 \times D_{10\%}$ 为边长的矩形作为大气环境影响评价范围；当最远距离超过 25km 时，确定评价范围为半径 25km 的圆形区域或边长 50km 矩形区域。评价范围的直径或边长一般不应小于 5km。对于以线源为主的城市道路等项目，评价范围可设定为线源中心两侧各 200m 的范围。

5.3 环境空气质量现状调查与评价

5.3.1 环境空气质量现状调查原则

（1）现状调查资料来源

现状调查资料来源分三种途径，可视不同评价等级对数据的要求结合进行：a. 评价范围内及邻近评价范围的各例行空气质量监测点的近 3 年与项目有关的监测资料；b. 收集近 3 年与项目有关的历史监测资料；c. 进行现场监测。

（2）监测资料统计内容与要求

凡涉及 GB 3095 中污染物的各类监测资料的统计内容与要求，均应满足该标准中各项污染物数据统计的有效性规定。

（3）监测方法

涉及 GB 3095 中各项污染物的分析方法应符合 GB 3095 对分析方法的规定。应首先选用国家环保主管部门发布的标准监测方法。对尚未制定环境标准的非常规大气污染物，应尽可能参考 ISO 等国际组织和国内外相应的监测方法，在环评文件中详细列出监测方法、适用性及其引用依据，并报请环保主管部门批准。

监测方法的选择应满足项目的监测目的，并注意其适用范围、检出限、有效检测范围等要求。

5.3.2　现有监测资料的分析

对照各污染物有关的环境质量标准，分析其长期质量浓度（年平均质量浓度、季平均质量浓度、月平均质量浓度）、短期质量浓度（日平均质量浓度、小时平均质量浓度）的达标情况。

若监测结果出现超标，应分析其超标率、最大超标倍数以及超标原因。

分析评价范围内的污染水平和变化趋势。

5.3.3　环境空气质量现状监测

（1）监测因子

凡项目排放的污染物属于常规污染物的应筛选为监测因子。

凡项目排放的特征污染物有国家或地方环境质量标准的，或者有 TJ 36—79 中的居住区大气中有害物质的最高容许浓度的，应筛选为监测因子；对于没有相应环境质量标准的污染物，且属于毒性较大的，应按照实际情况，选取有代表性的污染物作为监测因子，同时应给出参考标准值和出处。

（2）监测制度

一级评价项目应进行 2 期（冬季、夏季）监测；二级评价项目可取 1 期不利季节进行监测，必要时应做 2 期监测；三级评价项目必要时可做 1 期监测。

每期监测时间至少应取得有季节代表性的 7 天有效数据，采样时间应符合监测资料的统计要求。对于评价范围内没有排放特征污染物的项目，可减少监测天数。监测时间的安排和采用的监测手段，应能同时满足环境空气质量现状调查、污染源资料验证及预测模式的需要。监测时应使用空气自动监测设备，在不具备自动连续监测条件时，1 小时质量浓度监测值应遵循下列原则：一级评价项目每天监测时段，应至少获取当地时间 02 时、05 时、08 时、11 时、14 时、17 时、20 时、23 时 8 个小时质量浓度值，二级和三级评价项目每天监测时段，至少获取当地时间 02 时、08 时、14 时、20 时 4 个小时质量浓度值。日平均质量浓度监测值应符合 GB 3095 对数据的有效性规定。

对于部分无法进行连续监测的特殊污染物，可监测其一次质量浓度值，监测时间需满足所用评价标准值的取值时间要求。

5.3.4 监测结果统计分析与评价

一般以列表的方式给出各监测点大气污染物的不同取值时间的质量浓度变化范围，计算并列表给出各取值时间最大质量浓度值占相应标准质量浓度限值的百分比和超标率，并评价达标情况。

分析大气污染物质量浓度的日变化规律以及大气污染物质量浓度与地面风向、风速等气象因素及污染源排放的关系。

分析重污染时间分布情况及其影响因素。

5.4 大气环境影响预测与评价

5.4.1 大气环境影响预测步骤

大气环境影响预测用于判断项目建成后对评价范围大气环境影响的程度和范围。

常用的大气环境影响预测方法是通过建立数学模型来模拟各种气象条件、地形条件下的污染物在大气中输送、扩散、转化和清除等物理、化学机制。

大气环境影响预测的步骤如下。

① 确定预测因子。

② 确定预测范围。

③ 确定计算点。

④ 确定污染源计算清单。

⑤ 确定气象条件。

⑥ 确定地形数据。

⑦ 确定预测内容和设定预测情景。

⑧ 选择预测模式。

⑨ 确定模式中的相关参数。

⑩ 进行大气环境影响预测与评价。

5.4.2 预测因子、预测范围和计算点的确定

（1）预测因子

大气环境影响预测因子应根据评价因子而定，一般应选取有环境空气质量标准的评价因子作为预测因子。大气环境影响评价因子主要为项目排放的常规污染物及特征污染物。

（2）预测范围

大气环境影响预测范围应覆盖评价范围，同时还应考虑污染源的排放高度、评价范围的主导风向、地形和周围环境空气敏感区的位置等，并进行适当调整。计算污染源对评价范围的影响时，一般取东西向为 x 坐标轴、南北向为 y 坐标轴，项目位于预测范围的中心区域。

（3）计算点

大气环境影响计算点可分三类：环境空气敏感区、预测范围内的网格点及区域最大地面浓度点。

应选择所有的环境空气敏感区中的环境空气保护目标作为计算点。

预测网格点的设置应具有足够的分辨率以尽可能精确预测污染源对评价范围的最大影响，预测网格可以根据具体情况采用直角坐标网格或极坐标网格，并应覆盖整个评价范围。预测网格点设置方法见表 5-6。

表 5-6　预测网格点设置方法

预测网格方法		直角坐标网格	极坐标网格
布点原则		网格等间距或近密远疏法	径向等间距或距源中心近密远疏法
预测网格点	距离源中心≤1000m	50～100m	50～100m
网格距	距离源中心＞1000m	100～500m	100～500m

区域最大地面浓度点的预测网格设置，应依据计算出的网格点质量浓度分布而定，在高浓度分布区，预测点间距应不大于 50m。

对于邻近污染源的高层住宅楼，应适当考虑不同代表高度上的预测受体。

5.4.3　污染源计算清单、气象条件和地形数据的确定

（1）污染源计算清单

点污染源调查清单见表 5-7，线污染源调查清单见表 5-8，面污染源调查清单见表 5-9，体污染源调查清单见表 5-10。

表 5-7　点污染源调查清单

项目	点源编号	点源名称	X坐标	Y坐标	排气筒底部海拔高度	排气筒高度	排气筒内径	烟气出口速度	烟气出口温度	年排放小时数	排放工况	评价因子源强
单位			m	m	m	m	m	m/s	K	h		
数据												

表 5-8　线污染源调查清单

项目	线源编号	线源名称	分段坐标1 X	分段坐标1 Y	分段坐标2 X	分段坐标2 Y	分段坐标 n	道路高度	道路宽度	街道窄谷高度	平均车速	车流量	车型/比例	各车型污染物排放速率
单位			m	m	m	m	m	m	m	m	m/s	辆/h		g/(km·s)
数据														

表 5-9　面污染源调查清单

项目	面源编号	面源名称	面源起始点 X	面源起始点 Y	海拔高度	面源长度	面源宽度	与正北夹角	面源初始排放高度	年排放小时数	排放工况	评价因子源强
单位			m	m	m	m	m	(°)	m	h		g/(s·m²)
数据												

表 5-10　体污染源调查清单

项目	体源编号	体源名称	体源中心坐标 X	体源中心坐标 Y	海拔高度	体源边长	体源高度	年排放小时数	排放工况	初始扩散参数 横向	初始扩散参数 垂直	评价因子源强
单位			m	m	m	m	m	h				g/s
数据												

（2）气象条件的确定

计算小时平均质量浓度需采用长期气象条件，进行逐时或逐次计算。选择污染最严重的（针对所有计算点）小时气象条件和对各环境空气保护目标影响最大的若干个小时气象条件（可视对各环境空气敏感区的影响程度而定）作为典型小时气象条件。

计算日平均质量浓度需采用长期气象条件，进行逐日平均计算。选择污染最严重的（针

对所有计算点）日气象条件和对各环境空气保护目标影响最大的若干个日气象条件（可视对各环境空气敏感区的影响程度而定）作为典型日气象条件。

（3）确定地形数据

在非平坦的评价范围内，地形的起伏对污染物的传输、扩散会有一定的影响。对于复杂地形下的污染物扩散模拟需要输入地形数据。地形数据的来源应予以说明，地形数据的精度应结合评价范围及预测网格点的设置进行合理选择。

5.4.4 预测内容和预测情景的确定

（1）预测内容

大气环境影响预测内容依据评价工作等级和项目的特点而定。

一级评价项目预测内容一般包括以下几点。

① 全年逐时或逐次小时气象条件下，环境空气保护目标、网格点处的地面质量浓度和评价范围内的最大地面小时质量浓度。

② 全年逐日气象条件下，环境空气保护目标、网格点处的地面质量浓度和评价范围内的最大地面日平均质量浓度。

③ 长期气象条件下，环境空气保护目标、网格点处的地面质量浓度和评价范围内的最大地面年平均质量浓度。

④ 非正常排放情况，全年逐时或逐次小时气象条件下，环境空气保护目标的最大地面小时质量浓度和评价范围内的最大地面小时质量浓度。

⑤ 对于施工期超过一年，并且施工期排放的污染物影响较大的项目，还应预测施工期间的大气环境质量。

二级评价项目预测内容包括一级评价项目预测内容中的第①～④点。

三级评价项目可不进行上述预测。

（2）预测情景

根据预测内容设定预测情景，一般需考虑五个方面的内容：污染源类型、排放方案、预测因子、气象条件、计算点。

污染源类型分新增加污染源、削减污染源和被取代污染源及其他在建、拟建项目相关污染源。新增污染源分正常排放和非正常排放两种情况。

排放方案分工程设计或可行性研究报告中现有排放方案和环评报告所提出的推荐排放方案，排放方案内容根据项目选址、污染源的排放方式以及污染控制措施等进行选择。

常规预测情景组合见表5-11。

表5-11 常规预测情景组合

序号	污染源类型	排放方案	预测因子	计算点	常规预测内容
1	新增污染源（正常排放）	现有方案/推荐方案	所有因子	环境空气保护目标网格点 区域最大地面浓度点	小时平均质量浓度 日平均质量浓度 年均质量浓度
2	新增污染源（非正常排放）	现有方案/推荐方案	主要因子	环境空气保护目标 区域最大地面浓度点	小时平均质量浓度
3	消减污染源（若有）	现有方案/推荐方案	主要因子	环境空气保护目标	日平均质量浓度
4	被取代污染源（若有）	现有方案/推荐方案	主要因子	环境空气保护目标	年均质量浓度
5	其他拟建、在建项目相关污染源（若有）	现有方案/推荐方案	主要因子	环境空气保护目标	日平均质量浓度

5.4.5　大气环境影响预测模式

通常采用一些数学模型来模拟污染物在大气中的扩散。在推算和预测大气中污染物浓度时，往往是根据污染物排放状况、气象条件和下垫面条件，选用适当的扩散数学模型，进行预测计算。

5.4.5.1　基本模式——连续点源烟羽扩散模型

（1）坐标系

选取模型的坐标系如图 5-5 所示，原点为排放点（若为高架源，原点为排放点在地面的投影），x 轴正向为风速方向，y 轴在水平面上垂直于 x 轴，正向在 x 轴的左侧，z 轴垂直于水平面 xoy，向上为正向。在此坐标系下烟流中心线或烟流中心线在 xoy 面的投影与 x 轴重合。

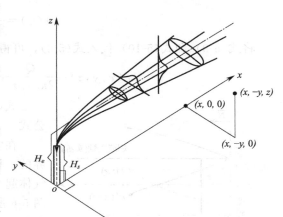

（2）模型假设

① 污染物的浓度在 y、z 轴上的分布是高斯分布（正态分布）。

② 污染源的源强是连续且均匀的，初始时刻云团内部的浓度、温度呈均匀分布。

③ 扩散过程中不考虑云团内部温度的变化，忽略热传递、热对流及热辐射。

④ 泄漏气体是理想气体，遵守理想气体状态方程。

图 5-5　烟羽模型的坐标系

⑤ 在水平方向，大气扩散系数呈各向同性；有风，且风速≥1.5m/s。

⑥ 取 x 轴为平均扩散方向，整个扩散过程中地势一致且不发生较大的变化。

⑦ 地面对泄漏气体全反射，不发生吸收或吸附作用。

⑧ 整个过程中，泄漏气体不沉降、分解，不发生任何化学反应等。

（3）模型公式的推导

由正态分布假设可以导出下风向任一点 (x,y,z) 处泄漏气体浓度的函数为

$$c(x,y,z)=A(x)\mathrm{e}^{-ay^2}\mathrm{e}^{-bz^2} \tag{5-6}$$

由概率统计理论可以写出方差的表达式，即

$$\begin{cases} \sigma_y^2=\dfrac{\displaystyle\int_0^\infty y^2 c\,\mathrm{d}y}{\displaystyle\int_0^\infty c\,\mathrm{d}y} \\[4ex] \sigma_z^2=\dfrac{\displaystyle\int_0^\infty z^2 c\,\mathrm{d}z}{\displaystyle\int_0^\infty c\,\mathrm{d}z} \end{cases} \tag{5-7}$$

由假设可以写出源强的积分公式

$$Q=\int_{-\infty}^{\infty}\int_{-\infty}^{\infty} uc\,\mathrm{d}y\,\mathrm{d}z \tag{5-8}$$

式中　σ_y、σ_z——泄漏气体在 y、z 方向分布的标准差，m；

$c(x, y, z)$——任一点处泄漏气体的浓度，kg/m^3；

u——平均风速，m/s；

Q——源强，kg/s。

将式(5-6)代入式(5-7)，积分后可得

$$\begin{cases} a = \dfrac{1}{2\sigma_y^2} \\ b = \dfrac{1}{2\sigma_z^2} \end{cases} \tag{5-9}$$

将式(5-6)和式(5-9)代入式(5-8)，积分后可得

$$A(x) = \frac{Q}{2\pi u \sigma_y \sigma_z} \tag{5-10}$$

将式(5-9)和式(5-10)代入式(5-6)，可得

$$c(x, y, z) = \frac{Q}{2\pi u \sigma_y \sigma_z} \exp\left[-\left(\frac{y^2}{2\sigma_y^2} + \frac{z^2}{2\sigma_z^2}\right)\right] \tag{5-11}$$

式(5-11)是无界空间连续点源扩散的高斯模型公式。

在实际中，由于地面的存在，烟羽的扩散是有界的。根据假设，可以把地面看着一镜面，对泄漏气体起全反射作用，并采用像源法处理，其原理如图5-6所示。可以把任一点 P 处的浓度看成是两部分的贡献之和：其一是不存在地面时所造成的泄漏物浓度；其二是由于地面反射作用增加的泄漏物浓度。该处的泄漏物浓度即相当于不存在地面时位于点 $(0, 0, H_e)$ 的实源和位于点 $(0, 0, -H_e)$ 的像

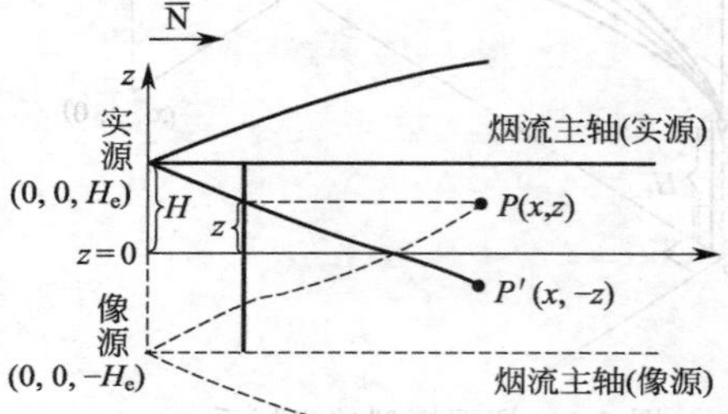

图 5-6 像源法原理示意图

源在 P 点所造成的泄漏物浓度之和。

实源的贡献为

$$c_1(x, y, z) = \frac{Q}{2\pi u \sigma_y \sigma_z} \exp\left(-\frac{y^2}{2\sigma_y^2}\right) \exp\left[-\frac{(z - H_e)^2}{2\sigma_z^2}\right] \tag{5-12}$$

像源的贡献为

$$c_2(x, y, z) = \frac{Q}{2\pi u \sigma_y \sigma_z} \exp\left(-\frac{y^2}{2\sigma_y^2}\right) \exp\left[-\frac{(z + H_e)^2}{2\sigma_z^2}\right] \tag{5-13}$$

该处的实际浓度应为

$$c(x, y, z) = c_1(x, y, z) + c_2(x, y, z) \tag{5-14}$$

将式(5-12)和式(5-13)代入，得到

$$c(x, y, z, H_e) = \frac{Q}{2\pi u \sigma_y \sigma_z} \exp\left(-\frac{y^2}{2\sigma_y^2}\right) \left\{\exp\left[-\frac{(z - H_e)^2}{2\sigma_z^2}\right] + \exp\left[-\frac{(z + H_e)^2}{2\sigma_z^2}\right]\right\} \tag{5-15}$$

式中 $c(x, y, z)$——下风向 x、横向 y、地面上方 z 处扩散气体的浓度，kg/m^3；

Q——源强，kg/s；

H_e——烟囱有效高度，即烟流中心距地面的距离（取地面高程 $z = 0$），m；

u——烟囱排放口处的平均风速，m/s；

σ_y、σ_z——水平扩散参数和垂直扩散参数，m；

x-y 平面——水平面，风向为 x 轴方向。

式(5-15) 就是连续点源烟羽扩散模式。

根据式(5-15)，令 $z=0$，即可得到地面扩散气体浓度增量计算公式

$$c(x,y,0,H_e)=\frac{Q}{\pi u\sigma_y\sigma_z}\exp\left[-\frac{y^2}{2\sigma_y^2}\right]\exp\left(-\frac{H_e^2}{2\sigma_z^2}\right) \tag{5-16}$$

根据式(5-15)，令 $y=z=0$，即可得到地面轴线扩散气体浓度增量计算公式

$$c(x,0,0,H_e)=\frac{Q}{\pi u\sigma_y\sigma_z}\exp\left(-\frac{H_e^2}{2\sigma_z^2}\right) \tag{5-17}$$

从式(5-17) 可知，对于确定的源强 Q、风速 u 和烟囱的有效高度 H_e，排气筒下风向地面轴线扩散气体浓度增量 c 是扩散参数 σ_y 和 σ_z 函数。

根据式(5-17)，可求得地面最大浓度点浓度 $C_{\max}$ 及其距排气口的距离 $x_{\max}$，即

① 当 $\dfrac{\sigma_z}{\sigma_y}$＝常数时

$$c_{\max}=\frac{2q}{\pi e u H_e^2}\times\frac{\sigma_z}{\sigma_y} \tag{5-18}$$

若 $\sigma_z=\gamma_2 x^{\alpha_2}$，则

$$x_{\max}=\left(\frac{H_e}{\sqrt{2}\gamma_2}\right)^{\frac{1}{\alpha_2}} \tag{5-19}$$

② 当 $\dfrac{\sigma_z}{\sigma_y}\neq$常数、$\sigma_y=\gamma_1 x^{\alpha_1}$、$\sigma_z=\gamma_2 x^{\alpha_2}$ 时

$$c_{\max}=\frac{2q}{e\pi u H_e^2 P_1} \tag{5-20}$$

$$x_{\max}=\left(\frac{H_e}{\gamma_2}\right)^{\frac{1}{\alpha_2}}\left(1+\frac{\alpha_1}{\alpha_2}\right)^{-\frac{1}{2\alpha_2}} \tag{5-21}$$

其中

$$P_1=\frac{2\gamma_1\gamma_2 -\frac{\alpha_1}{\alpha_2}}{\left(1+\frac{\alpha_1}{\alpha_2}\right)^{\frac{1}{2}\left(1+\frac{\alpha_1}{\alpha_2}\right)}H_e^{\left(1-\frac{\alpha_1}{\alpha_2}\right)}e^{\frac{1}{2}\left(1-\frac{\alpha_1}{\alpha_2}\right)}}$$

5.4.5.2　有混合层反射的扩散公式

大气层常出现这样的铅直温度分布：低层是不稳定层结，在离地面几百米到 $1\sim2km$ 的高度存在一个稳定的逆温层，它使污染物的铅直扩散受到抑制。上部逆温层的高度称为混合层厚度，记作 h。设地面及混合层全反射，连续点源的烟流扩散公式为：

(1) 当 $\sigma_z<1.6h$ 时

$$c(x,y,z)=\frac{Q}{2\pi u\sigma_y\sigma_z}\exp\left(-\frac{y^2}{2\sigma_y^2}\right)\sum_{n=-\infty}^{\infty}\left\{\exp\left[-\frac{(z-H_e+2nh)^2}{2\sigma_z^2}\right]+\right.$$
$$\left.\exp\left[-\frac{(z+H_e+2nh)^2}{2\sigma_z^2}\right]\right\} \tag{5-22}$$

通常情况下，反射次数不必达到很多次，往往取 $n=-4\sim4$ 计算结果就能达到足够的精度。

（2）当 $\sigma_z > 1.6h$ 时，浓度在铅直方向已接近均匀分布，可按下式计算

$$c(x,y) = \frac{Q}{\sqrt{2\pi}\,uh\sigma_y}\exp\left(-\frac{y^2}{2\sigma_y^2}\right) \tag{5-23}$$

5.4.5.3 熏烟扩散公式

高架连续点源排入稳定大气层中的烟流，在下风向有效源高度上形成狭长的高浓度带。当低层增温使稳定气层自下而上转变成中性，或不稳定层结并扩散到烟流高度时，使烟流向下扩散产生熏烟过程，造成地面高浓度。此时，在熏烟高度 z_f 以下浓度在铅直方向接近均匀分布，地面浓度计算公式为

$$C(x,y,z_f) = \frac{Q}{\sqrt{2\pi}\,u\sigma_{yf}z_f}\exp\left(-\frac{y^2}{2\sigma_{yf}^2}\right)\int_{-\infty}^{p}\frac{1}{\sqrt{2\pi}}\exp\left(-\frac{p^2}{2}\right)\mathrm{d}p \tag{5-24}$$

式中　$\sigma_{yf} = \sigma_y + H_e/8$；

$p = (z_f - H_e)/\sigma_z$。

当稳定气层消退到烟流高度时，地面浓度公式为

$$C_f = \frac{q}{\sqrt{2\pi}\,u\sigma_{yf}h_f}\exp\left(-\frac{y^2}{2\sigma_{yf}^2}\right) \tag{5-25}$$

式中　$h_f = H_e + 2.15\sigma_z$。

以上都是针对点源情况。对于线源和面源，可采用对点源积分途径来求出其污染物浓度分布，实际工作中较少遇到线源和面源情况，故在此不做介绍，需要者请参阅有关文献。

5.4.5.4 长期平均浓度公式

在较长时段内，各种风向均可能出现。此时，表达烟流横向散布的扩散系数 σ_y 已不重要，可用风向频率计算污染物的水平浓度。

（1）简单扇形公式

在任意角宽度为 $2\pi/n$ 的扇形区内，连续点源的地面浓度公式为

$$c = \left(\frac{2}{\pi}\right)^{0.5}\frac{nfq}{2\pi ux\sigma_z}\exp\left(-\frac{H_e^2}{2\sigma_z^2}\right) \tag{5-26}$$

式中　f——在所平均的时段内该扇形区风向所占的比例；

u、σ_z——应取时段平均值。

（2）联合频率计算公式

在长时间内，不同风速和稳定度影响浓度的权重并不相等。应该按照每一种风向、风速和稳定度的频率加权平均，得到下列浓度公式。

$$c = \sum_k \sum_m \sum_l \varphi_{k,m,l} C_{k,m,l} \tag{5-27}$$

式中　k，m，l——风向、稳定度和风速等级的下标；

$\varphi_{k,m,l}$——风向、稳定度和风速的相对联合频率；

$C_{k,m,l}$——在每一给定风向、稳定度和风速时的浓度，可按相应的高斯扩散公式计算。

5.4.5.5 烟团模型

稍加观察就可以看出，烟在大气中的运动状态，并非如烟流模型中所假定的那样沿下风

向直线运动的。它是随着风流的湍动曲折地前进。所以，我们说烟流模型并不能将此状态表现出来。用烟团模型来描述烟的输送动态更符合实际情况。烟团模型与烟流模型不同，它把烟不是看成连续的，而是把烟用短时间间隔划分开来。然后，再去描述多个椭圆形烟团的扩散。所谓烟团就是烟排出的瞬时变化的烟轮形状。根据其大小与大气湍流中涡流相对关系，使其扩散而发生变化。我们所取的时间间隔以 1～5min 为宜，因为在每个时刻风向、风速都在变化。这样，在使用烟团模型时，就可以灵活地选择风向和风速了。

假设地面对烟全部反射，则烟团模型可表示为

$$c=\frac{Q'}{(2\pi)^{\frac{2}{3}}\sigma_x\sigma_y\sigma_z}\exp\left(-\frac{(x-x_0)^2}{2\sigma_x^2}-\frac{y^2}{2\sigma_y^2}\right)\left\{\exp\left[-\frac{(z-H_e)^2}{2\sigma_y^2}\right]+\exp\left[-\frac{(z+H_e)^2}{2\sigma_z^2}\right]\right\}$$

$$(5-28)$$

式中　x_0——烟团中心在 x 轴上的坐标；

$\quad\quad Q'$——烟气的瞬间排放量。

用烟团模型来计算污染物的浓度，由于它把非定常扩散传输现象最好的表现出来了，所以对污染物的浓度的预测和推进被认为是最高精度的方法之一。但是必须注意，即使烟团模型可以有较高的精度，但是若用于计算的数据不能正确地取得详尽的话，那么使用这一模型就变得毫无意义。因此，如何去满足上述要求就成了利用这一模型的一个重要问题。描述静风时的扩散一般采用烟团模型。风速在 1m/s 以下时一般可以作为静风来处理。烟团模型是假设烟以烟囱口为中心，呈同心圆状向外扩散。其模型中的扩散参数是作为烟囱排烟后经过时间（即扩散时间）的函数给出来的。

5.4.5.6　箱式模型

将所研究的大气空间中浓度相同的空间划分成一个或几个箱，不考虑箱内污染物变化的细节，只研究污染物平均浓度随时间的变化。其基本出发点是气箱内的污染物守恒，并认为污染物在箱内均匀混合。

（1）单箱模型

单箱模型如图 5-7 所示，设箱顺风向长度为 L、宽度为 Y、高度（即混合层高度）为 H。根据污染物守恒定律，有

$$\frac{d\overline{C}}{dt}=\frac{q}{H}+\frac{\overline{u}}{L}(C_{in}-C_{out})-\frac{\overline{C'w'}}{H}\qquad(5-29)$$

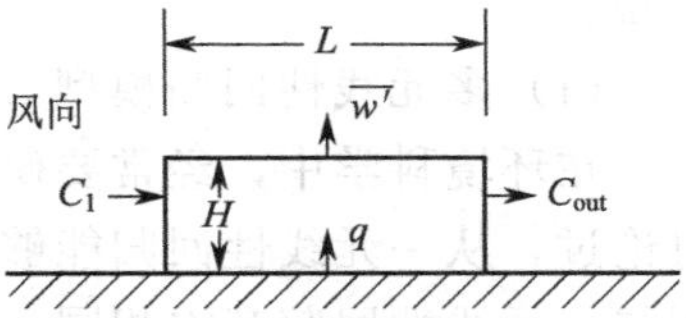

图 5-7　箱式模型原理

式中　$\overline{C}$——箱内平均污染物浓度；

$\quad\quad t$——时间；

$\quad\quad q$——箱内单位时间、单位面积上从底部排入的污染物量；

$C_{in}，C_{out}$——箱上、下风风向上的污染物浓度；

$\quad\overline{C'w'}$——单位时间、单位面积上从箱顶排出的污染物量。

把这样的多个箱子排列起来，分别计算出每个箱子的平均浓度，以这些浓度的分布描述某地区污染物浓度的分布。用一个单箱模型计算出一个地区的污染物浓度分布是很粗糙的。

（2）多箱模型

单项模型的原理是严格的，计算简单、直观。所以，在对某区域，例如，一个城市区粗略估计某种污染物平均浓度是可用的，它是假设污染物在箱内混合是均匀的。但是，一般说

来用单箱模型计算地面浓度是偏低的，这是由于将一个很大的区域作为一个单箱处理时，排放源往往不均匀，这时不但不能满足排放源的均匀性要求，而且连风场和混合层均匀性也不易满足。因此，常将这些地区用若干个箱子来划分，应满足上述的均匀性要求。多箱模型可以是单层多箱，也可以是多层多箱，可以视条件和要求来确定。

此外，由于烟在箱内停滞的时间较长，因此，必须考虑烟向地面或者水面的沉降和吸附作用。这就要注意合理地选择由此而产生的使大气中污染物浓度减少比例。单纯的箱式模型因其不能描述地区内的浓度分布的细节，故从本质上讲，它只是一种广域污染模型。有人对箱式模型进行了探索，即对低烟源采用箱式模型、对高烟源采用烟流模型，以此作为大气污染的实时预测模型。

5.4.5.7　原始模型

根据守恒定律，可以推导出大气流体动力-热力学方程，即连续性方程、运动方程、扩散方程、热扩散方程、状态方程等。我们对这些基本方程进行简化：根据对流体的流动状态，源与漏的变化以及考虑了大气尺度，经过一些假设和简化后，可以得到一组对某些向量对时间平均后的一些方程的简化形式。因为它是由基本守恒关系直接推导出来，但又做了一些假定，所以它并非是守恒定律关系时的最基本形式了。这种方程组构成的模型就叫做原始模型。

对这类方程可以使用有限差分法、有限元方法等数值解法求解。这种把扩散微分方程转化成差分方程，求其数值解的方法，即使是在风速和扩散系数的分布都是很复杂的情况下，也可以用这种模型求的污染物浓度的分布。这种求解方法必须借助于计算机。

5.4.5.8　污染预测统计模型

统计模型在目前是预测污染物浓度的一种很实用的方法。最常用的是建立线性回归模型。

（1）多元线性回归模型

在环境科学中，经常要研究多个自变量 x_i 对所关心的指标 y 的影响。在前面我们已经讨论过，从一元线性回归能够很容易地推广到多元线性回归的情况。多元线性回归分析的原理与一元线性回归基本相同，只是在计算时比一元线性回归分析要复杂得多，一般必须借助计算机进行。

回归模型采用过去的浓度实测值来求出回归系数，并假定这些系数值将来也不变化，可以用它进行预测。多元线性回归模型进一步假设 ε 遵从正态 $N(0, \sigma^2)$ 分布，其中，σ^2 是未知待定参数。

这种多元线性回归模型有广泛应用。这是因为相当多的实际环境问题，线性关系是其主流，构造线性关系式能提起其主要信息。并且，往往一个非线性多元函数都可以用一定的数学方法线性化。我们仍然是按照最小二乘法求出其回归系数，然后进行与一元线性回归分析类似的显著性检验等一系列统计检验。通过检验后，我们并不满足线性回归方程是显著的结论。因为，线性回归方程显著的结论并不意味着每个自变量对因变量的影响都是重要的。那样我们总是想从回归方程中剔出那些次要的、可有可无的变量。重新建立更为简单的线性回归方程，以利于我们用它更好地对 y 进行预测和控制。为此，可以通过回归检验来剔除一些不重要的因子。一般对回归系数进行一次检验后，只能剔除其中一个因子，这个因子是所有不显著因子中 F 检验时 F 值最小的。如此多次，直到余下的所有回归系数都显著为止。

（2）逐步回归分析法

逐步回归分析法是借助于电子计算机进行大量运算，逐步地引入或剔除已引入的自变量，经过反复筛选，最终保留与因变量关系密切的自变量，从而建立起回归式的统计算法。这种方法在环境科学中应用很广，它不仅在大气污染研究中得到应用，而且在水质管理等其他方面也得到了应用。例如，研究某点的污染物浓度是与哪些因素有关，这些因素诸如若干污染源的排放量、众多的气象因子、种种人为措施的影响的，并且要求确定其中哪些因素是重要的，哪些又是次要的。再比如，计划在某地建立工厂，要先进行环境影响评价，要确定工厂的大烟囱应建在何处？应该有多高？这就需要知道该地区小气候特点和常年的气象资料。但是此处并无气象站，于是我们可以在此处设立临时观测站，进行为期 1 年的观测。将该点的测量值作为因变量，而将邻近的包围该几个气象站的观测值作为自变量，用逐步回归法建立起关系式，然后用临近气象站的多年观测值代入，估计出这个地点的多年值。

5.4.5.9 《环境影响评价技术导则 大气环境》（HJ 2.2—2008）中推荐的预测模式

《环境影响评价技术导则 大气环境》（HJ 2.2—2008）中推荐了一些预测模式，这些模式的使用说明和程序可从国家环境保护环境影响评价数值模拟重点实验室网站（http：//www.lem.org.cn/air/index.jhtml）下载。

（1）估算模式 SCREEN3

估算模式 SCREEN3 是一个单源高斯烟羽模式，可计算点源、火炬源、面源和体源的最大地面浓度以及下洗和岸边熏烟等特殊条件下的最大地面浓度。

估算模式中嵌入了多种预设的气象组合条件，包括一些最不利的气象条件，在某个地区有可能发生，也有可能没有此种不利气象条件。所以经估算模式计算出的是某一污染源对环境空气质量的最大影响程度和影响范围的保守的计算结果。

（2）预测模式

① AERMOD 模式系统　AERMOD 是一个稳态烟羽扩散模式，可基于大气边界层数据特征模拟点源、面源、体源等排放出的污染物在短期（小时平均、日平均）、长期（年平均）的浓度分布，适用于农村或城市地区、简单或复杂地形。AERMOD 考虑了建筑物尾流的影响，即烟羽下洗。模式使用每小时连续预处理气象数据模拟大于等于 1 小时平均时间的浓度分布。AERMOD 包括两个预处理模式，即 AERMET 气象预处理和 AERMAP 地形预处理模式。

AERMOD 适用于评价范围小于等于 50km 的一级、二级评价项目。

② ADMS 模式系统　ADMS 可模拟点源、面源、线源和体源等排放出的污染物在短期（小时平均、日平均）、长期（年平均）的浓度分布，还包括一个街道窄谷模型，适用于农村或城市地区、简单或复杂地形。模式考虑了建筑物下洗、湿沉降、重力沉降和干沉降以及化学反应等功能。化学反应模块包括计算 NO、NO_2 和 O_3 等之间的反应。ADMS 有气象预处理程序，可以用地面的常规观测资料、地表状况以及太阳辐射等参数模拟基本气象参数的廓线值。在简单地形条件下，使用该模型模拟计算时，可以不调查探空观测资料。

ADMS-EIA 版适用于评价范围小于等于 50km 的一级、二级评价项目。

③ CALPUFF 模式系统　CALPUFF 是一个烟团扩散模型系统，可模拟三维流场随时间和空间发生变化时污染物的输送、转化和清除过程。CALPUFF 适用于从 50km 到几百千米的模拟范围，包括次层网格尺度的地形处理，如复杂地形的影响；还包括长距离模拟的计算功能，如污染物的干、湿沉降、化学转化以及颗粒物浓度对能见度的影响。

CALPUFF 适用于评价范围大于 50km 的区域和规划环境影响评价等项目。

5.4.5.10　模型参数的确定

（1）烟囱有效排放高度 H_e

烟囱有效排放高度 H_e 等于烟囱的实际高度 H 加上烟的抬升高度 ΔH 之和。

烟气抬升高度的确定是计算有效源高的关键。热烟流从烟囱出口喷出多大体经过 4 个阶段：烟流的喷出阶段、浮升阶段、瓦解阶段和变平阶段。产生烟流抬升的原因有两个：一是烟囱出口处的烟流具有一定的初始动量；二是由于烟流温度高于周围空气温度而产生的净浮力。影响这两种作用的因素很多，归结起来可分为排放因素和气象因素两类。排放因素有烟囱出口的烟流速度、烟气温度和烟囱出口内径。气象因素有平均风速、环境空气温度、风速垂直切变、湍流强度及大气稳定度。由于影响烟流抬升的因素较多，使烟流抬升问题变得十分复杂。到目前为止，国内外已提出的烟流抬升公式有数十个之多，还没有一个公式考虑了上述所有这些因素。大多数烟流抬升公式是半经验的，是在各自有限的观测资料基础上归纳出来的，所以都具有一定的局限性。

（2）扩散参数 σ_y、σ_z

扩散参数 σ_y、σ_z 取决于风流特征和气象要素以及距烟源的距离，常采用经验公式估算。目前，主要有两个途径来确定扩散参数：其一是使用气象站常规仪器观测进行分类参数化，即所谓稳定度分类法；其二是测量湍流风速脉动量及其相关时间的湍流量确定法。前者方法简单易行，可以使用大量的气象台站的历史数据，但精度不是很高；后者物理意义明确，精度高于前者，但需要较精密的仪器设备且没有足够的历史数据可以利用。实际运用中常将二者结合起来，在进行野外实测评价时尽量用湍流量测量来估计扩散参数，而进行长期平均使用历史资料时则使用稳定度等级分类法。

5.4.6　大气环境影响预测分析与评价

按设计的各种预测情景分别进行模拟计算。

大气环境影响预测分析与评价的主要内容如下。

① 对环境空气敏感区的环境影响分析，应考虑其预测值和同点位处的现状背景值的最大值的叠加影响；对最大地面质量浓度点的环境影响分析可考虑预测值和所有现状背景值平均值的叠加影响。

② 叠加现状背景值，分析项目建成后最终的区域环境质量状况，即：新增污染源预测值＋现状监测值－削减污染源计算值（如果有）－被取代污染源计算值（如果有）＝项目建成后最终的环境影响。若评价范围内还有其他在建项目、已批复环境影响评价文件的拟建项目，也应考虑其建成后对评价范围的共同影响。

③ 分析典型小时气象条件下，项目对环境空气敏感区和评价范围的最大环境影响，分析是否超标、超标程度、超标位置，分析小时质量浓度超标概率和最大持续发生时间，并绘制评价范围内出现区域小时平均质量浓度最大值时所对应的质量浓度等值线

分布图。

④ 分析典型日气象条件下，项目对环境空气敏感区和评价范围的最大环境影响，分析是否超标、超标程度、超标位置，分析日平均质量浓度超标概率和最大持续发生时间，并绘制评价范围内出现区域日平均质量浓度最大值时所对应的质量浓度等值线分布图。

⑤ 分析长期气象条件下，项目对环境空气敏感区和评价范围的环境影响，分析是否超标、超标程度、超标范围及位置，并绘制预测范围内的质量浓度等值线分布图。

⑥ 分析评价不同排放方案对环境的影响，即从项目的选址、污染源的排放强度与排放方式、污染控制措施等方面评价排放方案的优劣，并针对存在的问题（如果有）提出解决方案。对解决方案进行进一步预测和评价，并给出最终的推荐方案。

练习题

1. 主导风向是指什么风向？什么是风向玫瑰图？

2. 什么是大气稳定度？什么是逆温？大气稳定度分类帕斯奎尔分类法中 A、D、F 分别代表什么稳定度？

3. 什么是能见度？影响大气污染的主要因素有哪些？

4. 大气环境评价可划分为哪三个阶段？

5. 大气环评工作分级依据是什么？

6. 大气环境影响评价的范围如何确定？对于以线源为主的城市道路等项目，评价范围如何确定？

7. 环境空气质量现状调查资料的来源有哪些？

8. 环境空气质量现状监测中，一级评价要监测哪二期？二级评价要监测什么时期？

9. 大气环境影响评价因子主要为什么污染物？

10. 大气环境影响的计算点可分为哪三类？

11. 连续点源高斯扩散模式的假设主要有哪些？

12. 某工厂烟囱有效源高 50m，SO_2 排放量 3600kg/h，排口风速 3.0m/s，综合参数 P_1 为 100，求 SO_2 最大落地浓度。若要使最大落地浓度下降至 $0.15mg/m^3$，其他条件相同的情况下，有效源高应为多少米？

13. 某工厂烟囱有效源高 80m，NO_2 排放量 5000kg/h，排放口风速 4.0m/s，综合参数 P_1 为 100，求 NO_2 最大落地浓度。若使最大落地浓度下降至 $0.06mg/m^3$，其他条件相同的情况下，有效源高应为多少米？

第6章

土壤环境影响评价

本章介绍土壤环境影响识别，土壤环境影响评价工作等级划分、评级内容和标准，土壤环境现状调查与评价，土壤环境影响预测与评价等。

6.1 土壤环境影响识别

6.1.1 土壤环境影响类型的识别

土壤处于地球陆地表面，其上界面与大气圈、生物圈相接，下界面与岩石圈、水圈相连，并且作为生物圈主要组成部分的植物又根植于土壤之中，可见土壤在人类环境系统中占据着特有的空间位置，即处于大气圈、生物圈、岩石圈和水圈的交接地带，是各种物理的、化学的以及生物的过程、界面反应、物资局能量交换、迁移转化过程最为复杂、最为频繁的地带。

土壤环境影响按照不同的分类依据，可划分为不同的类型。

（1）按照影响结果，可划分为污染型影响、退化型影响和资源破坏型影响

土壤污染型影响是指建设项目在开发建设和投产使用过程中，或者项目服务期满后排出和残留有害有毒物质，对土壤环境产生化学性、物理性或者生物性污染危害。一般工业建设项目大部分都属于这种类型。

土壤退化型影响是指由于人类活动导致的土壤中各组分之间、或土壤与其他环境要素（大气、水体、生物）之间的正常的自然物质和能量循环过程遭到破坏，而引起土壤肥力、土壤质量和承载力的下降。

土壤资源破坏型影响是指建设项目对土壤环境施加的主要影响不是污染，而是项目本身固有特性和对条件的改变，如土壤被占用、淹没、破坏，还包括土壤过度侵蚀或重金属污染使土壤完全丧失原有功能而被废弃的情况。一般水利工程、交通工程、森林开采、矿产资源开发对土壤环境的影响都属于这种类型。

（2）按建设项目建设时序，可划分建设期影响、运营期影响和服务期满后的影响

建设期影响：建设项目在施工期间对土壤产生影响主要包括厂房、道路交通施工、建筑材料和生产设备的运输、装卸、储存等对土壤的占压、开挖、土地使用的改变、植被破坏可

能引起的土壤侵蚀，以及拆迁居民和移民区建设产生的土壤挖压和破坏等。

运营期影响：建设项目投产运行和使用期间产生的影响主要包括项目生产过程排放废气、废水和固体废弃物对土壤的污染以及部分水利、交通、矿山使用生产过程引起的土壤的退化和破坏。

服务期满后的影响：建设项目使用寿命期结束以后能继续对土壤环境产生影响，主要包括地质、地貌、气候、水文、生物等土壤条件，随着土地利用类型改变而带来的土壤影响，例如，矿山生产终了以后留下矿坑、采矿场、排土场、尾矿场，继续对土壤的退化、破坏产生影响。

按照影响时段的长度，可以划分为短期和长期影响。一般项目建设阶段的影响为短期影响，建设完成即可逐渐消除。而项目运行期和服务期满后的土壤影响往往是长期的、缓慢影响。

（3）按照影响方式，可划分为直接影响和间接影响

直接影响：例如，以土壤环境作为影响对象，土壤侵蚀、土壤沙化、土壤因污水灌溉造成的污染等都属于直接影响。

间接影响：例如，以土壤环境作为影响对象，土壤沼泽化、土壤盐渍化，一般需要经过地下水和地表水的浸泡作用和矿物盐类的盐渍作用才能分别发生，都应当属于间接影响。

（4）按照影响性质不同，可划分可逆影响、不可逆影响、累积影响和协调影响

可逆影响：当施加影响的活动停止后，土壤可迅速或者逐渐恢复到原来的状态。例如，土壤退化、土壤有机污染都属于可逆影响。

不可逆影响：当施加影响的活动一旦发生，土壤就不可能或者很难恢复到原来的状态。例如，严重的土壤侵蚀就很难恢复到原来的普查和土壤剖面，一些疏松土层流失造成岩石裸露的地区一般来说就不可能恢复到原来的土壤层，这些都属于不可逆影响。对一些重金属污染，由于重金属在土壤中不能被土壤微生物降解，又容易为土壤有机、无机胶体吸附，因此，被重金属污染的土壤一般难以恢复，也属于不可逆影响。

累积影响：排放到土壤中的某些污染物对突然产生的影响需要经过长期作用，直到累积超过一定的临界值以后才会体现出来。例如，某些重金属在土壤中对农作物的污染累积作用而致死的影响就是一种累积影响。

协同影响：当二种或二种以上的污染物同时作用于土壤时所产生的影响大于每种污染物单独影响的总和。

6.1.2　影响土壤环境质量的主要因素识别

影响土壤环境质量的因素很多，主要有土壤污染、土壤退化和破坏两个方面的因素。

（1）建设项目影响土壤环境污染的主要因素

包括：建设项目类型、污染物性质、污染源特点、污染源排放强度、污染途径、土壤所在区域的环境条件以及土壤类型和特性等方面。其中，土壤所在区域的环境条件主要影响污染物进入土壤的速度、浓度和范围，同时也制约了土壤的演化，决定了土壤的类型和性质，从而影响到土壤污染的程度，属于影响土壤环境污染的次要因素。

（2）影响土壤退化、破坏的主要因素

包括自然因素和人为因素。

自然因素如干旱、洪涝、狂风、暴雨、火山、地震等可引起土壤沙化、盐碱化、沼泽化和土壤侵蚀。但是，在正常的自然条件下，土壤退化、破坏现象难以出现。

人为因素能够引起严重的土壤退化和破坏，其中主要是限于人类认识土壤自然体及其环境条件的水平，在利用土壤及其环境条件时存在盲目性。

在农业生产中，人类利用土壤获得粮食以及其他经济作物的同时，通过合理的耕作和施肥，可不断提高土壤肥力，以满足人类日益增长的需求。但当这种需求超过了土壤肥力水平，或者急功近利，采取了不合理的利用方式，土壤肥力不仅不能继续提高，反而逆向发展，致使土壤退化。例如，草原土壤地区盲目追求牲畜产量，放牧过度，牧草破坏，就会引起土壤沙化。平原地区为了追求粮食高产，盲目发展灌溉，引起地下水位深达，就会引起土壤沼泽化，如果地下水矿化度较高，还会发生土壤次生盐渍化。丘陵、山地土壤垦殖过度，林木破坏，可导致土壤侵蚀。

工矿、交通及其他事业生产为人类社会提供了大量的财富，但在其建设和运行过程中，就会给土壤造成一些负面影响，特别是对土壤退化、破坏的作用，现在也应当引起重视。一般来说，任何建设需要占用土地，减少土壤资源，改变土壤发育方向，导致土壤退化和破坏。例如，水库和灌溉建设可引起库岸和渠道附近地下水位抬升，促使土壤向沼泽化发展；在干旱和半干旱化地区，地下水矿化度较高的情况下还可能引起土壤发生盐渍化；厂房、道路、矿山特别是露天矿山的建设，都要开挖、剥离土壤，破坏植被，有可能引发土壤侵蚀，造成严重的土壤破坏，并促进附近土壤向沙化发展。

6.1.3 几种典型工程对土壤环境影响的识别

6.1.3.1 工业工程建设项目的土壤环境影响识别

工业工程建设项目对土壤的环境影响主要来自工业"三废"的排放。

（1）工业废气对土壤环境的影响

工业生产过程中烟气的排放来源于作为生产动力燃烧的矿石燃料，以及生产过程本身产生的烟气。烟气中所包含的污染物进入大气，通过降水、扩散和重力作用降落到地面，进入土壤，从而影响土壤环境。

（2）工业废水对土壤环境的影响

未经处理或者处理没有达标的工业废水，无论是直接排入河流、湖泊，而是用来进行灌溉，都会使土壤遭受污染。污染的程度同污水中的重金属含量、种类、污水水量有关。

工业废水如果采用生物化学技术进行处理将产生大量的剩余活性污泥，如果将这些活性污泥排入土壤，会使土壤受到污染。

（3）工业固体废弃物被土壤环境的污染影响

工业固体废弃物在堆放过程中可以通过种种途径引起污染物质的迁移，危害土壤环境。

6.1.3.2 水利工程建设项目的土壤环境影响识别

水利工程周边及其下游区域的土壤环境将受到水利工程直接的或间接的不利影响。主要表现为以下几个方面：

（1）占用土地资源

水利工程建设施工期间将占用大量的土地资源。包括各种施工机械的停放、建材的堆放、开挖土石的安置、施工队伍的生活区所占用的土地等。这部分被占用的土地在施工结束后能够部分恢复。但水利工程建成使用后，坝区和库区将立即带来永久性的土壤资源的损失。

（2）引发土壤及地质环境灾害

水利工程可能诱发土壤及地质环境灾害。基本建设期间，由于土石方开挖直接破坏了原有的土体岩层结构，可能造成滑坡、山体崩塌、泥石流等灾害。水库蓄水后，水面加宽、水位升高，使库区岸坡遭到浸泡，可能诱发山体滑坡。在河道上修建水库以后，使河流原有的水流条件发生改变，有可能引起水库上游河道淤积、阻塞；也可能引起水库下游河道冲刷、河岸崩塌。

（3）引发土壤盐渍化

水库建成蓄水后，使附近地下水位抬升，容易引起土壤盐碱化。

（4）促进土壤沼泽化

在库区范围内，受库水位影响，周边土壤容易发生沼泽化。

（5）促使河口地区土壤肥力下降，海岸后退

一般河流的河口地区土壤肥力来源于河流挟带的泥沙所携带的营养物质。在河流中上游修建水库后，水库蓄水拦截了下泄的泥沙，使下游沿岸的肥力来源受到严重影响。

6.1.3.3　矿业工程建设项目的土壤环境影响识别

矿业工程是指从地球的地壳内部掘取矿物的生产建设工程。任何矿业工程都会对自然环境产生破坏作用。

矿业工程建设项目对土壤环境的影响表现为以下几方面：

① 损失土壤资源。

② 污染土壤环境。

矿业工程生产过程中产生的粉尘、废气、废水、固体废弃物等对土壤环境产生污染性的影响。

③ 改变区域环境条件，从而引起土壤退化和破坏。

矿业工程生产过程中的挖掘采剥会改变矿区的地质、地貌、植被等，从而引发土壤退化和破坏。

④ 矿山开采引发地震、崩塌、滑坡、泥石流等次生地质灾害。

矿业工程生产过程中的挖掘采剥，可能会引发地震、崩塌、滑坡、泥石流等次生地质灾害的发生。

6.1.3.4　农业工程建设项目的土壤环境影响识别

农业工程建设项目包括：农业机械化工程建设项目、农业排灌工程建设项目以及农业垦殖工程建设项目。

（1）农业机械化工程建设项目对土壤环境的影响表现

① 破坏田埂草皮、林带等绿色小隔离带。

② 压实土壤，妨碍植物根系与大气中 O_2 和 CO_2 的交换，使植物根系难以向下生长，同时使土壤的渗透能力下降，形成的径流较大，加剧了土壤的侵蚀。

（2）农业排灌工程对土壤环境的影响表现

① 使土壤肥力下降，因为土壤水位的下降可引起泥炭材料的氧化，从而使土壤中的有机养分消失。

② 灌溉渠道引起渠道两岸地下水位抬高，从而易于形成土壤盐渍化。

（3）农业垦殖工程对土壤环境的影响表现

① 化肥的使用逐渐改变土壤的组成和化学性质；使土壤酸化；有机 C、N 消减；增加包括重金属、有机化合毒物以及放射性物质在内的污染物。

② 城市生活垃圾被施入农田，可提高土壤养分，改善土壤物理性质，但引起土壤污染，特别是土壤重金属污染。

③ 新耕地的开辟。焚烧草被灌丛可促使土壤的肥沃化，但也造成一些直接养分的减少和土壤腐植质的损失，同时也可引发严重的水蚀和风蚀。

6.1.3.5 交通工程建设项目的土壤环境影响识别

交通工程建设项目包括公路、桥梁、隧道的建设、城市的高架道路建设、江河航道的开辟、港口与码头的建设、机场建设等。交通工程建设项目对土壤环境影响表现为以下几个方面。

① 永久性侵占土地。

② 施工期间开发土地，破坏了地表原有的土壤结构，易于引发水土流失、滑坡等灾害的发生。

③ 运营期间交通工具排放的气体废弃物、液体废弃物和固体废弃物，都有可能对土壤产生污染。

6.1.3.6 能源工程建设项目的土壤环境影响识别

能源常见的来源有煤、石油、天然气等化石燃料和火力发电、水力发电、核能发电等电力资源。其中，对环境影响较大的能源工程建设项目是石油工程建设项目。

在我国石油消耗占总能耗的 20% 左右。在石油的开采、炼制、储运、使用过程中，原油和各种石油制品通过各种途径进入环境造成环境的污染。石油开采包括陆地石油资源的开采和海洋石油资源的开采。陆地石油开采对土壤影响较大，陆地石油开发区往往由多个油井组成，每一个油井都是独立的污染源，多个油井成为污染面源。油井的勘探期、生产期、废气期有各自独特的排污特征，其中，勘探起的排污量最大，污染也最严重。

石油对土壤的污染特征同石油本身的特性有关。落地原油除了部分蒸发或者随地表径流流失以外，大部分残留地表，污染地表 20cm 的土壤表层。油类物质渗入土壤大孔隙，由于在常温下原油的黏度较高，因此，原油在土壤中的渗透力很低，残留率很高。

6.2 土壤环境影响评价工作等级划分、评价内容和标准

6.2.1 土壤环境影响评价工作等级划分

我国土壤环境影响评价目前还没有推荐的行业技术导则，但可以参照地表水和大气环境影响评价技术导则来确定土壤环境影响评价工作的等级划分。

确定土壤评价影响评价工作等级时，应当考虑以下判据。

① 项目占地面积、地形条件和土壤类型，可能会破坏的植被种类、面积以及对当地生态系统影响的程度。

② 侵入土壤的污染物的主要种类、数量，对土壤和植物的毒性及其在土壤中降解的难易程度，以及受影响的土壤面积。

③ 土壤能够容纳的各种污染物的能力，以及现有的环境容量。

④ 项目所在地点土壤环境功能区划要求。

根据以上判据，将土壤环境影响评价工作的等级划分为三级：一级评价最详细，要对建设项目的土壤环境影响进行全面的分析和评价；二级评价可适当简略，对建设项目对土壤环境造成的主要影响进行定量或定性分析；三级评价最简略，只对建设项目可能造成的土壤环境影响进行定性分析。

6.2.2　土壤环境影响评价的内容与评价范围

6.2.2.1　评价内容

土壤环境影响评价的基本工作内容如下。

① 收集和分析拟建项目工程分析的成果以及与土壤侵蚀和污染有关的地表水、地下水、大气和生物等专题评价的资料。

② 监测调查项目所在地区土壤环境质量，包括土壤类型、性态、土壤中污染物的背景和基线值；植物的产量、生长情况以及体内污染物的基线值；土壤中有关污染物的环境标准和卫生标准以及土壤利用情况。

③ 监测评价区域内现有土壤污染源排污情况。

④ 描述土壤环境现状，包括现有土壤侵蚀和污染状况，可采用环境指数法加以归纳并做图表示。

⑤ 根据污染物进入土壤的种类、数量、方式、区域环境特点、土壤理化特性、净化能力以及污染物在土壤环境中的迁移转化和累计规律，分析污染物累积趋势，预测土壤环境质量的变化和发展。

⑥ 运用土壤侵蚀和沉积模型预测项目可能造成的侵蚀和沉积。

⑦ 评价拟建项目对土壤环境影响的重大性，并提出消除或减轻负面影响的对策以及监测措施。

⑧ 如果由于时间限制或者特殊原因，不能详细、准确的收集到评价区土壤的背景和极限值以及植物体内污染物含量等资料，可以采用类比调查；必要时应当做盆栽、小区乃至田间实验，确定植物体内的污染物含量或者开展污染物在土壤中累积过程的模拟实验，以确定各种系数值。

一般来说，一级评价项目的内容应当包括以上各方面，三级评价可利用现有资料和参照类比项目从简，二级评价项目的工作内容类似于一级评价项目，但工作深度可以适当减少。

6.2.2.2　评价范围

一般来说，土壤影响评价范围比拟建项目占地面积要大，应考虑的因素主要包括以下几点。

① 项目建设期可能破坏原有的植被和地貌的范围。

② 可能受项目排放的废水污染的区域（例如，排放废水渠道经过的土地）。

③ 项目排放到大气中的气态和颗粒态有毒污染物由于干或湿沉降作用而受较重污染的区域。

④ 项目排放的固体废物特别是危险废物堆放和填埋场周围的土地。

6.2.2.3　评价程序

土壤环境影响评价的技术工作程序同水和大气环境影响评价类似，一般也分为四个阶段：准备阶段，调查监测阶段，预测、评价和拟定对策阶段以及环评文件编写阶段。

6.2.3　土壤环境影响评价标准

（1）土壤环境质量标准

我国《土壤环境质量标准》（GB 15618—1995）适用于农田、蔬菜地、茶园、果园、牧场、林地、自然保护区等地的土壤，是进行土壤环境影响评价的主要标准。该标准按土壤应用功能、保护目标和土壤主要性质，规定了土壤中污染物的最高允许浓度指标值。但是该标准仅对土壤中镉、汞、砷、铜、铅、铬、锌、镍做了规定，对其他重金属和难以降解的危险性化合物未做规定。

（2）土壤环境背景值

土壤组成相当复杂，主要是由矿物质、动植物残体腐解产生的有机物质、水分和空气等组成的。岩石圈和土壤的主要化学组成如表 6-1 所列。

表 6-1　岩石圈和土壤的主要化学组成

元　素	重量百分比	元　素	重量百分比	氧化物	重量百分比
O	49.0	S	0.085	SiO_2	64.17
Si	27.6	Mn	0.085	Al_2O_3	12.86
Al	7.13	P	0.08	Fe_2O_3	6.58
Fe	3.8	N	0.1	CaO	1.17
Ca	1.37	Cu	0.002	MgO	0.91
Na	0.63	Zn	0.005	K_2O	0.95
K	1.36			Na_2O	0.58
Mg	0.6			P_2O_5	0.11
Ti	0.46			TiO_2	1.25

土壤环境背景值又称土壤环境本底值。它代表一定环境单元中的一个统计量的特征值，是指在未受或少受人类活动影响下，尚未受或少受污染和破坏的土壤中元素的含量。当今，由于人类活动的长期积累和现代工农业的高速发展，使自然环境的化学成分和含量水平发生了明显的变化，要想寻找一个绝对未受污染的土壤环境是十分困难的，因此，土壤环境背景值实际上是一个相对概念。

土壤元素背景值的常用表达方法有下列几种：用土壤样品平均值 $\bar{x}$ 表示；用平均值加减一个或两个标准偏差 S 表示（即 $\bar{x}\pm S$ 或 $\bar{x}\pm 2S$）；用几何平均值 M 加减一个标准偏差 D 表示（即 $M\pm D$）。

我国土壤元素背景值的表达方法如下。

① 对元素测定值呈正态分布或近似正态分布的元素，用算术平均值 $\bar{x}$ 表示数据分布的集中趋势，用算术均值标准偏差 S 表示数据的分散度，用 $\bar{x}\pm 2S$ 表示 95％置信度数据的范围值。

② 对元素测定值呈对数正态或近似对数正态分布的元素，用几何平均值（M）表示数据分布的集中趋势，用几何标准偏差（D）表示数据分散度。

（3）土壤临界含量

土壤中污染物的临界含量是指植物中的化学元素的含量达到卫生标准或使植物显著受到

危害或减产时土壤中该化学元素的含量。当土壤中污染物达到临界含量时，土壤已经严重污染，将严重影响人群健康。

（4）其他标准

① 土壤轻度污染判别标准　在土壤环境背景值与土壤临界含量之间，可以拟定进一步反映土壤污染程度的标准。例如，土壤轻度污染标准可以根据植物的初始污染值来确定，其中，植物的初始污染值是指植物吸收与积累土壤中的污染物致使植物体内的污染物含量超过当地同类植物的含量。

② 土壤沙化判别标准　宁夏盐池地区根据植被覆盖度和流沙面积占耕地面积比例，并参考景观特征等，拟定了土壤沙化标准，见表 6-2。

表 6-2　土壤沙化标准

土壤沙化标准		综合景观特征	土壤沙化程度
植被覆盖度	流沙面积比例		
＞60%	＜5%	绝大部分未见流沙，流沙分布呈斑点状	潜在沙化
30%～60%	5%～25%	出现小片沙地、坑丛沙堆和风蚀坑	轻度沙化
10%～30%	25%～50%	流沙面积大，坑丛沙堆密集，吹蚀强烈	中度沙化
＜10%	＞50%	密集的流动沙丘占绝对优势	强度沙化

③ 土壤盐渍化判别标准　土壤盐渍化是指可溶性盐分主要在土壤表层积累的现象。一般根据土壤全盐量或各离子组成的总量拟定土壤盐渍化的判别标准，在以氯化物为主的滨海地区也可以 Cl^- 含量拟定标准，其中，以全盐量为依据的判别标准见表 6-3。

表 6-3　土壤盐渍化标准

土壤盐渍化程度	非盐渍化	轻盐渍化	中盐渍化	重盐渍化
土壤含盐量	＜2.0%	2%～5%	5%～10%	＞10%

④ 土壤沼泽化判别标准　土壤沼泽化是指土壤长期处于地下水浸泡下，土壤剖面中下部某些层次发生 Fe、Mn 还原而生成青泥层（也称潜育层）或有机质层转化为腐泥层或泥炭层的现象。土壤沼泽化一般发生在地势低洼、排水不畅通、地下水位较高的地区。

土壤沼泽化判别标准可以根据土壤潜育化程度即土壤潜育层距地面深度确定，见表 6-4。

表 6-4　土壤沼泽化标准

土壤沼泽化程度	非沼泽化	轻沼泽化	中沼泽化	重沼泽化
土壤潜育层距地面深度/cm	＞60	60～40	40～30	＜30

⑤ 土壤侵蚀标准　土壤侵蚀是指土壤中通过水力及其重力作用而搬运移走土壤物质的过程。土壤侵蚀一般按照被侵蚀的土壤剖面保留的发生层厚度拟定评价标准，见表 6-5。

表 6-5　土壤侵蚀标准

土壤侵蚀程度	无明显侵蚀	轻度侵蚀	中度侵蚀	强度侵蚀
土壤发生层保留厚度	土壤剖面保存完整	A 层保存厚度 50%	A 层全部流失或保存厚度＜50%	B 层全部流失或保存厚度＜50%

⑥ 土壤破坏标准　土壤破坏是指被非农业、非林业、非牧业长期占用，或土壤极端退化而失去土壤肥力的现象。土壤破坏程度一般可按照区域内耕地、林地、园地和草地损失的土壤面积拟定评价标准，见表 6-6。

表 6-6 土壤破坏标准

土壤破坏程度	未破坏	轻度破坏	中度破坏	强度破坏
土壤损失面积	0	3.5hm²(合 50 亩)	20hm²(合 300 亩)	35hm²(合 500 亩)

⑦ 工业企业土壤环境质量风险评价基准　为保护在工业企业中工作或在工业企业附近生活的人群以及工业企业界区内的土壤和地下水，对工业企业生产活动造成的土壤污染危害进行风险评价，国家颁布了《工业企业土壤环境质量风险评价基准》（HJ/T 25—1999）。该基准用风险评价的方法确定基准值，制定了两套基准数据：土壤基准直接接触和土壤基准迁移至地下水。

土壤基准直接接触是用于保护在工业企业生产活动中因不当摄入或皮肤接触土壤的工作人员。土壤基准迁移至地下水是用于保证化学物质不因土壤的沥滤导致工业企业界区内土壤下方（简称工业企业下方）饮用水源造成危害。如果工业企业下方的地下水现在或将来作为饮用水源，应执行土壤基准迁移至地下水。如果工业企业下方的地下水现在或将来均不用作饮用水源，应执行土壤基准直接接触。

6.3 土壤环境现状调查与评价

6.3.1 土壤环境现状调查

土壤环境现状调查主要是从有关管理、研究和行业信息中心以及图书馆和情报所等部门收集相关资料，调查主要内容包括以下几点。

① 自然环境特征，如气象、地貌、水文和植被等资料。

② 土壤及其特性，包括成土母质（成土母岩和成土母岩类型），土壤特性（土类名称、面积及分布规律），土壤组成（有机质、N、P、K 以及主要微量元素含量）、土壤特性（土壤质地、结构、pH 值和 Eh 值，土壤代换量及盐基饱和度等）。

③ 土地利用状况，包括城镇、工矿、交通用地面起，农、林、牧、副、渔业用地面积及其分布。

④ 水土侵蚀类型、面积以及分布和侵蚀模数等。

⑤ 土壤环境背景值资料。

⑥ 当地植物种类、分布以及生长情况。

在必要的时候，土壤调查还应当进行现场调查。

6.3.1.1 土壤污染源调查

土壤污染源包括工业污染源、农业污染源和自然污染源。由于每种污染源所排放的污染物及其进入土壤的途径和机理都不相同，因此，调查的重点也不同。

（1）土壤污染源调查内容

工业污染源大多数属于点源通过"三废"向环境中排放污染物，对土壤环境污染往往是间接的，因此，应当重点调查通过"三废"排放进入土壤的污染物种类、数量、途径。

农业污染源主要与农业生产过程有关，污染物主要是农业生产过程中向土壤施入的化肥、农药、农用地膜、污泥和垃圾废料等，应当对其来源、成分以及施用量进行调查，还要对污水灌溉的情况进行调查。

对自然污染源，主要调查酸性水、碱性水、铁锈水、矿泉水中所含主要污染物，以及岩石、矿带出现背景值异常的元素含量。

（2）土壤环境污染监测内容

土壤环境污染监测内容包括采样点的选择、土壤样品收集、土壤样品的制备和土壤样品的分析等。

① 监测布点　布点时要考虑各方面的因素和具体要求。要考虑调查区域内土壤类型及其分布，土地利用以及地质地貌条件，污染类型等，一般按照网格法布点。

② 采样　取样地点应代表所在的整个田块的土壤，不能取田边、路边。表层取样时，应该多点取样均匀混合，使土样有代表性。

③ 样品制备　土样运回实验室，摊在塑料薄膜或者搪瓷盘内，风干后，去除杂物，用木棍在木板上碾细，过 10 目尼龙筛。将过筛后的样品用四分法取 100g 左右，用玻璃碾钵碾细，再过 100 目尼龙筛，然后分装，备用。

④ 样品分析　按照选定的分析项目和方法，对制备好的土样进行分析，注意分析过程的质量控制和数据处理的统一性。

6.3.1.2　土壤退化调查

土壤退化包括土壤沙化、土壤盐渍化、土壤沼泽化以及土壤侵蚀四种。

（1）土壤沙化现状调查

土壤沙化包括草原土壤的风蚀过程和风沙堆积过程。因为草原植被被破坏，或者草原过度放牧，土壤中水分减少，土壤颗粒缺乏凝聚而分散、被风吹蚀，细颗粒数量逐步降呈现沙化。土壤沙化一般发生在干旱荒漠以及半干旱和半湿润地区，其中，半湿润地区主要发生在河流沿岸地带。

土壤沙化现状调查主要调查下列内容。

① 沙漠特征　沙漠面积、分布和流动状态。

② 气候　降雨量、蒸发量、风向、风速等。

③ 河流水文　河流含沙量、泥沙沉积特点等。

④ 植被　植被类型、覆盖度等。

⑤ 农牧业生产情况　人均耕地和草地、粮食和牲畜产量等。

（2）土壤盐渍化现状调查与评价

土壤盐渍化是指可溶性盐分主要在土壤表层积累的现象和过程。土壤盐渍化现状调查的主要内容如下。

① 灌溉状况　灌溉系统、灌溉方式、灌溉水量、水源及其盐分含量等。

② 地下水情况　地下水位、地下水水质。

③ 土壤含盐量。

④ 农业生产情况　主要调查一般土壤和盐渍化土壤作物产量的差异、土壤盐渍化程度与作物产量时间的变化关系。

（3）土壤沼泽化现状调查与评价

土壤沼泽化是指土壤长期处于地下水浸泡下土壤某些深部层次发生 Fe、Mn 还原而生成青泥层（又叫潜育层）或者有机质层转化为腐泥层的现象。土壤沼泽化一般发生在地势低洼、排水不畅、地下水位较高地区。

土壤沼泽化现状调查内容主要包括以下几点。

① 地形　包括平原、盆地、山间洼地等地貌类型及其特征。

② 地下水　地下水位及其季节、年度变化、常年平均水位。

③ 排水系统　排水渠道、抽水站网。

④ 土地利用　作物品种与产量、耕作面积、旱地面积。

（4）土壤侵蚀现状调查

土壤侵蚀现状调查内容主要包括以下几点。

① 地形　地貌类型、地势起伏特征。

② 地质　岩性及其特点。

③ 气候　降雨量及其季节分布特点、降雨强度、降雪量。

④ 植被　植被类型、覆盖度。

⑤ 耕作栽培方式。

6.3.2　土壤环境质量现状评价

6.3.2.1　评价因子的选择

选取评价因子时，要综合考虑评价目的和评价区域的土壤污染物类型。一般选取下列评价因子。

（1）重金属及其他有毒物质

镉、汞、砷、铜、铅、铬、锌、镍、氟和氰等。

（2）有机毒物

酚、DDT、六六六、石油、3,4-苯并芘、三氯乙醛及多氯联苯等。

此外，还可选择附加因子，例如：有机质、土壤质地、酸度、氧化还原电位等。

6.3.2.2　评价模式

评价模式有单因子评价和多因子综合评价两种。

（1）单因子评价

计算各项污染物的污染指数，然后进行分级评价。

① 以实测值与评价标准值相比计算土壤污染指数。

$$P_j = c_j / c_{sj} \tag{6-1}$$

式中　P_j——土壤污染指数；

c_j——土壤中污染物 j 的含量，mg/kg；

c_{sj}——污染物 j 的评价标准值，mg/kg。

② 根据土壤和作物中污染物积累的相关数量计算土壤污染指数。

$$P_j = \begin{cases} c_j / C_a & c_j < C_a \\ 1 + (c_j - C_a)/(C_c - C_a) & C_a < c_j \leqslant C_c \\ 2 + (c_j - C_c)/(C_e - C_c) & C_c < c_j \leqslant C_e \\ 3 + (c_j - C_e)/(C_e - C_c) & c_j > C_e \end{cases} \tag{6-2}$$

式中　C_a——土壤初始污染时污染物 j 的值，取评价标准值，mg/kg；

C_c——土壤轻度污染时污染物 j 的含量，mg/kg；

C_e——土壤重度污染时污染物 j 的含量，取土壤临界含量，mg/kg。

③ 指数分级　根据计算得到的土壤污染指数值的大小，进行土壤环境质量分级，见表 6-7。

表 6-7　土壤环境质量分级

土壤污染指数 P_i	$P_i < 1$	$1 \leqslant P_i < 2$	$2 \leqslant P_i < 3$	$P_i \geqslant 3$
土壤环境质量级别	清洁	轻度污染	中度污染	重度污染

（2）多因子综合评价

将土壤各污染物的污染指数叠加，就得到了土壤污染综合指数。叠加方法有简单求和法、加权求和法以及其他叠加方法。

根据各地具体的土壤污染综合指数的变幅，结合作物受害程度和污染物积累状况，划分土壤环境质量的级别。

例如，北京东郊土壤环境质量分级（见表 6-8 和表 6-9）。

表 6-8　北京东郊土壤环境质量分级（加权叠加指数）

土壤污染指数	<0.2	0.2～0.5	0.5～1	>1
土壤环境质量级别	清洁	微污染	轻污染	中度污染

表 6-9　北京东郊土壤环境质量分级（内梅罗指数）

土壤污染指数	<1	1～2.5	2.5～7.0	>7.0
土壤环境质量级别	未受污染	轻度污染	中度污染	重度污染

6.3.2.3　土壤退化现状评价

（1）土壤沙化现状评价

① 土壤沙化评价因子　一般选取植被覆盖度、流沙占耕地面积比例、土壤质地以及能够反映沙化的景观特征等。

② 土壤沙化评价标准　可以根据评价区域内的有关调查研究，和咨询有关专家、技术人员的意见拟定。例如，宁夏某地区根据植被覆盖度和流沙面积占耕地面积的比例，并参考景观特征等参数拟定的土壤沙化标准（见表 6-2）。

③ 土壤沙化评价指数计算　一般采用分级评分法，例如，前在沙化评为 1 分、轻度沙化为 0.75、中度沙化为 0.50、强度沙化为 0.25。指数值越大，沙化程度越轻。

（2）土壤盐渍化现状评价

① 土壤盐渍化评价因子　一般选取土壤全盐量或者可溶性盐的主要离子含量。

② 土壤盐渍化评价标准　一般根据土壤全盐量或者各离子组成的总量拟定标准。例如，以全盐量为依据，参见表 6-3。

③ 土壤盐渍化评价指数计算　采用分级评分法，与土壤沙化评价指数计算相同。

（3）土壤沼泽化现状评价

① 土壤沼泽化评价因子　一般选取土壤剖面中青泥层出现的高度作为评价因子。

② 土壤沼泽化评价标准　根据土壤潜育化程度拟定，参见表 6-4。

（4）土壤侵蚀现状评价

① 土壤侵蚀评价因子　一般选取土壤侵蚀量，或以未侵蚀的土壤为对照，选取已侵蚀土壤剖面的发生层厚度等。

② 土壤侵蚀评价标准　按照被侵蚀的土壤剖面保留的发生层厚度拟定标准，参见表 6-5。

6.3.2.4　土壤破坏现状评价

土壤破坏现状评价因子：可选取耕地面积、林地、园地和草地在一定时段（1～5 年或多年平均）内被建设项目占用或被自然灾害破坏的土壤面积或者平均破坏率。

土壤破坏现状评价标准：按照评价区内耕地、林地、园地和草地损失的土壤面积拟定，参见表 6-6。

6.4　土壤环境影响预测与评价

6.4.1　污染物在土壤中的累积预测

预测方法是根据土壤污染物的输入量与输出量之差得出土壤中污染物的残存量，并据此预测土壤污染程度和趋势。预测步骤如下。

① 第一步　计算土壤污染物的输入量。土壤污染物的输入量是评价区已有污染物和建设项目新增加污染物之和。因此，对于污染物输入量的计算除了必须进行污染源现状调查外，还应当根据工程分析，大气和地面水等专题评价资料核算无港务输入土壤的数量，弄清形态和污染途径。

② 第二步　计算土壤污染物的输出量。土壤污染物的输出量包括：a. 根据土壤侵蚀模数和土壤中的污染物含量计算随土壤侵蚀的输出量；b. 根据农作物收获量和作物中污染物浓度计算污染物被作物吸收的输出量；c. 根据淋溶流失量计算污染物随降水淋溶流失的输出量；d. 根据污染物生物降解、转化试验的结果，求出污染物在土壤中的降解、转化速率，并以此来计算污染物因降解、转化而输出的量。

③ 第三步　计算土壤污染物的残留率。土壤污染物的输出途径十分复杂，直接计算比较困难，一般是通过与评价区的土壤侵蚀、作物吸收、淋溶与降解等条件相似的地区、地块进行模拟实验，求得污染物通过输出途径后的残留率。

④ 第四步　预测土壤污染趋势。根据土壤中污染物的输入量与输出量相比，或者根据土壤中污染物输入量和残留率的乘积来说明土壤污染状况以及污染程度。

6.4.2　农药残留预测

农药输入土壤后，在各种因素作用下，会发生降解或者转化，其最终残留量可按下式计算

$$R = Ce^{-kt} \tag{6-3}$$

式中　R——农药残留量；

　　　C——农药施用量；

　　　k——常数；

　　　t——时间。

假如一次使用农药时，土壤中的农药浓度为 C_0，一年后的残留量为 C_1，那么农药残留率 f 可以利用下式表示

$$f = C_1/C_0 \tag{6-4}$$

如果每年一次使用农药，每年的农药残留率都是 f，连续 n 年，那么农药在土壤中 n 年

后的残留总量就可以表示为

$$R_n = (1+f+f^2+f^3+\cdots+f^{n-1})C_0 \tag{6-5}$$

式中　R_n——残留总量；

f——残留率，%；

C_0——次使用农药在土壤中的浓度；

n——连续使用年数。

令 $n \to \infty$，便得到农药在土壤中达到平衡时的残留量

$$R_a = \frac{1}{1-f}C_0 \tag{6-6}$$

6.4.3　土壤重金属污染物累积预测

通过各种途径进入到土壤的污染物，由于土壤吸附、沉淀和阻留等作用，绝大多数都残留、累积在土壤中。一般可用下列模式进行预测：

$$W = K(B+E) \tag{6-7}$$

式中　W——污染物在土壤中的年累积量；

B——区域土壤背景值；

E——污染物的年输入量；

K——污染物在土壤中的年残留率。

6.4.4　土壤环境容量的预测

土壤环境容量是指土壤受纳污染物而不会产生明显的不良生态效应的最大数量，可用下式计算：

$$Q = 2250(C_R - B) \tag{6-8}$$

式中　Q——土壤环境容量，g/hm^2；

C_R——土壤临界含量，mg/kg；

B——区域土壤背景值，mg/kg；

2250——每公顷土地耕作层土壤的重量，t/hm^2。

6.4.5　土壤退化趋势预测

土壤退化预测主要预测建设项目建设引起土壤沙化、盐渍化、沼泽化和土壤侵蚀等现象的程度、发展速率及其危害。

土壤退化趋势预测一般采用类比分析法或建立预测模式估算。例如，通用土壤侵蚀模式是一个建立在土壤侵蚀理论和大量实测数据基础上的经验模式，其表达式为

$$A = RKLSCP \tag{6-9}$$

式中　A——土壤侵蚀量；

R——降雨侵蚀力指标；

K——土壤侵蚀度；

L——坡长；

S——坡度；

C——耕作管理因素；

P——土壤保持措施因素。

式中各参数的确定方法如下。

（1）土壤侵蚀量

土壤侵蚀量也叫做土壤流失量，一般用侵蚀模数表示，t/(km²·a)。

（2）降雨侵蚀力指标

一般用降雨侵蚀系数表达，它等于在预测期内全部降雨侵蚀指数的总和，即

① 对于一次暴雨

$$R = \sum [(2.29 + 1.15 \lg x_i)/D] \times I \tag{6-10}$$

式中 x_i——降雨历时 i 小时的降雨强度，mm/h；

D_i——在历时 i 的降雨量，mm；

I——在这场暴雨中强度最大的 30min 的降雨强度，mm/h。

② 对于一年降雨

$$R = \sum 1.735 \times 10^{\left[1.5 \lg\left(0.8188 \frac{P_i^2}{P}\right)\right]} \tag{6-11}$$

式中 P——年降雨量，mm；

P_i——各月平均降雨量，mm。

（3）土壤侵蚀度

土壤侵蚀度 K 定义为一块长 22.13m、坡度为 9% 、经过多年连续种植过的休耕地上每单位降雨系数的侵蚀率。不同类型的土壤有不同的 K 值，见表 6-10。

表 6-10 不同类型的土壤侵蚀度

土壤类型	有机物含量			土壤类型	有机物含量		
	<0.5%	2%	4%		<0.5%	2%	4%
砂	0.05	0.03	0.02	壤土	0.38	0.34	0.29
细砂	0.16	0.14	0.10	粉砂壤土	0.48	0.42	0.38
特细砂土	0.42	0.36	0.28	粉砂	0.60	0.52	0.43
壤性砂土	0.12	0.10	0.08	砂性黏壤土	0.27	0.25	0.21
壤性细砂土	0.24	0.20	0.16	黏壤土	0.28	0.25	0.21
壤性特细砂土	0.44	0.38	0.30	粉砂黏壤土	0.37	0.32	0.26
砂壤土	0.27	0.24	0.19	砂性黏土	0.14	0.13	0.12
细砂壤土	0.35	0.30	0.24	粉砂黏土	0.25	0.23	0.19
特细砂壤土	0.47	0.41	0.33	黏土		0.13~0.29	

（4）坡长 L 和坡度 S

一般把 L 与 S 的乘积叫做地形因子，可用下式计算

$$LS = \left(\frac{L}{221}\right)^M (65 \sin^2 S + 4.56 \sin S + 0.065) \tag{6-12}$$

式中 L——取从开始发生径流的点到坡度下降至泥沙开始沉积或径流进入水道之间的长度；

S——坡度；

M——坡长指数，其取值为：当 $\sin S > 5\%$ 时，$M = 0.5$；当 $\sin S = 5\%$ 时，$M = 0.4$；当 $\sin S = 3.5\%$ 时，$M = 0.3$；当 $\sin S < 1\%$ 时，$M = 0.1$。

（5）耕作管理系数 C

耕作管理系数也叫作植被覆盖因子，用于说明地表植被覆盖情况。不同植被类型有不同的 C 值，见表 6-11。

表 6-11　地表不同植被的耕作管理系数 C 值

植　　被	地表覆盖率/%					
	0	20	40	60	80	100
草地	0.45	0.24	0.15	0.09	0.043	0.011
灌木	0.40	0.22	0.14	0.085	0.040	0.011
乔灌木混合	0.39	0.20	0.11	0.06	0.027	0.007
茂密森林	0.10	0.08	0.08	0.02	0.004	0.001

（6）土壤保持措施因素 P

土壤保持措施因素一般用实际侵蚀控制系数 P 表达。一般说来，不同的水土保持措施具有不同的 P 值，见表 6-12。

表 6-12　不同水土保持措施的实际侵蚀控制系数 P 值

水土保持措施情况	土地坡度/%	P	水土保持措施情况	土地坡度/%	P
无措施	—	1.00		7.1~12.0	0.45
等高耕作	1.1~2.0	0.60	带状间作	12.1~18.0	0.60
	2.1~7.0	0.50		18.1~24.0	0.70
	7.1~12.0	0.60	隔坡梯田	1.1~2.0	0.45
	12.1~18.0	0.80		2.1~7.0	0.40
	18.1~24.0	0.90		7.1~12.0	0.45
带状间作	1.1~2.0	0.45		12.1~18.0	0.60
	2.1~7.0	0.40		18.1~24.0	0.70
	—	0.45	直行耕作	—	1.00

土壤通用侵蚀公式(6-9)适用于土壤侵蚀、面蚀和细沟侵蚀量计算，但不适用于预测流域侵蚀量、切沟侵蚀、河岸侵蚀与农耕地侵蚀计算。

6.4.6　土壤资源破坏和损失预测

土壤资源破坏和损失是指随着开发建设项目的实施，不可避免地要占据、破坏或淹没一部分土壤。特别是在生态脆弱地区，建设项目可引起极度的土壤侵蚀，从而有可能造成一些土壤功能丧失和破坏。

土壤资源破坏和损失的预测一般采用类比法，其步骤有两步：首先，对土地利用类型进行现状调查，并将调查结果绘成土地利用类型图；其次，对建设项目造成的土地利用类型的变化和损失进行预测，预测内容包括：占用、淹没、破坏土地资源的面积；因表层土壤过度侵蚀造成的土地废弃面积；地貌改变而损失和破坏的面积，包括地表塌陷、沟谷堆填、坡度变化等；因严重污染而废弃或改为其他用途的耕地面积。

6.4.7　土壤环境影响评价

在土壤质量现状评价的基础上，根据土壤污染、退化和破坏的预测值，土壤环境影响深度分析和广度分析的结论，对建设项目开发前后环境质量进行对比，评价土壤环境质量变化的程度和发展趋势，并结合评价区的环境条件和土壤类型，以及土壤环境背景值、土壤环境容量、土壤抗逆能力等各种影响因素，综合分析建设项目对土壤环境影响的大小，是否可以接受，并根据区域和项目的具体情况提出适当的防治土壤污染、退化和破坏的对策、措施和建议，最后给出评价结论。

练习题

1. 按照影响结果划分，土壤环境影响可划分为哪三种类型？
2. 什么是土壤退化型影响？什么是土壤资源破坏型影响？
3. 水利工程对土壤环境的影响主要表现在哪些方面？
4. 矿业工程对土壤环境的影响主要表现在哪些方面？
5. 什么是土壤环境背景值？什么是土壤临界含量？
6. 如何确定土壤轻度污染判别标准？
7. 土壤环境现状调查主要从哪些部门收集相关资料？
8. 土壤退化包括哪四种情形？
9. 如何选定土壤环境质量评价因子？
10. 简述污染物在土壤中的累积预测步骤。

第7章

声环境影响评价

本章介绍噪声特性及其评价量、声环境影响评价工作分级、评价范围及评价要求、声环境现状调查与评价、声环境影响预测和评价等。

7.1 噪声特性及其评价量

7.1.1 噪声特性

声音是由物质振动产生的。产生声音的物体叫做声源,它可以是固体、气体或液体。噪声也是一种声音,是引起人们烦躁、不舒服甚至对人体产生危害的声音。

声音可以通过气体、液体和固体传播。声音的传播是以声压波的运动形式来实现的。空气中声速为 $c=331.4+0.607t$(其中,t 为气温,℃)。声压波具有压力和能量,并且具有频率和速度的变化。声频和声速同声源、传播介质的弹性和密度有关。人耳可听到的声频为 $20\sim20000\,\mathrm{Hz}$。因此,噪声的频率范围也为 $20\sim20000\,\mathrm{Hz}$。

(1)环境噪声

环境噪声是指在工业生产、建筑施工、交通运输和社会生活中所产生的干扰周围生活环境的声音(频率在 $20\sim20000\,\mathrm{Hz}$ 的可听声范围内)。

(2)噪声源分类

① 按声源是否发生移动 噪声源可划分为固定声源和移到声源。

固定声源:在声源发声时间内,声源位置不发生移动的声源。

移到声源:在声源发声时间内,声源位置按一定轨迹移动的声源。

② 按发声形态 噪声源可划分为点声源、线声源和面声源。

点声源:以球面波形式辐射声波的声源,辐射声波的声压幅值与声波传播距离(r)成反比。任何形状的声源,只要声波波长远远大于声源几何尺寸,该声源可视为点声源。在声环境影响评价中,声源中心到预测点之间的距离超过声源最大几何尺寸 2 倍时,可将该声源近似为点声源。

线声源:以柱面波形式辐射声波的声源,辐射声波的声压幅值与声波传播距离 r 的平方根(即$\sqrt{r}$)成反比。

面声源：以平面波形式辐射声波的声源，辐射声波的声压幅值不随传播距离改变（不考虑空气吸收）。

（3）噪声的分类

根据噪声频率 f 的不同，将噪声划分为高频噪声、中频噪声和低频噪声，划分标准是：高频噪声 $f > 1000\,Hz$；中频噪声 $f = 500 \sim 1000\,Hz$；低频噪声 $f < 500\,Hz$。

7.1.2 噪声的评价量

7.1.2.1 声环境质量术语

① 贡献值：由建设项目自身声源在预测点产生的声级。对于新建的建设项目自身声源是比较好理解的；对于改扩建项目，并在同一地点的建设的项目，自身声源应包括原有、在建和新建的声源。

② 背景值：不含建设项目自身声源的环境声级。

③ 预测值：预测点的贡献值和背景值按能量叠加方法计算得到的声级。

7.1.2.2 噪声评价量

（1）量度声波强度的物理量

① 声压　声压是指声波扰动引起的和平均大气压不同的逾量压强。

即
$$\Delta P = P_1 - P_0 \tag{7-1}$$

式中　P_0——平均大气压，Pa；

P_1——弹性媒质中疏密部分的压强，Pa。

声压的单位为 Pa，$1Pa = 1N/m^2$。

② 声功率　声功率是指单位时间内声源辐射出来的总声能量，或单位时间内通过某一面积的声能，单位 W。

③ 频率和倍频带　声波的频率 f 为每秒钟媒质质点振动的次数，单位 Hz。

声波的频率划分：次声波的频率范围大致为 $10^{-4} \sim 20\,Hz$；可听声波频率范围为 $20 \sim 2 \times 10^4\,Hz$；超声波的频率范围大致为 $2 \times 10^4 \sim 10^9\,Hz$；环境声学中研究的声波一般为可听声波。

可听声的频率范围较宽，按下述公式可将声波划分为 10 个频带。

$$f_2 = 2^n f_1 \tag{7-2}$$

式中　f_1——下限频率，Hz；

f_2——上限频率，Hz。

$n = 1$ 时就是倍频带。

倍频带中心频率可按下式计算：

$$f_0 = \sqrt{f_1 f_2} \tag{7-3}$$

对于倍频带，实际使用时通常用 8 个频带进行分析。噪声监测仪器中有频谱分析仪器（滤波器），可测量不同频带的声压级。倍频带的划分范围和中心频率见表 7-1。

表 7-1　倍频带中心频率和上下限频率

序号	下限频率(f_1)	中心频率(f)	上限频率(f_2)
1	22.3	31.5	44.5
2	44.6	63	89

续表

序号	下限频率(f_1)	中心频率(f)	上限频率(f_2)
3	89	125	177
4	177	250	354
5	354	500	707
6	707	1000	1414
7	1414	2000	2828
8	2828	4000	5656
9	5656	8000	11312
10	11312	16000	22624

④ 声压级　某声压 P 与基准声压 P_0 之比的常用对数乘以 20 成为该声音的声压级，以分贝（dB）计，即

$$L_P = 20\lg\frac{P}{P_0} \tag{7-4}$$

式中　P_0——2×10^{-5} Pa，这个数值是正常人耳对 1000Hz 声音刚刚能察觉到的最低声压值（或可听声阈）。

人耳的听阈声压为 2×10^{-5} Pa，痛阈声压为 20Pa，两者相差 100 万倍。按上式计算，L_P 听阈为 0dB、痛阈为 120dB。

如测得的是某一中心频率倍频带上限和下限频率范围内的声压级，则可称为是某中心频率倍频带的声压级，由可听声范围内十个中心频率倍频带的声压级经对数叠加可得到总声压级。

⑤ 声功率级　声功率级定义为声源的声功率与基准声功率之比的常用对数乘以 10。

即
$$L_w = 10\lg\frac{W}{W_0} \tag{7-5}$$

式中　L_w——对应声功率 W 的声功率级，dB；

$\quad\quad W$——声功率，W；

$\quad\quad W_0$——基准声功率，等于 10^{-12} W。

声压级和声功率级之间的关系可由下式表示：

$$L_P = L_w - 10\lg S \tag{7-6}$$

式中　S——包围声源的面积，m^2。

式(7-6) 的适用条件是自由声场或半自由声场，声源无指向性，其他声源的声音均小到可以忽略。自由声场指声源位于空中，它可以向周围媒质均匀、各向同性地辐射球面声波，S 可为球面面积；半自由声场指声源位于广阔平坦的刚性反射面上，向下半个空间的辐射声波也全部被反射到上半空间来，S 可为半球面面积。

倍频带声功率级指的是声波在某一中心频率倍频带上限和下限频率范围内的不同频率声波能量合成的声功率级。

评价噪声对人的影响，不能单纯利用物理量，而需要用物理量和人对噪声的主观反应结合起来的评价量。

（2）A 声级 L_A 和最大 A 声级 L_{Amax}

环境噪声的度量，不仅与噪声的物理量有关，还与人对声音的主观听觉有关。人耳对声音的感觉不仅和声压级大小有关，而且也和频率的高低有关。声压级相同而频率不同的声音，听起来不一样响，高频声音比低频声音响，这是人耳听觉特性所决定的。

为了能用仪器直接测量出人的主观响度感觉，研究人员为测量噪声的仪器——声级计，

设计了一种特殊的滤波器，叫 A 计权网络。通过 A 计权网络测得的噪声值更接近人的听觉，这个测得的声压级称为 A 计权声级，简称 A 声级，以 L_{PA} 或 L_A 表示，单位 dB(A)。由于 A 声级能较好地反映出人们对噪声的主观感觉。因此，A 声级已成为噪声评价的基本量。

倍频带声压级和 A 声级的换算关系如下。

设各个倍频带声压级为 L_{Pi}，那么 A 声级为：

$$L_A = 10 \lg \Big[\sum_{i=1}^{n} 10^{0.1(L_{Pi}+\Delta L_i)} \Big] \tag{7-7}$$

式中　ΔL_i——第 i 个倍频带的 A 计权网络修正值，dB，63～16000Hz 范围内的 A 计权网络修正值详见表 7-2；

　　　n——总倍频带数。

表 7-2　A 计权网络修正值

频率/Hz	63	125	250	500	1000	2000	4000	8000	16000
ΔL_i/dB	−26.2	−16.1	−8.6	−3.2	0	+1.2	+1.0	−1.1	−6.6

A 声级一般用来评价噪声源，对特殊的噪声源在测量 A 声级同时还需要测量其频率特性，频发、偶发噪声、非稳态噪声往往需要测量最大 A 声级（L_{Amax}）及其持续时间，而脉冲噪声应同时测量 A 声级和脉冲周期。

（3）等效连续 A 声级 L_{Aeq} 或 L_{eq}

A 声级用来评价稳态噪声具有明显的优点，但是在评价非稳态噪声时又有明显的不足。因此，人们提出了等效连续 A 声级，即将某一段时间内连续暴露的不同 A 声级变化，用能量平均的方法以 A 声级表示该段时间内的噪声大小，即

$$L_{eq} = 10 \lg \Big(\frac{1}{T} \int_0^T 10^{0.1 L_A(t)} dt \Big) \tag{7-8}$$

式中　L_{eq}——在 T 段时间内的等效连续 A 声级，dB(A)；

　　　$L_A(t)$——t 时刻的瞬时 A 声级，dB(A)；

　　　T——连续取样的总时间，min。

等效连续 A 声级是应用广泛的环境噪声评价量。

昼间时段测得的等效声级称为昼间等效连续 A 声级（L_d），夜间时段测得的声级称为夜间等效连续 A 声级（L_n）。

昼夜等效声级：由于夜间噪声对人的影响更为严重，因此，将夜间噪声添加 10dB 后进行加权处理，然后用能量平均方法得出 24 小时 A 声级的平均值 L_{dn}，即

$$L_{dn} = 10 \lg \Big\{ \frac{1}{24} \Big[\sum_{i=1}^{16} 10^{0.1 L_i} + \sum_{j=1}^{8} 10^{0.1(L_j+10)} \Big] \Big\} \tag{7-9}$$

式中　L_i——昼间 16 个小时中第 i 时的等效声级，dB(A)；

　　　L_j——夜间 8 个小时中第 j 小时的等效声级，dB(A)。

（4）统计噪声级

当某噪声的声级有较大波动时，用其监测值的统计物理量来描述该噪声，即

L_{10} 表示在取样时间内 10% 的时间超过的噪声级，相当于噪声平均峰值；

L_{50} 表示在取样时间内 50% 的时间超过的噪声级，相当于噪声的平均值；

L_{90} 表示在取样时间内 90% 的时间超过的噪声级，相当于噪声的背景值。

（5）计权等效连续感觉噪声级 LWECPN 或 WECPNL

计权等效连续感觉噪声级是在有效感觉噪声级的基础上发展起来，用于评价航空噪声的

方法。其特点在于既考虑了全天 24h 的时间内飞机通过某一固定点所产生的有效感觉噪声级的能量平均值，同时也考虑了不同时间段内的飞机数量对周围环境所造成的影响。

一日计权等效连续感觉噪声级的计算公式如下：

$$WECPNL = \overline{EPNL} + 10\lg(N_1 + 3N_2 + 10N_3) - 39.4 \qquad (7-10)$$

式中　$\overline{EPNL}$——N 次飞行的有效感觉噪声级的能量平均值，dB；

　　　　N_1——7～19 时的飞行次数；

　　　　N_2——19～22 时的飞行次数；

　　　　N_3——22～24 时，0～7 时的飞行次数。

计算式中所需参数如飞机噪声的 $EPNL$ 与距离的关系，一般采用美国联邦航空局提供的数据或通过类比实测得到。具体的计算步骤可依据《机场周围飞机噪声测量方法》（GB 9661—88）进行。

7.1.2.3　导则（HJ 2.4—2009）中应用的评价量

（1）声环境质量评价量

① 昼间等效声级（L_d）、夜间等效声级（L_n），突发噪声的评价量为最大 A 声级（L_{max}）。昼间的计算时间为 16h（6:00～22:00）；夜间的计算时间为 8h（22:00～6:00）。突发噪声指的是夜间的评价量。

② 机场周围区域受飞机通过（起飞、降落、低空飞越）噪声环境影响的评价量为计权等效连续感觉噪声级（L_{WECPN}）。

计权等效连续感觉噪声级和等效声级的差别：前者是基于噪度效应，后者是基于响度效应得到的评价量；如在同一地点进行测量，两者的数值是不一致的，昼夜平均声级（夜间增加 10dB 后得到）小于 $WECPNL$ 约 13～15dB。

（2）声源源强表达量

导则中规定的声源源强表达量：A 声功率级 L_{AW}，或中心频率为 63～8000Hz 8 个倍频带的声压级 $L_P(r)$；等效感觉噪声级 L_{EPN}。

对于固定声源源强的来源，国内目前尚无各类固定声源的标准源强。因此，多数情况下是采用类比数据或根据设备或设施的设计数据获得相应的源强数据。

对于流动声源源强。

① 各类车辆源强　交通部公路所提供的大、中、小型车的源强如下。

各类型车在离行车线 7.5m 处参照点处的平均辐射噪声级 L_{oi} 按下式计算。

小型车 $L_{OEL} = 12.6 + 34.73\lg V_i$　　（使用车速范围：63～140km/h）

中型车 $L_{OEM} = 8.8 + 40.48\lg V_i$　　（使用车速范围：53～100km/h）

大型车 $L_{OEH} = 22.0 + 36.32\lg V_i$　　（使用车速范围：48～90km/h）

式中　L、M、H——小、中、大型车；

　　　　V_i——该车型车辆的平均行驶速度，km/h。

② 铁路列车噪声源强　铁路列车噪声源强可参照铁道部《铁路建设项目环境影响评价噪声振动源强取值和治理原则指导意见》中给出的部分种类列车的源强。

③ 飞机噪声源强　一般依据飞机制造商提供的数据，飞机噪声源强一般为功率-距离-噪声数据库。但缺少飞机制造商资料时，目前往往分析采用发动机型号、功率等，通过类比，并通过不同点的实测结果比较而确定。

（3）边界噪声的评价量

根据 GB 12348、GB 12523 工业企业厂界、建筑施工场界噪声评价量为昼间等效声级（L_d）、夜间等效声级（L_n）、室内噪声倍频带声压级，频发、偶发噪声的评价量为最大 A 声级（L_{max}）。

根据 GB 12525、GB 14227 铁路边界、城市轨道交通车站站台噪声评价量为昼间等效声级（L_d）、夜间等效声级（L_n）。

根据 GB 22337 社会生活噪声源边界噪声评价量为（L_d）、夜间等效声级（L_n），室内噪声倍频带声压级、非稳态噪声的评价量为最大 A 声级（L_{max}）。

7.2 声环境影响评价工作分级、评价范围及评价要求

7.2.1 声环境影响评价工作等级的划分

7.2.1.1 评价工作等级划分的依据

声环境影响评价工作等级划分的依据如下。

① 建设项目所在区域的声环境功能区类别。

② 建设项目建设前后所在区域的声环境质量变化程度。

③ 受建设项目影响人口的数量。

噪声影响的大小并不总和拟建项目的建设规模成正比，声源的种类和数量可直接反映在项目建设前后所在区域的声环境质量变化程度中。划分噪声环境影响评价工作等级的条件见表 7-3。

7.2.1.2 评价工作等级的划分

根据声环境影响评价工作等级划分的依据和划分条件（见表 7-3），将声环境影响评价工作等级划分为三级：一级为详细评价；二级为一般性评价；三级为简要评价。

表 7-3 划分评价工作等级的条件

评价工作等级		一级评价	二级评价	三级评价
划分条件	功能区	0 类声功能区域，以及对噪声有特别限制要求的保护区等敏感目标	1 类、2 类地区	3 类、4 类地区
	声级增高量	增高量达 5dB(A) 以上	3~5dB(A)，含 5dB(A)	3dB(A) 以下[不含 3dB(A)]，且受影响人口数量变化不大时
	影响人口多少	受影响人口数量显著增多	受噪声影响人口数量增加较多时	
附加条件		如建设项目符合两个以上级别的划分原则，按较高级别的评价等级评价		

7.2.2 声环境影响评价范围

声环境影响评价范围依据评价工作等级确定。

（1）以固定声源为主的建设项目

对于以固定声源为主的建设项目，例如，工厂、港口、施工工地、铁路站场等，一级评价一般以建设项目边界向外 200m 为评价范围；二、三级评价范围可根据建设项目所在区域和相邻区域的声环境功能区类别及敏感目标等实际情况适当缩小。如依据建设项目声源计算得到的贡献值到 200m 处，仍不能满足相应功能区标准值时，应将评价范围扩大到满足标准值的距离。

（2）城市道路、公路、铁路、城市轨道交通地上线路和水运线路等建设项目

一级评价一般以道路中心线外两侧 200m 以内为评价范围；二、三级评价范围可根据建设项目所在区域和相邻区域的声环境功能区类别及敏感目标等实际情况适当缩小。如依据建设项目声源计算得到的贡献值到 200m 处，仍不能满足相应功能区标准值时，应将评价范围扩大到满足标准值的距离。

（3）机场周围飞机噪声评价范围

应根据飞行量计算到 LWECPN 为 70dB 的区域。一级评价一般以主要航迹离跑道两端各 6～12km、侧向各 1～2km 的范围为评价范围；二、三级评价范围可根据建设项目所处区域的声环境功能区类别以及敏感目标等实际情况适当缩小。

7.2.3　声环境影响评价的基本要求

各评价工作等级的基本要求见表 7-4。

表 7-4　噪声环境影响评价不同工作等级的基本要求

等级	声源	现状评价	预测评价	时段	推荐方案	防治措施
一级评价	主要声源的数量、位置和声源源强、类比测量	实测代表性敏感目标的声环境质量现状,分析现状声源的构成及其对敏感目标影响	覆盖全部敏感目标,绘制等声级线图(铁路、公路经过城镇建成区和规划区路段)声环境功能区受影响人口分布、噪声超标范围和程度	不同时段的噪声级	选址(选线)和建设布局方案比选,从声环境保护角度提出最终的推荐方案	提出噪声防治措施,并进行技术经济可行性论证,明确防治措施最终降噪效果和达标分析
二级评价	主要声源的数量、位置和声源源强、类比测量	声环境质量现以实测为主,利用评价范围内已有的声环境质量监测资料	覆盖全部敏感目标,根据评价需要绘制等声级线图,受影响的人口分布、噪声超标的范围和程度	不同时段的噪声级	不同选址(选线)和建设布局方案的环境合理性进行分析	提出噪声防治措施,并进行经济、技术可行性论证,给出防治措施的最终降噪效果和达标分析
三级评价	主要声源的数量、位置和声源源强、类比测量	主要敏感目标的声环境质量现状,可利用评价范围内已有的声环境质量监测资料	敏感目标,敏感目标受影响的范围和程度			提出噪声防治措施,并进行达标分析

7.3　声环境现状调查与评价

7.3.1　声环境现状调查

7.3.1.1　主要调查内容

（1）影响声波传播的环境要素

调查建设项目所在区域的主要气象特征为年平均风速和主导风向、年平均气温年平均相对湿度等。

收集评价范围内 (1∶2000)～(1∶50000) 地理地形图，说明评价范围内声源和敏感目标之间的地貌特征、地形高差及影响声波传播的环境要素。

（2）声环境功能区划

调查评价范围内不同区域的声环境功能区划情况，调查各声环境功能区的声环境质量现状。

（3）敏感目标

调查评价范围内的敏感目标的名称、规模、人口的分布等情况，并以图、表相结合的方式说明敏感目标与建设项目的关系（如方位、距离、高差等）。

（4）现状声源

建设项目所在区域的声环境功能区的声环境质量现状超过相应标准要求或噪声值相对较高时，需对区域内的主要声源的名称、数量、位置、影响的噪声级等相关情况进行调查。

有厂界（或场界、边界）噪声的改、扩建项目，应说明现有建设项目厂界（或场界、边界）噪声的超标、达标情况及超标原因。

7.3.1.2 调查方法

环境现状调查的基本方法有收集资料法、现场调查法和现场测量法。

评价时，应根据评价工作等级的要求确定需采用的具体方法。

7.3.1.3 现状监测

监测布点应覆盖整个评价范围，包括厂界（或场界、边界）和敏感目标。当敏感目标高于（含）三层建筑时，还应选取有代表性的不同楼层设置测点。

评价范围内没有明显的声源（如工业噪声、交通运输噪声、建设施工噪声、社会生活噪声等），且声级较低时，可选择有代表性的区域布设测点。

评价范围内有明显的声源，并对敏感目标的声环境质量有影响，或建设项目为改、扩建工程，应根据声源种类采取下列不同的监测布点原则。

① 当声源为固定声源时，现状测点应重点布设在可能即受到现有声源影响，又受到建设项目声源影响的敏感目标处，以及有代表性的敏感目标处；为满足预测需要，也可在距离现有声源不同距离处设衰减测点。

② 当声源为流动声源，且呈现线声源特点时，现状测点位置选取应兼顾敏感目标的分布状况、工程特点及线声源噪声影响随距离衰减的特点，布设在具有代表性的敏感目标处。为满足预测需要，也可选取若干线声源的垂线，在垂线上距声源不同距离处布设监测点。其余敏感目标的现状声级可通过具有代表性的敏感目标噪声的验证和计算求得。

③ 对于改、扩建机场工程，测点一般布设在主要敏感目标处，测点数量可根据机场飞行量及周围敏感目标情况确定，现有单条跑道、二条跑道或三条跑道的机场可分别布设 3～9 个，9～14 个或 12～18 个飞机噪声测点，跑道增多可进一步增加测点。其余敏感目标的现状飞机噪声声级可通过测点飞机噪声声级的验证和计算求得。

7.3.2 声环境现状评价

以图、表结合的方式给出评价范围内的声环境功能区及其划分情况，以及现有敏感目标的分布情况。

分析评价范围内现有主要声源种类、数量及相应的噪声级、噪声特性等，明确主要声源分布。

分别评价不同类别的声环境功能区内各敏感目标的超标、达标情况，说明其受到现有主要声源的影响状况。

给出不同类别的声环境功能区噪声超标范围内的人口数及分布情况。

7.4　声环境影响预测

7.4.1　预测准备工作

7.4.1.1　预测范围、预测点的确定

声环境预测范围应与声环境评价范围相同。

声环境影响预测点应以建设项目厂界（或场界、边界）和评价范围内的敏感目标作为预测点。

7.4.1.2　预测需要的基础资料

（1）声源资料

建设项目的声源资料主要包括声源种类、数量、空间位置、噪声级、频率特性、发声持续时间和对敏感目标的作用时间段等。

（2）影响声波传播的各类参量资料

影响声波传播的各类参量应通过资料收集和现场调查取得，各类参量如下。

① 建设项目所处区域的年平均风速和主导风向，年平均气温，年平均相对湿度。

② 声源和预测点间的地形、高差。

③ 声源和预测点间障碍物（如建筑物、围墙等；若声源位于室内，还包括门、窗等）的位置及长、宽、高等数据。

④ 声源和预测点间树林、灌木等的分布情况，地面覆盖情况（如草地、水面、水泥地面、土质地面等）。

7.4.2　预测步骤

声环境影响预测步骤如下。

① 建立坐标系，确定各声源坐标和预测点坐标，并根据声源性质以及预测点与声源之间的距离等情况，把声源简化成点声源，或线声源，或面声源。

② 根据已获得的声源源强的数据和各声源到预测点的声波传播条件资料，计算出噪声从各声源传播到预测点的声衰减量，由此计算出各声源单独作用在预测点时产生的 A 声级（L_{Ai}）或等效感觉噪声级（L_{EPN}）。

7.4.3　声级的计算

（1）建设项目声源在预测点产生的等效声级贡献值 L_{eqg}

$$L_{eqg} = 10\lg\left(\frac{1}{T}\sum_i t_i\, 10^{0.1L_{Ai}}\right) \tag{7-11}$$

式中　L_{eqg}——建设项目声源在预测点的等效声级贡献值，dB(A)；

　　　L_{Ai}——声源在预测点产生的 A 声级，dB(A)；

　　　　T——预测计算的时间段，s；

　　　　t_i——声源在 T 时段内的运行时间，s。

对于稳态声源，式(7-11) 可简化为

$$L_{eqg} = 10\lg\left(\sum_i 10^{0.1L_{Ai}}\right) \tag{7-12}$$

若 n 个稳态声源在预测点产生的 A 声级均为 L_{A0}，那么

$$L_{eqg} = 10\lg n + L_{A0} \tag{7-13}$$

如果 $n=2$，则 $L_{eqg} \approx 3 + L_{A0}$。

（2）预测点的预测等效声级 L_{eq}

$$L_{eq} = 10\lg(10^{0.1L_{eqg}} + 10^{0.1L_{eqb}}) \tag{7-14}$$

式中 L_{eqb}——预测点的背景值，dB(A)。

（3）机场飞机噪声计权等效连续感觉噪声级 L_{WECPN}

$$L_{WECPN} = \overline{L_{EPN}} + 10\lg(N_1 + 3N_2 + 10N_3) - 39.4 \tag{7-15}$$

式中 N_1——7～19 时的飞行次数；

$\qquad N_2$——19～22 时的飞行次数；

$\qquad N_3$——22～24 时，0～7 时的飞行次数；

$\qquad \overline{L_{EPN}}$——N 次（$N = N_1 + N_2 + N_3$）飞行的有效感觉噪声级的能量平均值，dB。

其计算公式为

$$\overline{L_{EPN}} = 10\lg\left(\frac{1}{N_1 + N_2 + N_3}\sum_i\sum_j 10^{0.1L_{EPNij}}\right) \tag{7-16}$$

式中 L_{EPNij}——j 航路第 i 架次飞机在预测点产生的有效感觉噪声级，dB。

（4）按工作等级要求绘制等声级线图

等声级线的间隔应不大于 5dB（一般选 5dB）。对于 L_{eq} 等声级线最低值应与相应功能区夜间标准值一致，最高值可为 75dB；对于 L_{WECPN} 一般应有 70dB、75dB、80dB、85dB、90dB 的等声级线。

7.4.4 户外声传播的衰减计算

7.4.4.1 基本公式

户外声传播的衰减包括几何发散（A_{div}）、大气吸收（A_{atm}）、地面效应（A_{gr}）、屏障（A_{bar}）、其他多方面效应（A_{misc}）引起的衰减。

在环境影响评价中，应根据声源声功率级或靠近声源某一参考位置处的已知声级（如实测得到的）和户外声传播的衰减，计算距离声源较远处的预测点的声级。

在已知距离无指向性点声源参考点 r_0 处的倍频带（用 63～8000Hz 的 8 个标称倍频带中心频率）声压级 $L_p(r_0)$ 和计算出参考点（r_0）和预测点（r）处之间的户外声传播衰减（$A_{div} + A_{atm} + A_{gr} + A_{bar} + A_{misc}$）后，预测点 8 个倍频带声压级 $L_p(r)$，即

$$L_p(r) = L_p(r_0) - (A_{div} + A_{atm} + A_{bar} + A_{gr} + A_{misc}) \tag{7-17}$$

预测点的 A 声级 $L_A(r)$ 就可以由 8 个倍频带声压级合成得到，即

$$L_A(r) = 10\lg\left[\sum 10^{0.1(L_{pi}(r) - \Delta L_i)}\right] \tag{7-18}$$

式中 $L_{pi}(r)$——预测点（r）第 i 倍频带声压级，dB；

$\qquad \Delta L_i$——第 i 倍频带的计权网络的修正值，dB，见表 7-5。

表 7-5 A 计权网络修正值

频率/Hz	63	125	250	500	1000	2000	4000	8000	16000
ΔL_i/dB	−26.2	−16.1	−8.6	−3.2	0	1.2	1.0	−1.1	−6.6

在只考虑几何发散衰减时，则有

$$L_A(r) = L_A(r_0) - A_{div} \tag{7-19}$$

7.4.4.2　几何发散衰减A_{div}

（1）点声源的几何发散衰减

① 无指向性点声源几何发散衰减

$$A_{div} = 20\lg(r/r_0) \tag{7-20}$$

式中　r_0——参考点至声源的距离，m；

　　　r——预测点至声源的距离，m。

由式（7-20）可知，当 $r = 2r_0$ 时，$A_{div} = 6\text{dB}$，这表明：当距点声源的距离增大一倍时，几何发散衰减 6dB。

根据式（7-17）和式（7-20），在仅考虑几何发射衰减情形下，预测点的倍频带声压级为

$$L_p(r) = L_p(r_0) - 20\lg(r/r_0) \tag{7-21}$$

如果已知点声源的倍频带声功率级 L_w 或 A 声功率级 L_{Aw}，且声源处于自由声场，则

$$L_p(r) = L_w - 20\lg(r) - 11 \tag{7-22}$$

$$L_A(r) = L_{Aw} - 20\lg(r) - 11 \tag{7-23}$$

如果声源处于半自由声场，则

$$L_p(r) = L_w - 20\lg(r) - 8 \tag{7-24}$$

$$L_A(r) = L_{Aw} - 20\lg(r) - 8 \tag{7-25}$$

② 具有指向性点声源几何发散衰减　声源在自由空间中辐射声波时，其强度分布的一个主要特性是指向性。例如，喇叭发声，其喇叭正前方声音大，而侧面或背面就小。

对于自由空间的点声源，其在某一 θ 方向上距离 r 处的倍频带声压级如下。

$$L_p(r)_\theta = L_w - 20\lg(r) + D_{I\theta} - 11 \tag{7-26}$$

式中　$D_{I\theta}$——θ 方向上的指向性指数，$D_{I\theta} = 10\lg R_\theta$；

　　　R_θ——指向性因数，$R_\theta = I_\theta/I$；

　　　I_θ——某一 θ 方向上的声强，W/m^2；

　　　I——所有方向上的声强，W/m^2。

按公式（7-21）计算具有指向性点声源几何发散衰减时，公式（7-21）中的 $L_p(r)$ 与 $L_p(r_0)$ 必须是在同一方向上的倍频带声压级。

③ 反射体引起的修正 ΔL_r　当点声源与预测点处在反射体同侧附近时，如图 7-1 所示，到达预测点的声级是直达声与反射声叠加的结果，从而使预测点声级增高。

当满足下列条件时，需考虑反射体引起的声级增高。其一，反射体表面平整光滑、坚硬的；其二，反射体尺寸远大于所有声波波长 λ；其三，入射角 $\theta < 85°$。

反射体的影响如图 7-1 所示，$r_r = \text{IP}$，$r_d = \text{SP}$，在 $r_r - r_d$ 远大于 λ 情形下，反射体引起的修正量 ΔL_r 与 r_r/r_d 有关，导则 HJ 2.4—2009 给出的修正量见表 7-6。

表 7-6　反射体引起的修正量

r_r/r_d	$\Delta L_r/\text{dB}$
约 1.0	3
约 1.4	2
约 2.0	1
>2.5	0

（2）线声源的几何发散衰减

① 无限长线声源　无限长线声源几何发散衰减计算公式如下。

$$A_{div} = 10\lg(r/r_0) \tag{7-27}$$

式中　r_0——参考点至线声源的距离，m；

　　　　r——预测点至线声源的距离，m。

由式(7-27)可知，当 $r = 2r_0$ 时，$A_{div} = 3dB$，这表明：当距线声源的距离增大一倍时，几何发散衰减 3dB。

根据式(7-17)和式(7-27)，在仅考虑几何发射衰减情形下，预测点的倍频带声压级为

$$L_p(r) = L_p(r_0) - 10\lg(r/r_0) \tag{7-28}$$

② 有限长线声源　设线声源长度为 l_0，单位长度线声源辐射的倍频带声功率级为 L_w，如图 7-2 所示。

在线声源垂直平分线上距声源 r 处的声压级为

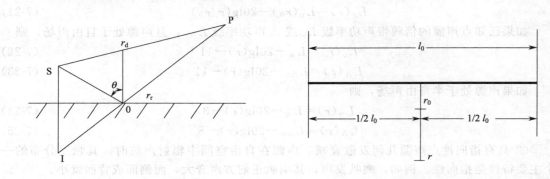

图 7-1　反射体的影响　　　　　　　　图 7-2　有限长线声源

$$L_p(r) = L_w - 10\lg\left[\frac{1}{r}\text{arctg}\left(\frac{l_0}{2r}\right)\right] + 8 \tag{7-29}$$

或者

$$L_p(r) = L_p(r_0) - 10\lg\left[\frac{\frac{1}{r}\text{arctg}\left(\frac{l_0}{2r}\right)}{\frac{1}{r_0}\text{arctg}\left(\frac{l_0}{2r_0}\right)}\right] \tag{7-30}$$

当 $r > l_0$ 且 $r_0 > l_0$ 时，公式(7-30)可近似简化为 $L_p(r) = L_p(r_0) - 20\lg(r/r_0)$，即在有限长线声源的远场，有限长线声源可当作点源。

当 $r < l_0/3$ 且 $r_0 < l_0/3$ 时，式(7-30)可简化为 $L_p(r) = L_p(r_0) - 10\lg(r/r_0)$，即在有限长线声源的近场附近，有限长线声源可当作无限长线源。

（3）面声源的几何发散衰减

如果已知面声源单位面积的声功率为 W，各面积元噪声的位相是随机的，面声源可看作由无数点声源连续分布组合而成，其合成声级可按能量叠加法求出。

长方形面声源中心轴线上的声衰减曲线如图 7-3 所示。当预测点和面声源中心距离 r 处于以下条件时，有近似计算方法：$r < a/\pi$ 时，几乎不衰减（$A_{div} \approx 0$）；当 $a/\pi < r < b/\pi$，距离加倍衰减 3dB 左右，类似线声源衰减特性 $[A_{div} \approx 10\lg(r/r_0)]$；当 $r > b/\pi$ 时，距离加倍衰减趋近于 6dB，类似点声源衰减特性 $[A_{div} \approx 20\lg(r/r_0)]$，其中，面声源的 $b > a$。图 7-3 中虚线为实际衰减量。

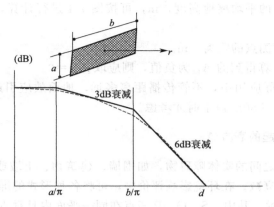

图 7-3　长方形面声源中心轴线上的衰减特性

7.4.4.3　空气吸收引起的衰减 A_{atm}

空气吸收声波引起的噪声衰减同声波频率、大气压、气温和湿度有关，可用下式计算

$$A_{atm} = \frac{\alpha(r-r_0)}{1000} \tag{7-31}$$

式中　A_{atm}——空气吸收引起的衰减，dB；

　　　α——空气的吸声系数，dB/km，为温度、湿度和声波频率的函数，预测计算中一般根据建设项目所处区域常年平均气温和湿度选择相应的空气吸收系数 α（见表 7-7）。

表 7-7　倍频带噪声的大气吸声系数 α

温度/℃	相对湿度/%	大气吸声系数 $\alpha/(dB/km)$							
		倍频带中心频率/Hz							
		63	125	250	500	1000	2000	4000	8000
10	70	0.1	0.4	1.0	1.9	3.7	9.7	32.8	117.0
20	70	0.1	0.3	1.1	2.8	5.0	9.0	22.9	76.6
30	70	0.1	0.3	1.0	3.1	7.4	12.7	23.1	59.3
15	20	0.3	0.6	1.2	2.7	8.2	28.2	28.8	202.0
15	50	0.1	0.5	1.2	2.2	4.2	10.8	36.2	129.0
15	80	0.1	0.3	1.1	2.4	4.1	8.3	23.7	82.8

如果声源位于硬地面上，则

$$A_{atm} = 6 \times 10^{-6} fr \tag{7-32}$$

式中　f——噪声的倍频带几何平均频率，Hz。

7.4.4.4　地面效应引起的衰减 A_{gr}

地面类型可划分为三种类型：其一，坚实地面，包括铺筑过的路面、水面、冰面以及夯实地面；其二，疏松地面，包括被草或其他植物覆盖的地面，以及农田等适合于植物生长的地面；其三，混合地面，由坚实地面和疏松地面组成。

当声波越过疏松地面或大部分为疏松地面的混合地面传播时，在仅计算 A 声级前提下，预测点地面效应引起的倍频带衰减计算公式为

$$A_{gr} = 4.8 - \left(\frac{2h_m}{r}\right)\left(17 + \frac{300}{r}\right) \tag{7-33}$$

式中 h_m——传播路径的平均离地高度，m，可按图 7-4 进行计算，即 $h_m = F/r$，F 为面积，m^2；

　　　　r——声源到预测点的距离，m。

如果按式(7-32)计算得到的 A_{gr} 为负值，则应取 $A_{gr} = 0$。

应当注意到，在实际应用中，不管传播距离多远，地面效应引起的衰减量一般不超过 10dB，并且只有当距离在 50m 以上时才考虑。

7.4.4.5　屏障引起的衰减 A_{bar}

位于声源和预测点之间的实体障碍物，如围墙、建筑物、土坡或地堑等起声屏障作用，从而引起声能量的较大衰减。在环境影响评价中，可将各种形式的屏障简化为具有一定高度的薄屏障，如图 7-5 所示，其中，S、O、P 三点在同一平面内且垂直于地面。

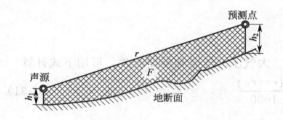

图 7-4　估计平均高度 h_m 的方法

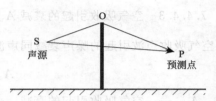

图 7-5　无限长声屏障示意图

定义 $\delta = SO + OP - SP$ 为声程差，$N = 2\delta/\lambda$ 为菲涅尔数，其中，λ 为声波波长，m。

（1）有限长薄屏障在点声源声场中引起的衰减

声波在有限长薄屏障上的传播路径主要有 3 种，即 S—O_1—P、S—O_2—P 和 S—O_3—P，如图 7-6 所示。

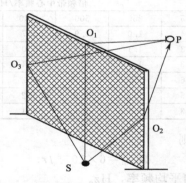

图 7-6　有限长声屏障上的三种传播路径

三个传播途径的声程差分别为 δ_1、δ_2、δ_3 和相应的菲涅尔数分别为 N_1、N_2、N_3，那么声屏障引起的衰减为

$$A_{bar} = -10\lg\left(\frac{1}{3+20N_1} + \frac{1}{3+20N_2} + \frac{1}{3+20N_3}\right) \tag{7-34}$$

当屏障很长（作无限长处理）时，则 δ_2、δ_3 和 N_2、N_3 都很大，那么式(7-33)可简化为

$$A_{bar} = -10\lg\left(\frac{1}{3+20N_1}\right) \tag{7-35}$$

【例 7-1】有一无限长点声源，声源和预测点的高度均为 1m，连线垂直于声屏障，无限长屏障高 3m，根据式(7-34)，可计算得到不同距离预测点的衰减量（见表 7-8）。

表 7-8 无限长声屏障衰减量的计算结果

声源距离/m	3	10	20	40	80	200
声程差	1.1	0.7	0.6	0.5	0.5	0.5
N	3.4	2.1	1.8	1.6	1.6	1.5
A_{bar}	18.5	16.5	15.9	15.5	15.3	15.2

（2）绿化林带噪声衰减计算

绿化林带的附加衰减与树种、林带结构和密度等因素有关。在声源附近的绿化林带，或在预测点附近的绿化林带，或两者均有的情况都可以使声波衰减，如图 7-7 所示。

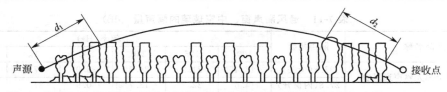

图 7-7 绿化林带噪声衰减示意图

林带的噪声衰减量随传播距离 d_f 的增大而增加，其中 $d_f = d_1 + d_2$，为了计算 d_1 和 d_2，可假设弯曲路径的半径为 5km。

在一般情况下，针对频率为 1000Hz 的声音，每 10m 宽的林带使声音衰减量为：松树林带 3dB(A)、杉树林带 2.8dB(A)、槐树林带 3.5dB(A)；高 30cm 的草地的声衰减量为 0.7dB(A)/10m。阔叶林地带对不同频率的衰减量不同，见表 7-9。

表 7-9 阔叶林带对倍频带噪声的衰减

项目	传播距离 d_f/m	倍频带中心频率/Hz							
		63	125	250	500	1000	2000	4000	8000
衰减/dB	$10 \leq d_f < 20$	0	0	1	1	1	1	2	3
衰减系数/(dB/m)	$20 \leq d_f < 200$	0.02	0.03	0.04	0.05	0.06	0.08	0.09	0.12

7.4.4.6 其他多方面效应引起的衰减 A_{misc}

其他衰减包括通过工业场所的衰减；通过房屋群的衰减等。在声环境影响评价中，一般情况下，不考虑自然条件（如风、温度梯度、雾）变化引起的附加修正。工业场所的衰减、房屋群的衰减等可参照 GB/T 17247.2 进行计算。

7.4.5 室内声源等效室外声源声功率级计算方法

室内声源可采用等效室外声源声功率级法进行计算。

声源位于室内，如图 7-8 所示。设靠近开口处（或窗户）室内、室外某倍频带的声压级分别为 L_{p1} 和 L_{p2}。若声源所在室内声场为近似扩散声场（一般工业厂房如未做吸声处理，可看作扩散声场），则室外的倍频带声压级可按下式近似计算：

$$L_{p2} = L_{p1} - (TL + 6) \tag{7-36}$$

式中 TL——隔墙倍频带的隔声量，dB。

几种典型材料的隔声量见表 7-10。通风隔声窗、中空玻璃的隔声量实测结果见表 7-11。

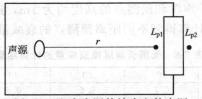

图 7-8　室内声源等效为室外声源

表 7-10　典型材料的隔声量　　　　　　　　单位：dB

材料	面密度	125	250	500	1000	2000	4000	R_w
370mm 砖墙、抹灰	700	40	48	52	60	63	60	57
240mm 砖墙、抹灰	480	42	43	49	57	64	62	55
单层 6mm 固定窗		20	22	26	30	28	22	25.1

表 7-11　通风隔声窗、中空玻璃的隔声量（dB）

产品名称	隔声指数	中心频率（Hz）					
		100	125	250	500	1k	2k
自然通风全采光隔声通风窗	37.8（全关）	18.4	21.2	24.3	36.9	37.2	40.6
	27.8（内窗开）	14.6	22.3	18.7	30.9	27.5	27.3
单层中空玻璃		18.4	23	23.3	24.4	23.9	22.2
双层中空玻璃		31.6	32.6	32.6	33.7	37.4	46.4

单个室内声源靠近围护结构处产生的倍频带声压级可按下式计算

$$L_{p1} = L_w + 10\lg\left(\frac{Q}{4\pi r^2} + \frac{4}{R}\right) \tag{7-37}$$

式中　Q——指向性因数，其取值方法是：通常对无指向性声源，当声源位于房间中心时
$Q=1$、当放在一面墙的中心时 $Q=2$、当放在两面墙夹角处时 $Q=4$、当放在
三面墙夹角处时 $Q=8$；

　　　R——房间常数，$R = S\alpha(1-\alpha)$，其中，S 为房间内表面积，m^2，α 为平均吸声
系数；

　　　r——声源到靠近围护结构某点处的距离，m。

室内 n 个声源在围护结构处产生的 i 倍频带叠加声压级为

$$L_{p1i}(T) = 10\lg\left(\sum_{j=1}^{n} 10^{0.1L_{p1ij}}\right) \tag{7-38}$$

式中　$L_{p1i}(T)$——靠近围护结构处室内 n 个声源 i 倍频带的叠加声压级，dB；

　　　L_{p1ij}——室内 j 声源 i 倍频带的声压级，dB。

室内近似为扩散声场情形，室内 n 个声源在靠近室外围护结构处的 i 倍频带的叠加声压
级为

$$L_{p2i}(T) = L_{p1i}(T) - (TL_i + 6) \tag{7-39}$$

式中　$L_{p2i}(T)$——室内 n 个声源 i 倍频带在靠近围护结构处室外的叠加声压级，dB；

　　　TL_i——围护结构 i 倍频带的隔声量，dB。

将室内声源的室外声压级和透过面积换算成等效的室外声源，可计算出中心位置位于透
声面积 S 处的等效声源的倍频带声功率级

$$L_w = L_{p2}(T) + 10\lg S \tag{7-40}$$

根据室内声源在靠近围护结构室外的声压级或声功率级，按照户外声源影响预测方
法，就可以计算预测点的 A 声级。

7.5 声环境影响评价

7.5.1 评价标准的确定

应根据声源的类别和建设项目所处的声环境功能区等确定声环境影响评价标准，没有划分声环境功能区的区域由地方环境保护部门参照 GB 3096 和 GB/T 15190 的规定划定声环境功能区。

7.5.2 评价的主要内容

根据噪声预测结果和环境噪声评价标准，评价建设项目在施工、运行期噪声的影响程度、影响范围，给出边界（厂界、场界）及敏感目标的达标分析。

进行边界噪声评价时，新建建设项目以工程噪声贡献值作为评价量；改扩建建设项目以工程噪声贡献值与受到现有工程影响的边界噪声值叠加后的预测值作为评价量。

进行敏感目标噪声环境影响评价时，以敏感目标所受的噪声贡献值与背景噪声值叠加后的预测值作为评价量。对于改扩建的公路、铁路等建设项目，如预测噪声贡献值时已包括了现有声源的影响，则以预测的噪声贡献值作为评价量。

7.5.3 影响范围、影响程度分析

给出评价范围内不同声级范围覆盖下的面积，主要建筑物类型、名称、数量及位置，影响的户数、人口数。

7.5.4 噪声超标原因分析

分析建设项目边界（厂界、场界）及敏感目标噪声超标的原因，明确引起超标的主要声源。对于通过城镇建成区和规划区的路段，还应分析建设项目与敏感目标间的距离是否符合城市规划部门提出的防噪声距离。

练习题

1. 环境噪声是指什么声音？
2. 简述高频噪声、中频噪声和低频噪声的频率范围。
3. 简述预测点的噪声预测值与贡献值、背景值的关系。
4. 人耳的听阈声压级和痛阈声压级分别是多少分贝？
5. 为什么把 A 声级作为噪声的基本评价量？
6. 什么是等效连续 A 声级？
7. 声环境影响评价工作等级划分的依据是什么？
8. 城市道路、公路建设项目声环境影响评价范围如何确定？
9. 有 4 个噪声源对同一点 A 产生的声压级分别为 83.2dB、80.2dB、86.2dB 和 80.2dB。求该 4 个噪声源在点 A 产生的总声压级贡献值。
10. 某热电厂排汽筒排出蒸汽产生噪声，距排汽筒 2m 处测得噪声为 90dB，排气筒距居民楼 16m，问排汽筒噪声在居民楼处是否超标（标准值为 60dB）？如果超标，应当将排气筒噪声声压级降低到多少分贝才能保证居民楼噪声达标？

第 8 章

生态环境影响评价

本章介绍生态环境影响评价的基本概念、生态环境影响评价工作分级、评价范围和时期、生态环境影响识别、评价因子与评价标准、生态现状调查与评价、生态影响预测与评价等。

8.1　基本概念

生态环境是指除人口种群以外的生态系统中不同层次的生物所组成的生命系统。

研究和评价生态环境，主要是针对生态环境质量而言的。所谓生态环境质量是指上述生态系统在人为作用下所发生的好与坏的变化程度，或者指生态系统在人为作用下总的变化状态。

8.1.1　生态环境影响评价中的有关术语

① 生物量　又称"现存量"，指单位面积或体积内生物体的重量。

② 生态因子　指生物或生态系统的周围环境因素。

③ 物种　指具有一定的形态和生理特征以及一定的自然分布区的生物类群。

④ 生物群落　指在一定区域或一定生境中各个生物种群相互松散结合的一种结构单元。

⑤ 连通程度　指一个地域空间成分具有的隔离其他成分的物理屏障能力和具有的适宜物种流动通道的能力。

⑥ 生态影响　指经济社会活动对生态系统及其生物因子、非生物因子所产生的任何有害的或有益的作用，影响可划分为不利影响和有利影响，直接影响、间接影响和累积影响，可逆影响和不可逆影响。

⑦ 直接生态影响　指经济社会活动所导致的不可避免的、与该活动同时同地发生的生态影响。

⑧ 间接生态影响　指经济社会活动及其直接生态影响所诱发的、与该活动不在同一地点或不在同一时间发生的生态影响。

⑨ 累积生态影响　指经济社会活动各个组成部分之间或者该活动与其他相关活动（包

括过去、现在、未来）之间造成生态影响的相互叠加。

⑩ 生态监测　指运用物理、化学或生物等方法对生态系统或生态系统中的生物因子、非生物因子状况及其变化趋势进行的测定、观察。

⑪ 特殊生态敏感区　指具有极重要的生态服务功能，生态系统极为脆弱或已有较为严重的生态问题，如遭到占用、损失或破坏后所造成的生态影响后果严重且难以预防、生态功能难以恢复和替代的区域，包括自然保护区、世界文化和自然遗产地等。

⑫ 重要生态敏感区　指具有相对重要的生态服务功能或生态系统较为脆弱，如遭到占用、损失或破坏后所造成的生态影响后果较严重，但可以通过一定措施加以预防、恢复和替代的区域，包括风景名胜区、森林公园、地质公园、重要湿地、原始天然林、珍稀濒危野生动植物天然集中分布区、重要水生生物的自然产卵场及索饵场、越冬场和洄游通道、天然渔场等。

8.1.2　生态环境影响评价的目的和任务

生态环境影响评价的主要目的是保护生态环境和自然资源，解决环境优美和持续性问题，为区域乃至全球的长远发展的利益服务。它的主要研究对象是所有开发建设项目，当然也包括区域开发建设。

生态环境影响评价的任务是研究人类的开发建设活动所造成的某一生态系统的变化，以及这种变化对相关生态系统的影响，并通过发挥人类的主动精神，通过实施一系列改善生态环境的措施（合理利用资源、寻找保护、恢复途径和补偿，建设方案及替代方案等），保护或改善生态系统的结构，增强生态系统的功能。在进行生态环境影响评价过程中，必须从宏观的角度出发，充分认识区域生态特点及其跨区域的生态作用等影响。

8.1.3　生态环境影响评价的原则

8.1.3.1　生态环境影响评价的总体原则

① 坚持重点与全面相结合的原则　既要突出评价项目所涉及的重点区域、关键时段和主导生态因子，又要从整体上兼顾评价项目所涉及的生态系统和生态因子在不同时空等级尺度上结构与功能的完整性。

② 坚持预防与恢复相结合的原则　预防优先，恢复补偿为辅。恢复、补偿等措施必须与项目所在地的生态功能区划的要求相适应。

③ 坚持定量与定性相结合的原则　生态影响评价应尽量采用定量方法进行描述和分析，当现有科学方法不能满足定量需要或因其他原因无法实现定量测定时，生态影响评价可通过定性或类比的方法进行描述和分析。

8.1.3.2　生态环境影响评价的基本原则

（1）可持续性原则

即生态环境影响评价应当保持生存资源和区域生态环境功能。

（2）科学性原则

生态环境影响评价遵循生态学和生态环境保护的基本原理。

生态环境保护的基本原理如下。

① 保护生态系统结构的完整性　生态系统的功能是以系统完整的结构和和良好的运行

为基础的，生态环境保护必须从功能保护着眼，从系统结构保护入手。生态系统结构的完整性包括地域连续性、物种多样性、生物组成的协调性、环境条件匹配性。

② 保护生态系统的再生产能力

生态系统都有一定的再生和恢复功能。一般说来，生态系统的层次越多，结构越复杂，系统越趋于稳定，受到外力干扰后，恢复其功能的自我调节能力也越强。相反，越简单的生态系统越显得脆弱，受到外力作用后，其恢复能力也越弱。

保护生态系统的再生能力一般应遵循的基本原理有：其一，保护一定的生境范围或者寻求条件类似的替代生境，使生态系统得以恢复或者易地重建；其二，保护生态系统恢复或者重建所必须要的环境条件；其三，保护尽可能多的物种和生境类型，使重建或恢复后的生态系统趋于稳定；其四，保护优势种种群；其五，保护居于食物链顶端的生物及其生境；其六，对于退化中的生态系统，应当保证主要生态条件的改善。

③ 以生物多样性保护为核心　生物多样性对人类的生存与发展有着无可替代的意义，为保护生物多样性应尽可能做到：其一，避免物种濒危和灭绝；其二，保护生态系统完整性；其三，防止生境损失和干扰；其四，保持生态系统的自然性；其五，可持续利用生态资源；其六，恢复被破坏的生态系统和生境。

（3）针对性原则

生态环境保护措施必须符合开发建设活动特点和环境具体条件。

针对性是进行开发建设活动生态环境影响评价的灵魂，这主要是由环境的地域差异性所决定，它包括下列内容。

① 针对开发建设活动特点　开发建设活动对生态环境的影响主要有以占地为核心内容的物理性影响，以污染为主的化学性影响，以生态失衡为主要后果的生物性影响。但是，各种开发建设活动的性质、内容和规模不同，其影响方式、影响时间、影响范围、程度、性质等各不相同，评价中必须逐一分析。

② 针对环境特点　我国环境类型多、问题多、地域性强，再加上经济、社会、文化差异，造成很多特别的敏感保护目标，任何一项开发建设活动的环境评价都需要充分注意这种特殊性、差异性，所采取的保护措施和措施的实施地点、实施方式也应因此而不同。要使生态环境影响评价具有针对性，详细的现场调查和实地踏勘是极为重要且是必不可少的一个关键环节。由于生态环境组成、运行和功能的复杂性，现场调查与踏勘必须由多学科的专业人员参与，以获得正确的信息。

（4）政策性原则

生态环境保护应当贯彻国家环境政策、实行法制管理。

（5）协调性原则

生态环境保护必须综合考虑环境与社会、经济的协调发展，特别注重人与自然的协调发展。

8.2　生态环境影响评价工作分级、评价范围和时期

8.2.1　生态环境影响评价工作分级

依据影响区域的生态敏感性和评价项目的工程占地（含水域）范围，包括永久占地和临时占地，将生态影响评价工作等级划分为一级、二级和三级，详见表8-1。

位于原厂界（或永久用地）范围内的工业类改扩建项目，可做生态影响分析。

表 8-1　生态影响评价工作等级划分

影响区域生态敏感性	工程占地(水域)范围		
	面积≥20km² 或长度≥100km	面积 2～20km² 或长度 50～100km	面积≤2km² 或长度≤50km
特殊生态敏感区	一级	一级	一级
重要生态敏感区	一级	二级	三级
一般区域	二级	三级	三级

当工程占地（含水域）范围的面积或长度分别属于两个不同评价工作等级时，原则上应按其中较高的评价工作等级进行评价。改扩建工程的工程占地范围以新增占地（含水域）面积或长度计算。

在矿山开采可能导致矿区土地利用类型明显改变，或拦河闸坝建设可能明显改变水文情势等情况下，评价工作等级应上调一级。

8.2.2　生态环境影响评价工作范围

生态影响评价应能够充分体现生态完整性，涵盖评价项目全部活动的直接影响区域和间接影响区域。评价工作范围应依据评价项目对生态因子的影响方式、影响程度和生态因子之间的相互影响和相互依存关系确定。可综合考虑评价项目与项目区的气候过程、水文过程、生物过程等生物地球化学循环过程的相互作用关系，以评价项目影响区域所涉及的完整气候单元、水文单元、生态单元、地理单元界限为参照边界。

8.2.3　生态环境影响评价时期

自然资源开发项目应以项目建议书批准的内容为准（在条件具备时按项目设计书）进行生态影响评价。自然资源开发项目中的生态影响评价是指现状评价和预测评价；在预测评价中应对施工期和运行期的环境影响分别评估或分析，对远期运行情况进行预测。

自然资源开发项目中的后评价是指在工程建成并运行一段时间后进行评价。一级自然资源开发项目中的生态影响评价应做后评价，并对项目所在区域的可持续发展情况进行分析论证。

8.2.4　生态环境影响评价的工作程序

生态环境影响评价技术工作程序如图 8-1 所示。

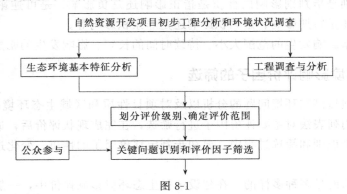

图 8-1

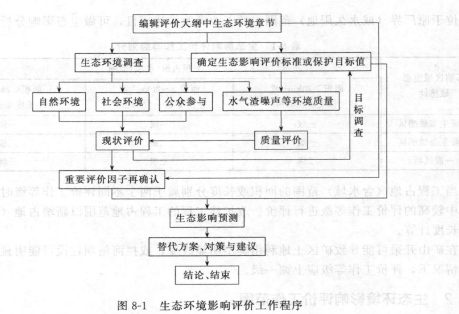

图 8-1　生态环境影响评价工作程序

8.3　生态环境影响识别、评价因子与评价标准

8.3.1　生态环境影响识别

生态环境影响识别是一种定性的和宏观的生态影响分析，其目的是明确主要影响因素、主要受影响的是生态系统和生态因子，从而筛选出评价工作的重点内容。影响识别包括影响因素的识别、影响对象的识别和影响性质与程度的识别。

（1）影响因素识别

这是对作用主体即开发建设项目的识别，作用主体应当包括主要工程和全部辅助工程。在项目实施的时间序列上，应该包括设计期、施工期、运营期以及死亡的影响识别。

（2）影响对象识别

这是对影响受体即生态环境的识别。识别的内容包括对生态系统组成要素的影响、对区域主要生态问题的影响、有无影响到敏感生态保护目标和地方要求的特别生态保护目标。

（3）影响后果与程度识别

影响后果识别是指判别影响的性质是指正影响还是负影响、是可逆影响还是不可逆影响、是长期影响还是短期影响、是累积影响还是非累积影响等。

影响程度是指影响发生的范围大小、持续时间的长短、影响发生的剧烈程度等。

8.3.2　生态环境影响评价因子的筛选

根据对拟建项目潜在环境问题的分析以及对项目性质和区域生态环境基本特征的分析，识别关键问题并用列表法对主要评价因子进行筛选，在完成现状评价后，进一步确认主要的评价因子。在这个识别和筛选过程中，要初步判定评价因子的性质、变化过程，并定性预测变化结果。

生态环境的功能是多种多样的，在建设项目生态环境影响评价中，一般不可能对所有的功能变化都做出定量评价，因而一般应根据主要功能的分析和筛选，有选择地进行评价；主要依据区域环境特点、敏感环境、社会经济可持续发展对生态环境功能的需求、主要生态限制因子和存在的主要生态环境问题等筛选确定生态影响评价因子。

8.3.3　生态环境评价标准

现行的环境影响评价以污染控制为宗旨，其评价标准有两类：环境质量标准和污染物排放标准。在做环境影响评价时，以是否达到标准要求作为项目可行与否的基本度量。在进行生态影响评价时，也需要一定的判别基准。但是，生态系统不是大气和水那样的均匀介质和单一体系，而是一种类型和结构多样性很高、地域性特别强的复杂系统，其影响变化包括生态结构的变化和环境功能的变化，既有数量变化问题，也有质量变化问题，并且存在着由量变到质变的发展变化规律，因而评价的标准体系不仅复杂，而且因地而异。此外，生态环评是分层次进行的，评价标准也是根据需要分层次决定的，即系统整体评价有整体评价的标准，单因子评价有单因子评价的标准。

目前，除国家已制定的标准和行业规范与设计标准之外，生态影响评价的标准大多数尚处于探索阶段。

开发建设项目生态影响评价的标准可从以下几方面选取。

① 国家、行业和地方规定的标准　国家已发布的环境质量标准如《地表水环境质量标准》（GB 3838—2002）、《环境空气质量标准》（GB 3095—1996）、保护农作物大气污染物最高允许浓度、农药安全使用标准、粮食卫生标准等。

地方政府颁布的标准和规划区目标，河流水系保护要求，特别地域的保护要求，如绿化率要求、水土流失防治要求等，均是可选择的评价标准。

② 背景或本底标准　以项目所在的区域生态环境的背景值或本底值作为评价标准，如区域植被覆盖率、区域水土流失本底值等。

③ 类比标准　以未受人类严重干扰的相似生态环境或以相似自然条件下的原生自然生态系统作为类比标准，以类似条件的生态因子和功能作为类比标准，如类似生态环境的生物多样性、植被覆盖率、蓄水功能、防风固沙能力等。

④ 科学研究已判定的生态效应　通过当地或相似条件下科学研究已判定的保障生态安全的绿化率要求、污染物在生物体内的最高允许量、特别敏感生物的环境质量要求等，亦可作为生态环境影响评价中的参考标准。

8.4　生态现状调查与评价

8.4.1　生态现状调查

8.4.1.1　生态现状调查要求

生态现状调查是生态现状评价、影响预测的基础和依据，调查的内容和指标应能反映评价工作范围内的生态背景特征和现存的主要生态问题。在有敏感生态保护目标（包括特殊生态敏感区和重要生态敏感区）或其他特别保护要求对象时，应做专题调查。

生态现状调查应在收集资料基础上开展现场工作，生态现状调查范围应不小于评价工作的范围。

一级评价应给出采样地样方实测、遥感等方法测定的生物量、物种多样性等数据，给出主要生物物种名录、受保护的野生动植物物种等调查资料；二级评价的生物量和物种多样性调查可依据已有资料推断，或实测一定数量的、具有代表性的样方予以验证；三级评价可充分借鉴已有资料进行说明。

8.4.1.2 生态现状调查方法

（1）资料收集法

收集现有的能反映生态现状或生态背景的资料，从表现形式上分为文字资料和图形资料，从时间上可分为历史资料和现状资料，从收集行业类别上可分为农、林、牧、渔和环境保护部门，从资料性质上可分为环境影响报告书、有关污染源调查、生态保护规划、规定、生态功能区划、生态敏感目标的基本情况以及其他生态调查材料等。使用资料收集法时，应保证资料的现时性，引用资料必须建立在现场校验的基础上。

（2）现场勘查法

现场勘查应遵循整体与重点相结合的原则，在综合考虑主导生态因子结构与功能的完整性的同时，突出重点区域和关键时段的调查，并通过对影响区域的实际踏勘，核实收集资料的准确性，以获取实际资料和数据。

（3）专家和公众咨询法

专家和公众咨询法是对现场勘查的有益补充。通过咨询有关专家，收集评价工作范围内的公众、社会团体和相关管理部门对项目影响的意见，发现现场踏勘中遗漏的生态问题。专家和公众咨询应与资料收集和现场勘查同步开展。

（4）生态监测法

当资料收集、现场勘查、专家和公众咨询提供的数据无法满足评价的定量需要，或项目可能产生潜在的或长期累积效应时，可考虑选用生态监测法。生态监测应根据监测因子的生态学特点和干扰活动的特点确定监测位置和频次，有代表性地布点。生态监测方法与技术要求需符合国家现行的有关生态监测规范和监测标准分析方法；对于生态系统生产力的调查，必要时需现场采样、实验室测定。

（5）遥感调查法

当涉及区域范围较大或主导生态因子的空间等级尺度较大，通过人力踏勘较为困难或难以完成评价时，可采用遥感调查法。遥感调查过程中必须辅助必要的现场勘查工作。

（6）海洋生态调查方法

海洋生态调查方法参见《海洋调查规范 第 9 部分：海洋生态调查指南》（GB/T 12763.9—2007）。

（7）水库渔业资源调查方法

水库渔业资源调查方法参见《水库渔业资源调查规范》（SL 167—1996）。

8.4.1.3 生态现状调查内容

（1）生态背景调查

根据生态影响的空间和时间尺度特点，调查影响区域内涉及的生态系统类型、结构、功能和过程，以及相关的非生物因子特征（如气候、土壤、地形地貌、水文及水文地质等），重点调查受保护的珍稀濒危物种、关键种、土著种、建群种和特有种，天然的重要经济物种等。如涉及国家级和省级保护物种、珍稀濒危物种和地方特有物种时，应逐个或逐类说明其类型、分布、保护级别、保护状况等；如涉及特殊生态敏感区和重要生态敏感区时，应逐个说明其类型、等级、分布、保护对象、功能区划、保护要求等。

（2）主要生态问题调查

调查评价范围内已经存在的制约本区域可持续发展的主要生态问题，如水土流失、沙漠化、石漠化、盐渍化、自然灾害、生物入侵和污染危害等，指出其类型、成因、空间分布、发生特点等。

8.4.2　生态现状评价

在区域生态基本特征现状调查的基础上，对评价区的生态现状进行定量或定性的分析评价。评价应采用文字和图件相结合的表现形式。

8.4.2.1　生态评价图件

生态影响评价图件是指以图形、图像的形式对生态影响评价有关空间内容的描述、表达或定量分析。生态影响评价图件是生态影响评价报告的必要组成内容，是评价的主要依据和成果的重要表示形式，是指导生态保护措施设计的重要依据。

生态影响评价图件制作应遵循有效、实用、规范的原则，根据评价工作等级和成图范围以及所表达的主题内容选择适当的成图精度和图件构成，充分反映出评价项目、生态因子构成、空间分布以及评价项目与影响区域生态系统的空间作用关系、途径或规模。

根据评价项目自身特点、评价工作等级以及区域生态敏感性不同，生态影响评价图件由基本图件和推荐图件构成，如表 8-2 所列。

表 8-2　生态影响评价图件构成要求

评价工作等级	基本图件	推荐图件
一级	①项目区域地理位置图 ②工程平面图 ③土地利用现状图 ④地表水系图 ⑤植被类型图 ⑥特殊生态敏感区和重要生态敏感区空间分布图 ⑦主要评价因子的评价成果和预测图 ⑧生态监测布点图 ⑨典型生态保护措施平面布置示意图	①当评价工作范围内涉及山岭重丘区时,可提供地形地貌图、土壤类型图和土壤侵蚀分布图。 ②当评价工作范围内涉及河流、湖泊等地表水时,可提供水环境功能区划图;当涉及地下水时,可提供水文地质图件等。 ③当评价工作范围涉及海洋和海岸带时,可提供海域岸线图、海洋功能区划图,根据评价需要选做海洋渔业资源分布图、主要经济鱼类产卵场分布图、滩涂分布现状图。 ④当评价工作范围内已有土地利用规划时,可提供已有土地利用规划图和生态功能分区图。 ⑤当评价工作范围内涉及地表塌陷时,可提供塌陷等值线图。 ⑥此外,可根据评价工作范围内涉及的不同生态系统类型,选作动植物资源分布图、珍稀濒危物种分布图、基本农田分布图、绿化布置图、荒漠化土地分布图等
二级	①项目区域地理位置图 ②工程平面图 ③土地利用现状图 ④地表水系图 ⑤特殊生态敏感区和重要生态敏感区空间分布图 ⑥主要评价因子的评价成果和预测图 ⑦典型生态保护措施平面布置示意图	①当评价工作范围内涉及山岭重丘区时,可提供地形地貌图和土壤侵蚀分布图。 ②当评价工作范围内涉及河流、湖泊等地表水时,可提供水环境功能区划图;当涉及地下水时,可提供水文地质图件。 ③当评价工作范围内涉及海域时,可提供海域岸线图和海洋功能区划图。 ④当评价工作范围内已有土地利用规划时,可提供已有土地利用规划图和生态功能分区图。 ⑤评价工作范围内,陆域可根据评价需要选做植被类型图或绿化布置图

续表

评价工作等级	基本图件	推荐图件
三级	①项目区域地理位置图 ②工程平面图 ③土地利用或水体利用现状图 ④典型生态保护措施平面布置示意图	①评价工作范围内,陆域可根据评价需要选做植被类型图或绿化布置图。 ②当评价工作范围内涉及山岭重丘区时,可提供地形地貌图。 ③当评价工作范围内涉及河流、湖泊等地表水时,可提供地表水系图。 ④当评价工作范围内涉及海域时,可提供海洋功能区划图。 ⑤当涉及重要生态敏感区时,可提供关键评价因子的评价成果图。

生态影响评价制图的工作精度一般不低于工程可行性研究制图精度,成图精度应满足生态影响判别和生态保护措施的实施。

生态影响评价成图应能准确、清晰地反映评价主题内容,成图比例不应低于表8-3中的规范要求(项目区域地理位置图除外)。当成图范围过大时,可采用点线面相结合的方式,分幅成图;当涉及敏感生态保护目标时,应分幅单独成图,以提高成图精度。

生态影响评价图件应符合专题地图制图的整饰规范要求,成图应包括图名、比例尺、方向标/经纬度、图例、注记、制图数据源(调查数据、实验数据、遥感信息源或其他)、成图时间等要素。

表 8-3　生态影响评价图件成图比例规范要求

成图范围		成图比例尺		
		一级评价	二级评价	三级评价
面积	≥100km²	≥1：100000	≥1：100000	≥1：250000
	20～100km²	≥1：50000	≥1：50000	≥1：100000
	2～20km²	≥1：10000	≥1：10000	≥1：250000
	≤2km²	≥1：5000	≥1：5000	≥1：10000
长度	≥100km	≥1：250000	≥1：250000	≥1：250000
	50～100km	≥1：100000	≥1：100000	≥1：250000
	10～≤50km	≥1：50000	≥1：100000	≥1：100000
	≤10km	≥1：10000	≥1：10000	≥1：50000

8.4.2.2　生态现状评价方法

生态环境现状评价是将生态分析得到的重要信息进行量化,定量描述生态环境的质量状况和存在的问题。现状评价结论要明确回答区域环境的生态完整性、人与自然的共生性、土地和植被的生产能力是否受到破坏等重大环境问题,要回答自然资源的特征及其对干扰的承受能力,并用可持续发展的观点对生态环境质量进行判定。

生态环境现状评价常用的方法有图形叠置法、系统分析法、生态机理分析法、质量指标法、景观生态学法、数学评价法等。

由于生态环境结构的层次特点决定了生态环境的评价具有层次性,一般可按两个层次进行评价:一是生态因子层次上的因子状况评价;二是生态系统层次上的整体质量评价。两个层次上的评价都是由若干指标来表征的。在建设项目的生态环评中,一般对可控因子要作较详细的评价,以便采取保护或恢复性措施;对人力难以控制的因子,如气候因子,一般只作为生态系统存在的条件和影响因素看待,不作为评价的对象。

8.4.2.3　生态现状评价内容

(1)生态因子现状评价

大多数开发建设项目的生态环境现状评价是在生态因子的层次上进行的,其评价内容包括以下几点。

① 植被 包括植被的类型、分布、面积和覆盖率、历史变迁原因、植物群系及优势植物种,植被的主要环境功能,珍稀植物的种类、分布及其存在的问题等。植被现状评价应以植被现状图表达。

② 动物 包括野生动物的生境现状、破坏与干扰,野生动物的种类、数量、分布特点,珍稀动物种类与分布等。动物的有关信息可从动物地理区划资料、动物资源收获(如皮毛收购)、实地考察与走访、调查,从生境与动物习性相关性等获得。

③ 土壤 包括土壤的成土母质,形成过程,理化性质,土壤类型、性状与质量(有机质含量,全氮、有效磷、钾含量,并与选定的标准比较而订定其优劣),物质循环速度,土壤厚度与比重,受外环境影响(淋溶、侵蚀)以及土壤生物丰度、保水蓄水性能和土壤碳氮比(保肥能力)等以及污染水平。

④ 水资源 包括地表水资源与地下水资源评价两大领域,评价内容主要是水质与水量两个方面。水质评价是污染性环评的主要内容之一。生态环评中水环境的评价亦有两个方面:一是评价水的资源量;二是与水质和水量都有紧密联系的水生生态评价。

(2) 生态系统结构与功能的现状评价

不同类型的生态系统难以进行结构上的优劣比较,但可借助于生态制图并辅之以文字阐明生态系统的空间结构和运行情况,亦可借助景观生态的评价方法进行结构的描述,还可通过类比分析定性地认识系统的结构是否受到影响等。

生态环境功能是可以定量或半定量地评价的。例如:生物量、植被生产力和种群量都可定量地表达;生物多样性亦可量化和比较,运用综合评价方法,进行层次分析,设定指标和赋值,可以综合地评价生态系统的整体结构和功能;许多研究还揭示了诸如森林覆盖率(或堀市绿化率)与气候的相关关系,利用这些信息亦可评价生态系统的功能。

(3) 生态资源的现状评价

无论是水土资源还是动植物资源,都有相应的经济学评价指标。例如:土地资源需进行分类,阐明其适宜性与限制性,现状利用情况(需附图表达)以及开发利用潜力;耕地分为等级,并可用历年的粮食产量来衡量其质量,评价中应阐明其肥力、通透性、利用情况、水利设施、抗洪涝能力、主要受到的灾害威胁等。一般而言,环境质量高,其资源的生产率亦高,经济价值高,因而有些经济学评价方法可以引入到环境评价中来。

(4) 区域生态环境现状评价

一般区域生态环境问题是指水土流失、沙漠化、自然灾害和污染危害等几大类。这类问题也可以进行定性与定量相结合的评价,用通用土壤流失方程计算工程建设导致的水土流失量;用侵蚀模数、水土流失面积和土壤流失量指标,可定量评价区域的水土流失状况;测算流动沙丘、半固定沙丘和固定沙丘的相对比例,辅之以荒漠化指示生物的出现,可以半定量评价土地沙漠化程度;通过类比,可以定性评价生态系统防灾减灾(削减洪水,防止海岸侵蚀,防止泥石流,滑坡等地质灾害)功能。

8.5 生态影响预测与评价

8.5.1 生态影响预测与评价的内容

生态影响预测与评价内容应与现状评价内容相对应,依据区域生态保护的需要和受影响生态系统的主导生态功能，选择评价预测指标，预测与评价内容如下。

（1）评价工作范围内涉及的生态系统及其主要生态因子的影响评价

通过分析影响作用的方式、范围、强度和持续时间来判别生态系统受影响的范围、强度和持续时间；预测生态系统组成和服务功能的变化趋势，重点关注其中的不利影响、不可逆影响和累积生态影响。

（2）敏感生态保护目标的影响评价

应在明确保护目标的性质、特点、法律地位和保护要求的情况下，分析评价项目的影响途径、影响方式和影响程度，预测潜在的后果。

（3）预测评价项目对区域现存主要生态问题的影响趋势

8.5.2 生态影响预测与评价方法

生态影响预测与评价方法应根据评价对象的生态学特性，在调查、判定该区主要的、辅助的生态功能以及完整功能必须的生态过程的基础上，分别采用定量分析与定性分析相结合的方法进行预测与评价。

常用的方法包括列表清单法、图形叠置法、生态机理分析法、景观生态学方法、指数法与综合指数法、类比分析法、系统分析法和生物多样性评价等。

8.5.2.1 类比分析法

类比法是一种比较常用的定性和半定量评价方法。在生态环境影响预测中，一般有生态环境整体类比、生态因子类比、生态环境问题类比等。

类比分析是根据已有的开发建设活动对生态环境产生的影响，分析或预测拟进行的开发建设活动可能产生的生态环境影响。选择好类比对象是进行类比分析或预测评价的基础，也是该法成败的关键。

类比对象的选择条件是：工程性质、工艺和规模基本相当，生态环境条件（地理、地质、气候、生物因素等）基本相似，所产生的影响基本上全部显现。

类比对象确定后，则需选择和确定类比因子及指标，并对类比对象开展调查与评价，再分析拟建项目与类比对象的差异。根据类比对象与拟建项目的比较，做出类比分析结论。

8.5.2.2 生态机理分析法

由于动物或植物与其生长环境构成有机整体，当开发项目影响植物生长环境时，对动物或植物的个体、种群和群落也产生影响，因此可按照生态学原理进行影响预测，其步骤如下。

① 调查环境背景现状和搜集有关资料。

② 调查植物和动物分布，动物栖息地和迁徙路线。

③ 根据调查结果分别对植物或动物按种群、群落和生态系统进行划分，描述其分布特点、结构物证和演化等级。

④ 识别有无珍稀濒危物种及重要经济、历史、景观和科研价值的物种。

⑤ 测项目建成后该地区动物、植物生长环境的变化。

⑥ 根据项目建成后的环境（水、气、土和生命组分）变化，对照无开发项目条件下动物、植物或生态系统演变趋势，预测动物和植物个体、种群和群落的影响，并预测生态系统演变方向。

在分析过程中有时要根据实际情况进行相应的生物模拟试验，如环境条件—生物习性模拟试验、生物毒理学试验、实地种植或放养试验等，或进行数学模拟，如种群增长模型的应用。

8.5.2.3　列表清单法

列表清单法的基本做法是，将拟实施的开发建设活动的影响因素与可能受影响的环境因子分别列在同一张表格的行与列内，逐点进行分析，并以正负符号、数字、其他符号表示影响的性质、强度等，由此分析开发建设活动的生态环境影响。

列表清单法简单明了，针对性强，在生态环境影响评价中得到了广泛应用。

8.5.2.4　生态图法

生态图法即图形叠置法，就是把两个以上的生态信息叠合到一张图上，构成复合图，用以表示生态环境变化的方向和程度。本法的特点是直观、形象、简单明了，但不能做精确的定量评价。

编制生态图有指标法和叠图法两种基本手段。

（1）指标法

① 确定评价区域范围。

② 进行生态调查，收集评价范围与周边地区自然的和生态的信息，同时收集社会经济和环境污染及环境质量信息。

③ 进行影响识别和筛选拟评价因子，其中包括识别和分析主要生态环境问题。

④ 研究拟评价生态系统或生态因子的地域分异特点与规律，对拟评价的生态系统、生态因子或生态环境问题建立表征其特性的指标体系，并通过定性分析或定量方法对指标赋值或分级，再依据指标值进行区域划分。

⑤ 将上述区划信息绘制在生态图上。

（2）叠图法

① 用透明纸做底图，底图范围应略大于评价范围。

② 在底图上描绘生态环境主要因子信息，如植被覆盖度、动物分布、河流水系、土地利用和特别保护目标等。

③ 进行影响识别与筛选评价因子。

④ 对拟评价因子做影响程度透明图，并用不同颜色和色度表示影响的性质和程度。

⑤ 将影响因子图和底图叠加，得到生态环境影响评价图。

8.5.2.5　指数法与综合指数法

指数评价法同样可用于生态环境影响评价中。指数法简明扼要，且符合人们所熟悉的环境污染影响评价思路，但困难之处在于需明确建立表征生态环境质量的标准体系，而且难以赋权与准确定量。

指数法的步骤如下。

① 分析研究评价的生态因子的性质及变化规律。

② 建立表征各生态因子特性的指标体系。

③ 确定评价标准。

④ 建立评价函数曲线，将评价的环境因子的现状值（开发建设活动前）与预测值（开发建设活动后）转换为统一的无量纲的环境质量指标，用1～0表示优劣（"1"表示最佳的、顶极的、原始或人类干预甚少的生态环境状况，"0"表示最差的、极度破坏的、几乎非生物

性的生态环境状况，如沙漠）。这一划分实际上确定了生态环境质量标准，由此计算出开发建设活动前后环境因子质量的变化值。

⑤ 根据各评价因子的相对重要性赋予权重。

⑥ 将各因子的变化值综合，得到综合影响评价值。即

$$\Delta E = \sum_{i=1}^{n} (E_{1i} - E_{2i}) W_i \qquad (8-1)$$

式中　ΔE——开发建设活动前后生态环境质量变化值；

E_{1i}——开发建设活动前 i 因子的质量指标；

E_{2i}——开发建设活动后 i 因子的质量指标；

W_i——i 因子的权值。

8.5.2.6　景观生态学方法

景观生态学方法是通过两个方面评价生态环境质量状况：一是空间结构分析；二是功能与稳定性分析。这种评价方法可体现生态系统结构与功能匹配一致的基本原理。

空间结构分析认为景观是由拼块、模地和廊道组成，其中，模地是区域景观的背景地块，是景观中一种可以控制环境质量的组分。因此，模地的判定是空间结构分析的重点。模地的判定有相对面积大、连通程度高、具有动态控制功能三个标准。模地的判定多借用传统生态学中计算植被重要值的方法。拼块的表征可用两个指数：一是多样性指数；二是优势度指数。优势度指数（D）由密度（R_d）、频率（R_f）、景观三比例计算得出。

景观的功能和稳定性分析包括组成因子的生态适宜性分析、生物的恢复能力分析、系统的抗干扰或抗退化能力分析、种群源的持久性和可达性分析（能流是否畅通无阻，物流能否畅通和循环）、景观开放性分析（与周边生态系统的交流渠道是否畅通）等。

（1）计算方法

① 景观多样性指数计算

$$H = -\sum_{i=1}^{m} (P_i \ln P_i) \qquad (8-2)$$

式中　H——某类型景观所占百分比面积；

m——景观类型数。

② 优势度指数计算

$$D = 0.5 [(R_d + R_f)/2 + L_p] \times 100\% \qquad (8-3)$$

式中　密度 R_d——R_d=（拼块 i 的数目/拼块总数）$\times 100\%$；

频度 R_f——R_f=（拼块 i 出现的样方数/总样方数）$\times 100\%$；

景观比例 L_p——L_p=（拼块 i 的面积/样地总面积）$\times 100\%$。

③ 生态环境质量（功能与稳定度）计算

选择 4 项指标来计算生态环境质量：

$$EQ = \sum_{i=1}^{N} A_i / N \qquad (8-4)$$

式中　EQ——生态环境质量（功能与稳定性）；

A_i——土地生态适宜性（以土地的生态适宜性大小给分，分阈值 0～100）；

A_2——植被覆盖度（以土地的实际覆盖度为权值，值阈按实际覆盖度除以 100）；

A_3——抗退化能力阈值（群落抗退化能力强时赋值 100，较强赋值 60，一般水平赋值 40，一般以下赋值 0）；

A_4——恢复能力赋值（群落恢复能力强赋值 80，较强赋值 60，一般赋值 40，一般以下赋值 0）；

N——指标数，为 4。

EQ 值的划分标准及相应生态级别见表 8-4。

表 8-4　**EQ 值的划分标准及相应生态级别**

EQ 值	100～70	69～50	49～30	29～10	9～0
生态级别	I	II	III	IV	V

（2）实施办法

在实施过程中，采用专家评分法对开发建设活动前后分别给分计算。在判断生态问题时，根据下列原则或方法。

① 景观镶嵌的稳定性以三种方式增大　在完全没有生物量时，趋于物理系统稳定性；存在低生物量时，受干扰后趋于较快速恢复；当存在高生物量时，通常对干扰有较高抵抗力，但干扰后恢复得相对较慢。

② 景观改变的法则　在未受干扰的条件下，水平景观结构倾向于累进地变得均一；中等干扰能迅速地增大异质性；严重的干扰可能增大异质性，也可能减少异质性。

植被中的镶嵌性大多数是由"干扰"引起的。这种干扰包括自然的和人为的。多重干扰的相互作用、干扰的累积影响等，对敏感生境和环境质量保护十分重要。

③ 养分再分布法则　景观要素中矿物养分再分布速率随着景观要素受干扰的强度的增加而增大。

④ 尺度法则　空间格局和生态过程相互关联；在某一种空间和时间尺度上了解景观问题将受益于在较细和较大尺度上的试验和观察；在不同的空间和时间尺度上，生态过程的影响和重要性是不同的，如生物地理过程在决定区域格局上的重要性比决定局部格局要大；不同的种和有机体类群在不同的空间尺度上起作用，因此，需重视从不同的尺度上研究；研究特定的问题应选择合适的尺度。

⑤ 结构（格局）影响功能　如景观连接度对生物种分布、运动和持久性影响很大，板块的大小、形状和多样性影响生物种的多度格局。

从较大的空间格局看，廊道对生物种有很大影响。绿色廊道如树篱，有助于植物种和动物种从一个资源拼块运动到另一个资源拼块内，有助于生物多样性的维护；而人造的廊道如高速公路等，却可起分割生境、阻碍物种运动交流的作用，易造成生物种的损失。据海南三亚地区的研究，廊道（树篱）的宽度效应在 12m 以上，大于 12m 时，草木种类的平均数是窄带时的 2 倍以上。

⑥ 层系性质　一般来说，低层次的事件比较小型和快速，较高层次的行为较大型和较缓慢。研究不同的问题需选择合适的层次，并注意其上部层次可成为其边界约束，而其下部层次可用于解释有关问题。

⑦ 用于土地规划需遵循的法则　在给定的区域单元内，占优势的土地利用类型必须不成为唯一存在的类型，至少地表的 10%～15% 必须为其他土地利用类型或生态区元；即在集约农业和城市工业土地利用规划中，至少应有 10% 的地面保持自然、近自然和半自然生态系统，称为"10% 急需律"。

8.5.2.7 生态系统综合评价法

生态系统是由多因子（生物因子和非生物因子）组成的多层次的复杂体系和开放系统，采用定性与定量相结合的方法认识和评价这样的复杂系统是目前最常见的评价方法。层次分析法就属于这类方法之一。

层次分析法（AHP法）是一种对复杂现象的决策思维过程进行系统化、模型化、数量化的方法，即多层次权重分析决策法。其具体步骤如下。

（1）明确问题

即确定评价范围和评价目的、对象；进行影响识别和评价因子筛选；确定评价内容或因子，进行生态因子相关性分析，明确各因子之间的相互关系。

（2）建立层次结构

根据对评价系统的初步分析，将评价系统按其组成层次构成一个树状层次结构。在层次分析中，一般可分为3个层次：目标层、指标层、策略层。

① 目标层　又可分总目标层和分目标层。在区域生态环境质量评价中，社会—经济—自然复合生态系统可作为总目标层；生态环境分解为自然生态环境和社会生态环境两个系统，并以一定的指数表达，可作为分目标层。

② 指标层　指标层是由可直接度量的因素组成，如大气二氧化硫浓度，土地的生物生产力，植被覆盖率等。有些生态因子的表征指数比较复杂，可能由若干因子组成，所以，指标层次有时也包括分指标层。

③ 策略层　对每一个指标的变化和发展都会有不同的发展方向和策略方案，即具有不同的可供选择的后果和对策措施。

（3）标度

在进行多因素、多目标的生态环境评价中，既有定性因素又有定量因素，还有很多模糊因素，各因素的重要度不同，联系程度各异。在层次分析中针对这些特点，对其重要度做如下定义：第一，以相对比较为主，并将标度分为1、3、5、7、9共5个，而将2、4、6、8作为两标度之间的中间值（见表8-5）；第二，遵循一致性原则，即当C_1比C_2重要、C_2比C_3重要时，则认为C_1一定比C_3重要。

表 8-5　标度及其描述

重要性标度	定义描述
1	相比较的两个因素同等重要
3	一因素比另一因素稍重要
5	一因素比另一因素明显重要
7	一因素比另一因素强烈重要
9	一因素比另一因素绝对重要
2、4、6、8	两标度之间的中间值
倒数	如果B_i比B_j得B，则B_j比B_i得$B_{ji}=1/B_{ij}$

（4）构造判断矩阵

在每一层次上，按照上一层次的对应准则要求，对该层次的元素（指示）进行逐对比较，依照规定的标度定量化后，写成矩阵形式。判断矩阵构造方法有两种：一是专家讨论确定；二是专家调查确定。

（5）层次排序计算和一致性检验——权重计算

捧序计算的实质是计算判断矩阵的最大特征根值和相应的特征向量。此外，在构造判断矩阵时，因专家在认识上的不一致，需考虑层次分析所得结果是否基本合理，需要对判断矩阵进行一致性检验，经过检验后得到的结果即可认为是可行的。

（6）选择评价标准

通过上述 5 个步骤确定了区域生态系统综合评价的指标体系，层次结构及各层间的权重，接着应确定相应于指标体系的评价标准体系。评价标准有些可根据国家颁布的标准，如《地表水环境质量标准》、《环境空气质量标准》等；社会体系的标准有些可根据国家社会经济发展规划或有关规定确定；有些标准则需经专家研究确定，如自然生态体系的标准等。

（7）评价

一般采用指数评价方法。对生态环境质量的综合性判别可参照表 8-6。

表 8-6　生态环境质量的综合性判别

等级	表征状态	指标特征
Ⅰ	理想状态	生态环境基本未受干扰破坏,生态系统结构完整,功能较强,系统恢复再生能力强,生态问题不显著,生态灾害少
Ⅱ	良好状态	生态环境较少受破坏,生态系统结构尚完整,功能尚好,一般干扰下系统可恢复,生态问题不显著,生态灾害不大
Ⅲ	一般状态	生态环境受到一定破坏,生态系统结构有变化,但尚可维持基本功能,受干扰后易恶化,生态问题显现,生态灾害时有发生
Ⅳ	较差状态	生态环境受到较大破坏,生态系统结构变化较大,功能不全,受干扰后恢复困难,生态问题较大,生态灾害较多
Ⅴ	恶劣状态	生态环境受到很大破坏,生态系统结构残缺不全,功能低下,退行性变化,恢复与重建很困难,生态环境问题很大且变成生态灾害

8.5.2.8　生物生产力评价法

生态系统的生物生产力是系统的首要功能表征。衡量其功能优劣有 3 个基本生物学参数：生物生长量、生物量和物种量。

生物生长量是生态系统在单位空间和单位时间所能生产的有机质的数量，即生产的速率，以 t/hm^2 或吨/亩来表示。在生态环评中，一般不需要全面测定生物（全部动植物）的生长量，多以绿色植物的生长量代表。生物生长量既表征系统的生产能力，也在一定程度上要表征系统受影响后的恢复能力。

生物量是指一定空间内某个时期全部活有机体的数量，又称现有量，在生态环境影响评价中，一般选用标定相对生物量作为表征的指数。标定是指考虑了非生物学参数的作用（如土壤中的有机质和有效水分含量等）而得出的参数。

物种量是指单位空间（如单位面积）内的物种数量。物种量是生态系统稳定性以及系统与环境和谐程度的表征。生态环境影响评价中亦用标定物种量的概念，并且将物种量与标定物种量的比值，即标定相对物种量作为评价的指标。

（1）一般评价方法

① 生物生产力的一般表达式

$$P_q = P_n + R \tag{8-5}$$

$$P_n = B_q + L + G \tag{8-6}$$

式中　P_q——总生物生产量；

P_n——净生物生产量；

R——生物呼吸作用消耗量；

B_q——活物质生产量；

L——枯枝落叶量；

G——被动物消耗的生物量。

② 标定生长系数

由于生物生长量的变化极不稳定，因此生态影响评价中常选用标定生长系数作指数，即取生长量与标定生物量的比值。

$$P_a = \frac{B_q}{B_{m0}} \qquad (8-7)$$

式中　P_a——标定生长系数，其值增大，则生态环境质量趋好；

　　　B_{m0}——标定生物量。

③ 标定相对生物量

$$P_b = \frac{B_m}{B_{m0}} \qquad (8-8)$$

式中　B_m——生物量；

　　　B_{m0}——标定生物量；

　　　P_b——标定相对生物量，其值增大，表示生态环境质量趋好。

④ 标定相对物种量

$$P_s = \frac{B_s}{B_{s0}} \qquad (8-9)$$

式中　B_s——物种量，种数/ha；

　　　B_{s0}——标定物种量，种数/ha；

　　　P_s——标定相对物种量，其值越大，表示生态环境质量越好。

(2) 气候生产力估算

① 植物产量与年均温度的关系

$$TSP_t = \frac{300}{1 + e^{1.315 - 0.119t}} \qquad (8-10)$$

式中　TSP_t——植物干物质产量，$g/(m^2 \cdot a)$；

　　　t——年均气温，℃。

② 植物产量与年均气温的关系

$$TSP_N = 1 - e^{-0.000664N} \qquad (8-11)$$

式中　TSP_N——植物干物质产量，$g/(m^2 \cdot a)$；

　　　N——年均降水量，mm。

③ 植物产量与蒸发量关系

$$TSP_V = 300[1 - e^{-0.0009695(V-20)}] \qquad (8-12)$$

式中　TSP_V——植物干物质产量，$g/(m^2 \cdot a)$；

　　　300——地球上自然植物每年每平方米土地上最高干物质产量；

　　　V——年均实际蒸发量，mm。可用下式计算。

$$V = \frac{1.05N}{\sqrt{1 + \left(\frac{1.05N}{L}\right)^2}}$$

式中　N——年均降水量，mm；

　　　L——年均蒸发量，mm。

其与温度之间关系为

$$L = 3000 + 25t + 0.05t^2$$

适用条件是 $N > 0.316L$，若 $N < 0.316L$，则 $N = V$。

④ 植物的气候生产力

$$NPP_m = \alpha(RDI)R_n \tag{8-13}$$

式中　$\alpha(RDI) = 0.29\exp\{-0.216(RDI)^2\}$；

　　　$RDI = R_n/L_r$；

　　　R_n——净辐射量；

　　　L_r——水的蒸发潜热。

⑤ S·帕特索尔法生物生产量计算

$$I = \frac{T_m PGS}{120T_r} \tag{8-14}$$

式中　I——生物生产量，$t/(ha \cdot a)$；

　　　T_m——最热月平均气温，℃；

　　　T_r——最热月与最冷月的月均气温差，℃；

　　　P——降水量，cm；

　　　G——生长期的持续时间，月；

　　　S——区域太阳辐射量与极地太阳辐射量之比。

中国土地生物生产量最高为 $50g/(m^2 \cdot a)$，分布于桂南、粤南和闽南；较高 $25g/(m^2 \cdot a)$，分布于长江中下游以南；最低 $1g/(m^2 \cdot a)$，分布于西北荒漠区。

（3）作物气候生产潜力计算

作物的气候生产潜力一般可采用光、温、水构成的生产力阶乘模型来估算。

$$Y_c = Y_Q f(T) f(W) \tag{8-15}$$

式中　Y_c——气候生产潜力；

　　　Y_Q——光合潜力；

　　　T——气温；

　　　W——水分；

$f(T)$ 和 $f(W)$——温度条件和水分条件对光合潜力的订正系数。

各参数的确定方法如下。

① 光合潜力 Y_Q

$$Y_Q = \frac{6.67 \times 10^4}{500C} rEK\sum Q \tag{8-16}$$

式中　r——黄秉维系数，取值为 0.124；

　　　K——光合有效辐射系数，取值为 0.5；

　　　Q——太阳总辐射值，$cal/(cm^2 \cdot a)$，并以作物生育期的 Q 作为计算 Y_Q 的标准；

　　　C——作物能量转换系数（水稻 3750，小麦 4250，玉米 3250）；

　　　E——作物经济系数（水稻 0.4，小麦 0.4，玉米 0.35）。

② 温度订正系数

$$f(t) = \begin{cases} 0 & (t < T_1, t > T_3) \\ t/T_2 & (T_1 \leqslant t \leqslant T_2) \\ 2 - t/T_2 & (T_2 < t \leqslant T_3) \end{cases} \tag{8-17}$$

式中　t——月均温度，℃；

T_1——作物生长下限温度（如水稻 10℃，小麦 0℃，玉米 10℃）；

T_2——作物生长最适温度（如水稻 30℃，小麦 30℃，玉米 30℃）；

T_3——作物生长上限温度（如水稻 40℃，小麦 3℃，玉米 40℃）。

③ 水分订正系数

水分订正系数 $f(W)$ 取实际作物蒸散量与最大可能蒸散量的比值，即

$$f(W)=\frac{ET}{ET_m} \tag{8-18}$$

式中　ET——实际蒸散量，可认为等于降水量 R 减去流出量 CR，即 $ET=R-CR=R(1-C)$；

C——径流系数，即径流深度与降水深度之比；

ET_m——农田作物的最大蒸散量。

（4）农田生物生产力估算

$$光能利用率\ E_u=\frac{生物产量×能量系数}{生育期内接受光能总量} \tag{8-19}$$

$$水分生产率\ W_a=\frac{等价产量}{生育期供水量} \tag{8-20}$$

$$积温生产效率\ T_u=\frac{生物产量×能量系数×100}{生育期内>5℃积温} \tag{8-21}$$

8.5.2.9　其他分析方法

针对生态环境的不同特点与属性，或者针对不同的评价问题，不同的专家从各自的专长出发，探索和试验了多种多样的方法，下面介绍几种常见的方法。

（1）多因子数量分析法

从生态环境在一定时间、一定范围所发生的变化是由各生态因子的变化和状态所决定的，通过测定各生态因子的变化趋势，进行生态因子相关性分析和主分量分析，进而进行生态环境变化的趋势分析。有人以此方法分析了采取乔灌结合的治沙措施后沙漠化土地逆转过程中生态环境的相应变化。

（2）回归分析法

回归分析是研究两个及两个以上变量之间相互关系的一种统计分析方法。回归分析的变量中有一个是因变量，其余是自变量，分析时要通过监测或观察数据来寻找自变量和因变量之间的统计关系。

回归分析一般包括确定变量之间的回归方程，对回归方程是否合适进行统计检验，当有多个自变量时需要进行选择以确定具有显著影响的变量，进行预报等几个步骤。

生态环境影响评价中，往往需采用多元线性回归分析法，而且除部分问题属于线性关系外，大部分问题实质上是非线性的，因而需将非线性问题简化为线性问题处理，或者需进行多元线性模型分析。

（3）解决特别问题的数学方法

应用相关分析法，可分析生态因子间的相关关系和重要度。

应用主成分分析法，可分析生态环境的主要影响因子或主要问题等。

应用聚类分析进行各因子亲疏关系分析，可用于进行生态区划等。

（4）系统分析法

对于多目标的动态性问题，可采用系统分析法进行评价。许多学者尝试应用系统动力学

方法、模糊综合评判法、灰色关联分析等方法，用于生态环境影响评价。

生态环评方法正处于蓬蓬勃勃的发展时期，这些方法各有千秋。不管采取什么方法，其可靠性最终取决于对生态环境的全面认识和深刻理解。获取可靠的资料数据，仔细分析生态环境的特点、本质和各要素之间的内在联系，是评价成功的关键。

练习题

1. 生态环境是指什么？
2. 什么是生态影响？什么是累积生态影响？
3. 生态环境影响评价的总体原则是什么？
4. 简述生态环境保护的基本原理。
5. 生态系统结构的完整性包括哪些内容？
6. 生态环境保护是以什么为核心？
7. 生态环境影响评价工作分级主要依据是什么？
8. 简述确定生态环境影响评价范围的方法。
9. 生态现状调查主要有哪些方法？
10. 生态影响预测主要常用方法有哪些？

第9章

区域环境影响评价

本章介绍区域环境影响评价的概念和特点，区域环境影响评价的原则、目的和意义，区域环境影响评价的内容、工作程序和评价范围，区域环境现状调查与评价，开发区规划方案分析，开发区污染源分析，区域环境影响分析与评价，区域环境容量与污染物总量控制分析，开发区土地利用评价和区域环境管理计划等。

9.1　区域环境影响评价的概念和特点

9.1.1　区域环境影响评价的概念

区域环境影响评价是指区域开发的环境影响评价，包括经济技术开发区、高新技术产业开发区、保税区、边境经济合作区、旅游度假区等区域开发以及工业园区等类似区域的环境影响评价。

区域环境影响评价着眼于在一个区域内如何合理规划和建设，强调把整个区域作为一个整体来考虑，其评价的重点如下。

①识别开发区的开发活动可能带来的主要环境影响以及可能制约开发区发展的环境因素。

②分析确定开发区主要相关环境介质的环境容量，研究提出合理的污染物排放总量控制方案。

③从环境保护角度论证开发区环境保护方案，包括污染集中治理设施的规模、工艺和布局的合理性，优化污染物排放口及排放方式。

④对拟议的开发区各规划方案（包括开发区选址、功能区划、产业结构与布局、发展规模、基础设施建设、环保设施等）进行环境影响分析比较和综合论证，提出完善开发区规划的建议和对策。

区域开发活动是指在一定的区域、特定的时间内有计划进行的一系列重大开发活动。这些开发活动区一般叫作开发区。开发区具有如下特征：占地面积在 $1km^2$ 以上、涉及多种行业、每个开发项目一般都有独立的法人、开发项目环境影响范围大并且程度深，具有实施污染物集中控制和治理的条件。

所谓区域环境影响评价就是在一定区域内，以可持续发展的观点，从整体上综合考虑区域内拟开展的各种社会经济活动对环境产生的影响，并且据此制定和选择维护区域良性循环、可持续发展的最佳行动规划或者方案，同时也为区域开发规划和管理者提供决策依据。

9.1.2 区域环境影响评价的特点

区域环境影响评价涉及的因素多、层次复杂，可归纳为以下六个方面的特点。

（1）广泛性和复杂性

区域环境影响评价范围广，在地域上、空间上、时间上都远超过单个建设项目对环境的影响，一般小至几十平方公里，大至一个地区、一个流域；区域环境影响评价内容复杂，其影响涉及区域内所有开发行为及其对自然、社会、经济和生态的影响。

（2）战略性

区域环评是从区域可持续发展的战略高度出发，从区域发展规模、性质、产业结构和布局、土地利用规划、污染物总量控制、污染综合治理等方面论述区域环境保护和经济发展的战略规划。

（3）不确定性

区域开发活动一般都是逐步的、滚动发展的，在开发初期只能确定开发活动的基本规模、性质，而具体入区项目、污染源种类、污染物排放量等不确定因素多，故区域环境影响评价具有一定的不确定性。

（4）评价时间的超前性

区域环境影响评价应当在制定区域环境规划、区域开发活动详细规划之前进行，以作为区域开发活动决策不可缺少的参考依据。只有在超前的区域环境影响评价的基础上，才能真正实现区域内未来项目的合理布局，以最小的环境损失获得最佳的社会、经济和生态效益。

（5）评价方法多样化

因为区域环境影响评价内容多，可能涉及社会经济影响评价、生态环境影响评价和景观影响评价等，故评价方法也应当随区域开发的性质和评价内容的不同而有所不同。区域环境影响评价既要在宏观上确定开发活动的规模、性质、布局合理性，又要评价不同功能是否达到微观环境指标的要求，故往往需要定性分析与定量预测相结合的评价方法。

（6）更强调社会、生态环境影响评价

区域开发活动往往涉及较大的地域、较多的人口，对区域的社会、经济发展有较大影响；同时，区域开发活动又是一个破坏旧的生态系统，建立一个新的生态系统的过程，因此，社会和生态环境影响评价是区域环境影响评价的重点。

9.1.3 区域环境影响评价的主要类型

区域环境影响评价的类型同环境规划的类型是相对一致的。一般可根据评价的性质、行政区划、区域类型、环境要素等划分为若干种类型。例如，同开发建设项目紧密相关的主要类型有流域开发、开发区建设、城市新区建设、城市旧区改造等。

9.2 区域环境影响评价的原则、目的和意义

9.2.1 区环境影响评价的原则

（1）同一性原则

把区域环境影响评价纳入环境规划之中，并且在制定环境规划的同时开展区环境影响评

价工作。

（2）整体性原则

必须以整体观点认识和解决开发建设活动中产生的各种环境问题，不但要提出各类建设项目的环境保护措施，还要提出区域开发集中控制的对策基础。

（3）综合型原则

评价工作不仅要考虑社会环境、还要考虑生态和自然环境以及生活质量的影响。

（4）实用性原则

实用性集中在制定优化方案和污染防治对策方面，应该是技术上可行、经济上合理、效果上可靠，这样才能为建设部门所采纳。

（5）战略性原则

应当从战略层次评价区域开发活动同其所在区域发展规划的一致性、区域开发活动内部功能布局的合理性，并且从总量控制的思想提出开发区入区项目的原则、污染物排放总量和消减方案。

（6）可持续性原则

区域环境影响评价应该通过对区域开发活动及其环境影响的分析与评价，帮助建立一种具有可持续改进功能的环境管理体制，以确保区域开发的可持续。

9.2.2 区域环境影响评价的目的和意义

9.2.2.1 目的

通过对区域开发活动的环境影响评价，完善区域开发活动规划，保证区域开发的可持续发展。

在通常情况下，区域环评应在区域开发规划纲要编制之后和区域开发规划方案编制之前进行。

9.2.2.2 意义

区域环境影响评价从宏观角度对区域开发活动的选址、规模、性质的可行性进行论证，从而避免重大决策失误，最大限度地减少对区域自然生态环境和资源的破坏。

为区域开发功能的合理布局、入区项目的筛选提供决策依据。

有助于了解区域的环境状况和区域开发带来的环境问题，从而有助于制定区域环境污染总量控制规划和建立区域环境保护管理体系，促进区域真正的可持续发展。

可作为单项入区项目的审批依据和区域内单项工程评价的基础和依据，减少各单项工程环境影响评价的工作内容，也使单项工程的环境评价兼顾区域宏观特征，使其更具科学性、指导性。

9.3 区域环境影响评价的内容、工作程序和范围

9.3.1 区域环境影响评价的内容

9.3.1.1 环境影响评价实施方案的基本内容

开发区区域环境影响评价实施方案一般包括以下内容：开发区规划简介；开发区及其周边地区的环境状况；规划方案的初步分析；开发活动环境影响识别和评价因子选择；评价范

围和评价标准（指标）；评价专题设置和实施方案。

9.3.1.2　环境影响识别与评价因子的选择

按照开发区的性质、规模、建设内容、发展规划、阶段目标和环境保护规划，结合当地的社会、经济发展总体规划、环境保护规划和环境功能区划等，调查主要敏感环境保护目标、环境资源、环境质量现状，分析现有环境问题和发展趋势，识别开发区规划可能导致的主要环境影响，初步判定主要环境问题、影响程度以及主要环境制约因素，确定主要评价因子。

主要从宏观角度进行自然环境、社会经济两方面的环境影响识别。

一般或小规模开发区主要考虑对区外环境的影响，重污染或大规模（大于 $10km^2$）的开发区还应识别区外经济活动对区内的环境影响。

突出与土地开发、能源和水资源利用相关的主要环境影响的识别分析，说明各类环境影响因子，环境影响属性（如可逆影响、不可逆影响）判断影响程度、影响范围和影响时间等。

影响识别方法一般有矩阵法、网络法、GIS 支持下的叠加图法等。

9.3.1.3　开发区规划方案的初步分析

主要分析开发区选址的合理性、开发规划目标与所在区域总体规划、其他专项规划、环境保护规划的协调性。

9.3.2　区域环境影响评价工作程序

区域环境影响评价与建设项目环境影响评价的工作程序基本相同，大致分为三个阶段：即准备阶段、正式工作阶段和报告书编写阶段。区域环境影响评价工作程序如图 9-1 所示。

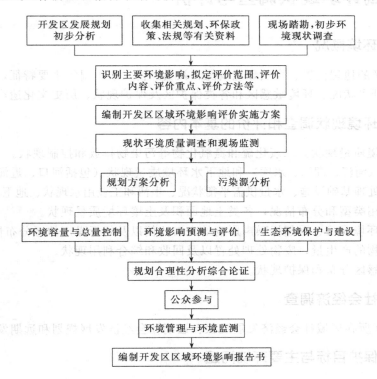

图 9-1　区域环境影响评价工作程序

9.3.3 区域环境影响评价范围的确定

区域环境影响评价范围的确定原则如下：

（1）按不同环境要素和区域开发建设可能影响的范围来确定区域环境影响评价的范围

环境影响评价范围应包括开发区、开发区周边地域以及开发建设直接涉及的区域（或设施）。

（2）区域开发建设涉及的环境敏感区等重要区域必须纳入环境影响评价的范围，应保持环境功能区的完整性

确定各环境要素的评价范围应遵循表 9-1 所列基本原则，具体数值参照有关环境影响评价技术导则。

表 9-1　确定评价范围的基本原则

评价要素	评价范围
陆地生态	开发区及其周边地域，参考环评导则 HT/J 19"非污染生态影响"
空气	可能受到区内和区外大气污染影响的，根据所在区域现状大气污染源、拟建大气污染源和当地气象、地形等条件而定
地表水（海域）	与开发区建设相关的重要水体/水域（如水源地、水源保护区）和水污染物受纳水体，根据废水特征、排放量、排放方式、受纳水体特征确定
地下水	根据开发区所在区域地下水补给、径流、排泄条件，地下水开采利用现状量，及其与开发区建设活动的关系确定
声环境	开发区与相邻区域噪声适用区划
固体废物管理	收集、储存及处置场所周围

9.4　区域环境现状调查与评价

9.4.1 区域环境概况

调查开发区的地理位置、自然环境概况、社会经济发展概况等主要特征，说明区域内重要自然资源及开采状况、环境敏感区和各类保护区及保护现状、历史文化遗产及保护现状。

9.4.2 区域环境现状调查和评价的基本内容

① 空气环境质量现状，二氧化硫和氮氧化物等污染物排放和控制现状。

② 地表水（河流、湖泊、水库）和地下水环境质量现状（包括河口、近海水域水环境质量现状）、废水处理基础设施、水量供需平衡状况、生活和工业用水现状、地下水开采现状等。

③ 土地利用类型和分布情况，各类土地面积及土壤环境质量现状。

④ 区域声环境现状、受超标噪声影响的人口比例以及超标噪声的区分布情况。

⑤ 固体废物的产生量，废物处理处置以及回收和综合利用现状。

⑥ 环境敏感区分布和保护现状。

9.4.3 区域社会经济调查

调查开发区所在区域社会经济发展现状、近期社会经济发展规划和远期发展目标。

9.4.4 环境保护目标与主要环境问题

概述区域环境保护规划和主要环境保护目标和指标，分析区域存在的主要环境问题，并

以表格形式列出可能对区域发展目标、开发区规划目标形成制约的关键环境因素或条件。

9.5　开发区规划方案分析

9.5.1　开发区选址合理性分析

将开发区规划方案放在区域发展的层次上，进行合理性分析，分析开发区总体发展目标、布局和环境功能区划的合理性。

9.5.2　开发区总体布局及区内功能分区的合理性分析

分析开发区规划确定的区内各功能组团（如工业区、商住区、绿化景观区、物流仓储区、文教区、行政中心等）的性质及其与相邻功能组团的边界和联系。

根据开发区选址合理性分析确定的基本要素，分析开发区内各功能组团的发展目标和各组团间的优势与限制因子，分析各组团间的功能配合以及现有的基础设施及周边组团设施对该组团功能的支持。可采用列表的方式说明开发区规划发展目标和各功能组团间的相容性。

9.5.3　开发区规划与所在区域发展规划的协调性分析

将开发区所在区域的总体规划、布局规划、环境功能区划与开发区规划做详细对比，分析开发区规划是否与所在区域的总体规划具有相容性。

9.5.4　开发区土地利用的生态适宜度分析

生态适宜度评价采用三级指标体系，选择对所确定的土地利用目标影响最大的一组因素作为生态适宜度的评价指标。

根据不同指标对同一土地利用方式的影响作用大小，进行指标加权。

进行单项指标（三级指标）分级评分，单项指标评分可分为 4 级：很适宜、适宜、基本适宜、不适宜。

在各单项指标评分的基础上，进行各种土地利用方式的综合评价。

9.5.5　环境功能区划的合理性分析

对比开发区规划和开发区所在区域总体规划中对开发区内各分区或地块的环境功能要求。

分析开发区环境功能区划和开发区所在区域总体环境功能区划的异同点。根据分析结果，对开发区规划中不合理的环境功能分区提出改进建议。

根据综合论证的结果，提出减缓环境影响的调整方案和污染控制措施与对策。

9.6　开发区污染源分析

根据规划的发展目标、规模、规划阶段、产业结构、行业构成等，分析预测开发区污染物来源、种类和数量。特别注意考虑入区项目类型与布局存在较大不确定性、阶段性的特点。

根据开发区不同发展阶段，分析确定近期、中期、远期区域主要污染源。鉴于规划实施的时间跨度较长并存在一定的不确定性因素，污染源分析预测以近期为主。

9.6.1　区域污染源分析的主要因子

区域污染源分析的主要因子应满足下列要求。

① 国家和地方政府规定的重点控制污染物。

② 开发区规划中确定的主导行业或重点行业的特征污染物。

③ 当地环境介质最为敏感的污染因子。

9.6.2　污染源估算方法

① 选择与开发区规划性质、发展目标相近的国内外已建开发区做类比分析，采用计算经济密度的方法（每平方公里的能耗或产值等），类比污染物排放总量数据。

② 对于已形成主导产业和行业的开发区，应按主导产业的类别分别选择区内的典型企业，调查审核其实际的污染因子和现状污染物排放量，同时考虑科技进步和能源替代等因素，估算开发区污染物排放量。

③ 对规划中已明确建设集中供热系统的开发区，废气常规因子排放总量可依据集中供热电厂的能耗情况计算。

④ 对规划中已明确建设集中污水处理系统的开发区，可以根据受纳水体的功能确定排放标准级别和出水水质，依据污水处理厂的处理能力和处理工艺，估算开发区水污染物排放总量。未明确建设集中污水处理系统的开发区，可以根据开发区供水规划，通过分析需水量，估算开发区水污染物排放总量。

⑤ 生活垃圾产生量预测应主要依据开发区规划人口规模、人均生活垃圾产生量，并充分考虑经济发展对生活垃圾增长影响的基础上确定。

9.7　区域环境影响分析与评价

9.7.1　区域空气环境影响分析与评价主要内容

① 开发区能源结构及其环境空气影响分析。

② 集中供热（汽）厂的位置、规模、污染物排放情况及其对环境质量的影响预测与分析。

③ 工艺尾气排放方式、污染物种类、排放量、控制措施及其环境影响分析。

④ 区内污染物排放对区内、外环境敏感地区的环境影响分析。

⑤ 区外主要污染源对区内环境空气质量的影响分析。

9.7.2　地表水环境影响分析与评价主要内容

区域地表水环境影响分析与评价应包括开发区水资源利用、污水收集与集中处理、尾水回用以及尾水排放对受纳水体的影响。

水质预测的情景设计应包含不同的排水规模、不同的处理深度、不同的排污口位置和排放方式。

可以针对受纳水体的特点，选择简易（快速）水质评价模型进行预测分析。

9.7.3　地下水环境影响分析与评价主要内容

① 根据当地水文地质调查资料，识别地下水的径流、补给、排泄条件以及地下水和地

表水之间的水力联通，评价包气带的防护特性。

② 根据地下水水源保护条例，核查开发规划内容是否符合有关规定，分析建设活动影响地下水水质的途径，提出限制性（防护）措施。

9.7.4　固体废物处置方式及其影响分析主要内容

① 预测可能的固体废物的类型，确定相应分类处理方式。

② 开发区固体废物处置纳入所在区域的固体废物管理体系的，应确保可利用的固体废物处理处置设施符合环境保护要求（如符合垃圾卫生填埋标准、符合有害工业固体废物处置标准等），并核实现有固体废物处理设施可能提供的接纳能力和服务年限。否则，应提出固体废物处置建设方案，并确认其选址符合环境保护要求。

③ 对于拟议的固体废物处置方案，应从环境保护角度分析选址的合理性。

9.7.5　噪声影响分析与评价主要内容

根据开发区规划布局方案，按声环境功能区划分原则和方法，拟定开发区声环境功能区划方案。

对于开发区规划布局可能影响区域噪声功能达标的，应考虑调整规划布局、设置噪声隔离带等措施。

9.8　区域环境容量与污染物总量控制分析

根据区域环境质量目标，确定污染物总量控制的原则和要求，并提出污染物总量控制方案。在提出污染物总量控制方案的工作内容要求时，应考虑到集中供热、污水集中处理排放、固体废物分类处置的原则要求。

9.8.1　大气环境容量与污染物总量控制主要内容

① 选择总量控制指标：SO_2、NO_2、PM_{10}。

② 对所涉及的区域进行环境功能区划，确定各功能区环境空气质量目标。

③ 根据环境质量现状，分析不同功能区环境质量达标情况。

④ 结合当地地形和气象条件，选择适当方法，确定开发区大气环境容量（即满足环境质量目标的前提下污染物的允许排放总量）。

⑤ 结合开发区规划分析和污染控制措施，提出区域环境容量利用方案和近期（按五年计划）污染物排放总量控制指标。

9.8.2　水环境容量与废水排放总量控制主要内容

① 选择总量控制指标因子：COD、NH_3-N、TN、TP 等因子以及受纳水体最为敏感的特征因子。

② 分析基于环境容量约束的允许排放总量和基于技术经济条件约束的允许排放总量。

③ 对于拟接纳开发区污水的水体，如常年径流的河流、湖泊、近海水域，应根据环境功能区划的所规定的水质标准要求，选用适当的水质模型分析确定水环境容量（河流/湖泊：水环境容量，河口/海湾：水环境容量/最小初始稀释度，近海水域：最小初始稀释度）；对季节性河流，原则上不要求确定水环境容量。

④ 对于现状水污染物排放实现达标排放，水体无足够的环境容量可资利用的情形，应在制定基于水环境功能的区域水污染控制计划的基础上确定开发区水污染物排放总量。

⑤ 如预测的各项总量值均低于上述基于技术水平约束下的总量控制和基于水环境容量的总量控制指标，可选择最小的指标提出总量控制方案；如预测总量大于上述二类指标中的某一类指标，则需调整规划，降低污染物总量。

9.8.3 固体废物管理与处置主要内容

① 分析固体废物类型和发生量，分析固体废物减量化、资源化、无害化处理处置措施及方案，可采用固体废物流程表的方式进行分析。

② 分类确定开发区可能发生的固体废物总量；可采用类比的方式预计固体废物的发生量。

③ 开发区的固体废物处理处置应纳入所在区域的固体废物总量控制计划之中，对固体废物的处理处置，符合区域所制定的资源回收、固体废物利用的目标与指标要求。

④ 按固体废物分类处置的原则，测算需采取不同处置方式的最终处置总量，并确定可供利用的不同处置设施及能力。

9.8.4 环境容量估算方法

9.8.4.1 水环境容量计算

水环境容量是基于对流域水文特征、排污方式、污染物迁移转化规律进行充分科学研究的基础上，结合环境管理需求确定的管理控制目标。水环境容量既反映流域的自然属性（水文特性），同时反映人类对环境的需求（水质目标），水环境容量将随着水资源情况的不断变化和人们环境需求的不断提高而不断发生变化。

水环境容量计算是指在给定水质目标和现有参数下确定一定范围内各不同层次的水环境容量。

对于拟接纳开发区污水的水体，如常年径流的河流、湖泊、近海水域应估算其环境容量。

污染因子应包括国家和地方规定的重点污染物、开发区可能产生的特征污染物和受纳水体敏感的污染物。

根据水环境功能区划明确受纳水体不同断（界）面的水质标准要求；通过现有资料或现场监测弄清受纳水体的环境质量状况；分析受纳水体水质达标程度。

在对受纳水体动力特性进行深入研究的基础上，利用水质模型建立污染物排放和受纳水体水质之间的输入相应关系。

确定合理的混合区，根据受纳水体水质达标程度，考虑相关区域排污的叠加影响，应用输入相应关系，以受纳水体水质按功能达标为前提，估算相关污染物的环境容量（即最大允许排放量或排放强度）。

9.8.4.2 大气环境容量估算

在给定的区域内，达到环境空气保护目标而允许排放的大气污染物总量，就是该区域该大气污染物的环境容量。由于大气污染物排放量及其造成的污染物浓度分布与污染源的位置、排放方式、排放高度、污染物的迁移、转化、扩散规律有密切关系，因此，在具体项目

（污染源清单）尚不确定的情况下要估算区域的大气环境容量实际上是具有相当的不确定性。

估算大气环境容量可采用模拟法、线性规划法和 A-P 值法。

模拟法和线性规划法适用于规模较大、具有复杂环境功能的新建开发区，或将进行污染治理与技术改造的现有开发区。但使用这两种方法时需要通过调查和类比了解或虚拟开发区大气污染源的排放量和排放方式。

模拟法是利用环境空气质量模型模拟开发活动所排放的污染物引起的环境质量变化是否会导致环境空气质量超标。如果超标可按等比例或按对环境质量的贡献率对相关污染源的排放量进行削减，以最终满足环境质量标准的要求。满足这个充分必要条件所对应的所有污染源排放量之和便可视为区域的大气环境容量。

线性规划法是根据线性规划理论计算大气环境容量。该方法以不同功能区的环境质量标准为约束条件，以区域污染物排放量极大化为目标函数。这种满足功能区达标对应的区域污染物极大排放量可视为区域的大气环境容量。

目标函数为
$$\max f(Q) = D^T Q \tag{9-1}$$
约束条件为
$$AQ \leqslant C^s - C^a$$
$$Q \geqslant 0$$

其中：$Q = (q_1, q_2, \cdots, q_m)^T$；$C^s = (c_1^s, c_2^s, \cdots, c_n^s)^T$；$C^a = (c_1^a, c_2^a, \cdots, c_n^a)^T$；

$$A = \begin{Bmatrix} a_{11}, a_{12}, \cdots, a_{1m} \\ a_{21}, a_{22}, \cdots, a_{2m} \\ \vdots \\ a_{n1}, a_{n2}, \cdots, a_{nm} \end{Bmatrix}；D = (d_1, d_2, \cdots, d_m)^T$$

式中　m——排放源总数；

　　　n——环境质量控制点总数；

　　　q_i——第 i 个污染源的排放量；

　　　c_j^s——第 j 个环境质量控制点的标准；

　　　c_j^a——第 j 个环境质量控制点的现状浓度；

　　　a_{ij}——第 i 个污染源排放单位污染物对第 j 个环境质量控制点的浓度贡献；

　　　d_i——第 i 个污染源的价值（权重）系数。

浓度贡献系数矩阵 A 中各项可采用《环境影响评价技术导则　大气环境》（HJ 2.2—2008）中推荐的扩散模式计算。价值系数矩阵 D 中各项在没有特殊要求时可取 1。

线性规划模型可用单纯形法或改进单纯形法求解，具体计算过程参阅有关线性规划理论书籍由计算机辅助完成。

A-P 值法以大气质量标准为控制目标，在大气污染物扩散稀释规律的基础上，使用控制区排放总量允许限值和点源排放允许限值控制计算大气环境容量。具体方法可参照《制定地方大气污染物排放标准的技术方法》（GB/T 13201—91）。

9.8.5　区域环境污染物总量控制

区域污染物总量控制是指在某一区域环境范围内，为了达到预定的环境目标，通过一定的方式，核定主要污染物的环境最大容许负荷（近似相等于环境容量），并依此进行合理分配，最终确定区域范围内污染源容许的污染物排放量。

目前，污染物总量控制分类方法有两种形式：一是指令控制下的总量控制，即国家和地方按照一定原则在一定时期内所下达的主要污染物排放总量控制指标，所做的分析工作主要是如何在总指标范围内确定各小区的合理分担率；二是环境容量控制下的总量控制。目前，在区域评价中通常将环境目标或者相应的标准看作确定环境容量的基础，即一个区域的排污总量应当以其保证环境质量达标条件下的最大排污量为限，一般应当采用现场监测和模拟模型计算方法，分析原有总量对环境的贡献以及新增总量对环境的影响，特别是要论证采用综合整治、总量控制措施后，排污总量是否满足环境质量要求。

9.8.5.1　技术路线

区域开发要坚持可持续发展战略，实施总量控制，资源问题应作为分析研究的首要问题。重点应当分析区域经济、社会发展过程中经济发展、资源消耗与环境污染的相互关系，从资源利用的宏观全过程分析中，探讨通过资源合理利用与分配、提高科技水平、调整发展因子、提高资源利用率等途径降低资源需求量、减少流失量、减轻环境压力，并针对各类资源消耗过程中产生的主要污染物，实现宏观总量控制。当总量控制不能满足要求时，可以通过对总体规划的调整来满足总量控制的要求。

（1）区域开发主要资源预测

在区域环境总量控制中，需要根据资源的开发利用程度预测污染排放量，因此，首先要预测主要资源的消耗量。

资源需求预测方法主要有人均资源消费法、分部门资源预测法、时间序列法、投入产出法和弹性系数法等。这里我们只介绍弹性系数法。

所谓弹性系数是指经济指标增长率和资源指标增长率之比，即

$$Q_{wi} = Q_0(1+KN_i)^t \tag{9-2}$$

式中　Q_{wi}——资源需求总量；

　　Q_0——基准年资源消耗总量；

　　K——经济增长速度；

　　N_i——资源消耗弹性系数；

　　t——规划期年限。

与污染物排放量有关的资源主要是能源和水资源，对于这两种资源的分析主要采用生态功能流的方法，将能源与水资源从输入到输出的全过程以流的形式划分成若干环节和类型，并将这些资源流看作相应污染物质的载体，从输入、转换、分配、使用、排放和处理的各个环节中，找出产生污染的主要途径和相应的控制措施，进行污染宏观总量控制分析，确定宏观控制水平。

（2）能流分析

在区域生态系统中，能源包括自然能和辅助能两大部分。自然能主要是指生物能、太阳能、风能等可再生能源，辅助能以矿物燃料为代表。按照现状用能的实际情况，将最终用能按部门划分并采用网络图的方法加以概括和抽象，形成宏观能流平衡网络图。在能流平衡网络中能流可以分为四个节段，即能源的输入、能源的集中转换与加工、能源的输送与分配、能源的最终使用。

现状能源流分析主要是计算各节段内能源流之间的比例关系和随着能源流产生或者将要产生的污染物之间的比例关系，这种比例关系直接反映输入能源结构的优劣和大气污染物的潜在排放量。

在能源流集中转换过程中，分析的重点是煤的集中转换，其中，包括煤—电、煤—热、煤—焦炭等的转换。这些转换之间的比例关系反映了区域能源供给技术的总体水平。通过集

中转换后，能源流所携带的污染物的总量将小于输入端污染物总量。这种污染消减反映了能源系统的先进程度和污染控制能力。

（3）水流分析

水资源短缺、水环境污染是许多区域开发过程中突出的环境问题。随着经济发展、人口增长与生活水平的提高，对水资源的需求、各类污水排放对水环境产生的压力将不断增加，而这种增加达到一定程度时又反过来影响经济和社会的发展。

水流系统从资源开采到向受纳水体排污的全过程，可以分为水资源开采、水的使用、污水产生与排放、分散处理与集中处理、向受纳水体排放与回用等阶段。在水资源开采阶段，应当重点分析水资源开发极限和水资源开发带来的主要生态环境问题，例如，地下水位下降、地面沉降、地面水径流减小、咸水上溯等，还应当分析水资源分配的合理性；在水的使用阶段，重点分析各方面的用水系数，一般情况下，由于科技进步和节水技术与措施的推广，工业和农业用水系数是逐年下降的，而生活用水系数和市政用水系数会有所增加。

9.8.5.2 区域发展环境污染总量控制分析

（1）区域主要污染物总量测算

国家规定的总量控制指标目前有 12 项，它们是大气污染物 3 项、水污染物 8 项、工业固体废物 1 项，其中，工业粉尘和 COD 以外的其他 7 项水污染物属于企业级控制的污染物，主要由于工业项目有关，并且可以通过各类处理措施实施高强度的处理，以达到严格控制的目的。同时，这几项污染物在规划期内是不可预测的，因此，可以不纳入区域规划的总量控制范围。需要预测的污染物指标主要有二氧化硫、烟尘和 COD，可以根据前节介绍的能流和水流分析，计算能流和水流中所携带的污染物量，并考虑各环节的污染物消减，得到这些污染物的最后排放量。

（2）总量合理分配分析

为了确定一个合理的分担率，可以采用等比例分配方法计算。公式如下：

$$q_{ij}=Q_j\frac{t_{ik}}{t_k} \tag{9-3}$$

式中　q_{ij}——第 i 区域第 j 类污染物应分配总量指标；

　　Q_j——该区第 i 类污染物总量指标；

　　t_{ik}——第 i 区第 k 类污染物指标分量；

　　t_k——该区域第 k 类污染物指标总量；

　　k——综合平均指标或者可以表示为经济、资源、土地面积、人口数量。

（3）主要污染物总量控制措施技术经济分析

总量控制目标和方案确定后，还需要进行技术经济分析，判断其技术可行性和经济合理性。技术经济分析包括技术、经济效益和环境效益等方面，主要看技术上是否可行，贷款回收年限、财务内部收益率等是否可以接受，环境效益十分显著，并采用对比的方法确定最优的方案。

（4）预测总量的环境影响分析

在合理分担和技术经济允许的情况下，所确定的总量还必须满足环境质量的要求。在一般情况下，可以采用建立总量与环境质量输入相应关系的方法，常用的是模拟计算的方法。计算模型的选择应当同预测排放量的精度相适应，并应当最终满足环境质量的要求。

9.9 开发区土地利用评价

9.9.1 区域环境承载力分析

环境承载力是指在某一时期、某种状态或者条件下，某地区的环境所能够承受人类活动影响的阈值。区域环境承载力是指在一定的时期和一定区域范围内，在维持区域环境系统结构不发生质的改变，区域环境功能不朝着恶化方向转变的条件下，区域环境系统所能够承受人类各种社会经济活动的能力。实际上，区域环境承载力是区域环境系统结构与区域社会经济活动的适应程度。

（1）区域环境承载力研究的对象

区域环境承载力的研究对象是区域社会经济—区域环境结构系统。它包括两个方面：一是区域环境系统的微观结构、特征和功能；二是区域社会经济活动的方向、规模。把这两个方面结合起来，以量化手段标准表征出两方面的协调程度，就是区域环境承载力研究的目的。

（2）区域环境承载力研究的内容

区域环境承载力主要研究区域环境承载力指标体系、区域环境承载力大小表征模型及求解、区域环境承载力综合评估。

① 区域环境承载力指标体系　区域环境承载力指标体系分类一般可分为三类。

自然资源供给类指标：如水资源、土地资源、生物资源等；

社会条件支持类指标：如经济实力、公用设施、交通条件等；

污染承受能力的指标：如污染物的迁移、转换和扩散能力，绿化状况等。

② 区域环境承载力大小表征　区域环境承载力规模大小主要受下列因素影响。

其一，环境系统本底性质。环境系统要素的特性与资源总量，决定其本底整体的性质。具体地讲，对于同等生物和人文系统，环境系统各类资源总量的大小就决定了其承载力的大小。

其二，人类能动调节与控制。环境承载力与人类的生产、生活、消费和对环境资源的开发利用方式密切相关。人类发挥其能动性，不断调整和改变自身活动的方式，将使环境承载力随之不断变化；

其三，人类科技创新与进步。人类不断发现和挖掘环境资源的开发价值，不断提高环境资源的利用效率，使得环境承载力也不断增大。

其四，环境系统相互协调。随着人类活动强度的增大，其活动范围和影响也越来越大，人类根据自身生存与发展的需要，通过调动来改变环境资源的分配，从而改变环境系统的资源承载力。

区域环境承载力的大小表征应当按照指标类别分别表达。

人类发展标准指标：要计量其大小，必须明确人类生存与发展的标准，这一标准可用年均收入水平。收入水平与环境状况存在着一定的关联，有研究认为可用库兹涅茨曲线描述。按照国际标准，环境状况在收入低于 1000 美元/人时会呈不断恶化趋势；在 1000～3000 美元/人时环境退化会经历从农村到城市、由农业及工业的急剧结构转变；当超过 10000 美元/人后环境状况则不断改善。依据中国的实际情况，可以给出对应的参考标准，温饱型、小康型、富裕型。

环境资源总量指标：大气资源主要包括光照和热量两方面；水资源主要包括地表水和地下水两方面；土地资源包括地面森林、草场和耕地、地下矿产和城市建筑等方面。区域环境资源种类和总量应根据具体情况细分和计量。

资源收入关系方程：根据城市发展的长期统计数据，进行数学回归计量分析，最终找出资源与收入的定量关系，即单位资源消耗量的创收水平。

环境灾害损失总量：环境灾害包括气候灾害、生物灾害（鼠、虫、病害）、污染灾害和地质灾害等灾害，负面造成的破坏和经济损失极大，应当从环境资源的正面产出中减去。

资源创收总量方程：设 Z_i 为第 i 种资源的消耗总量，R_i 为第 i 种资源的年均创收总量，L_i 为第 i 种资源的年均环境灾害损失总量，那么

$$R_i = \sum_{k=1}^{i} Y_k Z_k - L_i \tag{9-4}$$

式中　Y_i——第 i 种资源的创收总量。

环境承载人口总量：设 M_r 为人类发展标准，P_r 为区域年均人口承载力规模，那么

$$P_r = \frac{R_i}{M_r} \tag{9-5}$$

可依此法推出水体、土地和建筑等其他分量的承载力，各个分量的承载力之和就是区域的环境承载力。

9.9.2　开发区土地利用和生态适宜度分析

9.9.2.1　土地利用适宜度分析

土地利用适宜度分析是区域环境影响评价的重要内容，其主要内容包括：自然环境对各种土地利用的潜力和限制、人类开发行为同环境保护目标是否相符、资源的空间分配是否最佳。

土地利用适宜性分析过程：首先，要确定环境敏感区，其次确定土地利用类型；然后，进行环境潜能分析，再进行环境限制的分析；最后，进行土地利用适宜性分析，并针对各种土地利用适宜性做综合分析，并进行社会、经济评价。

9.9.2.2　生态适宜度分析

生态适宜性分析是对区域进行生态调查的基础上，对区域土地的生态现状及开发利用条件进行定性和定量的评价，并对开发利用后可能产生的影响进行科学的预测。

生态适宜性分析应当运用生态学原理方法，分析区域发展所涉及的生态系统敏感性与稳定性，了解自然资源的生态潜力和对区域发展可能产生的制约因素，从而引导规划对象空间的合理发展以及生态环境建设的策略。

目前，生态适宜度分析的方法还不很成熟，其大致内容如下。

首先，选择生态因子。不同土地用途所选择的生态因子不同，生态因子的选择必须遵守一条基本原则，这就是生态因此必须是对手确定的土地利用目的影响最大的因素。

其次，进行单因子分级评分。单因子分级一般分为五级，即很不适宜、不适宜、基本适宜、适宜、很适宜。当然，也可以只分为三级，即不适宜、基本适宜、适宜。

其三，进行生态适宜度分析。在各单因子分级评分的基础上，进行各种用地形式的综合适宜度分析。

对于开发区而言，生态适宜度分析就是通过分析开发区各类用地与开发区的自然、社会和环境特征的适应性，判断开发区土地利用规划是否合理。

（1）开发区土地利用生态适宜度分析程序

开发区土地利用生态适宜度分析基本程序如下。

① 识别主要开发活动或土地利用。

② 选择与开发活动相关的自然、社会与环境因素，并根据其对开发活动的影响程度分级绘制在相关地图上。

③ 综合评价。

（2）土地利用生态适宜度分析方法

土地利用生态适宜度分析的方法很多，常用的方法有地图重叠法、因子加权评分法和生态因子组合法。

① 地图重叠法　地图重叠法可以追溯到 20 世纪初，但直到麦克哈格等的努力，才使这一方法成功地用于土地利用的生态适宜度分析，使得土地利用规划评价能够有效地综合考虑社会和环境因素。因此，这一方法又称为麦克哈格法。

麦克哈格法的基本步骤可归纳为以下几点。

第一步，确定主要开发活动及相应的影响因子。

第二步，调查每个因子在区域中的状况及分布（即建立生态目录），并根据其对某种开发活动或某种土地利用的适宜性进行分级，并用不同的深浅色度代表适宜性分级分别绘在各个单要素地图上，即每个因子一张图。

第三步，将二张及二张以上的单要素图进行叠加得到复合图，即综合适宜性分布图。

第四步，分析复合图，并由此评价土地利用的规划方案。

麦克哈格与其同事在斯塔腾岛的土地利用规划评价中，用地图重叠法分析了斯塔腾区域内自然保护、被动休养、积极休息、住宅开发、商业及工业开发等五种用地。现以商业及工业开发为例，麦克哈格等认为：地下岩石基础条件、土壤基础、可通航河道、潮水的浸淹、坡度、侵蚀、现有森林、土壤排水等因素对商业及工业开发的适宜性有影响，并据此分级，如坡度 25%，定为 1 级，即最不适宜，用最浅的颜色加以表示；坡度<2.5%的地区为 5 级，最为适宜，用最深颜色表示。坡度越大，颜色越浅，适宜性越差，这样将各个因素分别绘成不同的单要素或单因子地图，然后进行叠加，即可获得一张综合图。在综合图中，颜色越深的地区，则表示对商业及工业的开发越适宜。

地图重叠法是一种形象直观，可以将社会、自然环境等不同量纲的因素进行综合的一种土地利用适宜度分析方法。其缺点是：重叠法实质上是等权相加方法，而实际上各个因素的作用是不相等的；当分析因子增加后，用不同的深浅颜色表示适宜等级并进行重叠的方法相当繁琐，并且很难辨别综合图上不同深浅颜色之间的细微差别。但不管如何，地图重叠法在土地利用的生态适宜度分析发展上具有重要意义，此后开发的新方法中，大多以此方法为基础。

② 因子加权评分法　因子加权评分法的基本原理与地图重叠法的原理相似。首先，将研究地区分成若干小区或网格，其次，选定用地的影响因子，并按这些因子分别评定各个小区或网格对这种用地开发的适宜度等级或评分，并在确定各个因子相对重要性（权重）的基础上，对各个网格或小区评分进行加权求和，得到各个小区或网格对某种用地开发的总评分，一般分数越高表示越适宜。

加权求和的方法克服了地图重叠法中等权相加的缺点，以及地图重叠法中繁琐的照相制图过程，同时避免了对阴影辨别的技术困难。加权求和法另一重要优点是适宜应用计算机，这也是近年来该方法被广泛运用的原因。但是不论是地图重叠法还是加权求和法，从数学上讲，要求各个因子应该是独立的，而实际上许多因子是相互联系、相互影响的。为了克服这一缺陷，专家们又发展了一种新方法，称为"生态因子组合法"。

③ 生态因子组合法　地图重叠法和加权求和法通常需要各个因子相互独立。而事实上，许多因子的作用是相互依赖的，如地面坡度＞30％时，不管排水条件如何，都极不适宜高速公路的修建。但如果按加权求和或地图重叠法来做，当坡度＞30％而排水条件极好时，可能会得出中等适宜的结论。因子组合法认为：对于某特定的土地利用来说，相互联系的各个因子的不同组合决定了对这种特定土地利用的适宜性。生态因子的组合法可以分为层次组合法和非层次组合法。层次组合法首先用一组组合因子去判断土地的适宜度等级，然后，将这组因子看作一个单独的新因子与其他因子进行组合判断土地的适宜度，这种按一定层次组合的方法便是层次组合法。相反，则为非层次组合法。很显然，非层次组合法适用于判断因子较少的情况，而当因子过多时，采用层次组合法要方便得多。但不管采用层次组合法还是非层次组合法，首先需要专家建立一套复杂而完整的组合因子和判断准则，这是运用生态因子组合法关键的一步，也是较为困难的一步。

9.9.2.3　区域开发方案合理性分析

主要分析下列内容。

① 区域开发于城市总体规划的一致性分析　主要分析开发区的性质是否符合城市总体规划的要求，或者与周围各功能区是否一致。

② 开发区总体布局与功能分区合理性分析　主要分析工业区用地布局的合理性，交通布局的合理性，绿地系统的合理性。

9.10　区域环境管理计划

为了保证区域环境功能的实施，必须加强对区域的环境管理工作，制订必要的环境管理措施，有条件的区域应当设立环境保护办公室和监测站。

9.10.1　机构设立与监控系统的设立

（1）明确环境管理机构与环境监测站的主要职责

通过颁布规章制度，明确环境管理机构的主要职责和环境监测站的主要职责。

（2）环境管理机构与监测站的人员、仪器配备

市级规划区应当在区内设置环境保护办公室和监测站，并且根据实际需要确定的人员编制。监测站人员必须经过技术培训合同可以后才可上岗，并且定期参加国家和地方监测部门的考核。其他区域根据具体情况分别对待。

（3）环境监测计划

在编制区域环境影响报告书中，要制订出环境监测计划，明确环境监测计划的技术和管理要求，以便于环境管理部门能够贯彻执行。

环境监测计划的内容要根据区域对环境产生的主要环境影响和经济条件而定，一般包括：选择合适的监测对象和环境因子；确定监测范围；选择监测方法；概算、筹集和分摊监测经费；建立定期审核制度；明确监测实施机构。

9.10.2 区域环境管理指标体系的建立

区域环境管理指标体系的建立必须在考虑环境、经济、生活质量等方面关系的基础上，权衡轻重，加以选择。

（1）区域环境管理指标选取的原则

① 科学性原则 全面、正确反映管理对象的特征和内涵，能够反映管理对象的动态变化，并且可分解、可操作、方向性明确。

② 规范化原则 指标的含义、范围、量纲、计算方法具有同一性和通用性，并且在较长时间内不会有大的改变。

③ 适应性原则 能够体现环境管理的运行机制，与环境统计指标、监测指标和数据相适应，同时与经济社会发展的规划指标相联系。

④ 针对性原则 能够反映环境保护的战略目标、战略重点、战略方针和政策，反映区域经济社会环境保护发展的特点以及发展需求。

（2）区域环境管理指标的类型

区域环境管理指标按结构可分为直接指标和间接指标，直接指标包括环境质量指标、污染物总量控制指标；间接指标包括与环境相关的经济、社会发展指标以及区域城市建设指标等。

区域环境管理指标按表征对象、作用以及在环境管理中的重要程度或相关性可分为环境质量指标、污染物总量控制指标、环境规划措施与管理指标及相关指标。

9.10.3 区域环境目标可达性分析

确定了环境目标后，应对环境目标是否可以达到进行分析。只有从整体上认为目标可达后，才能进行目标的分解，落实到具体工程项目和设施，可从以下 3 个角度来进行分析。

（1）从投资角度分析

环境目标确定后，污染物的总量消减指标以及环境污染控制和环境建设等指标也都确定了。根据完成这些指标的总投资，就可以计算出总的环境投资，然后与同时期的国民生产总值进行比较。我国 20 世纪末环境保护目标研究测算表明，要使环境污染达到基本控制的目标，需要投资 2600 亿元，约占同时期国民生产总值的 1%。近几年来国家提出将原定年均增长 6% 的经济发展速度提高到 8%～9%，最大速度加快经济发展有可能增加对环境的压力，但是高速增长的经济实力也将为环境保护提供更强有力的支持。因此，应尽可能地利用经济发展产生的效益来实现环境目标。

（2）从环境管理技术和污染防治技术的提高论述目标的可达性

环境管理技术的提高必将进一步促进强化环境管理，为环境目标的实施提供保障。随着科学技术的发展，许多污染治理技术也在发展，清洁生产工艺的推广，生产工艺技术在不断更新，逐步淘汰一大批高消耗、低效益的生产设备。一些新技术的普及必将为这一目标实现提供技术保证。

（3）从污染负荷消减的可行性论述环境目标的可达性

在分析总量削减的可行性时，要分析目前消减潜力的可能性，然后粗略的分析今后的一定时间内可能增加的污染负荷的消减能力。也就是比较污染物总量的消减能力和目标要求的消减能力。如果总量消减能力大于目标消减量，一方面说明目标可能定得太低；另一方面说明目标可以达到。如果总消减量能力小于目标消减数量，一方面说明目标可能定得太高；另一方面说明在不重新增加污染负荷消减能力的条件下，目标难以实现。

练习题

1. 为什么要开展区域环境影响评价？区域环境影响评价有哪几种主要类型？
2. 简要论述区域开发建设环境影响评价的基本内容。
3. 区域环境容量是什么？其主要类型包括哪些？如何表达环境容量的多少？
4. 区域环境污染物总量控制的概念是什么？
5. 可以从哪几个方面分析区域环境目标的可达性？

第 10 章

环境风险评价

本章介绍环境风险的基本概念，环境风险评价工作分级、评价程序和评价范围，环境风险识别与源项分析，环境风险后果分析、环境风险计算与评价以及环境风险管理。

10.1 环境风险的基本概念

10.1.1 有关术语和定义

（1）环境风险

环境风险是指突发性事故对环境（或健康）的危害程度，用风险值 R 表征，其定义为事故发生概率 P 与事故造成的环境（或健康）后果 C 的乘积，用 R 表示，即：

$$R = PC \tag{10-1}$$

（2）建设项目环境风险评价

建设项目环境风险评价是指对建设项目建设和运行期间发生的可预测突发性事件或事故（一般不包括人为破坏及自然灾害）引起有毒有害、易燃易爆等物质泄漏，或突发事件产生的新的有毒有害物质，所造成的对人身安全与环境的影响和损害，进行评估，提出防范、应急与减缓措施。

（3）最大可信事故

在所有预测的概率不为零的事故中，对环境或健康危害最严重的重大事故叫做最大可信事故。

（4）重大事故

重大事故是指导致有毒有害物泄漏的火灾、爆炸和有毒有害物泄漏事故，给公众带来严重危害，对环境造成严重污染。

（5）危险物质

一种物质或若干物质的混合物，由于其化学、物理或毒性，使其具有导致火灾、爆炸或中毒的危险。这种物质称为危险物质。

（6）功能单元

功能单元是指至少应包括一个（套）危险物质的主要生产装置、设施（储存容器、管道等）及环保处理设施，或同属一个工厂且边缘距离小于 500m 的几个（套）生产装置、设施。

每一个功能单元要有边界和特定的功能，在泄漏事故中能有与其他单元分割开的地方。

（7）重大危险源

重大危险源是指长期或短期生产、加工、运输、使用或储存危险物质，且危险物质的数量等于或超过临界量的功能单元。

（8）临界量

临界量是指对于某种或某类危险物质规定的数量，若功能单元中物质数量等于或超过该数量，则该功能单元定为重大危险源。

（9）池火

可燃液体泄漏后流到地面形成液池，或流到水面并覆盖水面，遇到火源燃烧而形成池火。

（10）喷射火

加压的可燃物质泄漏时形成射流，在泄漏口处点燃，由此形成喷射火。

（11）火球和气爆

由于火种作用于容器，过热的容器导致低温可燃液体沸腾，使容器的内压加大，致使容器外壳强度减弱，直至爆炸，内容物释放并被点燃，形成火球。

（12）突发火

泄漏的可燃气体、液体蒸发的蒸汽在空气中扩散，遇到火源发生突然燃烧而没有爆炸，不造成冲击波损害，但弥散气雾的延迟燃烧造成伤害，这种燃烧的火称为突发火。

（13）化学爆炸

化学爆炸是指物质由于化学结构发生根本性变化，在瞬间放出大量能量并对外做功，引起的爆炸。

化学爆炸有 4 种形式：分散的可燃性蒸气的突然或缓慢燃烧形成的气雾爆炸；在有限空间内混合可燃气体爆炸；反应失控或其他工艺反常所造成压力容器爆炸；不稳定的固体或液体爆炸。

（14）急性中毒

急性中毒是指发生在短时间毒物高浓度情况下，引起人体机体发生某种损伤。

发生急性中毒的情形有以下 3 种。

① 刺激　毒物影响呼吸系统、皮肤、眼睛。

② 麻醉　毒物影响人们的神经反射系统，使人反应迟钝。

③ 窒息　因毒物使人体缺氧，身体氧化作用受损的病理状态。

（15）慢性中毒

在较长时间接触低浓度毒物，引起人体机体发生某种损伤。

10.1.2　环境风险系统

环境风险是由自然原因和人类活动引起的、通过环境介质传播的、能对人类社会及自然环境产生破坏、损害乃至毁灭性作用等不幸事件发生的概率及其后果。环境风险广泛存在于人类的各种活动中，其性质和表现方式复杂多样，从不同角度可做不同分类。如按风险源分类，可以分为化学风险、物理风险以及自然灾害引发的风险；按承受风险的对象分类，可以分为人群风险、设施风险和生态风险等。

由于人类对环境风险并非无能为力，因此，环境风险不能简单地看作是由事故释放的一种或多种危险性因素造成的后果，而应当看成是由产生—控制风险的所有因素所构成的系统。

一个环境风险系统包括以下几方面。

① 风险源　指可能产生危害的源头，因为任何风险源都有正负面反应，问题是对相关的效益和风险的权衡与取舍。

② 初级控制　包括对风险源的控制设施与维护、管理、使之良好运作等主要与人有关的因素。

③ 二级控制　主要是对传播风险的自然条件的控制，美国 EPA 在危险性排序系统中定义了五种污染物传播的途径：地表水、地下水、空气流动、直接接触与燃烧/爆炸。

④ 目标　人、敏感的物种和环境区域。

10.1.3　环境风险的分类

10.1.3.1　按照风险源分类

可将环境风险分为化学风险、物理风险以及自然灾害引发的风险。

化学风险使之对人类、动物和植物人发生毒害和其他不利作用的化学物品的排放、泄漏或者易燃易爆材料泄漏引发风险。

物理风险是指基建设备或者机械结构的故障所引发的风险。

自然灾害引发的风险是指地震、火山、洪水、台风等自然灾害带来的化学性和物理性的风险。

10.1.3.2　按照承受风险的对象分类

可以将风险分为人群风险、设施风险以及生态风险。

人群风险是由于危害性事件而致人病、伤、亡、残疾等损失的概率。

设施风险是指危害性事件对人类社会的经济活动造成破坏的概率。

生态风险是指危害性事件对生态系统造成破坏的可能性，对生态系统的破坏作用可以使一个种群数量减少甚至灭绝，或者导致生态系统的结构和功能发生变异。

10.1.4　环境风险因素

风险也来自与事件有关的各个方面。一个项目和事件的环境风险是由许多因素造成的，这些因素称为环境风险因素。研究目的的不同，人们对风险因素有不同的分类。如按风险估计的途径，分为主观风险因素和客观风险因素；按风险因素的来源，有自然风险、技术风险、设计风险、市场风险、政策法律风险等。

10.1.5　可接受风险度

可接受风险度也可以说是风险标准。与风险标准有关的概念有个体风险度、群体风险度、最大可接受风险度。

（1）个体风险度

个体风险度是指在一定的事故造成一定后果的条件下，一个个体受到一定程度不良影响的概率。这类影响可以是死亡、伤害、致病和损失等。

（2）群体风险度

群体风险度指在一定时间区间内，由一定数量的个体组成的群体，受一个事故损害的概率。

（3）最大可接受风险度

最大可接受风险度是政府规定的活动不受限值的风险水平阈值，凡超过这一风险水平的活动都应当禁止或控制。通常把最大可接受风险度的 1% 定义为可忽略风险。

10.1.6　环境风险评价的分类

环境风险评价一般分为三类：自然灾害环境风险评价、有毒有害化学品环境风险评价、生产过程与建设项目的环境风险评价。

自然灾害的环境风险评价是指对地震、火山、洪水、台风等自然灾害的发生及带来的化学性与物理性风险进行评价。

化学品的环境风险评价，是确定某种化学物品从生产、运输、消耗到最终进入环境的整个过程中乃至进入环境后，对人体健康、生态系统造成危害的可能性及其后果进行评价。

生产过程与建设项目的环境风险评价，是针对一个生产过程或建设项目本身引起的风险进行评价。它所考虑的是生产过程与建设项目引发的、具有不确定性的危害事件发生的概率及其危害后果。

10.1.7　环境风险评价的目的和重点

环境风险评价的目的是分析和预测建设项目存在的潜在危险、有害因素，建设项目建设和运行期间可能发生的突发性事件或事故（一般不包括人为破坏及自然灾害），引起有毒有害和易燃易爆等物质泄漏，所造成的人身安全与环境影响和损害程度，提出合理可行的防范、应急与减缓措施，以使建设项目事故率、损失和环境影响达到可接受水平。

环境风险评价应把事故引起厂（场）界外人群的伤害、环境质量的恶化及对生态系统影响的预测和防护作为评价工作重点。

环境风险评价在条件允许的情况下，可利用安全评价数据开展环境风险评价。

环境风险评价与安全评价的主要区别是：环境风险评价关注点是事故对厂（场）界外环境的影响；而安全评价关注点是事故对厂（场）界内环境的影响。

环境风险评价与环境影响评价的区别见表 10-1。

表 10-1　环境风险评价与环境影响评价的主要区别

序号	项目	事故风险评价（ERA）	环境影响评价（EIA）
1	分析重点	突发事故	正常运行工况
2	持续时间	很短	很长
3	应当计算的物理效应	火、爆炸、向空气和水体排污	排放污染物、噪声、热污染
4	释放类型	瞬时或短时间连续释放	长时间连续释放
5	应考虑的影响类型	突发性激烈效应及事故后期的长远效应	连续的、累积的效应
6	主要危害受体	人和建筑、生态	人和生态
7	危害性质	急性受毒，灾难性的	慢性受毒
8	大气扩散模型	烟团模型，分段烟羽模型	连续烟羽模型
9	照射时间	很短	很长
10	源项确定	极大的不确定性	不确定性很小
11	评价方法	概率方法	确定性方法
12	防范措施与应急计划	需要	不需要

10.2 环境风险评价工作分级、程序和评价范围

10.2.1 评价工作等级

10.2.1.1 环境风险评价工作分级依据

建设项目环境风险评价工作的分级依据包括项目的物质危险性、功能单元重大危险源判定结果以及环境敏感程度等因素。

经过对建设项目的初步工程分析，选择生产、加工、运输、使用或储存中涉及的 1～3 个主要化学品，按表 10-2～表 10-4，进行物质危险性判定。

物质危险性判定方法如下。

① 凡符合表 10-2 中有毒物质判定标准序号为 1、2 的物质，属于剧毒物质；符合有毒物质判定标准序号 3 的属于一般毒物。

② 凡符合表 10-4 和表 10-5 中易燃物质和爆炸性物质标准的物质，均视为火灾、爆炸危险物质。

表 10-2 物质危险性标准

分类	序号	LD$_{50}$(大鼠经口)/(mg/kg)	LD$_{50}$(大鼠经皮)/(mg/kg)	LC$_{50}$(小鼠吸入,4h)/(mg/L)
有毒物质	1	<5	<1	<0.01
	2	5<LD$_{50}$<25	10<LD$_{50}$<50	0.1<LC$_{50}$<0.5
	3	25<LD$_{50}$<200	50<LD$_{50}$<400	0.5<LC$_{50}$<2
易燃物质	1	可燃气体是在常压下以气态存在并与空气混合形成可燃混合物;其沸点(常压下)是 200℃或 200℃以下的物质		
	2	易燃液体是闪点低于 210℃,沸点高于 200℃的物质		
	3	可燃液体——闪点低于 550℃,压力下保持液态,在实际操作条件下(如高温高压)可以引起重大事故的物质		
爆炸性物质		在火焰影响下可以爆炸,或者对冲击、摩擦比硝基苯更为敏感的物质		

注：表中 LD$_{50}$ 为半数致死剂量；LC$_{50}$ 为半数致死浓度。

表 10-3 有毒物质名称及临界量

序号	物质名称	生产场所临界量/t	储存场所临界量/t
1	氨	40	100
2	氯	10	25
3	碳酰氯	0.30	0.75
4	一氧化碳	2	5
5	三氧化硫	30	75
6	硫化氢	2	5
7	氟化氢	2	5
8	羰基硫	2	5
9	氰化氢	20	50
10	砷化氢	0.4	1
11	锑化氢	0.4	1
12	磷化氢	0.4	1
13	硒化氢	0.4	1
14	六氟化硒	0.4	1

续表

序号	物质名称	生产场所临界量/t	储存场所临界量/t
15	六氟化碲	0.4	1
16	氰化氢	8	20
17	氯化氰	8	20
18	乙撑亚胺	8	20
19	二硫化碳	40	100
20	氮氧化物	20	50
21	氟	8	20
22	二氟化氧	0.4	1
23	三氟化氯	8	20
24	三氟化硼	8	20
25	三氯化磷	8	20
26	氧氯化磷	8	20
27	二氯化硫	0.4	1
28	溴	40	100
29	硫酸(二)甲酯	20	50
30	氯甲酸甲酯	8	20
31	八氟异丁烯	0.30	0.75
32	氯乙烯	20	50
33	2-氯-1,3 丁二烯	20	50
34	三氯乙烯	20	50
35	六氟丙烯	20	50
36	3-氯丙烯	20	50
37	甲苯 2,4-二异氰酸酯	40	100
38	异氰酸甲酯	0.30	0.75
39	丙烯腈	40	100
40	乙腈	40	100
41	丙酮氰醇	40	100
42	2-丙烯-1-醇	40	100
43	丙烯醛	40	1000
44	3-氨基丙烯	40	100
45	苯	20	50
46	甲基苯	40	100
47	二甲苯	40	100
48	甲醛	20	50
49	烷基铅类	20	50
50	羰基镍	0.4	1
51	乙硼烷	0.4	1
52	戊硼烷	0.4	1
53	3-氯-1,2-环氧丙烷	20	50
54	四氯化碳	20	50
55	氯甲烷	20	50
56	溴甲烷	20	50
57	氯甲基甲醚	20	50
58	一甲胺	20	50
59	二甲胺	20	50
60	二甲苯	40	100
61	N,N-二甲基甲酰胺	20	50
62	氯酸钾	2	20
63	过氧化钾	2	20
64	过乙酸(浓度大于 60%)	1	10

序号	物质名称	生产场所临界量/t	储存场所临界量/t
65	过氧化顺式丁烯二酸叔丁酯	1	10
66	过氧化(二)异丁酰(浓度大于50%)	1	10

注：表中62～66为活性化学物质。

表 10-4　易燃物质名称及临界量

序号	物质名称	生产场所临界量/t	储存区临界量/t
1	正戊烷	2	20
2	环戊烷	2	20
3	甲醇	2	20
4	乙醚	2	20
5	乙酸甲酯	2	20
6	汽油	2	20
7	2-丁烯-1-醇	10	100
8	正丁醚	10	100
9	乙酸正丁酯	10	100
10	环己胺	10	100
11	乙酸	10	100
12	乙炔	1	10
13	1,3-丁二烯	1	10
14	环氧乙烷	1	10
15	石油气	1	10
16	天然气	1	10

表 10-5　爆炸性物质名称及临界量

序号	物质名称	生产场所临界量/t	储存区临界量/t
1	硝化丙三醇	0.1	1
2	二乙二醇二硝酸酯	0.1	1
3	迭氮(化)钡	0.1	1
4	迭氮(化)铅	0.1	1
5	2,4,6-三硝基苯酚	5	50
6	2,4,6-三硝基苯胺	5	50
7	三硝基苯甲醚	5	50
8	二硝基(苯)酚	5	50
9	2,4,6-三硝基甲苯	5	50
10	硝化纤维素	10	100
11	硝酸铵	25	250
12	1,3,5-三硝基苯	5	50
13	2,4,6-三硝基间苯二酚	5	50
14	六硝基-1,2-二苯乙烯	5	50

敏感区系指需特殊保护地区、生态敏感与脆弱区及社会关注区。具体敏感区应根据建设项目和危险物质涉及的环境确定。

根据建设项目初步工程分析，划分功能单元。凡生产、加工、运输、使用或储存危险性物质，且危险性物质的数量等于或超过临界量的功能单元，定为重大危险源。危险物名称及临界量见表10-5。

10.2.1.2　环境风险评价工作分级

根据建设项目的环境风险分级依据，将环境风险评价工作划分为一、二级，具体见表10-6。

一级评价应按本标准对事故影响进行定量预测，说明影响范围和程度，提出防范、减缓和应急措施。

二级评价进行风险识别、源项分析和对事故影响进行简要分析，提出防范、减缓和应急措施。

表 10-6 环境风险评价工作级别划分

项目	剧毒危险性物质	一般毒性危险物质	可燃、易燃危险性物质	爆炸危险性物质
重大危险源	一	二	一	一
非重大危险源	二	二	二	二
环境敏感地区	一	一	一	二

10.2.2 评价工作程序

建设项目环境风险评价程序如图 10-1 所示，包括以下步骤。

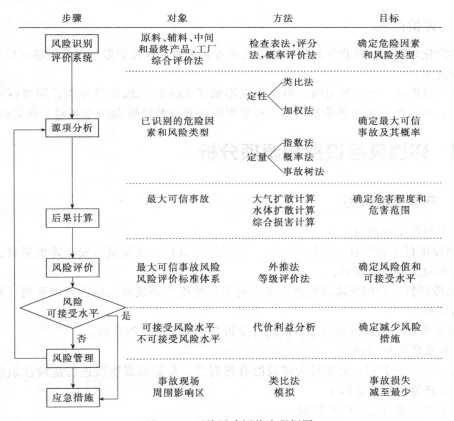

图 10-1 环境风险评价流程框图

① 风险识别 采用核查表法、评分法和概率评价法，对原料、辅料、中间和最终产品以及工厂进行分析，确定危险因素。

② 源项分析 采用类比法或加权法等定性方法和指数法、概率法、事故树法等定量方法，对已识别的危险因素和风险类型进行分析，确定最大可信事故及其概率。

③ 后果计算 通过污染扩散预测和综合损害计算，确定最大可信事故的危害程度和危害范围。

④ 风险评价　采用外推法或等级评价法，根据最大可信事故的风险和风险评价标准体系，确定最大可信事故的风险值及可接受水平。

⑤ 风险管理与应急措施　针对事故现场及其周围影响区域情况，提出风险预防和事故应急预案和措施，力争将事故损失减至最少。

10.2.3　评价的基本内容

（1）风险识别

（2）源项分析

（3）后果计算

（4）风险计算和评价

（5）风险管理

二级评价可选择风险识别、最大可信事故及源项、风险管理及减缓风险措施等项，进行评价。

10.2.4　评价范围

对危险化学品，按其伤害阈值和工业场所有害因素职业接触限值以及敏感区位置，确定影响评价范围。

大气环境影响一级评价范围，距离源点不低于 5km；二级评价范围，距离源点不低于 3km 范围。地面水和海洋评价范围按《环境影响评价技术导则 地表水环境》规定执行。

10.3　环境风险识别与源项分析

10.3.1　环境风险识别

（1）资料收集和准备

① 建设项目工程资料　可行性研究、工程设计资料、建设项目安全评价资料、安全管理体制及事故应急预案资料。

② 环境资料　利用环境影响报告书中有关厂址周边环境和区域的环境资料，重点收集人口分布资料。

③ 事故资料　国内外同行业事故统计分析及典型事故案例资料。

（2）物质危险性识别

按表 10-2～表 10-5，对项目所涉及的有毒有害、易燃易爆物质进行危险性识别和综合评价，筛选环境风险评价因子。

（3）生产过程潜在危险性识别

根据建设项目的生产特征，结合物质危险性识别，对项目功能系统划分功能单元，按表 10-2～表 10-5，确定潜在的危险单元及重大危险源。

10.3.2　源项分析

源项分析的内容包括：确定最大可信事故的发生概率，确定危险化学品的泄漏量。

源项分析方法一般采用定性与定量相结合的方法。定性分析方法有类比法、加权法和因素图分析法；定量分析法有概率法和指数法。

10.3.2.1　最大可信事故概率确定方法

主要有事故树分析法、事件树分析法或类比法等。

下面介绍事故树分析法。

事故树是事故发展过程的图样模型，即从已发生或设想的事故结果（顶端事件）用逻辑推理的方法寻找造成事故的原因。事故树分析与事故形成过程方向相反，所以是逆向分析程序。

事故树编程步骤如下。

① 确定分析系统的顶端事件。

② 找出顶端事件的各种直接原因，并用"与门"或"或门"与顶端事件连接。

③ 把上一步找出的直接原因作为中间事件，再找出中间事件的直接原因，并用逻辑门与中间事件连接。

④ 反复重复步骤③，直到找出最基本的原因事件。

⑤ 绘制事故树图并进行必要的整理。

⑥ 确定各原因事件的发生概率，按逻辑门符号进行运算，得出顶端事件的发生概率。

⑦ 对事故进行分析评价，确定改进措施。

如果数据不足，步骤⑥可以跨越，可直接由⑤到⑦得出定性结论。

事故树分析符号：用长方形表示基本事件，即顶端和中间事件；用圆表示独立的不需要展开的事件，即树或分支的末端事件；用尖顶平底内有"."符号的图形表示与门；用尖顶凹（或乎）底内有"＋"符号的图形表示或门。

例如，某油库静电火花造成油库火灾爆炸的事故树如图 10-2 所示。

该事故树分析如下。

首先，确定顶上事件—"油库静电火灾爆炸"（一层）。

其次，调查爆炸的直接原因事件、事件的性质和逻辑关系。直接原因事件："静电火花"和"油气达到可燃浓度"。这两个事件不仅要同时发生，而且必须在"油气达到爆炸极限"时，爆炸事件才会发生，因此，用"条件与"门连接（二层）。

其三，调查"静电火花"的直接原因事件、事件的性质和逻辑关系。直接原因事件："油库静电放电"和"人体静电放电"。这两个事件只要其中一个发生，则"静电火花"事件就会发生。因此，用"或"门连接（三层）。

其四，调查"油气达到可燃浓度"的直接原因事件、事件的性质和逻辑关系，直接原因事件："油气存在"和"库区内通风不良"。"油气存在"这是一个正常状态下的功能事件，因此，该事件用房形符号。"库区内通风不良"为基本事件。这两个事件只有同时发生，"油气达到可燃浓度"事件才会发生，故用"与"门连接（三层）。

其五，调查"油库静电放电"的直接原因事件、事件的性质同和逻辑关系。直接原因事件："静电积聚"和"接地不良"。这两个事件必须同时发生，才会发生静电放电，故用"与"门连接（四层）。

其六，调查"人体静电放电"的直接原因事件、事件的性质和逻辑关系。直接原因事件："化纤品与人体摩擦"和"作业中与导体接近"。同样，这两个事件必须同时发生，才会发生静电放电，故用"与"门连接（四层）。

其七，调查"静电积聚"的直接原因事件、事件的性质和逻辑关系。直接原因事件："油液流速高"、"管道内壁粗糙"、"高速抽水"、"油液冲击金属容器"、"飞溅油液与空气摩擦"、"油面有金属漂浮物"和"测量操作失误"。这些事件只要其中一个发生，就会发生"静电积聚"。因此，用"或"门连接（五层）。

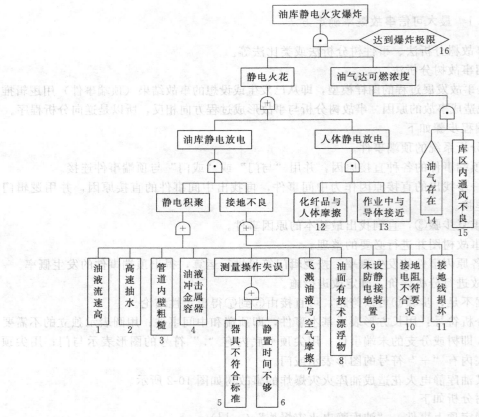

图 10-2   油库静电火花造成油库火灾爆炸的事故树

其八，调查"接地不良"的直接原因事件、事件的性质和逻辑关系。直接原因事件："未设防静电接地装置"、"接地电阻不符合要求"和"接地线损坏"。这 3 个事件只要其中 1 个发生，就会发生"接地不良"。因此，用"或"门连接（五层）。

其九，调查"测量操作失误"的直接原因事件、事件的性质和逻辑关系。直接原因事件："器具不符合标准"和"静置时间不够"。这 2 个事件其中有 1 个发生，则"测量操作失误"就会发生。故用"或"门连接（六层）。

10.3.2.2　危险化学品的泄漏量

首先，需确定泄漏时间，估算泄漏速率；其次，进行泄漏量计算，包括液体泄漏速率、气体泄漏速率、两相流泄漏、泄漏液体蒸发量计算。

（1）液体泄漏速率

液体泄漏速度 Q_L 用柏努利方程计算：

$$Q_L = C_d A \rho \sqrt{\frac{2(P-P_0)}{\rho} + 2gh} \tag{10-2}$$

式中　Q_L——液体泄漏速度，kg/s；

　　　C_d——液体泄漏系数，此值常用 0.6～0.64；

　　　A——裂口面积，m^2；

　　　P——容器内介质压力，Pa；

　　　P_0——环境压力，Pa；

g——重力加速度，m/s²;

h——裂口之上液位高度，m。

式(10-2)的限制条件是液体在喷口内不应有急剧蒸发。

（2）气体泄漏速率

当气体流速在音速范围（临界流）:

$$\frac{P_0}{P} \leqslant \left(\frac{2}{\kappa+1}\right)^{\frac{k}{k+1}} \tag{10-3}$$

当气体流速在亚音速范围（次临界流）:

$$\frac{P_0}{P} > \left(\frac{2}{\kappa+1}\right)^{\frac{k}{k-1}} \tag{10-4}$$

式中　P——容器内介质压力，Pa;

P_0——环境压力，Pa;

κ——气体的绝热指数（热容比），即定压热容 C_p 与定容热容 C_v 之比。

假定气体的特性是理想气体，气体泄漏速度 Q_G 按下式计算:

$$Q_G = YC_dAP\sqrt{\frac{M\kappa}{RT_G}\left(\frac{2}{\kappa+1}\right)^{\frac{\kappa+1}{\kappa-1}}} \tag{10-5}$$

式中　Q_G——气体泄漏速度，kg/s;

P——容器压力，Pa;

C_d——气体泄漏系数，当裂口形状位圆形时取 1.0，三角形时取 0.95，长方形时取 0.90;

A——裂口面积，m²;

M——分子量;

R——气体常数，J/(mol·K);

T_G——气体温度，K;

Y——流出系数。

（3）两相流泄漏

假定液相和气相是均匀的，且互相平衡，两相流泄漏计算按下式:

$$Q_{LG} = C_dA\sqrt{2\rho_m(P-P_C)} \tag{10-6}$$

式中　Q_{LG}——两相流泄漏速度，kg/s;

C_d——两相流泄漏系数，可取 0.8;

P——容器压力，Pa;

P_C——临界压力，Pa，可取 0.55Pa;

ρ_m——两相混合物的平均密度，kg/m³。

ρ_m 由下式计算:

$$\rho_m = \frac{1}{\dfrac{F_v}{\rho_1}+\dfrac{1-F_v}{\rho_2}} \tag{10-7}$$

式中　ρ_1——液体蒸发的蒸气密度，kg/m³;

ρ_2——液体密度，kg/m³;

F_v——蒸发的液体占液体总量的比例。

F_v 由下式计算:

$$F_V = \frac{C_p(T_{LG} - T_C)}{H} \qquad (10\text{-}8)$$

式中 C_p——两相混合物的定压比热容，J/(kg·K)；

  T_{LG}——两相混合物的温度，K；

  T_C——液体在临界压力下的沸点，K；

  H——液体的气化热，J/kg。

当 $F_V > 1$ 时，表明液体将全部蒸发成气体，这时应按气体泄漏计算；如果 F_V 很小，则可近似地按液体泄漏公式计算。

(4) 泄漏液体蒸发量

泄漏液体的蒸发分为闪蒸蒸发、热量蒸发和质量蒸发三种，其蒸发总量为这三种蒸发之和。

过热液体闪蒸量可按下式估算：

$$Q_1 = F \times W_T/t_1 \qquad (10\text{-}9)$$

式中 Q_1——闪蒸量，kg/s；

  W_T——液体泄漏总量，kg；

  t_1——闪蒸蒸发时间，s；

  F——蒸发的液体占液体总量的比例。

F 按下式计算：

$$F = C_p \frac{T_L - T_b}{H} \qquad (10\text{-}10)$$

式中 C_p——液体的定压比热容，J/(kg·K)；

  T_L——泄漏前液体的温度，K；

  T_b——液体在常压下的沸点，K；

  H——液体的气化热，J/kg。

热量蒸发估算：

当液体闪蒸不完全，有一部分液体在地面形成液池，并吸收地面热量而气化称为热量蒸发。热量蒸发的蒸发速度 Q_2 按下式计算：

$$Q_2 = \frac{\lambda S \times (T_0 - T_b)}{H\sqrt{\pi \alpha t}} \qquad (10\text{-}11)$$

式中 Q_2——热量蒸发速度，kg/s；

  T_0——环境温度，K；

  T_b——沸点温度；K；

  S——液池面积，m²；

  H——液体气化热，J/kg；

  λ——表面热导系数（见表 10-7），W/(m·K)；

  α——表面热扩散系数（见表 10-7），m²/s；

  t——蒸发时间，s。

表 10-7 某些地面的热传递性质

地面情况	$\lambda/[W/(m\cdot K)]$	$\alpha/(m^2/s)$
水泥	1.1	1.29×10^{-7}
土地（含水 8%）	0.9	4.3×10^{-7}

续表

地面情况	$\lambda/[W/(m \cdot K)]$	$\alpha/(m^2/s)$
干阔土地	0.3	2.3×10^{-7}
湿地	0.6	3.3×10^{-7}
砂砾地	2.5	11.0×10^{-7}

表 10-8　液池蒸发模式参数

稳定度条件	n	a
不稳定(A,B)	0.2	3.846×10^{-3}
中性(D)	0.25	4.685×10^{-3}
稳定(E,F)	0.3	5.285×10^{-3}

（5）质量蒸发估算

当热量蒸发结束，转由液池表面气流运动使液体蒸发，称之为质量蒸发。

质量蒸发速度可按下式计算：

$$Q_3 = a \times p \times M/(R \times T_0) \times u^{(2-n)/(2+n)} \times r^{(4+n)/(2+n)} \tag{10-12}$$

式中　Q_3——质量蒸发速度，kg/s；

a,n——大气稳定度系数，见表 10-8；

p——液体表面蒸气压，Pa；

R——气体常数；J/(mol·K)；

T_0——环境温度，K；

u——风速，m/s；

r——液池半径，m。

液池最大直径取决于泄漏点附近的地域构型、泄漏的连续性或瞬时性。有围堰时，以围堰最大等效半径为液池半径；无围堰时，设定液体瞬间扩散到最小厚度时，推算液池等效半径。

（6）液体蒸发总量的计算

$$W_p = Q_1 t_1 + Q_2 t_2 + Q_3 t_3 \tag{10-13}$$

式中　W_p——液体蒸发总量，kg；

Q_1——闪蒸蒸发液体量，kg；

Q_2——热量蒸发速率，kg/s；

t_1——闪蒸蒸发时间，s；

t_2——热量蒸发时间，s；

Q_3——质量蒸发速率，kg/s；

t_3——从液体泄漏到液体全部处理完毕的时间，s。

10.4　环境风险后果分析

10.4.1　有毒有害物质在大气中的扩散

有毒有害物质在大气中的扩散，采用多烟团模式或分段烟羽模式、重气体扩散模式等计算。按一年气象资料逐时滑移或按天气取样规范取样，计算各网格点和关心点浓度值，然后对浓度值由小到大排序，取其累积概率水平为 95% 的值，作为各网格点和关心点的浓度代表值进行评价。

10.4.1.1　烟团模型

烟团模型的基本公式如下：

$$C(x,y,0)=\frac{2Q}{(2\pi)^{\frac{3}{2}}\sigma_x\sigma_y\sigma_z}\exp\left\{-\frac{(x-x_0)^2}{2\sigma_x^2}\right\}\exp\left\{-\frac{(y-y_0)^2}{2\sigma_y^2}\right\}\exp\left\{-\frac{z_0^2}{2\sigma_z^2}\right\} \tag{10-14}$$

式中　$C(x,y,0)$——下风向地面（x，y）坐标处的空气污染物浓度；

　　　x_0，y_0，z_0——烟团中心坐标；

　　　Q——事故期间烟团的排放量。

10.4.1.2　多烟团体源模型

鉴于事故排放往往会影响到下风向几十公里甚至更远的范围，故必须考虑扩散过程中的天气条件（风向、风速、稳定度等）的变化，可采用变天气条件多烟团模型。

变天气条件下的体源烟团模型的特点是把输送时间分割成若干时段，每个时段内的风向、风速和稳定度都视为恒定不变。假设每个时段排放一个烟团，按照下列方法跟踪烟团轨迹，计算每个烟团在各个时刻对关心点的贡献，即某一时段的污染物浓度分布视为上一时段所有无限小体积元 $dxdydz$ 的贡献的叠加。

设 k 时段结束时的浓度分布视为上一时段所有无限小体积元 $dxdydz$ 中的污染物可视为下一时段的点源，其源强为 $dQ(x_k,y_k,z_k,t_k)=C_k(x_k,y_k,z_k,t_k)dxdydz$，此点源在 $(k+1)$ 时段的贡献为

$$dC_{k+1}(x,y,z,t)=\frac{dQ(x_k,y_k,z_k,t_k)}{(2\pi)^{\frac{3}{2}}\sigma_{x,k+1}\sigma_{y,k+1}\sigma_{z,k+1}}\exp\left\{-\frac{[x-x_k-u_{x,k}(t-t_k)]^2}{2\sigma_{x,k+1}^2}\right\}\times$$

$$\exp\left\{-\frac{[y-y_k-u_{y,k}(t-t_k)]^2}{2\sigma_{y,k+1}^2}\right\}\times\left\{\exp\left[-\frac{(z-z_k)^2}{2\sigma_{z,k+1}^2}\right]+\exp\left[-\frac{(z+z_k)^2}{2\sigma_{z,k+1}^2}\right]\right\} \tag{10-15}$$

式中　$u_{x,k+1}$，$u_{y,k+1}$——第 $k+1$ 时段平均风速 u 在 x，y 方向的分量。

根据式(10-15)可求得第 i 个烟团在第 w 时段在点（x，y，0）产生的地面浓度为

$$C_w^i(x,y,0,t_w)=\frac{2Q'}{(2\pi)^{\frac{3}{2}}\sigma_{x,\text{eff}}\sigma_{y,\text{eff}}\sigma_{z,\text{eff}}}\exp\left(-\frac{H_e^2}{2\sigma_{x,\text{eff}}^2}\right)\exp\left\{-\left[\frac{(x-x_w^i)^2}{2\sigma_{x,\text{eff}}^2}+\frac{(y-y_w^i)^2}{2\sigma_{y,\text{eff}}^2}\right]\right\}$$

$$\tag{10-16}$$

其 t_w 时段的事故扩散因子为

$$\left(\frac{C}{Q}\right)_w=\frac{2}{(2\pi)^{\frac{3}{2}}\sigma_{x,\text{eff}}\sigma_{y,\text{eff}}\sigma_{z,\text{eff}}}\exp\left(-\frac{H_e^2}{2\sigma_{x,\text{eff}}^2}\right)\exp\left\{-\left[\frac{(x-x_w^i)^2}{2\sigma_{x,\text{eff}}^2}+\frac{(y-y_w^i)^2}{2\sigma_{y,\text{eff}}^2}\right]\right\}$$

$$\tag{10-17}$$

式中　　　　　Q'——烟团排放量，$Q'=Q\Delta t$，Q 为释放率，Δt 为时段长度；

　　　x_w^i，y_w^i——第 w 时段结束时第 i 烟团质心的 x、y 坐标，即 $x_w^i=u_{x,w}(t-t_{w-1})+\sum\limits_{k=1}^{w-1}u_{x,k}(t_k-t_{k-1})$、$y_w^i=u_{y,w}(t-t_{w-1})+\sum\limits_{k=1}^{w-1}u_{y,k}(t_k-t_{k-1})$；

　　　$\sigma_{x,\text{eff}}$，$\sigma_{y,\text{eff}}$，$\sigma_{z,\text{eff}}$——烟团在 w 时段沿 x、y、z 方向的等效扩散系数，m。

即

$$\sigma_{j,\text{eff}}^2=\sum_{k=1}^{w}\sigma_{j,k}^2 \tag{10-18}$$

10.4.1.3　分段烟羽模型

当事故排放源持续较长时，应当采用烟羽模型。

烟羽模型以一系列的烟羽段来描述烟羽。假设在每个时段 Δt_m（例如 1 小时）内，所有的气象参数（稳定度、风向、风速等）和排放参数都保持不变。每个烟羽都将产生一浓度场，该浓度场可由高斯烟羽公式来描述，即位于点 $S(0,0,z_s)$ 的点源在位置 $r(x_r,y_r,z_r)$ 产生的浓度 C 为

$$C=\frac{Q}{2\pi u\sigma_y\sigma_z}\exp\left(-\frac{y_r^2}{2\sigma_y^2}\right)\left\{\exp\left[-\frac{(z+\Delta H_e-z_r)^2}{2\sigma_z^2}\right]+\exp\left[-\frac{(z+\Delta H_e+z_r)^2}{2\sigma_z^2}\right]\right\}$$

$$(10\text{-}19)$$

其短期扩散因子为

$$\frac{C}{Q}=\frac{1}{2\pi u\sigma_y\sigma_z}\exp\left(-\frac{y_r^2}{2\sigma_y^2}\right)\left\{\exp\left[-\frac{(z+\Delta H_e-z_r)^2}{2\sigma_z^2}\right]+\exp\left[-\frac{(z+\Delta H_e+z_r)^2}{2\sigma_z^2}\right]\right\}$$

$$(10\text{-}20)$$

式中　Q——污染物释放率；

　　ΔH_e——烟羽抬升高度；

σ_y，σ_z——下风距离 x_r 处的水平扩散参数和垂直扩散参数。

由式(10-19)可知，只有最接近接受点的那段烟羽才对浓度计算有影响。

10.4.1.4　天气取样技术

天气条件是影响环境风险的重要参数。实际上，许多天气系列可能导致类似的有毒有害物的弥散。对这类天气序列归并成组，然后从每组中选出几个代表性序列进行分析，可大大减少计算时间。因此，天气取样的目的是鉴别出符合下列条件的适量的天气序列，即这些天气序列足以代表弥散物质功能遇到的全部范围的天气序列，然后分配给每一类天气序列一合适的出现概率。

天气取样技术一般有循环取样、随机取样和分层取样三种。前二种方法都只频繁地对经常出现的那些气象序列组取样而忽略了比较罕见的（可能影响比较严重的）天气序列，但分层取样技术基本上克服了这些缺点。

10.4.2　有毒有害物质在水体中的扩散

（1）有毒物质在河流中的扩散预测
采用地表水扩散数学模式进行预测。

（2）有毒物质在湖泊中的扩散预测
采用湖泊扩散数学模式进行预测。

（3）油在海湾、河口的扩散模式

① 油（乳化油）的浓度计算模型　突发性事故泄露形成的油膜（或油块），在波浪的作用下也会破碎乳化溶于水中，可与事故排放含油污水一样，均按对流扩散方程计算。

其基本方程为：

$$\frac{\partial C}{\partial t}+u\frac{\partial\Delta}{\partial x}+V\frac{\partial C}{\partial y}=\frac{1}{H}\left[\frac{\partial}{\partial x}\left(E_xH\frac{\partial C}{\partial x}\right)+\frac{\partial}{\partial y}\left(E_yH\frac{\partial C}{\partial y}\right)\right]-K_1C+f\qquad(10\text{-}21)$$

式中　Δ——三角形有污染面的面积；

H——油膜混合的深度；

f——源强。

即
$$f=\frac{q_0 C_0}{\Delta \cdot H}$$
(10-22)

② 油膜扩展计算公式 突发事故溢油的油膜计算采用 P，C，Blokker 公式。假设油膜在无风条件下呈圆形扩展，采用下式：

$$D_t^3=D_0^3+\frac{24}{\pi}K(\gamma_w-\gamma_0)\frac{\gamma_0}{\gamma_w}V_0 t$$
(10-23)

式中 D_t——t 时刻后油膜的直径，m；

D_0——油膜初始时刻的直径，m；

γ_w、γ_0——水和石油的比重；

V_0——计算的溢油量，m³；

K——常数，对中东原油一般取 15000/min；

t——时间，min；

（4）有毒有害物在海洋的扩散模式

采用《海洋工程环境影响评价技术导则》推荐的模式预测。

10.5 环境风险计算与评价

10.5.1 风险计算

风险值是风险评价表征量，包括事故的发生概率和事故的危害程度，采用公式(10-1)计算。

风险后果综述用图或表综合列出有毒有害物质泄漏后所造成的多种危害后果。

任一毒物泄漏，从吸入途径造成的效应包括：感官刺激或轻度伤害、确定性效应（急性致死）、随机性效应（致癌或非致癌等效致死率）。如前述，这里只考虑急性危害。

毒性影响通常采用概率函数形式计算有毒物质从污染源到一定距离能造成死亡或伤害的经验概率的剂量。

概率 Y 与接触毒物浓度及接触时间的关系为：

$$Y=A_t+B_t \log_e(D^n t_e)$$
(10-24)

式中 A_t、B_t 和 n——与毒物性质有关；

D——接触浓度，kg/m³；

t_e——接触时间，s；

$D^n t_e$——毒性负荷。

在一个已知点其毒性浓度随着雾团的通过和稀释而变化。

鉴于目前许多物质的 A_t、B_t 和 n 参数未能掌握，因此，在危害计算中仅选择对有成熟参数的物质按上述计算式进行详细计算。

在实际应用中，可用简化分析法，用 LC_{50} 浓度来求毒性影响。若事故发生后下风向某处，化学污染物 i 的浓度最大值 $D_{i\max}$ 大于或等于化学污染物 i 的半致死浓度 LC_{i50}，则事故导致评价区内因发生污染物致死确定性效应而致死的人数 C_i 由下式给出：

$$C_i=\sum_{\ln} 0.5N(X_{i\ln}, Y_{j\ln})$$
(10-25)

式中　$N(X_{i\ln}, Y_{j\ln})$——浓度超过污染物半致死浓度区域中的人数。

最大可信事故所有有毒有害物泄漏所致环境危害 C，为各种危害 C_i 总和：

$$C = \sum_{i=1}^{n} C_i \tag{10-26}$$

最大可信灾害事故对环境所造成的风险值 R 按下式计算：

$$R = PC \tag{10-27}$$

式中　P——最大可信事故概率（事件数/单位时间）；

　　　　C——最大可信事故造成的危害（损害/事件）。

10.5.2　风险评价

1.5.2.1　风险评价原则

① 大气环境风险评价，首先计算浓度分布，然后按 GBZ2《工作场所有害因素职业接触限值》规定的短时间接触容许浓度给出该浓度分布范围及在该范围内的人口分布。

② 水环境风险评价，以水体中污染物浓度分布、包括面积及污染物质质点轨迹漂移等指标进行分析，浓度分布以对水生生态损害阈做比较。

③ 对以生态系统损害为特征的事故风险评价，按损害的生态资源的价值进行比较分析，给出损害范围和损害值。

④ 鉴于目前毒理学研究资料的局限性，风险值计算对急性死亡、非急性死亡的致伤、致残、致畸、致癌等慢性损害后果目前尚不计入。

10.5.2.2　风险评价方法

风险评价需要从各功能单元的最大可信事故风险 R_j 中，选出危害最大的作为本项目的最大可信灾害事故，并以此作为风险可接受水平的分析基础。即：

$$R_{\max} = f(R_j) \tag{10-28}$$

风险可接受分析采用最大可信灾害事故风险值 $R_{\max}$ 与同行业可接受风险水平 R_L 比较：

$R_{\max} \leqslant R_L$ 则认为本项目的建设，风险水平是可以接受的。

$R_{\max} > R_L$ 则对该项目需要采取降低安全的措施，以达到可接受水平，否则项目的建设是不可接受的。

10.6　环境风险管理

10.6.1　风险防范措施

环境风险防范包括如下措施。

（1）选址、总图布置和建筑安全防范措施

厂址及周围居民区、环境保护目标设置卫生防护距离，厂区周围工矿企业、车站、码头、交通干道等设置安全防护距离和防火间距。厂区总平面布置符合防范事故要求，有应急救援设施及救援通道、应急疏散及避难所。

（2）危险化学品储运安全防范措施

对储存危险化学品数量构成危险源的储存地点、设施和储存量提出要求，与环境保护目标和生态敏感目标的距离符合国家有关规定。

（3）工艺技术设计安全防范措施

自动监测、报警、紧急切断及紧急停车系统；防火、防爆、防中毒等事故处理系统；应急救援设施及救援通道；应急疏散通道及避难所。

（4）自动控制设计安全防范措施

有可燃气体、有毒气体检测报警系统和在线分析系统设计方案。

（5）电气、电讯安全防范措施

爆炸危险区域、腐蚀区域划分及防爆、防腐方案。

（6）消防及火灾报警系统

（7）紧急救援站或有毒气体防护站设计

10.6.2　应急预案

应急预案的主要内容见表10-9。

表 10-9　应急预案内容

序号	项目	内容及要求
1	应急计划区	危险目标：装置区、储罐区、环境保护目标
2	应急组织机构、人员	工厂、地区应急组织机构、人员
3	预案分级响应条件	规定预案的级别及分级响应程序
4	应急救援保障	应急设施，设备与器材等
5	报警、通讯联络方式	规定应急状态下的报警通讯方式、通知方式和交通保障、管制
6	应急环境监测、抢险、救援及控制措施	由专业队伍负责对事故现场进行侦察监测，对事故性质、参数与后果进行评估，为指挥部门提供决策依据
7	应急检测、防护措施、清除泄漏措施和器材	事故现场、邻近区域、控制防火区域，控制和清除污染措施及相应设备
8	人员紧急撤离、疏散，应急剂量控制、撤离组织计划	事故现场、工厂邻近区、受事故影响的区域人员及公众对毒物应急剂量控制规定，撤离组织计划及救护，医疗救护与公众健康
9	事故应急救援关闭程序与恢复措施	规定应急状态终止程序 事故现场善后处理，恢复措施 邻近区域解除事故警戒及善后恢复措施
10	应急培训计划	应急计划制定后，平时安排人员培训与演练
11	公众教育和信息	对工厂邻近地区开展公众教育、培训和发布有关信息

练习题

1. 什么是环境风险？如何表征环境风险？

2. 什么是建设项目的环境风险评价？

3. 什么是最大可信事故？什么是重大危险源？

4. 简述环境风险系统的构成。

5. 什么是最大可接受风险度？

6. 为什么要进行环境风险评价？

7. 环境风险评价工作等级划分的依据是什么？

8. 如何判定物质的危险性？

9. 简述环境风险评价的基本内容。

10. 源项分析的主要内容是什么？源项分析一般采取什么方法？

11. 什么是事故树？简述事故树分析的步骤。

12. 有毒有害物质在大气中的扩散一般采用什么模式预测？

13. 简述建设项目环境风险可接受分析方法。

第11章

污染防治措施及生态保护对策

本章介绍污染防治及生态保护措施的原则与要求，建设项目地表水、地下水、大气、土壤、噪声、固体废物污染防治措施以及建设项目生态环境保护措施。

11.1 污染防治及生态保护措施的原则与要求

11.1.1 原则

环保措施一般包括污染消减措施建议和环境管理措施建议两部分，应遵循以下原则。

① 严格遵照国家的产业政策。对拟建项目首先要对照国家的现行产业政策进行严格审查，凡是不符合国家产业政策以及与国家产业政策相违背的项目一律不得通过环境评价。

② 推行清洁生产、实施可持续发展。对新建、改建、扩建项目，应当尽可能采用原材料消耗少、耗能低、效率高、排污少的成熟工艺和技术，贯彻和推行清洁生产，向可持续发展方向迈进。

③ 采取科学、合理的污染防治措施。受科学技术发展水平的限制和当地经济承受能力的制约，现阶段生产过程中还不太可能不排放少量的污染物，因此，对这些排污必须采取一定的污染防治措施，做到达标排放。

④ 污染消减措施与对策要能够对建设项目的环境工程设计起到指导作用。对消减措施应当主要评述其环境效益，并进行简要的技术经济分析。

⑤ 环境管理措施建议中一般应当包括环境监测的建议、水土保持措施的建议、防止泄漏等事故发生的措施的建议、环境管理机构设置的建议等。

11.1.2 要求

明确拟采取的具体环境保护措施，分析论证拟采取措施的技术可行性、经济合理性、长期稳定运行和达标排放的可靠性，满足环境质量与污染物排放总量控制要求的可行性，如不能满足要求应提出必要的补充环境保护措施要求；生态保护措施须落实到具体时段和具体位置上，并特别注意施工期的环境保护措施。

结合国家对不同区域的相关要求，从保护、恢复、补偿、建设等方面提出和论证实施生态保护措施的基本框架。按工程实施不同时段，分别列出相应的环境保护工程内容，并分析合理性。

给出各项环境保护措施及投资估算一览表和环境保护设施分阶段验收一览表。

11.2 建设项目污染防治措施

11.2.1 地表水污染防治措施

11.2.1.1 防治要求

《中华人民共和国水污染防治法》中明确规定如下要求。

① 在生活饮用水源地、风景名胜区水体、重要渔业水体和其他有特殊经济文化价值的水体的保护区内，不得新建排污口。在保护区附近新建排污口，必须保证保护区水体不受污染。已有的排污口，排放污染物超过国家或者地方标准的，应当治理；危害饮用水源的排污口，应当搬迁。

② 排污单位发生事故或者其他突然性事件，排放污染物超过正常排放量，造成或者可能造成水污染事故的，必须立即采取应急措施，通报可能受到水污染危害和损害的单位，并向当地环境保护部门报告，船舶造成污染事故的，应当向就近的航政机关报告，接受调查处理。造成渔业污染事故的，应当接受渔政监督管理机构的调查处理。

③ 禁止向水体排放油类、酸液、碱液或者剧毒废液；禁止在水体清洗装储过油类或者有毒污染物的车辆和容器。

④ 禁止将含有汞、镉、砷、铬、铅、氰化物、黄磷等的可溶性剧毒废渣向水体排放、倾倒或者直接埋入地下。存放可溶性剧毒废渣的场所，必须采取防水、防渗漏、防流失的措施。

⑤ 禁止向水体排放、倾倒工业废渣、城市垃圾和其他废弃物。

⑥ 禁止在江河、湖泊、运河、渠道、水库最高水位线以下的滩地和岸坡堆放、存储固体废弃物和其他污染物。

⑦ 禁止向水体排放或者倾倒放射性固体废弃物或者含有高放射性和中放射性物质的废水。向水体排放含低放射性物质的废水，必须符合国家有关放射防护的规定和标准。

⑧ 向水体排放含热废水，应当采取措施，保证水体的水温符合水环境质量标准，防止热污染危害。

⑨ 排放含病原体的污水，必须经过消毒处理；符合国家有关标准后，方准排放。

⑩ 向农田灌溉渠道排放工业废水和城市污水，应当保证其下游最近的灌溉取水点的水质符合农田灌溉水质标准。利用工业废水和城市污水进行灌溉，应当防止污染土壤、地下水和农产品。

⑪ 使用农药，应当符合国家有关农药安全使用的规定和标准。运输、存储农药和处置过期失效农药，必须加强管理，防止造成水污染。

⑫ 县级以上地方人民政府的农业管理部门和其他有关部门，应当采取措施，指导农业生产者科学，合理地施用化肥和农药，控制化肥和农药的过量使用，防止造成水污染。

⑬ 船舶排放含油污水、生活污水，必须符合船舶污染物排放标准，从事海洋航运的船舶，进入内河和港口的，应当遵守内河的船舶污染物排放标准。

⑭ 船舶的残油、废油必须回收，禁止排入水体。禁止向水体倾倒船舶垃圾。船舶装载运输油类或者有毒货物，必须采取防止溢流和渗漏的措施，防止货物落水造成水污染。

11.2.1.2 防治措施

建设项目对地表水环境的影响可采用下列防治措施。

① 对拟建项目实施清洁生产、预防或减少污染物的产生与排放。

② 对拟建项目拟采纳的废水污染控制方案的合理性、先进性进行分析和论证，提出评价和改进建议。

③ 推行节约用水和废水再用，尽可能减少新鲜水的使用量；为了实现废水处理回用目的，针对拟建项目特点，提出对排放的废水采用适宜的处理措施。

④ 在项目建设期因清理场地和基坑开挖、堆土造成的裸土层应就地建雨水拦蓄池和种植速生植被，减少沉积物进入地表水体。

⑤ 施用农用化学品的项目，应当通过安排好化学品施用时间、施用率、施用范围和流失到水体的途径等，将土壤侵蚀和进入水体的化学品减少到最少。

⑥ 应当根据当地具体情况，采取生物、化学、管理等手段综合治理措施。

⑦ 在农村或城市远郊有条件的地区，可利用人工湿地对非点源污染进行控制。

⑧ 遵守地表水污染负荷总量控制原则和要求。在条件许可情况下，还可通过排污交易保持排污总量不增大。

11.2.2 地下水污染防治措施

11.2.2.1 防治原则与要求

（1）原则

地下水的赋存和运动条件决定了地下水一旦被污染就难以治理。因为大量的污染物附着于含水介质上，清除这些污染物是一个缓慢过程，要花费数十年甚至更长的时间，同时也需付出昂贵的代价。因此，在地下水污染防治问题上，应把预防污染作为基本原则，而把治理只看作不得已而采取的补救办法。

（2）法规要求

《中华人民共和国水污染防治法》中明确规定如下。

① 禁止利用渗井、渗坑、裂隙和溶洞排放和倾倒有害废水、污水和其他废弃物。

② 在无良好隔渗地层区，禁止使用无防渗隔漏措施的沟渠、坑塘等输送或存储有害废水、污水和其他废弃物。

③ 在开采多层地下水时，如果各含水层的水质差异大，应分层开采；对已受污染的潜水和承压水，不得混合开采。

④ 兴建地下工程设施或者进行地下勘探、采矿等活动，应采取防护性措施，防止污染地下水。

⑤ 人工回灌补给地下水，不得恶化地下水的水质。

（3）建设项目地下水污染防治要求

① 地下水保护措施与对策应符合《中华人民共和国水污染防治法》的相关规定，按照"源头控制，分区防治，污染监控，应急响应"、突出饮用水安全的原则确定。

② 环保对策措施建议应根据Ⅰ类、Ⅱ类和Ⅲ类建设项目各自的特点以及建设项目所在

区域环境现状、环境影响预测与评价结果，在评价工程可行性研究中提出的污染防治对策有效性的基础上，提出需要增加或完善的地下水环境保护措施和对策。

③ 改、扩建项目还应针对现有的环境水文地质问题、地下水水质污染问题，提出"以新带老"的对策和措施。

④ 给出各项地下水环境保护措施与对策的实施效果，列表明确各项具体措施的投资估算，并分析其技术、经济可行性。

11.2.2.2 保护措施与对策

（1）建设项目污染防治对策

① Ⅰ类建设项目污染防治对策

源头控制措施：主要包括提出实施清洁生产及各类废物循环利用的具体方案，减少污染物的排放量；提出工艺、管道、设备、污水储存及处理构筑物应采取的控制措施，防止污染物的跑、冒、滴、漏，将污染物泄漏的环境风险事故降到最低限度。

分区防治措施：结合建设项目各生产设备、管廊或管线、储存与运输装置、污染物储存与处理装置、事故应急装置等的布局，根据可能进入地下水环境的各种有毒有害原辅材料、中间物料和产品的泄漏（含跑、冒、滴、漏）量及其他各类污染物的性质、产生量和排放量，划分污染防治区，提出不同区域的地面防渗方案，给出具体的防渗材料及防渗标准要求，建立防渗设施的检漏系统。

地下水污染监控：建立场地区地下水环境监控体系，包括建立地下水污染监控制度和环境管理体系、制定监测计划、配备先进的检测仪器和设备，以便及时发现问题，及时采取措施。地下水监测计划应包括监测孔位置、孔深、监测井结构、监测层位、监测项目、监测频率等。

风险事故应急响应：制定地下水风险事故应急响应预案，明确风险事故状态下应采取的封闭、截流等措施，提出防止受污染的地下水扩散和对受污染的地下水进行治理的具体方案。

② Ⅱ类建设项目地下水保护与环境水文地质问题减缓措施

其一，以均衡开采为原则，提出防止地下水资源超量开采的具体措施，以及控制资源开采过程中由于地下水水位变化诱发的湿地退化、地面沉降、岩溶塌陷、地面裂缝等环境水文地质问题产生的具体措施。

其二，建立地下水动态监测系统，并根据项目建设所诱发的环境水文地质问题制定相应的监测方案。

其三，针对建设项目可能引发的其他环境水文地质问题提出应对预案。

③ Ⅲ类建设项目污染防治对策

Ⅲ类建设项目的污染防治对策应按照Ⅰ类和Ⅱ类建设项目进行。

（2）环境管理对策

提出合理、可行、操作性强的防治地下水污染的环境管理体系，包括环境监测方案和向环境保护行政主管部门报告等制度。

环境监测方案应包括以下几点。

① 对建设项目的主要污染源、影响区域、主要保护目标和与环保措施运行效果有关的内容提出具体的监测计划。一般应包括监测井点布置和取样深度、监测的水质项目和监测频率等。

② 根据环境管理对监测工作的需要，提出有关环境监测机构和人员装备的建议。

向环境保护行政主管部门报告的制度应包括：其一，报告的方式、程序及频次等，特别应提出污染事故的报告要求；其二，报告的内容一般应包括所在场地及其影响区地下水环境监测数据，排放污染物的种类、数量、浓度，以及排放设施、治理措施运行状况和运行效果等。

11.2.2.3　污染含水层的治理

由于地下水运动十分缓慢，对于已被污染的含水层，当污染源受到控制后，也需几十年甚至上百年才能在自然状态下使含水层水质复原。治理地下水污染应首先停止或减少污染物的排放，防止含水层水质的进一步恶化。然后根据含水层的水文地质条件，地下水运动的特点，污染物质的化学性质等因素，综合考虑环境因素、治理效果和费用，提出可行的治理措施和方法。目前，已在实践中应用的治理方法主要有抽水净化法、化学处理法、生物处理法等。

11.2.3　大气污染防治措施

11.2.3.1　防治原则与要求

所有新建、扩建、改建向大气排放污染物的项目必须遵守《中华人民共和国大气污染防治法》的有关规定和国家有关建设项目环境保护管理的规定。

向大气排放污染物的单位，必须按照国务院环境保护行政主管部门的规定向所在地的环境保护行政主管部门申报拥有的污染物排放设施、处理设施和在正常作业条件下排放污染物的种类、数量、浓度，并提供防治大气污染方面的有关技术资料。

建设项目投入生产或者使用之前，其大气污染防治设施必须经过环境保护行政主管部门验收，达不到国家有关建设项目环境保护管理规定的要求的建设项目，不得投入生产或者使用。

向大气排放污染物的设施，其污染物排放浓度不得超过国家和地方规定的排放标准，并且要符合按照核定的主要大气污染物排放总量和许可证规定的排放条件和要求。

在国务院和省、自治区、直辖市人民政府划定的风景名胜区、自然保护区、文物保护单位附近地区和其他需要特别保护的区域内，不得建设污染环境的工业生产设施；建设其他设施，其污染物排放不得超过规定的排放标准。

企业应当优先采用能源利用效率高、污染物排放量少的清洁生产工艺，减少大气污染物的产生。

11.2.3.2　防治措施

（1）建设项目施工期大气污染防治措施

建设项目施工期主要大气污染来源如下。

① 如果有拆迁工程，那么在拆迁过程中，铲除房屋等建筑物时将产生大量扬尘。

② 在挖土方过程中产生扬尘，主要是裸露的松散土壤表面受风吹时，表面风蚀扬尘进入空气。

③ 在构筑物基础处理中，使用挖土机和推土机进行堆填；在沙土的搬运、倾倒过程中，将有少量土壤从地面、施工机械、土堆中飞扬进入空气。

④ 暴露松散土壤的工作面受风吹时，表面尘埃随风飞扬进入空气。

⑤ 物料运输过程中车辆行驶时带起的扬尘，以及车上装载的物料碎屑飞扬进入空气。

由此可见，建设项目在施工过程中对大气环境造成影响主要是扬尘污染。按起尘的原因可分为风力起尘和动力起尘，其中，风力起尘主要是由于露天堆放的建材（如黄沙、水泥等）及裸露的施工区表层浮尘因天气干燥及大风，产生风尘扬尘；而动力起尘，主要是在建材的装卸、搅拌过程中，由于外力而产生的尘粒再悬浮而造成，其中施工及装卸车辆造成的扬尘最为严重。

因此，应当有针对性地采取下列大气污染防治措施。

① 建设地点进行土地平整时周围设置围栏和屏障，使施工作业在相对封闭的环境下进行，尽量缩小施工扬尘的扩散范围。

② 合理安排施工现场，所有的砂石料、砂粉建筑材料等应统一堆放、保存，应尽可能减少堆场数量，并加篷布等遮盖，尽量减少运输环节，搬运时要做到轻举轻放，当出现风速过大或不利天气状况时应停止施工作业。

③ 对施工现场附近的运输道路进行定期喷水，使路面保持一定湿度，拟制运输车辆行驶产生的道路扬尘。

④ 采用商业混凝土，尽可能不在施工现场搅拌混凝土。

⑤ 运输车辆不得超载、装载高度不得超出车厢板高度，并应采取遮盖、密闭措施减少沿途抛洒、散落。

⑥ 开挖的余土及建筑垃圾应及时清运或利用，以防因长期堆放表面干燥而起尘，对施工作业面和材料、建筑垃圾等堆放场地定期洒水，使其保持一定的湿度，以减少扬尘量。

（2）燃烧过程排出的大气污染物消减措施

矿物燃料燃烧产生的烟尘、硫氧化物、氮氧化物、碳氧化物、烃类化合物等是主要的大气污染物，其消减措施主要有以下几点。

① 改变燃料组成和能源结构。如进行燃料脱硫，把煤变成气体和液体燃料，开发和利用地热、太阳能、风力、水力、潮汐能、氢能和生物能等无污染能源，以取代矿物燃料。

② 改进燃烧装置、燃烧技术和运转条件。通过改进燃烧装置的运转条件（如调节燃烧空气比，控制燃烧温度），改进燃烧方式（如采用沸腾燃烧、分段燃烧、排气循环燃烧、水或蒸汽喷射燃烧）和改进燃烧装置（如采用新式炉排，增设导风器、蓄热花墙以及改进燃烧室的型式）等，可以减少烟尘和气态污染物的生成量。

③ 发展集中供热和区域采暖。

④ 消烟除尘，防治污染。烟气中的尘粒控制技术有机械除尘、洗涤除尘、过滤除尘、静电除尘、声波除尘等方法。烟气中的有害气体治理采用吸收、吸附、膜分离技术和催化转化等方法。硫氧化物和氮氧化物是烟气中最主要的有害气体，通常采用以固体粉末或颗粒为吸收剂或反应剂的干法，或者采用以液体为吸收剂或反应剂的湿法回收利用，此外，也可以采取催化转化法进行治理。

⑤ 采用高烟囱和集合式烟囱排放。大气的污染程度同污染源排出的污染物的数量（源强）有关。在源强不变的情况下，接近地面的大气中污染物浓度与烟囱有效高度的平方成反比。因此，增加烟囱的有效高度，是防治局部地区大气污染的措施之一。

（3）非燃烧过程产生的大气污染物消减措施

对合成、分解等化工生产过程和粉碎、运输、筛选等机械加工过程中产生的大气污染物的防治，最根本的是改变生产工艺、采用无污染工艺和无污染装置。工业生产过程产生的大气污染物种类多，主要有氯、氯化氢、氟、氟化氢、硫化氢、粉尘和恶臭物质等。其中，有害气体可用吸收法、吸附法和催化转化法治理，粉尘可采用除尘或集尘技术和装置去除。地面扬尘也是非燃烧过程的大气污染物，可采取扩大绿地等措施加以控制。

11.2.4 土壤污染防治措施

鉴于土壤包含的化学元素的多样性和影响因素的复杂性，决定了土壤一旦被污染就很难治理。因为大量的污染物附着于多种介质上，清除这些污染物是一个十分缓慢过程，可能要花费数年甚至更长的时间，同时也需付出昂贵的代价。因此，在土壤污染防治问题上，应把预防污染作为基本原则，而把治理只看作不得已而采取的补救办法。

（1）加强土壤资源法制管理

加强土壤资源法制管理。经常性宣传、普及有关土壤保护、防治土壤污染、退化和破坏的有关政策和法规知识，提高全民土壤保护法制管理意识。

严格执行土壤保护的有关法律、法规和条例，避免土壤资源破坏、土壤污染。目前，我国关于土壤保护方面的法规和条例有：《中华人民共和国宪法》、《中华人民共和国环境保护法》、《中华人民共和国土地管理法》、《中华人民共和国矿产资源法》、《中华人民共和国水土保持法》、《土地复垦规定》、《土地管理法规实施条例》等。

（2）加强建设项目的环境管理

① 重视建设项目选址的评价　要选择对土壤环境影响最小、占用农、牧、林业土地资源最少的地区进行项目开发。

② 加强清洁生产意识　鼓励采用清洁生产工艺，减少污染物的排放和对环境的影响；对建设项目的工艺流程、施工设计、生产经营方式，提出减少土壤污染、退化和破坏的替代方案，减小对土壤环境的影响。

③ 严格执行建设项目的"三同时"管理制度　认真执行建设项目相关的防治土壤污染、退化和破坏的措施，必须与主体工程同时设计、同时施工、同时投产。

（3）加强土壤环境的监测和管理

① 建设项目开发单位应当设置环境监测机构、配备专职监测人员，保证监测任务和管理的执行。

② 完善监测制度，定期进行污染源和土壤环境质量的常规监测。

③ 加强事故或者灾害风险的及时监测，制订事故灾害风险发生的应急措施。

④ 开展土壤环境质量变化发展的跟踪监测，进行土壤环境质量的回顾评价或者后评估工作。

（4）对污染的土壤进行修复

土壤污染危害最突出的是重金属污染。当土壤重金属积累到一定程度后，不仅会导致土壤退化，农作物产量和品质下降，而且还可以通过径流、淋失作用污染地表水和地下水，恶化水文环境，并可能直接毒害植物或通过食物链途径危害人体健康。

常用土壤重金属污染修复措施主要有如下几点。

① 工程措施　主要包括客土、换土和深耕翻土等措施。通过客土、换土和深耕翻土与污土混合，可以降低土壤中重金属的含量，减少重金属对土壤-植物系统产生的毒害，从而使农产品达到食品卫生标准。深耕翻土用于轻度污染的土壤，而客土和换土则是用于重污染区的常见方法，在这方面日本取得了成功的经验。

工程措施是比较经典的土壤重金属污染治理措施，它具有彻底、稳定的优点，但实施工程量大、投资费用高，破坏土体结构，引起土壤肥力下降，并且还要对换出的污土进行堆放或处理。

② 物理化学修复措施

其一是电动修复。即通过电流的作用，在电场的作用下，土壤中的重金属离子（如 Pb、Cd、Cr、Zn 等）和无机离子以电透渗和电迁移的方式向电极运输，然后进行集中收集处理。研究发现，土壤 pH 值、缓冲性能、土壤组分及污染金属种类会影响修复的效果。该方法特别适合于低渗透的黏土和淤泥土，可以控制污染物的流动方向。在沙土上的实验结果表明，土壤中 Pb^{2+}、Cr^{3+} 等重金属离子的除去率也可达 90％以上。电动修复是一种原位修复技术，不搅动土层，并可以缩短修复时间，是一种经济可行的修复技术。

其二是电热修复。即利用高频电压产生电磁波，产生热能，对土壤进行加热，使污染物从土壤颗粒内解吸出来，加快一些易挥发性重金属从土壤中分离，从而达到修复的目的。该技术可以修复被 Hg 和 Se 等重金属污染的土壤。另外，可以把重金属污染区土壤置于高温高压下，形成玻璃态物质，从而达到从根本上消除土壤重金属污染的目的。

其三是土壤淋洗。土壤固持金属的机制可分为两大类：一是以离子态吸附在土壤组分的表面；二是形成金属化合物的沉淀。土壤淋洗是利用淋洗液把土壤固相中的重金属转移到土壤液相中去，再把富含重金属的废水进一步回收处理的土壤修复方法。该方法的技术关键是寻找一种既能提取各种形态的重金属，又不破坏土壤结构的淋洗液。目前，用于淋洗土壤的淋洗液较多，包括有机或无机酸、碱、盐和螯合剂。Blaylock 等检验了柠檬酸、苹果酸、乙酸、EDTA、DTPA 对印度芥菜吸收 Cd 和 Pb 的效应。吴龙华研究发现 EDTA 可明显降低土壤对铜的吸收率，吸收率与解吸率与加入的 EDTA 量的对数呈显著负相关。土壤淋洗以柱淋洗或堆积淋洗更为实际和经济，这对该修复技术的商业化具有一定的促进作用。

③ 化学修复　化学修复就是向土壤投入改良剂，通过对重金属的吸附、氧化还原、拮抗或沉淀作用，以降低重金属的生物有效性。该技术关键在于选择经济有效的改良剂，常用的改良剂有石灰、沸石、碳酸钙、磷酸盐、硅酸盐和促进还原作用的有机物质，不同改良剂对重金属的作用机理不同。

化学修复是在土壤原位上进行的，简单易行。但并不是一种永久的修复措施，因为它只改变了重金属在土壤中存在的形态，重金属元素仍保留在土壤中，容易再度活化危害植物。

④ 生物修复　生物修复是利用生物削减、净化土壤中的重金属或降低重金属毒性。由于该方法效果好，易于操作，日益受到人们的重视，成为污染土壤修复研究的热点。生物修复技术主要有植物修复技术和微生物修复技术两种。

植物修复技术是一种利用自然生长或遗传培育植物修复重金属污染土壤的技术。根据其作用过程和机理，重金属污染土壤的植物修复技术可分为植物提取、植物挥发和植物稳定三种类型。

植物提取是利用重金属超积累植物从土壤中吸取金属污染物，随后收割地上部并进行集中处理，连续种植该植物，达到降低或去除土壤重金属污染的目的。目前，已发现有 700 多种超积累重金属植物，积累 Cr、Co、Ni、Cu、Pb 的量一般在 0.1％以上，Mn、Zn 可达到 1％以上，例如，遏蓝菜属是一种已被鉴定的 Zn 和 Cd 超积累植物；柳属的某些物种能大量富集 Cd；印度芥菜对 Cd、Ni、Zn、Cu 富集可分别达到 58 倍、52 倍、31 倍、17 倍和 7 倍；芥子草等对 Se、Pb、Cr、Cd、Ni、Zn、Cu 具有较强的累积能力；高山萤属类可吸收高浓度的 Cu、Co、Mn、Pb、Se、Cd 和 Zn。

植物挥发是利用植物根系吸收金属，将其转化为气态物质挥发到大气中，以降低土壤污染。目前研究较多的是 Hg 和 Se。湿地上的某些植物可清除土壤中的 Se，其中，单质占 75%，挥发态占 20%～25%。挥发态的 Se 主要是通过植物体内的 ATP 硫化酶的作用，还原为可挥发的 CH_3SeCH_3 和 $CH_3SeSeCH_3$。

植物稳定是利用耐重金属植物或超累积植物降低重金属的活性，从而减少重金属被淋洗到地下水或通过空气扩散进一步污染环境的可能性。其机理是通过金属在根部的积累、沉淀或根表吸收来加强土壤中重金属的固化。如，植物根系分泌物能改变土壤根际环境，可使多价态的 Cr、Hg、As 的价态和形态发生改变，影响其毒性效应。植物的根毛可直接从土壤交换吸附重金属增加根表固定。

微生物修复技术的主要作用原理是：微生物可以降低土壤中重金属的毒性；微生物可以吸附积累重金属；微生物可以改变根际微环境，从而提高植物对重金属的吸收，挥发或固定效率。

农业生态修复主要包括两个方面：一是农艺修复措施。包括改变耕作制度，调整作物品种，种植不进入食物链的植物，选择能降低土壤重金属污染的化肥，或增施能够固定重金属的有机肥等措施，来降低土壤重金属污染；二是生态修复。通过调节诸如土壤水分、土壤养分、土壤 pH 值和土壤氧化还原状况及气温、湿度等生态因子，实现对污染物所处环境介质的调控。我国在这一方面研究较多，并取得了一定的成效。但利用该技术修复污染土壤周期长，效果不显著。

（5）土壤退化的防治措施

土壤退化是在各种自然因素、特别是人为因素影响下所发生的导致土壤农业生产能力或土地利用和环境调控潜力，即土壤质量及其可持续性下降（包括暂时性的和永久性的）甚至完全丧失其物理的、化学的和生物学特征的过程。土壤退化的防治涉及很多领域，不仅涉及到土壤学、农学、生态学及环境科学，而且也与社会科学和经济学及相关方针政策密切相关。迄今为止，有关土壤退化防治措施的研究与实践工作大多处于探索阶段。

11.2.5 噪声污染防治措施

消减噪声环境影响的措施有从声源上降低噪声和从噪声传播途径上降低噪声两个方面。

11.2.5.1 从声源上降低噪声

① 改进机械设计以降低噪声，例如，选用发声小的材料来制造机械、改进设备结构和形状、改进传动装置来降低噪声。

② 改革工艺和操作方法来降低噪声，例如，把铆接改为焊接、液压代替锻压就可以有效降低噪声。

③ 提高设备的加工精度和装配质量来降低噪声。

④ 维持设备处于良好的运转状态。很多噪声是由于设备运转不正常所产生的，使设备处于良好的运转状态就可以大为降低噪声。

11.2.5.2 从噪声传播途径上降低噪声

① 利用声波随距离衰减的原理，实行"闹静分开"的设计原则，缩小噪声的干扰范围，使高噪声设备尽可能远离敏感区。

② 利用噪声指向性，合理布置声源或建筑物，合理布局敏感区中的建筑物功能和合理调整建筑物平面布局，把非敏感建筑朝向或者靠近噪声源，如图 11-1 所示。

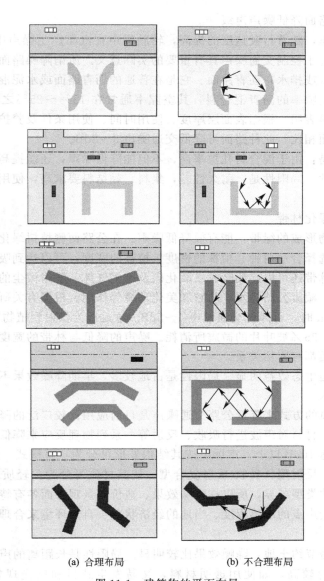

(a) 合理布局　　　　　　　　(b) 不合理布局

图 11-1　建筑物的平面布局

③ 利用自然地形如森林，山坡等的降噪作用，把声源与人经常活动场所分开。

④ 采用声学控制措施来降低噪声，例如对噪声源进行消声、隔振和减振处理来降低噪声源的噪声级。

必须指出，各种噪声防治措施与对策，必须符合针对性、具体性、经济合理性和技术可行性的原则。

11.2.5.3　交通噪声消减措施

交通噪声干扰人们的正常生活和休息，严重时甚至影响人们的身体健康。如引起心血管疾病、内分泌疾病等，还可使学习工作效率降低、产品质量下降，在特定条件下甚至成为社会不稳定的因素之一。近年来，世界上众多国家为降低公路交通噪声采取了应用降噪路面、种植降噪绿化林带、修筑声屏障等措施。

（1）采用降噪路面降低噪声声级

对于中小型汽车，随着行驶速度的提高，轮胎噪声在汽车产生噪声中的比例越来越大，因此修筑降噪路面对于控制交通噪声具有重要的实际意义。所谓降噪路面，也称多空隙沥青路面，又称为透水（或排水）沥青路面。它是在普通的沥青路面或水泥混凝土路面结构层上铺筑一层具有很高空隙率的沥青混合料，其空隙率通常在 15％～25％之间，有的甚至高达 30％。国外研究资料表明，根据表面层厚度、使用时间、使用条件及养护状况的不同，与普通的沥青混凝土路面相比，此种路面可降低交通噪声 3～8dB。

该方法的优点是：由于混合料孔隙率高，不但能降低噪声，还能提高排水性能，在雨天能提高行驶的安全性。局限性是：耐久性差，集料、黏结料要求高，使用一段时间后，孔隙易被堵塞。

（2）种植降噪绿化林带

树木及绿化植物形成的绿带，能有效降低噪声。在公路两侧植树绿化，是防治交通噪声的有效措施之一。选择合适树种、植株的密度、植被的宽度，可以达到吸纳声波，降低噪声的作用。同时绿化林带还可以起到吸收二氧化碳及有害气体、吸附微尘的作用，能改善小气候，防止空气污染，截留公路排水、防眩和美化环境等作用。根据有关研究资料表明，当绿化林带宽度大于 10m 时，可降低交通噪声 4～5dB。这是因为投射到植物叶片上的声能 74％被反射到各个方向，26％被叶片的微震所消耗。噪声的降低与林带的宽度、高度、位置、配置方式以及植物种类都有密切关系。

该方法的优点是生态效益明显。局限性是占地较多，早期降噪效果不显著。

（3）声屏障技术

采用构筑声屏障的方式来降低公路交通噪声是目前应用比较广泛的降噪方式。声屏障降噪主要是通过声屏障材料对声波进行吸收、反射等一系列物理反应来降低噪音，据测试采用声屏障降噪效果可达 10dB 以上。声屏障按其结构外形可分为：直壁式、圆弧式；按降噪方式可分为：吸收型、反射型、吸收-反射复合型；按其材质可分为：轻质复合材料、圬工材料等。由于声屏障的类型各异，所以在降噪效果、造价、景观方面各有特点。因此，在选用声屏障时，应根据受声点的敏感程度、当地的经济状况、自然环境来合理选择适用的声屏障类型。

该方法的优点是节约土地，降噪效果比较明显。局限性是长距离的声屏障使行车有压抑及单调的感觉，造价较高，如使用透明材料，又易发生眩目和反光现象，同时还要经常清洗。

由于交通噪声对环境的影响越来越引起社会各界的重视，噪声污染这一世界性四大环境公害之一，必须得到有效的控制。从国外公路建设发展的规律来看，当路网建设形成规模后，投入于环保治理的资金将逐渐增大。我们应该看到目前的任何一种降噪方式在技术上都有一定的局限性，在使用中也各有不足，所以应该从各地的实际情况出发，在公路建设的同时加强环保建设，根据工程实际，对降噪措施进行技术和经济论证，在多方案比选之后采用最佳降噪方案。

11.2.6　固体废物污染防治措施

11.2.6.1　综合防治的原则

继续推行固体废物减量化、资源化和无害化政策，按照循环经济思路加强废物管理。重点通过替代燃煤、控制一次性物品使用、简化商品包装、净菜进城、倡导健康消费方式等措施，实现工业生产固体废物、商业垃圾和居民生活垃圾的源头削减，并强化回收利用。

通过调整工业结构，加强粉煤灰、冶炼废渣等固体废物现有综合利用系统的管理，建设煤矸石、尾矿综合处理设施，不断提高全市工业固体废物综合利用率。

建立严格的危险废物管理制度，实现危险废物全部安全处理处置。不能就地安全处理处置的危险废物全部集中处理，建成危险废物集中填埋场。其中，对医疗废物严格实行集中处理处置，逐年不断提高集中安全处置率。加强建筑渣土运输、堆放和利用管理。

建立垃圾分类收运处理系统，完善废旧物品回收体系。保证已建成的垃圾处理处置设施的正常运行，同时根据实际需要新建一批垃圾卫生填埋场等一批垃圾无害化处理设施，逐年提高市区和卫星城生活垃圾全部实现无害化处理率。建成城市生活垃圾处理处置场（厂）集中在线监控系统。采取措施防止垃圾收运、处理过程中的扬尘、污染地下水、焚烧超标排放、恶臭等二次污染。加强对危险废物混入城市生活垃圾现象的监督和处罚。

11.2.6.2　综合防治措施

（1）法规要求

根据《中华人民共和国固体废物污染环境防治法》的规定，对固体废物污染环境的综合防治，做出下列一般性规定。

① 产生固体废物的单位和个人，应当采取措施，防止或者减少固体废物对环境的污染。收集、储存、运输、利用、处置固体废物的单位和个人，必须采取防扬散、防流失、防渗漏或者其他防止污染环境的措施。不得在运输过程中沿途丢弃、遗撒固体废物。产品应当采用易回收利用、易处置或者在环境中易消纳的包装物。产品生产者、销售者、使用者应当按照国家有关规定对可以回收利用的产品包装物和容器等回收利用。

② 使用农用薄膜的单位和个人应采取回收利用等措施，防止或者减少农用薄膜对环境的污染。

③ 对收集、储存、运输、处置固体废物的设施、设备和场所，应当加强管理和维护，保证其正常运行和使用。禁止擅自关闭、闲置或者拆除工业固体废物污染环境防治设施、场所；确有必要关闭、闲置或者拆除的，必须经所在地县级以上地方人民政府环境保护行政主管部门核准，并采取措施，防止污染环境。

④ 对造成固体废物严重污染环境的企业事业单位，限期治理。被限期治理的企业事业单位必须按期完成治理任务。

⑤ 在国务院和国务院有关主管部门及省、自治区、直辖市人民政府划定的自然保护区、风景名胜区、生活饮用水源地和其他需要特别保护的区域内，禁止建设工业固体废物集中储存、处置设施、场所和生活垃圾填埋场。

⑥ 转移固体废物出省、自治区、直辖市行政区域储存、处置的，应当向固体废物移出地的省级人民政府环境保护行政主管部门报告，并经固体废物接受地的省级人民政府环境保护行政主管部门许可。禁止中国境外的固体废物进境倾倒、堆放、处置。国家禁止进口不能用作原料的固体废物；限制进口可以用作原料的固体废物。国务院环境保护行政主管部门会同国务院对外经济贸易主管部门制定、调整并公布可以用作原料进口的固体废物的目录，未列入该目录的固体废物禁止进口。确有必要进口列入前款规定目录中的固体废物用作原料的，必须经国务院环境保护行政主管部门会同国务院对外经济贸易主管部门审查许可，方可进口。具体办法，由国务院规定。

（2）工业固体废物污染防治技术措施

① 推广先进的防治工业固体废物污染环境的生产工艺和设备，推广能够减少工业固体废物产生量的先进生产工艺和设备，淘汰落后的生产工艺与设备，推动工业固体废物污染环境防治工作。

② 产生工业固体废物的单位应当建立、健全污染环境防治责任制度，采取防治工业固体废物污染环境的措施。企业事业单位应当合理选择和利用原材料、能源和其他资源，采用先进的生产工艺和设备，减少工业固体废物产生量。

③ 国家实行工业固体废物申报登记制度。产生工业固体废物的单位必须按照国务院环境保护行政主管部门的规定，向所在地县级以上地方人民政府环境保护行政主管部门提供工业固体废物的产生量、流向、储存、处置等有关资料。

④ 企事业单位对其产生的不能利用或者暂时不利用的工业固体废物，必须按照国务院环境保护行政主管部门的规定建设储存或者处置的设施、场所。露天储存冶炼渣、化工渣、燃煤灰渣、废矿石、尾矿和其他工业固体废物的，应当设置专用的储存设施、场所。建设工业固体废物储存、处置的设施、场所，必须符合国务院环境保护行政主管部门规定的环境保护标准。

（3）城市生活垃圾污染环境的防治措施

① 任何单位和个人应当遵守城市人民政府环境卫生行政主管部门的规定，在指定的地点倾倒、堆放城市生活垃圾，不得随意扔撒或者堆放。

② 储存、运输、处置城市生活垃圾，应当遵守国家有关环境保护和城市环境卫生的规定，防止污染环境。城市生活垃圾应当及时清运，并积极开展合理利用和无害化处置。城市生活垃圾应当逐步做到分类收集、储存、运输和处置。

③ 城市人民政府应当有计划地改进燃料结构，发展城市煤气、天然气、液化气和其他清洁能源。城市人民政府有关部门应当组织净菜进城，减少城市生活垃圾。城市人民政府有关部门应当统筹规划，合理安排收购网点，促进废弃物的回收利用工作；并且应当配套建设城市生活垃圾清扫、收集、储存、运输、处置设施。建设城市生活垃圾处置设施、场所，必须符合国务院环境保护行政主管部门和国务院建设行政主管部门规定的环境保护和城市环境卫生标准。

④ 禁止擅自关闭、闲置或者拆除城市生活垃圾处置设施、场所；确有必要关闭、闲置或者拆除的，必须经所在地县级以上地方人民政府环境卫生行政主管部门和环境保护行政主管部门核准，并采取措施，防止污染环境。

⑤ 施工单位应当及时清运、处置建筑施工过程中产生的垃圾，并采取措施，防止污染环境。

11.2.6.3 危险废物污染环境的防治措施

① 国务院环境保护行政主管部门应当会同国务院有关部门制定国家危险废物名录，规定统一的危险废物鉴别标准、鉴别方法和识别标志。对危险废物的容器和包装物以及收集、储存、运输、处置危险废物的设施、场所，必须设置危险废物识别标志。

② 产生危险废物的单位，必须按照国家有关规定申报登记。产生危险废物的单位，必须按照国家有关规定处置；不处置的，由所在地县级以上地方人民政府环境保护行政主管部门责令限期改正；逾期不处置或者处置不符合国家有关规定的，由所在地县级以上地方人民政府环境保护行政主管部门指定单位按照国家有关规定代为处置，处置费用由产生危险废物的单位承担。

③ 城市人民政府应当组织建设对危险废物进行集中处置的设施。以填埋方式处置危险

废物不符合国务院环境保护行政主管部门的规定的，应当缴纳危险废物排污费。危险废物排污费征收的具体办法由国务院规定。危险废物排污费用于危险废物污染环境的防治，不得挪作他用。

④ 从事收集、储存、处置危险废物经营活动的单位，必须向县级以上人民政府环境保护行政主管部门申请领取经营许可证，具体管理办法由国务院规定。禁止无经营许可证或者不按照经营许可证规定从事危险废物收集、储存、处置的经营活动。禁止将危险废物提供或者委托给无经营许可证的单位从事收集、储存、处置的经营活动。收集、储存危险废物，必须按照危险废物特性分类进行。禁止混合收集、储存、运输、处置性质不相容而未经安全性处置的危险废物。禁止将危险废物混入非危险废物中储存。转移危险废物的，必须按照国家有关规定填写危险废物转移联单，并向危险废物移出地和接受地的县级以上地方人民政府环境保护行政主管部门报告。运输危险废物，必须采取防止污染环境的措施，并遵守国家有关危险货物运输管理的规定。禁止将危险废物与旅客在同一运输工具上载运。收集、储存、运输、处置危险废物的场所、设施、设备和容器、包装物及其他物品转作他用时，必须经过消除污染的处理，方可使用。直接从事收集、储存、运输、利用、处置危险废物的人员，应当接受专业培训，经考核合格，方可从事该项工作。

⑤ 产生意外事故时采取的应急措施和防范措施，并向所在地县级以上地方人民政府环境保护行政主管部门报告；环境保护行政主管部门应当进行检查。因发生事故或者其他突发性事件，造成危险废物严重污染环境的单位，必须立即采取措施消除或者减轻对环境的污染危害，及时通报可能受到污染危害的单位和居民，并向所在地县级以上地方人民政府环境保护行政主管部门和有关部门报告，接受调查处理。在发生危险废物严重污染环境、威胁居民生命财产安全时，县级以上地方人民政府环境保护行政主管部门必须立即向本级人民政府报告，由人民政府采取有效措施，解除或者减轻危害。

⑥ 禁止经中华人民共和国过境转移危险废物。

11.3 建设项目生态环境保护措施

11.3.1 生态环境保护的基本原理

（1）保护生态系统结构的完整性

生态系统的功能是以系统完整的结构和和良好的运行为基础的，因此，生态环境保护必须从功能保护着眼，从系统结构保护入手。生态系统结构的完整性包括地域连续性、物种多样性、生物组成的协调性、环境条件匹配性。

（2）保护生态系统的再生产能力

生态系统都有一定的再生和恢复功能。一般说来，生态系统的层次越多，结构越复杂，系统越趋于稳定，受到外力干扰后，恢复其功能的自我调节能力也越强。相反，越是简单的系统越是显得脆弱，受到外力作用后，其恢复能力也越弱。

（3）以生物多样性保护为核心

生物多样性对人类的生存与发展有着无可替代的意义。为保护生物多样性，应当遵循如下原则。

① 避免物种濒危和灭绝。

② 保护生态系统完整性。

③ 防止生境损失和干扰。

④ 保持生态系统的自然性。

⑤ 可持续利用生态资源。

⑥ 恢复被破坏的生态系统和生境。

11.3.2 生态环境保护措施

11.3.2.1 基本要求

① 生态保护措施应包括保护对象和目标，内容、规模及工艺，实施空间和时序，保障措施和预期效果分析，绘制生态保护措施平面布置示意图和典型措施设施工艺图。估算或概算环境保护投资。

② 对可能具有重大、敏感生态影响的建设项目，区域、流域开发项目，应提出长期的生态监测计划、科技支撑方案，明确监测因子、方法、频次等。

③ 明确施工期和运营期管理原则与技术要求。可提出环境保护工程分标与招投标原则，施工期工程环境监理，环境保护阶段验收和总体验收、环境影响后评价等环保管理技术方案。

11.3.2.2 植物保护措施

（1）预防保护

在建设项目的规划与可行性论证阶段，应当尽可能绕避生态敏感点或敏感区，避免和预防对生态敏感点或区造成影响。

（2）就地保护

对珍稀植物应该在预防保护的前提下，实施就地保护，划定珍稀植物、古树名木建立保护区，并挂牌保护。

（3）移植保护

对于难以做到就地保护的植物，可采取移植保护的措施，将被保护的植物移植到易于保护的地方进行保护。

（4）植被恢复

优化工程用地，合理布置施工区，减少对植物的影响。工程临时占地在工程结束后应积极实施植被恢复（包括自然恢复和人工恢复）。

（5）防止外来物种的侵袭

如果涉及到外来植物的引种，要充分论证外来物种对本地物种的影响，防止外来物种对本地物种的侵袭。

11.3.2.3 动物保护措施

① 保护动物生境或栖息地、繁殖地、庇护所，维持其足够大的领地。

② 保护植被，尤其是保护动物的食源植物。

③ 保护水源。

④ 设置生物通道。

⑤ 就地保护，建立保护动物的保护区；不能就地保护的动物应得到易地保护。

⑥ 禁止捕猎。

⑦ 加强科学研究和法制教育。

11.3.2.4　鸟类保护措施

① 避免干扰。
② 保护鸟类生境，包括植被、河流湿地及食物等。
③ 人工招引。
④ 禁止捕猎。
⑤ 划定保护区。

11.3.2.5　鱼类保护措施

① 保障洄游性鱼类的通道畅通。
② 建立鱼类增殖放流站。
③ 设置人工鱼礁。
④ 防止水体污染。
⑤ 保障生态用水。
⑥ 划定保护区。
⑦ 避免过度捕捞。

11.3.2.6　湿地保护措施

① 避免征占湿地，确保湿地面积。
② 保障湿地水源，防止湿地萎缩。
③ 保障水力畅通，防止湿地分割。
④ 防止污染湿地。
⑤ 保护湿地动物，特别是鸟类。
⑥ 保护湿地植物。
⑦ 建立湿地保护区。
⑧ 受损湿地修复（或恢复）（湿地恢复需考虑 4 个因素或条件：水文、地形地貌、土壤、生物）。
⑨ 制定湿地保护规划。

练习题

1. 建设项目污染防治的原则是什么？
2. 应该从哪四个方面论证生态保护措施的基本框架？
3. 简述地表水污染防治的基本要求。
4. 建设项目对地表水环境影响的主要减免措施有哪些？
5. 为什么地下水污染防治应把预防污染作为基本原则？
6. 简述建设项目地下水污染防治的基本要求。
7. 对于Ⅰ类建设项目，地下水污染防治的对策有哪些？
8. 建设项目大气污染防治的主要原则有哪些？
9. 建设项目施工期大气污染源有哪些？相应的防治措施有哪些？

10. 燃烧过程大气污染消减措施有哪些？

11. 土壤污染的基本特征是什么？

12. 简述常见的土壤重金属污染的修复措施。

13. 噪声污染的消减措施应从哪两个方面进行？

14. 从传播途径上消减噪声的措施有哪些？

15. 交通噪声的消减措施有哪些？

16. 简述固体废物污染防治的原则。

17. 简述危险废物污染防治措施。

18. 简述生态环境保护的基本原理。

19. 生态系统结构的完整性包括哪四个方面？

20. 简述生态环境保护的基本要求。

21. 简述植物保护措施。

22. 简述动物保护措施。

23. 鸟类保护措施有哪些？

24. 珍稀鱼类保护措施有哪些？

25. 湿地保护措施有哪些？

第12章

规划环境影响评价

本章根据《规划环境影响评价技术导则-总纲》（HJ 130—2014），介绍规划环境影响评价的总体要求、规划分析内容与方法、规划方案的综合论证和优化调整以及规划环境影响评价方法等。

12.1 规划环境影响评价的总体要求

12.1.1 评价目的

通过评价，提供规划决策所需的资源与环境信息，识别制约规划实施的主要资源和环境要素，确定环境目标，构建评价指标体系，分析、预测与评价规划实施可能对区域、流域、海域生态系统产生的整体影响、对环境和人群健康产生的长远影响，论证规划方案的环境合理性和对可持续发展的影响，论证规划实施后环境目标和指标的可达性，形成规划优化调整建议，提出环境保护对策、措施和跟踪评价方案，协调规划实施的经济效益、社会效益与环境效益之间以及当前利益与长远利益之间的关系，为规划和环境管理提供决策依据。

12.1.2 评价原则

① 全程互动　评价应在规划纲要编制阶段（或规划启动阶段）介入，并与规划方案的研究和规划的编制、修改、完善全过程互动。

② 一致性　评价的重点内容和专题设置应与规划对环境影响的性质、程度和范围相一致，应与规划涉及领域和区域的环境管理要求相适应。

③ 整体性　评价应统筹考虑各种资源与环境要素及其相互关系，重点分析规划实施对生态系统产生的整体影响和综合效应。

④ 层次性　评价的内容与深度应充分考虑规划的属性和层级，并依据不同属性、不同层级规划的决策需求，提出相应的宏观决策建议以及具体的环境管理要求。

⑤ 科学性　评价选择的基础资料和数据应真实、有代表性，选择的评价方法应简单、适用，评价的结论应科学、可信。

12.1.3 规划环境影响评价的范围

按照规划实施的时间跨度和可能影响的空间尺度确定评价范围。

评价范围在时间跨度上，一般应包括整个规划周期。对于中、长期规划，可以规划的近期为评价的重点时段；必要时，也可根据规划方案的建设时序选择评价的重点时段。

评价范围在空间跨度上，一般应包括规划区域、规划实施影响的周边地域，特别应将规划实施可能影响的环境敏感区、重点生态功能区等重要区域整体纳入评价范围。

确定规划环境影响评价的空间范围一般应同时考虑三个方面的因素：一是规划的环境影响可能达到的地域范围；二是自然地理单元、气候单元、水文单元、生态单元等的完整性；三是行政边界或已有的管理区界（如自然保护区界、饮用水水源保护区界等）。

12.1.4　规划环境影响评价的工作流程

规划环境影响评价的工作流程如图 12-1 所示。

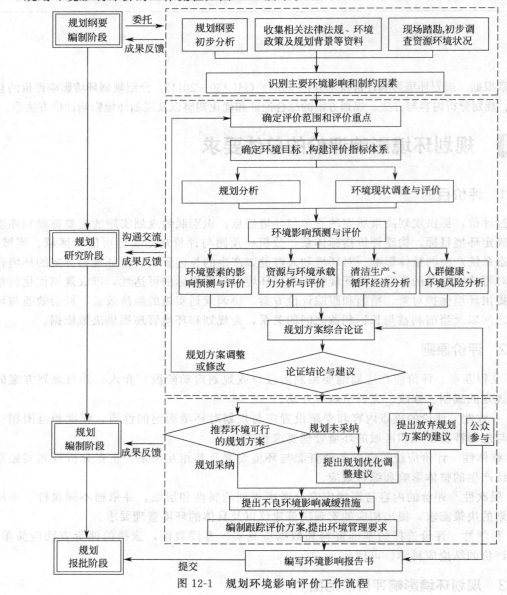

图 12-1　规划环境影响评价工作流程

在规划纲要编制阶段，通过对规划可能涉及内容的分析，收集与规划相关的法律、法规、环境政策和产业政策，对规划区域进行现场踏勘，收集有关基础数据，初步调查环境敏感区域的有关情况，识别规划实施的主要环境影响，分析提出规划实施的资源和环境制约因素，反馈给规划编制机关。同时确定规划环境影响评价方案。

在规划的研究阶段，评价可随着规划的不断深入，及时对不同规划方案实施的资源、环境、生态影响进行分析、预测和评估，综合论证不同规划方案的合理性，提出优化调整建议，反馈给规划编制机关，供其在不同规划方案的比选中参考与利用。

在规划的编制阶段，应针对环境影响评价推荐的环境可行的规划方案，从战略和政策层面提出环境影响减缓措施。如果规划未采纳环境影响评价推荐的方案，还应重点对规划方案提出必要的优化调整建议，编制环境影响跟踪评价方案，提出环境管理要求，反馈给规划编制机关。如果规划选择的方案资源环境无法承载、可能造成重大不良环境影响且无法提出切实可行的预防或减轻对策和措施，以及对可能产生的不良环境影响的程度或范围尚无法做出科学判断时，应提出放弃规划方案的建议，反馈给规划编制机关。

在规划上报审批前，应完成规划环境影响报告书（规划环境影响篇章或说明）的编写与审查，并提交给规划编制机关。

12.1.5　规划环境影响评价的内容要求

根据《中华人民共和国环境影响评价法》，国务院有关部门、设区的市级以上地方人民政府及其有关部门，对其组织编制的土地利用的有关规划和区域、流域、海域的建设、开发利用规划（以下称综合性规划），以及工业、农业、畜牧业、林业、能源、水利、交通、城市建设、旅游、自然资源开发的有关专项规划（以下称专项规划），应当进行环境影响评价。

（1）专项规划环境影响评价的主要内容

对专项规划进行环境影响评价，应当分析、预测和评估以下内容。

① 规划实施可能对相关区域、流域、海域生态系统产生的整体影响。

② 规划实施可能对环境和人群健康产生的长远影响。

③ 规划实施的经济效益、社会效益与环境效益之间以及当前利益与长远利益之间的关系。

（2）综合性规划环境影响评价的内容要求

编制综合性规划，应当根据规划实施后可能对环境造成的影响，编写环境影响篇章或者说明。

环境影响篇章或者说明应当包括下列内容。

① 环境影响分析依据　重点明确与规划相关的法律法规、环境经济与技术政策、产业政策和环境标准。

② 环境现状评价　明确主体功能区规划、生态功能区划、环境功能区划对评价区域的要求，说明环境敏感区和重点生态功能区等环境保护目标的分布情况及其保护要求；评述资源利用和保护中存在的问题，评述区域环境质量状况，评述生态系统的组成、结构与功能状况、变化趋势和存在的主要问题，评价区域环境风险防范和人群健康状况，明确提出规划实施的资源与环境制约因素。

③ 环境影响分析、预测与评价　根据规划的层级和属性，分析规划与相关政策、法规、上层位规划在资源利用、环境保护要求等方面的符合性。评价不同发展情景下区域环境质量能否满足相应功能区的要求，对区域生态系统完整性所造成的影响，对主要环境敏感区和重点生态功能区等环境保护目标的影响性质与程度。根据不同类型规划及其环境影响特点，开展人群健康影响状况分析、事故性环境风险和生态风险分析、清洁生产水平和循环经济分析。评价区域资源与环境承载能力对规划实施的支撑状况，以及环境目标的可达性。给出规

划方案的环境合理性和可持续发展综合论证结果。

④ 环境影响减缓措施　详细说明针对不良环境影响的预防、减缓（最小化）及对造成的影响进行全面修复补救的对策和措施。如规划方案中包含有具体的建设项目，还应给出重大建设项目环境影响评价要求、环境准入条件和管理要求等。给出跟踪评价方案，明确跟踪评价的具体内容和要求。

⑤ 根据评价需要，在篇章（或说明）中附必要的图、表　环境影响篇章或者说明由规划编制机关编制或者组织规划环境影响评价技术机构编制。规划编制机关应当对环境影响篇章或者说明的质量负责。

（3）专项规划环境影响评价的内容要求

编制专项规划，应当在规划草案报送审批前编制环境影响报告书。但编制专项规划中的指导性规划（即以发展战略为主要内容的专项规划）只需编写环境影响篇章或者说明。

规划环境影响报告书应对规划草案的环境合理性和可行性、规划实施对环境可能造成的影响进行详细的分析、预测和评估，分析预防或者减轻不良环境影响的对策和措施的合理性和有效性，以及提出规划草案的调整建议。

规划环境影响报告书的具体内容要求如下。

① 总则　概述任务由来，说明与规划编制全程互动的有关情况及其所起的作用。明确评价依据，评价目的与原则，评价范围（附图），评价重点；附图、列表说明主体功能区规划、生态功能区划、境功能区划及其执行的环境标准对评价区域的具体要求，说明评价区域内的主要环境保护目标和环境敏感区的分布情况及其保护要求等。

② 规划分析　概述规划编制的背景，明确规划的层级和属性，解析并说明规划的发展目标、定位、规模、布局、结构、时序，以及规划包含的具体建设项目的建设计划等规划内容；进行规划与政策法规、上层位规划在资源保护与利用、环境保护、生态建设要求等方面的符合性分析，与同层位规划在环境目标、资源利用、环境容量与承载力等方面的协调性分析，给出分析结论，重点明确规划之间的冲突与矛盾；进行规划的不确定性分析，给出规划环境影响预测的不同情景。

③ 环境现状调查与评价　概述环境现状调查情况。阐明评价区自然地理状况、社会经济概况、资源赋存与利用状况、环境质量和生态状况等，评价区域资源利用和保护中存在的问题，分析规划布局与主体功能区规划、生态功能区划、环境功能区划和环境敏感区、重点生态功能区之间的关系，价区域环境质量状况，分析区域生态系统的组成、结构与功能状况、变化趋势和存在的主要问题，评价区域环境风险防范和人群健康状况，分析评价区主要行业经济和污染贡献率。对已开发区域进行环境影响回顾性评价，明确现有开发状况与区域主要环境问题间的关系。明确提出规划实施的资源与环境制约因素。

④ 环境影响识别与评价指标体系构建　识别规划实施可能影响的资源与环境要素及其范围和程度，建立规划要素与资源、环境要素之间的动态响应关系。论述评价区域环境质量、生态保护和其他与环境保护相关的目标和要求，确定不同规划时段的环境目标，建立评价指标体系，给出具体的评价指标值。

⑤ 环境影响预测与评价　说明资源、环境影响预测的方法，包括预测模式和参数选取等。估算不同发展情景对关键性资源的需求量和污染物的排放量，给出生态影响范围和持续时间，主要生态因子的变化量。预测与评价不同发展情景下区域环境质量能否满足相应功能区的要求，对区域生态系统完整性所造成的影响，对主要环境敏感区和重点生态功能区等环境保护目标的影响性质与程度。根据不同类型规划及其环境影响特点，开展人群健康影响状况评价、事故性环境风

险和生态风险分析、清洁生产水平和循环经济分析。预测和分析规划实施与其他相关规划在时间和空间上的累积环境影响。评价区域资源与环境承载能力对规划实施的支撑状况。

⑥ 规划方案综合论证和优化调整建议　综合各种资源与环境要素的影响预测和分析、评价结果，分别论述规划的目标、规模、布局、结构等规划要素的环境合理性，以及环境目标的可达性和规划对区域可持续发展的影响。明确规划方案的优化调整建议，并给出评价推荐的规划方案。

⑦ 环境影响减缓措施　详细给出针对不良环境影响的预防、最小化及对造成的影响进行全面修复补救的对策和措施，论述对策和措施的实施效果。如规划方案中包含有具体的建设项目，还应给出重大建设项目环境影响评价的重点内容和基本要求（包括简化建议）、环境准入条件和管理要求等。

⑧ 环境影响跟踪评价　详细说明拟定的跟踪评价方案，论述跟踪评价的具体内容和要求。

⑨ 公众参与　说明公众参与的方式、内容及公众参与意见和建议的处理情况，重点说明不采纳的理由。

⑩ 评价结论　归纳总结评价工作成果，明确规划方案的合理性和可行性。

在正文后要求附必要的表征规划发展目标、规模、布局、结构、建设时序以及表征规划涉及的资源与环境的图、表和文件，给出环境现状调查范围、监测点位分布等图件。

设区的市级以上人民政府审批的专项规划，在审批前由其环境保护主管部门召集有关部门代表和专家组成审查小组，对环境影响报告书进行审查。审查小组应当提交书面审查意见。规划审批机关应当将环境影响报告书结论以及审查意见作为审批专项规划草案的重要依据。

（4）规划的跟踪评价内容要求

对环境有重大影响的规划实施后，规划编制机关应当及时组织规划环境影响的跟踪评价，将评价结果报告规划审批机关，并通报环境保护等有关部门。

规划环境影响的跟踪评价应当包括下列内容。

① 规划实施后实际产生的环境影响与环境影响评价文件预测可能产生的环境影响之间的比较分析和评估。

② 规划实施中所采取的预防或者减轻不良环境影响的对策和措施有效性的分析和评估。

③ 公众对规划实施所产生的环境影响的意见。

④ 跟踪评价的结论。

规划编制机关对规划环境影响进行跟踪评价，应当采取调查问卷、现场走访、座谈会等形式征求有关单位、专家和公众的意见。

12.2　规划分析内容与方法

12.2.1　规划分析内容

规划分析应包括规划概述、规划的协调性分析和不确定性分析等。通过对多个规划方案具体内容的解析和初步评估，从规划与资源节约、环境保护等各项要求相协调的角度，筛选出备选的规划方案，并对其进行不确定性分析，给出可能导致环境影响预测结果和评价结论发生变化的不同情景，为后续的环境影响分析、预测与评价提供基础。

12.2.1.1　规划概述

简要介绍规划编制的背景和定位，梳理并详细说明规划的空间范围和空间布局，规划的近期和中、远期目标、发展规模、结构（如产业结构、能源结构、资源利用结构等）、建设时序，配套设施安排等可能对环境造成影响的规划内容，介绍规划的环保设施建设以及生态保护等内容。如规划包含具体建设项目时，应明确其建设性质、内容、规模、地点等。其中，规划的范围、布局等应给出相应的图、表。

分析给出规划实施所依托的资源与环境条件。

12.2.1.2 规划协调性分析

① 分析规划在所属规划体系（如土地利用规划体系、流域规划体系、城乡规划体系等）中的位置，给出规划的层级（如国家级、省级、市级或县级），规划的功能属性（如综合性规划、专项规划、专项规划中的指导性规划）、规划的时间属性（如首轮规划、调整规划；短期规划、中期规划、长期规划）。

② 筛选出与本规划相关的主要环境保护法律法规、环境经济与技术政策、资源利用和产业政策，并分析本规划与其相关要求的符合性。筛选时应充分考虑相关政策、法规的效力和时效性。

③ 分析规划目标、规模、布局等各规划要素与上层位规划的符合性，重点分析规划之间在资源保护与利用、环境保护、生态保护要求等方面的冲突和矛盾。

④ 分析规划与国家级、省级主体功能区规划在功能定位、开发原则和环境政策要求等方面的符合性。通过叠图等方法详细对比规划布局与区域主体功能区规划、生态功能区划、环境功能区划和环境敏感区之间的关系，分析规划在空间准入方面的符合性。

⑤ 筛选出在评价范围内与本规划所依托的资源和环境条件相同的同层位规划，并在考虑累积环境影响的基础上，逐项分析规划要素与同层位规划在环境目标、资源利用、环境容量与承载力等方面的一致性和协调性，重点分析规划与同层位的环境保护、生态建设、资源保护与利用等规划之间的冲突和矛盾。

⑥ 分析规划方案的规模、布局、结构、建设时序等与规划发展目标、定位的协调性。

⑦ 通过上述协调性分析，从多个规划方案中筛选出与各项要求较为协调的规划方案作为备选方案，或综合规划协调性分析结果，提出与环保法规、各项要求相符合的规划调整方案作为备选方案。

12.2.1.3 划的不确定性分析

规划的不确定性分析主要包括规划基础条件的不确定性分析、规划具体方案的不确定性分析及规划不确定性的应对分析三个方面。

（1）规划基础条件的不确定性分析

重点分析规划实施所依托的资源、环境条件可能发生的变化，如水资源分配方案、土地资源使用方案、污染物排放总量分配方案等，论证规划各项内容顺利实施的可能性与必要条件，分析规划方案可能发生的变化或调整情况。

（2）规划具体方案的不确定性分析

从准确有效预测、评价规划实施的环境影响的角度，分析规划方案中需要具备但没有具备、应该明确但没有明确的内容，分析规划产业结构、规模、布局及建设时序等方面可能存在的变化情况。

（3）规划不确定性的应对分析

针对规划基础条件、具体方案两方面不确定性的分析结果，筛选可能出现的各种情况，设置针对规划环境影响预测的多个情景，分析和预测不同情景下的环境影响程度和环境目标的可达性，为推荐环境可行的规划方案提供依据。

12.2.2　规划分析方法

规划分析方法主要有：核查表、叠图分析、矩阵分析、专家咨询（如智暴法、德尔斐法等）、情景分析、博弈论、类比分析、系统分析等。

12.3　规划方案的综合论证和优化调整

12.3.1　规划方案的综合论证

12.3.1.1　基本要求

依据环境影响识别后建立的规划要素与资源、环境要素之间的动态响应关系，综合各种资源与环境要素的影响预测和分析、评价结果，论证规划的目标、规模、布局、结构等规划要素的合理性以及环境目标的可达性，动态判定不同规划时段、不同发展情景下规划实施有无重大资源、生态、环境制约因素，详细说明制约的程度、范围、方式等，进而提出规划方案的优化调整建议和评价推荐的规划方案。

规划方案的综合论证包括环境合理性论证和可持续发展论证两部分内容。其中，前者侧重于从规划实施对资源、环境整体影响的角度，论证各规划要素的合理性；后者则侧重于从规划实施对区域经济效益、社会效益与环境效益贡献，以及协调当前利益与长远利益之间关系的角度，论证规划方案的合理性。

12.3.1.2　规划方案的综合论证

（1）规划方案的环境合理性论证

① 基于区域发展与环境保护的综合要求，结合规划协调性分析结论，论证规划目标与发展定位的合理性。

② 基于资源与环境承载力评估结论，结合区域节能减排和总量控制等要求，论证规划规模的环境合理性。

③ 基于规划与重点生态功能区、环境功能区划、环境敏感区的空间位置关系，对环境保护目标和环境敏感区的影响程度，结合环境风险评价的结论，论证规划布局的环境合理性。

④ 基于区域环境管理和循环经济发展要求，以及清洁生产水平的评价结果，重点结合规划重点产业的环境准入条件，论证规划能源结构、产业结构的环境合理性。

⑤ 基于规划实施环境影响评价结果，重点结合环境保护措施的经济技术可行性，论证环境保护目标与评价指标的可达性。

（2）规划方案的可持续发展论证

① 从保障区域、流域可持续发展的角度，论证规划实施能否使其消耗（或占用）资源的市场供求状况有所改善，能否解决区域、流域经济发展的资源瓶颈；论证规划实施能否使其所依赖的生态系统保持稳定，能否使生态服务功能逐步提高；论证规划实施能否使其所依赖的环境状况整体改善。

② 综合分析规划方案的先进性和科学性，论证规划方案与国家全面协调可持续发展战略的符合性，可能带来的直接和间接的社会效益、经济效益、生态环境效益，对区域经济结构的调整与优化的贡献程度，以及对区域社会发展和社会公平的促进性等。

（3）不同类型规划方案综合论证重点

进行综合论证时，可针对不同类型和不同层级规划的环境影响特点，突出论证重点。

对资源、能源消耗量大、污染物排放量高的行业规划，重点从区域资源、环境对规划的支撑能力、规划实施对敏感环境保护目标与节能减排目标的影响程度、清洁生产水平、人群健康影响状况等方面，论述规划确定的发展规模、布局（及选址）和产业结构的合理性。

对土地利用的有关规划和区域、流域、海域的建设、开发利用规划，以及农业、畜牧业、林业、能源、水利、旅游、自然资源开发专项规划，重点从规划实施对生态系统及环境敏感区组成、结构、功能所造成的影响，以及潜在的生态风险，论述规划方案的合理性。

对公路、铁路、航运等交通类规划，重点从规划实施对生态系统组成、结构、功能所造成的影响、规划布局与评价区域生态功能区划、景观生态格局之间的协调性，以及规划的能源利用和资源占用效率等方面，论述交通设施结构、布局等的合理性。

对于开发区及产业园区等规划，重点从区域资源、环境对规划实施的支撑能力、规划的清洁生产与循环经济水平、规划实施可能造成的事故性环境风险与人群健康影响状况等方面，综合论述规划选址及各规划要素的合理性。

城市规划、国民经济与社会发展规划等综合类规划，重点从区域资源、环境及城市基础设施对规划实施的支撑能力能否满足可持续发展要求、改善人居环境质量、优化城市景观生态格局、促进两型社会建设和生态文明建设等方面，综合论述规划方案的合理性。

12.3.2 规划方案的优化调整

根据规划方案的环境合理性和可持续发展论证结果，当出现以下情形时，必须对规划要素提出明确的优化调整建议。

① 规划的目标、发展定位与国家级、省级主体功能区规划要求不符。

② 规划的布局和规划包含的具体建设项目选址、选线与主体功能区规划、生态功能区划、环境敏感区的保护要求发生严重冲突。

③ 规划本身或规划包含的具体建设项目属于国家明令禁止的产业类型或不符合国家产业政策、环境保护政策（包括环境保护相关规划、节能减排和总量控制要求等）。

④ 规划方案中配套建设的生态保护和污染防治措施实施后，区域的资源、环境承载力仍无法支撑规划的实施，或仍可能造成重大的生态破坏和环境污染。

⑤ 规划方案中有依据现有知识水平和技术条件，无法或难以对其产生的不良环境影响的程度或者范围做出科学、准确判断的内容。

规划的优化调整建议应全面、具体、具有可操作性。如对规划规模（或布局、结构、建设时序等）提出了调整建议，应明确给出调整后的规划规模（或布局、结构、建设时序等），并保证调整后的规划方案实施后资源与环境承载力可以支撑。

应将优化调整后的规划方案，作为评价推荐的规划方案。

12.4 规划环境影响评价方法

规划分析常用方法有核查表法、叠图分析法、矩阵分析法、专家咨询法（如智暴法、德尔斐法等）、情景分析法、类比分析法、系统分析法、博弈论等，其中，核查表法、类比法、专家咨询法、系统分析法在前面章节中已有介绍，故以下仅介绍叠图分析法、矩阵分析法、情景分析法和博弈论。

12.4.1　叠图分析法

叠图法是将自然环境条件（如水系等）、生态条件（如重点生态功能区等）、社会经济背景（如人口分布、产业布局等）等一系列能够反映区域特征的专题图件叠放在一起，并将规划实施的范围、产生的环境影响预测结果等在图件上表示出来，形成一张能综合反映规划环境影响空间特征的地图。

叠图法能够直观、形象、简明地表示规划实施的单个影响和复合影响的空间分布，适用范围广。其缺点是只能用于可在地图上表示的影响，无法准确描述源与受体的因果关系和受影响环境要素的重要程度。

叠图法适用于空间属性较强的规划和以生态影响为主的规划（如城市规划、土地利用规划、区域与流域开发利用规划、交通规划、旅游规划、农业与林业规划等）的环境影响评价，主要用于规划分析、环境现状调查与评价、环境影响的识别与评价指标的确定、环境要素影响预测与评价和累积影响评价。

12.4.2　矩阵分析法

利用矩阵法是将规划要素（即主体）与环境要素（即受体）作为矩阵的行与列，并在相对应位置用符号、数字或文字表示两者之间的因果关系。

矩阵法有简单矩阵、定量的分级矩阵（即相互作用矩阵，又叫 Leopold 矩阵）、Phillip-Defillipi 改进矩阵、Welch-Lewis 三维矩阵等。

矩阵法的方法步骤为：a. 梳理规划要素，作为矩阵的行；b. 识别可能受影响的主要环境要素，作为矩阵的列；c. 确定规划要素与主要环境要素之间的关系。

矩阵法可直观地表示主体与受体之间的因果关系，表征和处理那些由模型、图形叠置和主观评估方法取得的量化结果，可将矩阵中资源与环境各个要素与人类各种活动产生的累积效应很好地联系起来。但其缺点是较少体现主体对受体产生影响的机理，不能表示影响作用是即时发生的还是延后的、长期的还是短期的，难以处理间接影响和反映不同层次规划在复杂时空关系上的相互影响。

矩阵法主要用于规划分析、环境影响识别与评价指标确定和累积影响评价。

12.4.3　情景分析法

情景分析法是通过对规划方案在不同时间和资源环境条件下的相关因素进行分析，设计出多种可能的情景，并评价每一情景下可能产生的资源、环境、生态影响的方法。

情景分析法可反映出不同规划方案、不同规划实施情景下的开发强度及其相应的环境影响等一系列的主要变化过程。但是，情景分析法只是建立了进行环境影响预测与评价的思想方法或框架，而分析、预测不同情景下的环境影响还需借助于其他技术方法，如系统动力学模型、数学模型、矩阵法或 GIS 技术等。

情景分析法主要用于规划分析、环境影响识别与评价指标确定、规划开发强度估算、环境要素影响预测与评价、累积影响评价和资源与环境承载力评估。

12.4.4　博弈论

博弈论是研究冲突或对抗条件下最优决策的理论。它关注参与人在相互影响情况下的决策行动及各决策行动之间的均衡，核心问题是某个参与人采取决策行动后其他参与人将采取的行动、参与人为取得最佳效果应采取的策略。

一般的博弈至少包括参与人、策略和支付三个要素。而一个完整的博弈则应包括以下 7 个方面。

① 参与人 博弈中决策主体，博弈过程中独立决策、独立承担后果的个人或组织。

② 行动 参与人在博弈的某个时刻的决策变量。

③ 信息 参与人所拥有的博弈知识、所掌握的有助于选择策略的情报资料。

④ 策略 参与人在给定信息条件下的行动规则。

⑤ 支付 特定策略组合下参与人确定的效用水平或期望效用水平。

⑥ 结果 参与人感兴趣的所有东西。

⑦ 均衡 所有参与人的最优策略组合。

博弈论有合作博弈理论和非合作博弈理论。前者主要强调集体理性；后者主要研究参与人在利益相互影响的局势中如何选择策略，实现自己收益最大化，即策略选择中强调个人理性。

博弈论适用于各类规划的环境影响评价，主要用于规划分析、规划方案的综合论证。

练习题

1. 规划环境影响评价的目的是什么？

2. 如何确定规划环境影响评价的范围？

3. 对哪些类别的规划需要进行环境影响评价？

4. 简述规划环境影响评价的内容。

5. 规划分析包括哪些主要内容？

6. 如何进行规划的协调性分析？

7. 简述规划方案综合论证的主要内容。

8. 规划分析的常用方法有哪些？

第 13 章

环境影响评价文件的格式和要求

本章介绍环境影响评价文件类型及其他编制总体与要求、环境影响报告书的格式与要求、环境影响报告表的格式与要求、环境影响登记表的格式与要求。

13.1 环境影响评价文件类型及其编制总体要求

13.1.1 环境影响评价文件的类型

建设项目环境影响评价文件的种类有两种：环境影响报告书和环境影响报告表。环境影响登记表不属于环境影响评价文件。

规划项目环境影响评价文件的种类有两种：环境影响篇章、环境影响报告书。

13.1.2 环境影响评价文件编制总体要求

① 应概括地反映环境影响评价的全部工作，环境现状调查应全面、深入，主要环境问题应阐述清楚，重点应突出，论点应明确，环境保护措施应可行、有效，评价结论应明确。

② 文字应简洁、准确，文本应规范，计量单位应标准化，数据应可靠，资料应翔实，并尽量采用能反映需求信息的图表和照片。

13.2 环境影响报告书的格式与要求

13.2.1 环境影响报告书的内容要求

根据《中华人民共和国环境影响评价法》，建设项目的环境影响报告书应当包括下列内容。

① 建设项目概况。

② 建设项目周围环境现状。

③ 建设项目对环境可能造成影响的分析、预测和评估。

④ 建设项目环境保护措施及其技术、经济论证。

⑤ 建设项目对环境影响的经济损益分析。

⑥ 对建设项目实施环境监测的建议。

⑦ 环境影响评价的结论。

涉及水土保持的建设项目，还必须有经水行政主管部门审查同意的水土保持方案。

13.2.2 环境影响报告书的编制要求

根据《环境影响评价技术导则 总则》，建设项目环境影响报告书应该满足下列编制要求。

13.2.2.1 专项设置要求

根据工程特点、环境特征、评价级别、国家和地方的环境保护要求，选择下列但不限于下列全部或部分专项评价。

污染影响为主的建设项目一般应包括工程分析，周围地区的环境现状调查与评价，环境影响预测与评价，清洁生产分析，环境风险评价，环境保护措施及其经济、技术论证，污染物排放总量控制，环境影响经济损益分析，环境管理与监测计划，公众参与，评价结论和建议等专题。

生态影响为主的建设项目还应设置施工期、环境敏感区、珍稀动植物、社会等影响专题。

13.2.2.2 编制内容

（1）前言

简要说明建设项目的特点、环境影响评价的工作过程、关注的主要环境问题及环境影响报告书的主要结论。

（2）总则

① 编制依据 需包括建设项目应执行的相关法律法规、相关政策及规划、相关导则及技术规范、有关技术文件和工作文件，以及环境影响报告书编制中引用的资料等。

② 评价因子与评价标准 分列现状评价因子和预测评价因子，给出各评价因子所执行的环境质量标准、排放标准、其他有关标准及具体限值。

③ 评价工作等级和评价重点 说明各专项评价工作等级，明确重点评价内容。

④ 评价范围及环境敏感区 以图、表形式说明评价范围和各环境要素的环境功能类别或级别，各环境要素环境敏感区和功能及其与建设项目的相对位置关系等。

⑤ 相关规划及环境功能区划 附图列表说明建设项目所在城镇、区域或流域发展总体规划、环境保护规划、生态保护规划、环境功能区划或保护区规划等。

（3）建设项目概况与工程分析

采用图表及文字结合方式，概要说明建设项目的基本情况、组成、主要工艺路线、工程布置及与原有、在建工程的关系。

对建设项目的全部组成和施工期、运营期、服务期满后所有时段的全部行为过程的环境影响因素及其影响特征、程度、方式等进行分析与说明，突出重点；并从保护周围环境、景观及环境保护目标要求出发，分析总图及规划布置方案的合理性。

（4）环境现状调查与评价

根据当地环境特征、建设项目特点和专项评价设置情况，从自然环境、社会环境、环境质量和区域污染源等方面选择相应内容进行现状调查与评价。

（5）环境影响预测与评价

给出预测时段、预测内容、预测范围、预测方法及预测结果，并根据环境质量标准或评价指标对建设项目的环境影响进行评价。

（6）社会环境影响评价

明确建设项目可能产生的社会环境影响，定量预测或定性描述社会环境影响评价因子的变化情况，提出降低影响的对策与措施。

（7）环境风险评价

根据建设项目环境风险识别、分析情况，给出环境风险评估后果、环境风险的可接受程度，从环境风险角度论证建设项目的可行性，提出具体可行的风险防范措施和应急预案。

（8）环境保护措施及其经济、技术论证

明确建设项目拟采取的具体环境保护措施。结合环境影响评价结果，论证建设项目拟采取环境保护措施的可行性，并按技术先进、适用、有效的原则，进行多方案比选，推荐最佳方案。

按工程实施不同时段，分别列出其环境保护投资额，并分析其合理性。给出各项措施及投资估算一览表。

（9）清洁生产分析和循环经济

量化分析建设项目清洁生产水平，提高资源利用率、优化废物处置途径，提出节能、降耗、提高清洁生产水平的改进措施与建议。

（10）污染物排放总量控制

根据国家和地方总量控制要求、区域总量控制的实际情况及建设项目主要污染物排放指标分析情况，提出污染物排放总量控制指标建议和满足指标要求的环境保护措施。

（11）环境影响经济损益分析

根据建设项目环境影响所造成的经济损失与效益分析结果，提出补偿措施与建议。

（12）环境管理与环境监测

根据建设项目环境影响情况，提出设计、施工期、运营期的环境管理及监测计划要求，包括环境管理制度、机构、人员、监测点位、监测时间、监测频次、监测因子等。

（13）公众意见调查

给出采取的调查方式、调查对象、建设项目的环境影响信息、拟采取的环境保护措施、公众对环境保护的主要意见、公众意见的采纳情况等。

（14）方案比选

建设项目的选址、选线和规模，应从是否与规划相协调、是否符合法规要求、是否满足环境功能区要求、是否影响环境敏感区或造成重大资源经济和社会文化损失等方面进行环境合理性论证。如要进行多个厂址或选线方案的优选时，应对各选址或选线方案的环境影响进行全面比较，从环境保护角度，提出选址、选线意见。

（15）环境影响评价结论

环境影响评价结论是全部评价工作的结论，应在概括全部评价工作的基础上，简洁、准确、客观地总结建设项目实施过程各阶段的生产和生活活动与当地环境的关系，明确一般情况下和特定情况下的环境影响，规定采取的环境保护措施，从环境保护角度分析，得出建设项目是否可行的结论。

环境影响评价的结论一般应包括建设项目的建设概况、环境现状与主要环境问题、环境影响预测与评价结论、建设项目建设的环境可行性、结论与建议等内容，可有针对性地选择其中的全部或部分内容进行编写。环境可行性结论应从与法规政策及相关规划一致性、清洁生产和污染物排放水平、环境保护措施可靠性和合理性、达标排放稳定性、公众参与接受性等方面分析得出。

（16）附录和附件

将建设项目依据文件、评价标准和污染物排放总量批复文件、引用文献资料、原燃料品质等必要的有关文件、资料附在环境影响报告书后。

13.3 环境影响报告表的格式与要求

13.3.1 环境影响报告表的内容要求

建设项目的环境影响报告表应当包括下列内容。

① 建设项目基本情况。

② 建设项目所在地自然环境社会环境简况。

③ 环境质量状况。

④ 评价适用标准。

⑤ 建设项目工程分析。

⑥ 项目主要污染物产生及预计排放情况。

⑦ 环境影响分析。

⑧ 建设项目拟采取的防治措施及预期治理效果。

⑨ 结论与建议。

13.3.2 环境影响报告表的编制要求

（1）报告表编制责任页

项目负责人：应由项目负责人签字。

评价人员从事专业：可包括工程分析、水、大气、噪声、生态、环境经济、综合等内容。

评价人员职责：可包括项目管理、编写、审核等。

（2）建设项目基本情况

项目名称：指项目立项批复时的名称，应不超过 30 个字。

建设地点：指项目所在地详细地址，公路、铁路应填写起止地点。

立项审批部门：指最终批准项目立项的单位，如国家各部委、总公司，市区县的计委、经委、外资委等委办、各控股（集团公司）、公司本身等单位。

批准文号：指最终批准该项目立项批文（也有可能内部立项，无批文）。

行业类别及代码：根据国家环保局下达"建设项目环境影响审批登记表"时的分类。

评价经费：如实填写，不能缺项。

（3）工程内容及规模

① 非生产性项目　应说明工程规模和工程内容（包括主体工程及公建、辅助及环保设施）。

② 生产性项目　生产规模：何种产品/多少量

建设内容：土建内容，设备清单，原辅材料清单，公用设施情况（能源种类、水、电、锅炉种类/台数、冷冻系统），环保治理设施等。

（4）与本项目有关的原有污染情况及主要环境问题

① 非生产性项目　地块原有用地性质/建设情况，及其相应产生的污染问题

② 生产性项目

新建项目：原有用地性质所带来的污染问题。

改、扩建，技改项目：原有的厂内污染情况，达标和总量控制情况，有无"以新带老"问题，以及存在的环境问题。

（5）建设项目所在地区域环境质量现状及主要环境问题

包括环境空气、地面水、地下水、声环境、生态环境等，应说明如下几点。

① 规划相容性和环境质量现状

内容：本项目建设、选址与城市规划的相容性；环境质量现状。

要求：应尽量利用现有资料；若需现场监测，应与环保主管人员沟通后进行。

② 周边污染源情况及主要环境问题

非生产性项目：说明周边污染源情况，及其带来的环境问题：工厂、城市交通、餐饮娱乐、变电站、泵站。

生产性项目，应说明周边污染源情况，尤其是对特殊行业（食品、医用、电子、精密仪器等对环境质量要求较高的行业），带来的环境问题。

（6）主要环境保护目标

应列出名单及保护级别，应对项目区周围一定范围内集中居民住宅区、学校、医院、保护文物、风景名胜区、水源地和生态敏感点等列出名单，应尽可能给出保护目标、性质、规模和距厂界距离等，并在地形图或平面图中表示。

（7）工艺流程简述（图示）

工程流程图及工艺说明（非生产性项目可略）。

主要污染工序：以排污流程图表示，加以简单说明（非生产性项目应说明各污染源）。

是否需要做物料平衡和水量平衡根据具体项目的要求来定。

（8）项目主要污染物产生及预计排放情况

与工艺流程图及排污流程图相对应，列出污染源情况表。其中"排放源（编号）"应在排污流程图及附图中表示，并一一对应；"水污染物"应说明去向；"噪声"列出主要噪声源、振动源，并在附图中标出位置（编号），说明噪声、振动源强；"其他"可包括电磁辐射、电离辐射等其他污染源。

（9）主要生态影响

市区大多数项目对生态影响不明显，可从简。

凡涉及水利工程、围海造地、或在风景旅游区、自然保护区内开发的项目，应描述生态影响。

（10）结论与建议

应包括：说明与规划的相容性问题；污染物产生量、拟采取的对策措施及处理效果建成后排污情况（核定总量、说明达标情况）；建成后的影响分析；建议；结论。

（11）附件

附图 1：项目地理位置图。应反映行政区划、水系、标明纳污口位置和地形地貌等。

附图 2：地形图。应标明主要环境保护目标及周围污染源。

附图 3：项目平面布置图。应标明废气排放口位置、噪声污染源位置。

（12）是否需做专项评价，应根据环保主管部门的意见进行。

（13）正文字体限宋体、仿宋体，字体大小不小于 5 号字。编写时部分栏目需加页的，可以加页，但不应影响整体编排。

13.4 环境影响登记表的格式与要求

13.4.1 环境影响登记表的内容

建设项目的环境影响登记表应当包括下列内容。

环境影响登记表只需建设单位简单填报建设项目的基本情况，其内容包括项目内容及规模、原辅材料、水及能源消耗、废水排放量及排放去向、周围环境简况、生产工艺流程简述、拟采取的防止污染措施，以及登记表的审批意见。

具体内容如表 13-1～表 13-4 所列。

表 13-1　建设项目环境影响登记表（一）

项目编号：

项目名称		总投资	
建设单位		建设地点	
行业代码		建设性质	
建设依据		主管部门	
工程规模		占地面积	
排水去向		环保投资	
法人代表		电话、邮编	
主要产品名称	产品规模	主要原辅材料用量	

		名称	现状用量	新增用量	总用量

水资源及主要能源消耗			
名称	现状年用量	年增用量	年总用量
水			
电			
燃煤			
燃油			
燃气			
其他			

表 13-2　建设项目环境影响登记表（二）

项目地理位置示意图：　　　　　　　　　　　　　　　　　　　　　　　↑北
项目平面布置示意图：

表 13-3　建设项目环境影响登记表（三）

周围环境概况	
工艺流程及污染流程	

表 13-4　建设项目环境影响登记表（四）

项目排污情况及环保措施：
审批意见：　　　　　　　　　环字 [　　]号 　　　　　　　　　　　　　年　　月　　日

13.4.2　环境影响登记表的填写要求

建设项目环境影响登记表（以下简称"登记表"）适用于污染很轻，对周围环境基本无影响的新建、扩建、改建的迁建项目。

"登记表"标准格式，已由国家环保总局制定，填写单位或个人不得擅自更改。项目建设单位（个人）负责"登记表"的填报工作，并由相应专业技术人员按规定格式和要求填写；建设单位亦可委托有能力承担填写工作的单位或个人填写。

"登记表"填写时，应按规定格式和要求，逐项填写，确保内容的准确、完整和表式整齐、美观、无错别字，标点符号使用正确，没有内容栏可用"——"表示。"登记表"用电脑打印，一式三份。

"登记表"的具体填写要求如下。

①"登记表"封面应由建设单位盖章或业主签章，并注明填写日期、填写单位和填表人。

②"登记表"（一）表 13-1 中，"项目名称"指建设单位申报或立项时报批的项目名称；"行业代码"指项目所在行业全国统一编码，可到各项目审批部门查询；"建设性质"分新建、改建、扩建和迁建项目；"建设依据"指项目立项批文及文号；"工程规模"指建设项目的建筑面积或项目租用生产（经营）场地的建筑面积；生产性项目可按产品的年产量表示。其他表格内容按要求如实填写。

③"登记表"（二）表 13-2 中，"项目地理位置示意图"可用市区标准地图复印后粘贴，并将项目所在位置用红线在图中标明；"项目平面布置示意图"可用建设设计总图复印后粘贴；对简单项目也可按比例用绘图笔画出，并标注图内功能布置，各楼层的功能分布，以及建筑高度，不能在图中标注的可用文字说明。"项目平面布置图"需标明尺寸，内容较多时可附页。

④"登记表"（三）表 13-3 中，"周围环境概况"主要反映项目所在地四周建筑物名称、功能、高度与项目的间距和环境状况（道路、河流、树木）等；"工艺流程及污染流程"指生产或经营过程中，从原料到产品所经过的各个生产环节，以及污染物种类、产生部位和设

备。以上流程可用文字和方块图连线表示。

⑤ "登记表"（四）表 13-4 中，"项目排污情况及环境措施简述"，要根据表 13-3 中有关水、气、声、渣、光、电磁辐射等污染物的产生量及排放去向，对照国家相应的排放标准，采取污染防治措施并达到预期效果的情况下，进行定量分析。可用文字、表式、框图来表述。表 13-4 中"审批意见"由具备审批权的环保部门填写。

13.4.3 环境影响登记表的报批

建设项目环境影响登记表（以下简称"登记表"）填写后须报由审批权的环境保护部门审批，并按审批意见实施项目的建设。

建设项目的性质、规模、地点或生产工艺等发生重大变化，或"登记表"编制所限满 5 年，项目尚未开工建设的，"登记表"需重新编写或补充，并报项目原审批部门重新审核。

"登记表"未经批准或未经原审批机关重新审核同意，擅自开工建设的，按《建设项目环境保护管理条例》的规定进行处罚。

练习题 ▷ ---

1. 建设项目环境影响评价文件的种类有哪些？
2. 简述建设项目环境影响评价文件编制的总体要求。
3. 简述建设项目环境影响报告书的内容要求。
4. 简述环境影响报告表的内容要求。
5. 建设项目环境影响登记表包括哪些内容？
6. 简述环境影响登记表的填写要求。

第14章

案例分析

本章主要介绍建设项目工程分析案例分析、建设项目环境影响预测案例分析、建设项目环境影响评价公众参与案例分析和规划项目环境影响评价案例分析。

14.1 建设项目工程分析案例分析

14.1.1 建设项目工程分析要点

建设项目工程分析是建设项目影响环境因素分析的简称。工程分析是通过工程一般特征和污染物特征的全面分析,从宏观上纵观开发建设活动与环境保护全局的关系,从微观上为环境影响评价工作提供基础数据。

工程分析是环境影响评价的关键,工程分析不仅为环境影响预测提供基础资料,同时,也是对项目从宏观上的控制。

14.1.1.1 工程分析的作用

(1)工程分析为项目决策提供重要依据

工程分析从环保角度,对项目建设性质、产品结构、生产规模、原料来源和预处理、工艺路线、设备选型、能源结构、技术经济指标、总图布置方案、占地面积、土地利用、移民数量和安置方式等做出分析,这些意见可作为项目决策的重要依据。

对于改建、扩建项目和技术改造项目,通过工程分析如果发现工程实施后,污染状况比现状有明显改善的,就可以从环保角度对建设项目的基本情况做出肯定结论。

通过工程分析,如果发现建设项目不符合有关政策、法规和规定时,可以直接对建设项目做出否定结论。例如,在特定或敏感的环保地区建设有污染影响并足以对敏感目标构成危害的建设项目、在水资源紧缺地区建设大量耗水的建设项目、在已经不达标或自净能力差或环境容量接近饱和地区的建设项目,都可以直接做出否定结论。

(2)工程分析为各专题预测评价提供基础数据

通过工程分析,找出拟建项目对环境可能产生影响的各项活动,为建设项目环境影响识别提供基础数据;通过工程污染特征以及可能产生的生态破坏因素的分析,得出建设项目污染物的排放种类、数量、浓度、排放口位置、排放方式、主要污染因子及其污染类型和途径等资料，为确定项目的评价范围和工作等级的划分提供依据。

（3）工程分析为环保设计提供优化建议

一般说来，项目的环境保护设计是在已知生产工艺过程中产生污染物的环节和数量的基础上，采用必要的治理措施，实现达标排放，一般很少考虑对环境质量的影响，对于改扩建项目则较少考虑原有生产装置环保"欠账"问题以及环境承载能力。而环评中的工程分析需要对生产工艺进行优化论证，提出满足清洁生产要求的生产工艺和方案，实现"增产不增污"或"增产减污"的目标，使环境质量得以改善，起到对建设项目的环保设计优化的作用。

（4）工程分析为项目的环境管理提供建议指标和科学数据

工程分析筛选出来的主要污染因子是项目生产企业和环境管理部门日常管理的对象，所提出的环境保护措施是工程验收的重要依据，为保护环境所核定的污染物排放总量是开发建设活动进行污染控制的目标。

14.1.1.2　工程分析方法

目前，工程分析可选用的方法有类比法、物料平衡法和资料复用法等。

类比法是用于拟建项目类型相同的现有项目的设计资料或实测数据进行工程分析的一种常用方法。为提高类比数据的准确性，应充分注意分析对象与类比对象之间的相似性和可比性。类比法常用单位产品的经验排污系数法计算项目污染物的排放量，但一定要根据拟建项目的生产规模等工程特征和生产管理以及外部因素等实际情况进行必要的修正。

物料平衡法是根据建设项目产品方案、工艺路线、生产规模、原材料和能源消耗以及治理措施确定的情况下，运用质量守恒定律，核算项目污染物的排放量，即在生产过程中投入系统的物料总量必须等于产品包含的数量和物料流失量之和，其中，物料流失量包括回收的数量、处理的数量、转化为其他物质的数量和排放量。

资料复用法是利用同类工程已有的环境影响评价资料或可行性研究报告等资料进行工程分析的方法。

14.1.2　污染影响类建设项目工程分析

对于以污染影响为主的建设项目，工程分析应根据建设项目的工程特征、污染物排放特征以及项目所在地的环境条件来开展。

14.1.2.1　污染影响类建设项目工程分析的基本内容

污染影响类建设项目工程分析的基本内容见表 14-1。

表 14-1　污染影响类建设项目工程分析的基本内容

分析项目	分析内容
1. 工程概况	工程一般特征简介、物料与能源消耗定额、项目组成
2. 工艺流程及产污环节分析	工艺流程及污染物产生环节
3. 污染物分析	污染源分布及污染物源强核算、物料平衡与水平衡、无组织排放源强统计及分析非正常排放源强统计及分析、污染物排放总量建议指标
4. 清洁生产水平分析	清洁生产水平分析
5. 环保措施方案分析	分析环保措施方案及所选工艺及设备的先进水平和可靠程度、与处理工艺有关技术经济参数的合理性、环保设施投资构成及其在总投资中占有的比例
6. 总图布置方案分析	分析厂区与周围的保护目标之间所定防护距离的安全性、工厂和车间布置的合理性、环境敏感点（保护目标）处置措施的可行性

14.1.2.2　实例分析

以某石化公司烯烃项目一期工程加氢和制氢联合装置技术改造项目为例。

14.1.2.2.1　工程概况

（1）项目名称

某石化公司烯烃项目一期工程加氢和制氢联合装置技术改造项目。

（2）建设单位

某石化公司

（3）建设性质及项目类别

技改项目，属《建设项目环境影响评价分类管理目录》中第 L 大类（石化、化工）的第 1 小类（其他石油制品）。

（4）建设地点及用地规模

建设单位在某石化产业基地内有 127715m^2 的厂区占地面积，在符合安全、环保的总平面布置原则下，现有厂区面积已基本被现有项目生产装置和公辅设施占用，没有剩余用地。因此，技改项目在紧靠现有厂区东侧新征用地 42000m^2，用于建设技改项目新增的生产装置，其他公辅设施主要依托现有项目。

技改项目四置情况见图（略）。用地西侧紧靠石化现有项目用地，再向西为某石化橡胶项目用地等，项目用地北侧和东侧与山相靠，用地南侧隔碧阳路为某石化项目用地等。厂区四周附近没有村庄农舍、学校等敏感点。

（5）主要建设内容

技改项目新增 1 套 11000m^3/h 制氢装置和 2 套 30 万吨/年加氢改质装置（1 套以现有项目轻燃料油为原料，产 1$^\#$ 精制燃料油，1 套以现有项目重燃料油为原料，产 4$^\#$ 精制燃料油），给排水、供配电、供热、供气、污水处理等公辅设施依托现有项目。

技改项目项目主要利用现有项目产出的催化干气，采用"低能耗轻烃蒸汽转化专有技术＋变压吸附（PSA）技术"制氢气，通过成熟、先进的加氢改质工艺，以现有项目产出燃料油为原料，生产低硫分、高品质的精制燃料油。

（6）产品方案

技改项目在现有项目基础上不新增产品类型，不突破产能，即利用现有项目产出的燃料油 60×10^{4}t/a 为原料（轻燃料油和重燃料油各 30×10^{4}t/a），通过加氢脱硫精制，产出精制燃料油 56.74×10^{4}t/a，副产石脑油 3.21×10^{4}t/a。

（7）技改项目原料、能源和资源消耗指标

技改项目原料、能源和资源消耗指标见表 14-2。

表 14-2　技改项目原料、能源和资源消耗指标

指标	单位		指标值
原料	催化干气	10^{4}t/a	3.75
	轻燃料油	10^{4}t/a	30.00
	重燃料油	10^{4}t/a	30.00
	合计	10^{4}t/a	63.75
电耗	用电量	10^4(kW·h)/a	2880.00
	单位电耗	kW·h/t 原料	45.18
水耗	新鲜水	×10^{4}t/a	3.46
	单位新鲜水耗	t/t 原料	0.05
	循环水	10^{4}t/a	275.76
	水循环率	%	98.00

续表

指标	单位	指标值	
燃料	催化干气	10^4t	1.07
	脱附气（自产）	10^4t	7.39
其他	氢气（自产）	10^4t/a	0.85
	蒸汽（自产）	10^4t/a	19.62
	净化风	10^4N·m^3/a	480.00
	非净化风	10^4N·m^3/a	2240.00

（8）技改项目工程组成

技改项目由主体工程、储运工程、公用工程和环保工程组成，项目工程组成见表 14-3。

技改项目主体工程为新增 3 套生产装置，分别为 1 套制氢装置和 2 套燃料油加氢改质装置。制氢装置设计规模为 11000N·m^3/h，采用"低能耗轻烃蒸汽转化专有技术＋变压吸附（PSA）技术"，以现有项目产出催化干气为原料制氢气供加氢改质装置使用；2 套燃料油加氢改质装置设计规模均为 30×10^4t/a，分别以现有项目产出的轻燃料油和重燃料油为原料，通过加氢脱硫精制，产出低硫分、高品质的 1# 精制燃料油和 4# 精制燃料油，2 套加氢改质装置因原料和生产的目标燃料油号数不同工艺有所差别，轻燃料油加氢改质装置以生产 1# 精制燃料油为目标，采用 Gardes 选择性加氢改质技术，重燃料油加氢改质装置以生产 4# 精制燃料油为目标，采用抚顺石化研究院的中压加氢改质工艺技术。

技改项目以现有项目产出燃料油为原料，加氢改质产出低硫分、高品质的精制燃料油，在现有项目基础上不新增产品类型，不突破产能，储运工程依托现有项目。

表 14-3　技改项目工程特性一览

工程类别	序号	名称	与现有项目关系	建设内容及规模
主体工程	1	11000N·m^3/h 制氢装置	新建	新增 1 套 11000（N·m^3）/h 制氢装置，采用"低能耗轻烃蒸汽转化专有技术＋变压吸附（PSA）技术"制氢，包括催化干气压缩、烯烃饱和以及脱硫、蒸汽转化、中温变换、中变气冷却、PSA 系统等组成部分
	2	30×10^4t/a 燃料油加氢改质装置	新建	新增 2 套 30×10^4t/a 燃料油加氢改质装置，1 套以现有项目产出的轻燃料油为原料，产 1# 精制燃料油，采用 Gardes 选择性加氢改质技术；1 套以现有项目产出的重燃料油为原料，产 4# 精制燃料油，采用中压加氢改质工艺技术
储运工程	1	储罐	新建＋依托	本项目制氢原料均来源于现有项目，全厂产量不增加，储罐主要依托现有项目，新增 2000m^3 中间储罐 4 座。1# 精制燃料油储存于轻油罐区（内浮顶罐），4# 精制燃料油储存于燃料油罐区（拱顶罐）
	2	装卸	依托	精制燃料油出厂依托现有项目汽车装卸站，不新增
	3	运输	依托	依托现有项目运输系统，厂内物料运输采用密闭管道，辅料进厂采用汽运，产品出厂采用槽罐车陆运或管道出厂到港＋海运
公用工程	1	给排水	依托	生产新增除盐水 22.67 t/h，新增循环冷却水 344.70 t/h，新增生活用水 0.20t/h，依托现有项目除盐水站和循环水场
	2	供配电	依托	新增用电 2880×10^4（kW·h）/a，依托现有项目变电站
	3	蒸汽	依托	新增产出 3.5MPa 蒸汽 23.6t/h，新增消耗 3.5MPa 蒸汽 20.45t/h，余 3.15 t/h 蒸汽外输，新增消耗 1.0MPa 蒸汽 4.07t/h，由现有项目供应或由技改项目余 1.0MPa 蒸汽供应
	4	供风	依托	新增净化空气 600N·m^3/h（连续），非净化空气 2800N·m^3/h（间断），依托现有项目空压站
	5	供氮	依托	氮气用于开停工吹扫，依托现有项目氮气供应模式，采用氮气罐供应吹扫氮气
	6	燃料	依托	加热炉等燃料耗量为 1.07×10^4t/a，采用催化干气作为燃料，来自现有项目，剩余部分并入全厂燃气管网外供
	7	消防	依托	在依托现有项目的基础上依照新增装置自身消防要求妥善增加部分消防装置

续表

工程类别	序号	名称	与现有项目关系	建设内容及规模
主要环保工程	1	废气治理工程	新建+依托	装置加热炉和转化炉均采用自产燃料气作为燃料,原料催化干气经现有项目脱硫和脱硫醇,含硫量极低,为清洁能源。安全阀、紧急泄压、装置吹扫气体依托现有项目火炬焚烧高空排放。脱硫酸性气依托现有项目硫黄回收装置处理
	2	废水治理工程	新建+依托	含硫污水经装置自带酸性水汽提塔处理后净化水回用,含油、含盐污水依托现有项目污水处理厂进行处理
	3	固废治理工程	依托	产生的废催化剂、脱硫剂等固废依托现有项目危废处置单位进行处理

14.1.2.2.2　工艺流程及产污环节分析

（1）总工艺流程及物料平衡

技改项目总工艺流程及物料平衡如图 14-1 所示。

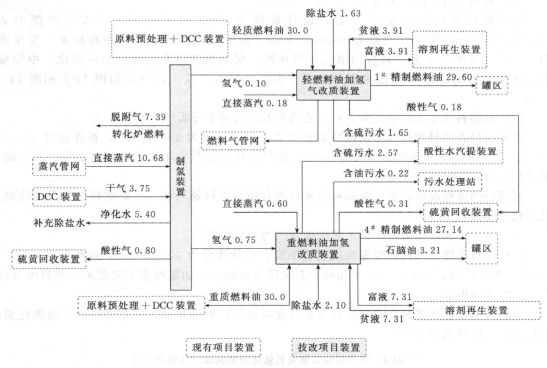

图 14-1　技改项目总工艺流程图和总物料平衡图（单位：10^4 t/a）

技改项目在现有项目基础上不新增产品类型,不突破产能,新增 11000N·m^3/h 制氢装置 1 套,$30×10^4$ t/a 燃料油加氢改质装置 2 套,利用现有项目产出的燃料油 $60×10^4$ t/a 为原料（轻燃料油和重燃料油各 $30×10^4$ t/a）,通过加氢脱硫精制,产出精制燃料油 $56.74×10^4$ t/a,副产石脑油 $3.21×10^4$ t/a。绝大部分公辅、环保工程均依托现有项目。

技改项目制氢仅满足自身加氢改质装置的氢气需求,采用"低能耗轻烃蒸汽转化专有技术+变压吸附（PSA）技术"工艺,来自现有项目 DCC 装置的催化干气进入制氢装置,经烯烃饱和以及脱硫、轻烃水蒸气转化、中温变换、中变气冷却、PSA 净化等工艺过程产出氢气供给加氢改质装置使用。其中,PSA 净化产生的脱附气主要含 H_2、CH_4、CO、CO_2

等，基本不含硫，作为转化炉补充燃料。中变气冷却析出酸性水经汽提净化后作为除盐水补充水送中压余热锅炉产蒸汽。

轻燃料油加氢改质装置采用现有项目原料预处理装置常压分馏和 DCC 装置产出的轻燃料油为原料，采用 Gardes 工艺技术，燃料油经预加氢、预分馏、选择性加氢、汽提产出 1# 精制燃料油送出装置。生产过程产生的干气并入全厂燃料气管网作为燃料，含硫污水依托现有项目酸性水汽提装置处理，脱硫用贫液和产生的富液依托现有项目溶剂再生装置。

重燃料油加氢改质装置采用现有项目原料预处理装置常压分馏和 DCC 装置产出的重燃料油为原料，采用抚顺石化研究院的中压加氢改质工艺技术，燃料油经脱硫、脱氮、烯烃饱和、芳烃饱和等反应产出 4# 精制燃料油和副产石脑油送出装置。生产过程产生含硫污水依托现有项目酸性水汽提装置处理，酸性气依托现有项目硫磺回收装置处理，脱硫用贫液和产生的富液依托现有项目溶剂再生装置。

（2）制氢装置生产工艺流程及产污环节分析

技改项目新增制氢装置 1 套，设计规模为 11000N·m³/h，最大生产能力为 12100N·m³/h，年生产时数为 8000h，采用"低能耗轻烃蒸汽转化专有技术＋变压吸附（PSA）技术"工艺，装置由催化干气压缩、烯烃饱和以及脱硫、蒸汽转化、中温变换、中变气冷却、PSA 系统等部分组成，生产工艺流程及产污点如图 14-2 和图 14-3 所示。

（3）轻燃料油加氢改质装置生产工艺流程及产污环节分析

技改项目新增轻燃料油加氢改质装置 1 套，设计规模为 30×10⁴t/a，操作弹性 60%～110%，年生产时数为 8000h，采用 Gardes 选择性加氢改质技术工艺，由预加氢、预分馏、选择性加氢、汽提等部分组成。

轻燃料油加氢改质装置主要原料为来自现有项目产轻燃料油，主要辅料为各类催化剂，其消耗情况见表 14-4。

（4）重油加氢改质装置生产工艺流程及产污环节分析

技改项目新增重燃料油加氢改质装置 1 套，设计规模为 30×10⁴t/a，操作弹性 60%～110%，年生产时数为 8000 h，采用抚顺石化研究院的中压加氢改质工艺技术，装置由反应和分馏等部分组成。

重燃料油加氢改质装置主要原料为来自现有项目产重燃料油，主要辅料为各类催化剂，消耗情况及性质见表（略）。

表 14-4　轻燃料油加氢装置催化剂消耗情况及性质一览

序号	名称	型号和规格	一次转入量	寿命/a	使用装置
1	瓷球	菠萝球 BL	10.84m³	3	与催化剂配套
2	保护剂		53.0t	3	选择性加氢反应器
3	催化剂			6	
4	缓蚀剂	SF-121D	3.5 t/a		注入汽提塔顶管道
5	贫胺液	30%MDEA 溶液	4.89t/h	循环	循环氢脱硫塔

14.1.2.2.3　污染物分析

（1）制氢装置污染物分析

制氢装置污染物与污染源强见表 14-5～表 14-7。

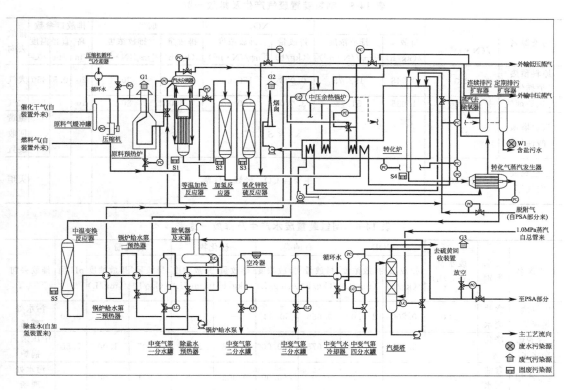

图 14-2　制氢装置（造气）生产工艺流程及产污节点

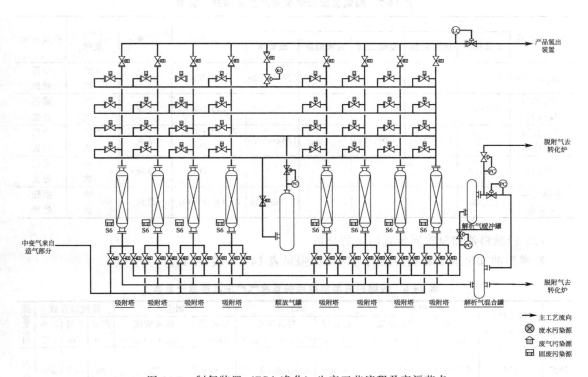

图 14-3　制氢装置（PSA 净化）生产工艺流程及产污节点

表 14-5 制氢装置废气产生及排放一览

污染源名	烟气量 /(N·m³/h)	SO₂		NOₓ		烟尘		排放口参数			排放去向
		排放量 /(kg/h)	排放浓度 /[mg/(N·m³)]	排放量 /(kg/h)	排放浓度 /[mg/(N·m³)]	排放量 /(kg/h)	排放浓度 /[mg/(N·m³)]	高 /m	直径 /m	温度 /℃	
原料预热炉烟气	250	0.048	192.75	0.038	150.00	0.008	30	20	0.5	350	大气
转化炉烟气	20000	1.035	51.76	3.000	150.00	0.600	30	40	1	175	大气
汽提塔顶酸性气	600	含 S 0.97t/a									硫黄回收装置
安全阀放空气等	15000	主要含 CO₂、轻烃、H₂ 等									火炬

表 14-6 制氢装置废水产生及排放一览表

污染源名	废水类别	废水量 /(m³/h)	COD		石油类		硫化物		挥发酚		pH 值	排放去向
			排放量 /(kg/h)	排放浓度 /(mg/L)	排放量 /(kg/h)	排放浓度 /(mg/L)	排放量 /(kg/h)	排放浓度 /(mg/L)	排放量 /(kg/h)	排放浓度 /(mg/L)		
中压余热锅炉	含盐废水	1.00	0.200	200.00	0.050	50.00	—	—	—	—	9.00	污水处理场
汽提脱硫净化水	净化水	6.75	3.373	500.00	0.675	100.00	0.013	2.00	0.007	1.00	7.50	中压余热锅炉
机泵冷却	含油污水	1.00	0.500	500.00	0.200	200.00	0.002	2.00	0.001	1.00		污水处理场

表 14-7 制氢装置固体废物产生及排放一览表

污染源名称	产生量					主要成分	性质	排放规律	排放去向
	废催化剂	废脱硫剂	废脱氯剂	废吸附剂	废瓷球				
加氢反应器	5.55t/3a				1.15m³/3a	CO、Mo	危废	3 年一次	委托处置
等温加氢反应器	4.4t/3a				0.70m³/3a	CO、Mo	危废	3 年一次	委托处置
氧化锌脱硫反应器		18.63t/2a	3.08t/2a		1.42m³/2a	ZnO、Cr₂O₃、Fe₂O₃	危废	2 年一次	委托处置
转化炉	6.81t/3a					NiO	危废	3 年一次	委托处置
中温变换反应器	11t/3a				1.3m³/3a	Cr₂O₃、Fe₂O₃	危废	3 年一次	委托处置

（2）轻燃料油加氢改质装置污染物分析

轻燃料油加氢改质装置污染物与污染源强见表 14-8～表 14-10。

表 14-8 轻燃料油加氢改质装置废气产生及排放一览表

污染源名	烟气量/ (N·m³/h)	SO₂		NOₓ		烟尘		排放口参数			排放去向
		排放量 /(kg/h)	排放浓度 /[mg/(N·m³)]	排放量 /(kg/h)	排放浓度 /[mg/(N·m³)]	排放量 /(kg/h)	排放浓度 /[mg/(N·m³)]	高度 /m	直径 /m	温度 /℃	
进料加热炉	600	0.113	188.24	0.090	150.00	0.018	30	20	0.5	350	大气

续表

污染源名	烟气量/(N·m³/h)	SO₂ 排放量/(kg/h)	SO₂ 排放浓度/[mg/(N·m³)]	NOₓ 排放量/(kg/h)	NOₓ 排放浓度/[mg/(N·m³)]	烟尘 排放量/(kg/h)	烟尘 排放浓度/[mg/(N·m³)]	排放口参数 高度/m	排放口参数 直径/m	排放口参数 温度/℃	排放去向
汽提塔顶酸性气	150	含S 164.45t/a				汽提塔顶酸性气	150	含S 164.45 t/a			硫黄回收装置
安全阀放空气等	16000	主要含 CO₂、轻烃、H₂ 等									火炬

表 14-9　轻燃料油加氢改质装置废水产生及排放一览表

污染源名	废水类别	废水量/(m³/h)	COD 排放量/(kg/h)	COD 排放浓度/(mg/L)	石油类 排放量/(kg/h)	石油类 排放浓度/(mg/L)	硫化物 排放量/(kg/h)	硫化物 排放浓度/(mg/L)	挥发酚 排放量/(kg/h)	挥发酚 排放浓度/(mg/L)	pH值	排放去向
分馏塔顶回流罐、机泵冷却	含油污水	0.40	0.200	500.00	0.080	200.00	0.001	2.00	0.000	1.00	9.00	污水处理场
分离器、汽提塔顶回流罐	含硫污水	2.06	1.031	500.00	0.206	100.00	0.424	205.80	0.103	50.00	6.50	酸性水汽提

表 14-10　轻燃料油加氢改质装置固体废物产生及排放一览表

污染源名称	废催化剂	废脱硫剂	废脱氯剂	废吸附剂	废瓷球	主要成分	性质	排放规律	排放去向
预加氢反应器	53.0t/3a				10.84 m³/3a	CO、Mo	危废	3年一次	委托处置
选择性加氢脱硫反应器						CO、Mo	危废	3年一次	委托处置
辛烷值恢复反应器						CO、Mo	危废	2年一次	委托处置

（3）重油加氢改质装置污染物分析

重油加氢改质装置污染物与污染源强见图（略）。

根据各单元装置污染物分析结果，可进行技改项目废气、废水、固体废物和噪声的分类统计分析和企业技改后污染物排放的"三本账"分析，因篇幅限制此处不详述。

14.1.2.2.4　清洁生产水平分析

技改项目建成后，现有项目催化干气将作为制氢原料，体现了循环经济的原则，通过加氢精制，现有项目产出轻燃料油含硫率从 0.072%（质量百分比）下降到 0.005%（质量百分比）（产出 1# 精制燃料油），重燃料油含硫率从 1.000%（质量百分比）下降到 0.001%（质量百分比）（4# 精制燃料油），将使全厂产出的燃料油含硫率更低、品质更高，符合目前市场和环保对燃料油质量要求不断升级的新要求，体现了源头治污的思想，项目实施后将提升粤港澳燃料油市场油品质量，为珠江三角洲地区环境保护工作做出贡献。

生产工艺采用国内外先进可靠工艺，全厂生产采用 DCS 等自动控制系统，自动化控制程度高；采取多种措施提高节水节能效率，吨原料取水量为 0.05m³/t，水重复利用率达 98%，油品收得率为 99.92%，"三废"排放量低。

项目采用了多级换热器充分利用热能，达到了节能减排的目的，通过优化工艺，循环水利用率高，新鲜水耗低，采用自产干气作为燃料，一方面减少了燃料外购的经济负担，另一方面因干气主要成分为甲烷，作为燃料可极大降低烟气中污染物排放浓度，实现了节能减排。

由此可见，技改项目清洁生产水平较高，总体上可达到国际清洁生产先进水平。

14.1.2.2.5 环保措施方案分析

（1）废气治理工程

技改项目各装置加热炉均采用现有项目催化干气作为燃料（制氢装置转化炉采用 PSA 自产脱附气作为补充燃料），现有项目产出催化干气经脱硫后含硫率极低，而制氢装置 PSA 产出的脱附气几乎不含硫，属于清洁能源。

根据设计文件，技改项目产生的酸性气总量为 1.29×10^4 t/a（1.61 t/h），现有项目硫黄回收装置设计规模为 3×10^4 t/a，现有项目处理酸性气负荷为 1.57×10^4 t/a，尚有 1.43×10^4 t/a 的余量，技改项目产生的酸性气依托现有项目硫黄回收装置进行处理具可行性。

安全阀、紧急泄压、装置吹扫气体依托现有项目火炬焚烧后高空排放。

（2）废水治理工程

技改项目废水主要有含硫污水、含油污水、含盐污水、初期雨水和生活废水。

根据设计文件，技改项目含硫污水新增量为 5.28m³/h（4.22×10^4 m³/a），现有项目酸性水汽提装置设计规模为 30×10^4 m³/a，现有项目处理负荷为 21.37×10^4 m³/a，尚有 8.63×10^4 m³/a 的余量，技改项目含硫污水依托现有项目酸性水汽提装置进行处理是可行的。

技改项目含油污水新增量为 2.82m³/h（2.25×10^4 m³/a，含初期雨水）、含盐污水新增量为 1.24m³/h（1.00×10^4 m³/a，考虑技改后现有项目化学水处理站的减污量）、生活污水新增量为 0.16m³/h（0.13×10^4 m³/a），需依托现有项目污水处理站进行处理的新增废水量为 4.22m³/h（3.38×10^4 m³/a）。现有项目污水处理站设计规模为 200m³/h，现有项目污水处理负荷为 67.2m³/h，尚有 132.8m³/h 的余量，可以满足技改项目废水处理的需求，技改项目含油污水等其他废水依托现有项目污水处理站进行处理可行。

综上所述，现有项目酸性水汽提装置和污水处理站尚有余量可满足技改项目含硫污水和其他废水处理的需求，废水处置措施依托现有项目具备可行性。

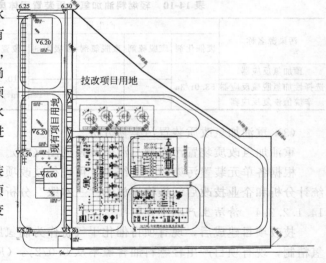

图 14-4 技改项目总平面布置

（3）固废治理工程

技改项目产生的固废主要为各类废催化剂、脱硫剂等，依托现有项目危险废物暂存场地进行暂存，最终由供应商回收或委托有危废处置资质的单位进行处理。

（4）噪声治理工程

技改项目产噪设备主要为空冷器、机泵、压缩机、加热炉等，噪声强度在 80～90dB（A）之间，技改项目在设备选型时优先选择低噪设备，机泵等易震动设备采用加厚垫片等方式降低震动，从而减少生产性噪声。

14.1.2.2.6 总图布置方案分析

技改项目按照满足安全和环保的要求，便于生产管理的原则进行总平面布置，技改项目总平面布置如图 14-4 所示。新增地块整体分为三个区，东北区紧靠山体为制氢区，布置

11000m³/h 制氢装置 1 套，东南区和西区为加氢区，各布置 $30×10^4$t/a 加氢改质装置 1 套，环绕各区为消防检修通道，并于现有项目厂区消防检修通道连接形成系统。技改项目与现有项目之间管道连接采用架空管廊或地埋管道，技改项目给排水、供配电等公辅设施均依托现有项目，技改项目不更改现有项目总平面布置。

14.1.3　生态影响类建设项目工程分析

建设项目环境影响评价文件的种类有两种：环境影响报告书和环境影响报告表。环境影响登记表不属于环境影响评价文件。

14.1.3.1　生态影响类建设项目工程分析的时段与主要内容

根据《环境影响评价技术导则—生态影响》（HJ 19—2011）规定，生态影响型建设项目工程分析的时段应涵盖勘察期、施工期、运营期和退役期，以施工期和运营期为调查分析的重点；工程分析内容应包括：项目所处的地理位置、工程的规划依据和规划环评依据、工程类型、项目组成、占地规模、总平面及现场布置、施工方式、施工时序、运行方式、替代方案、工程总投资与环保投资、设计方案中的生态保护措施等。

根据评价项目的自身特点、区域的生态特点以及评价项目与影响区域生态系统的相互关系，确定工程分析的重点，分析生态影响的源及其强度，主要内容应包括以下几点。

① 可能产生重大生态影响的工程行为。

② 与特殊生态敏感区和重要生态敏感区有关的工程行为。

③ 可能产生间接、累积生态影响的工程行为。

④ 可能造成重大资源占用和配置的工程行为。

14.1.3.2　生态影响类建设项目工程分析的对象

工程组成要全面，应包括临时性、永久性、勘察期、施工期、运营期和退役期的所有工程，重点工程应突出，对环境影响范围大、影响时间长的工程和处于环境保护目标附近的工程应重点分析。

工程组成一般按主体工程、配套工程和辅助工程，如表 14-11 所列。

表 14-11　工程分析的对象分类及界定依据

分类		界定依据	备注
主体工程		一般指永久性工程,由项目立项文件确定工程主体	
配套工程	公用工程	除服务于本项目外,还服务于其他项目	不包括公用环保工程和储运工程
	环保工程	主体功能是生态保护、污染防治、节能减排等的工程	包括公用的和依托的环保工程
	储运工程	原辅材料、产品与副产品的储存和运输道路	包括公用的和依托的储运工程
辅助工程		一般指施工期的临时工程	

重点工程分析既考虑工程本身的环境影响特点，也要考虑区域环境特点和区域敏感目标。在各评价时段内，应突出该时段存在主要环境影响的工程。区域环境特点不同，同类工程的环境影响范围和程度可能会有明显的差异；同样的环境影响强度，因与区域敏感目标相对位置关系不同，其环境影响敏感性不同。

14.1.3.3　生态影响类建设项目工程分析的基本内容

生态影响类建设项目工程分析的基本内容包括工程概况、项目初步论证、影响源识别、环境影响识别、环境保护方案分析和其他分析 6 个方面，详见表 14-12。

表 14-12 生态影响类建设项目工程分析的基本内容

工程分析项目	工作内容	基本要求
1. 工程概况	一般特征简介、工程特征、项目组成、施工和营运方案、工程布置示意图、比选方案	工程组成全面，突出重点工程
2. 项目初步论证	论证与法律法规、产业政策、环境政策和相关规划符合性，总图布置和选址选线合理性，清洁生产和循环经济可行性	从宏观方面进行论证，必要时提出替代或调整方案
3. 影响源识别	工程行为识别、污染源识别、重点工程识别、原有工程识别	从工程本身的环境影响特点进行识别，确定项目环境影响的来源和强度
4. 环境影响识别	社会环境影响识别、生态影响识别、环境污染识别	应结合项目自身环境影响特点、区域环境特点和具体环境敏感目标综合考虑
5. 环境保护方案分析	施工和营运方案合理性、工艺和设施的先进性和可靠性、环境保护措施的有效性、环保设施处理效率合理性和可靠性、环境保护投资合理性	从经济、环境、技术和管理方面来论证环境保护方案的可行性
6. 其他分析	非正常工况分析、事故风险识别、防范与应急措施	

14.1.3.4 生态影响类建设项目工程分析的技术要点

生态影响型建设项目主要包括交通运输、采掘和农林水利三大类别，征租用地面积大，直接生态影响范围较大和影响程度较为严重，评价工作等级多为一级或二级评价；海洋工程和输变电工程涉及征租用地面积较大，结合考虑直接生态影响范围或直接影响程度，二级评价较为常见；而其他类建设项目征租用地范围有限，直接生态影响一般局限于征租用地范围，直接影响范围和程度有限，一般为三级评价。

（1）公路工程建设项目工程分析要点

公路建设项目工程分析应涉及勘察设计期、施工期和运营期，以施工期和运营期为主，按环境生态、声环境、水环境、环境空气、固体废弃物和社会环境等要素识别影响源和影响方式，并估算源影响源强。

勘察设计期工程分析的重点是选址选线和移民安置，详细说明工程与各类保护区、区域路网规划、各类建设规划和环境敏感区的相对位置关系及可能存在的影响。

施工期工程分析应重点考虑工程用地、桥隧工程和辅助工程（施工期临时工程）所带来的环境影响和生态破坏。在工程用地分析中应详细说明临时租地和永久征地的类型、数量，特别是占用基本农田的位置和数量；桥隧工程要说明位置、规模、施工方式和施工时间计划；辅助工程包括进场道路、施工便道、施工营地、作业场地、各类料场和废弃渣料场等，应说明其位置、临时用地类型和面积及恢复方案，不要忽略表土保存和利用问题。要注意主体工程行为带来的环境问题，如路基开挖工程涉及弃土或利用和运输问题、路基填筑需要借方和运输、隧道开挖涉及弃方和爆破、桥梁基础施工底泥清淤弃渣等。

运营期主要考虑交通噪声、管理服务区"三废"、线性工程阻隔和景观等方面的影响，同时根据沿线区域环境特点和可能运输货物的种类，识别运输过程中可能产生环境污染和风险事故。

（2）管线工程建设项目工程分析要点

管线工程建设项目的工程分析应包括勘察设计期、施工期和运营期，一般管道工程主要生态影响主要发生在施工期。

勘察设计期工程分析的重点是管线路线、工艺与站场的选择。

施工期工程分析对象应包括施工作业带清理（表土保存和回填）、施工便道、管沟开挖和回填、管道穿越（定向钻和隧道）工程、管道防腐和铺设工程、站场建设和监控工程。重点明确管道防腐、管道铺设、穿越方式、站场建设工程的主要内容和影响源、影响方式，对于重大穿越工程（如穿越大型河流）和处于环境敏感区工程（如自然保护区、水源地等），应重点分析其施工方案和相应的环保措施。施工期工程分析时，应注意管道不同的穿越方式可造成不同影响。

运营期工程分析主要是污染影响和风险事故，重点关注增压站的噪声源强、清管站的废水废渣源强、分输站超压放空的噪声源和排空废气源、站场的生活废水和生活垃圾以及相应环保措施；风险事故应根据输送物品的理化性质和毒性，从管道潜在的各种灾害识别源头，按自然灾害、人类活动和人为破坏三种原因造成的事故分别估算事故源强。

（3）油田、油气开采项目工程分析要点

油田、油气开采项目工程分析应包括勘察设计期、施工期、运营期和退役期四个时期。在工程概况中应说明工程开发性质、开发形式、建设内容、产能规划等，项目组成应包括主体工程（井场工程）、配套工程（各类管线、井场道路、监控中心、办公和管理中心、储油/气设施、注水站、集输站、转运站点、环保设施、供水、供电、通信等）和施工辅助工程，分别给出位置、占地规模、平面布局、污染设施（设备）和使用功能等相关数据和工程总体平面图、主体工程平面布置图、重要工程平面布置图和土石方、水平衡图等。

① 勘察设计时期的工程分析　以探井作业、选址选线和钻井工艺、井组布设等作为重点。井场、站场、管线和道路布设的选择要尽量避开环境敏感区域，应采用定向井或丛式井等先进钻井及布局，其目的均是从源头上避免或减少对环境敏感区域的影响；而探井作业是勘察设计期的主要影响源，勘探期钻井防渗和探井科学封堵有利于防止地下水串层，保护地下水。

② 施工期的工程分析　对土建工程的生态保护，应重点关注水土保持、表层保存和回复利用、植被恢复等措施；对钻井工程的生态防护，应注意钻井泥浆的处理处置、落地油处理处置、钻井套管防渗等措施的有效性，避免土壤、地表水和地下水受到污染。

③ 运营期的工程分析　以污染影响和事故风险分析和识别为主。按环境要素进行分析，重点分析含油废水、废弃泥浆、落地油、油泥的产生点，说明其产生量、处理处置方式和排放量、排放去向。对滚动开发项目，应按以新带老要求，分析原有污染源并估算源强。风险事故应考虑到钻井套管破裂、井场和站场漏油（气）、油气罐破损和油气管线破损等而产生泄漏、爆炸和火灾情形。

④ 退役期的工程分析　主要考虑封井作业对生态环境的影响。

（4）航运码头工程建设项目的工程分析要点

航运码头工程建设项目的工程分析应包括勘察设计期、施工期和运营期三个时期，以施工期和运营期为主。

① 勘察设计期的工程分析　重点是码头选址和航路选线。

② 施工期的工程分析　重点考虑填充造陆工程、航道疏浚工程、护岸工程和码头施工对水域环境和生态系统的影响，说明施工工艺和施工布置方案的合理性，从施工全过程识别和估算影响源。

③ 营运期的工程分析　主要分析陆域生活污水、运营过程中产生的含油污水、船舶污染物和码头、航道的风险事故，还应特别注意从装卸货物的理化性质及装卸工艺分析来识别可能产生环境污染和风险事故。

（5）水电工程建设项目的工程分析要点

水电工程建设项目的工程分析应包括勘察设计期、施工期和运营期三个时期，以施工期和运营期为主。

① 勘察设计期工程分析　以坝体选址选型、电站运行方案设计合理性和相关流域规划的合理性为主，并关注移民安置问题。

② 施工期工程分析　应在掌握施工内容、施工量、施工时序和施工方案的基础上，识别可能引发的环境问题。

③ 运营期工程分析 应重点分析影响源，包括水库淹没高程及范围、淹没区地表附属物名录和数量、耕地和植被类型与面积、机组发电用水及梯级开发联合调配方案、枢纽建筑布置等方面。在进行运营期生态影响识别时，应注意水库、电站运行方式对生态影响的差异。对于引水式电站，厂址间段会出现不同程度的脱水河段，其水生生态、用水设施和景观影响较大；对于日调节水电站，下泄流量、下游河段河水流速和水位在日内变化较大，对下游河道的航运和用水设施影响明显；对于年调节电站，水库水温分层相对稳定，下泄河水温度相对较低，对下游水生生物和农灌作物影响较大；对于抽水蓄能电站，上库区域易造成区域景观、旅游资源等影响。

水电工程的环境风险主要是水库库岸侵蚀、下泄河段河岸冲刷引发塌方，甚至诱发地震。

14.1.3.5 实例分析

以广州市 NXL 小型水电站建设项目为实例。

14.1.3.5.1 工程概况

（1）项目名称

某水电站建设项目。

（2）建设单位

某水电站有限公司。

（3）建设性质及项目类别

新建项目，项目类别为水利类水库。

（4）建设地点及用地规模

某水电站位于流溪河某镇河段，距 TP 镇和 105 国道 4km，至市区 28km，用地面积68.61 公顷，详见附图（略）。

（5）主要建设内容

该水电站主要建设内容包括包括拦河闸坝、发电进水闸、发电厂房、升压站、对外交通道路和职工生活区。

拦河坝：坝址三面岩基，河道断面宽 95m，拦河坝上设置钢板弧形闸门，闸顶高程为17.8m。闸门尺寸宽×高＝16.0m×5.8m，闸孔 5 个。闸孔间设置 1.5m 宽的闸墩，闸门启闭采用QHLY2×1000kN 液压启闭机操作。牛心岭拦河坝设计洪水为 50 年一遇，校核洪水为百年一遇。经计算，通过校核洪峰流量 2350m³/s（$P=1\%$）时，坝上水位为 21.04m（建坝前 $P=1\%$ 时的水位同为 21.04m），和建坝前洪水位相吻合，即拦河坝建成后不会改变原河段的排洪能力。

发电进水闸：为减少对两岸山体的开挖，降低投资，使闸坝排洪和电站引水发电时的水流平顺，采用靠近厂房的右边跨闸兼起冲砂作用，不另设冲砂闸，右边跨堰顶高程降至11.00m，闸高 6.8m。紧靠拦河坝右岸设置三扇电站进水闸，进水闸（平板钢闸门）尺寸宽×高＝5.432m×3.5m，闸前设拦污栅并按 75°布置。

发电厂房：利用拦河坝和河床 2m 的自然落差，可以建造一座水头 5.5m，装机容量3000kW 的低水头电站。电站多年平均发电量为 $770×10^4$kW·h，可带来 286.7 万元的电费收入。电站发电厂房紧靠进水闸布置，即坐落在右岸的山边外。升压站紧靠厂房下游布置，主要变电设备采用露天布置型式。

对外交通道路：工程施工区至 TP 镇为 4.0km。由广从一级公路至水电站附近的 HX 村已建成水泥村道 1.0km，再由 HX 村开辟一条长为 2km 的施工道路可满足施工交通要求。在右岸施工时，从牛心岭村开通 0.5km 便可到工地，对外交通比较方便。

（6）工程平面布置

该水电站平面布置如图 14-5 所示。

14.1.3.5.2 项目初步论证

（1）产业政策符合性分析

水电站工程具有合理利用水资源、增加发电量等效益，符合国家计委、水利部 1997 年 9 月 4 日联合发布的《水利产业政策》[国发(1997)35 号]文件精神。

（2）与有关规划相符性分析

本项目是根据《广州市流溪河综合整治规划报告》梯级开发规划的工程项目实施，符合广州市和市城市建设规划发展的要求，项目建成后可创造一个 11km（静水位回水长度）的人工湖优美水域景观，使 TP 镇构成"山、水、林、城"的结合体，营造"寓城于自然"的城市特色，符合以人为本、生态优先的可持续发展战略原则。

拦河坝的防洪标准按五十年一遇设计、百年一遇校核，符合广州市城市防洪规划要求。

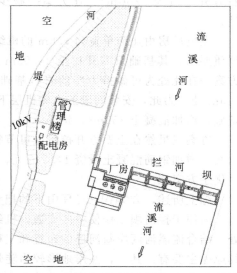

图 14-5 某水电站工程平面布置

（3）选址合理性分析

根据工程的任务和规模，可选择的坝址方案主要有三个：方案一是马仔山下的耙头嘴（即 107# 断面）；方案二是方案一上游 1.3km 处的黄溪村上（即 110# 断面）；方案三为方案一上移 30m 处，该处河床较为宽阔，有 120m。三个方案均在马仔山附近，同属 TP 镇规划中一类居住用地范围内，都可达到该工程的最初设想。

① 方案一和方案二坝址的比较。根据两坝址的特点，从技术、经济等方面进行比较，比较结果见表 14-13。

表 14-13　方案一和方案二坝址方案比较

项目	方案一	方案二
位置	牛心岭（107# 断面的耙头嘴）	黄溪村上（110# 断面）
正常蓄水位/m	17.3	17.3
水库回水长度/km	13.6	12.3
下游正常水位/m	11.6	13.3
平均发电水头/m	5.5	3.9
电费收入/万元	286.7	208
基础类型	中风化~微风化花岗岩	强风化花岗岩
地基承载力	2500~5000kPa	500kPa
基础防渗处理措施	无需特别处理	固化处理约增加 50 万元投资或加深基础处理

由表 14-13 可知，各方面方案一都优于方案二。

② 方案一和方案三坝址的比较。方案一和方案三的拦河坝和发电厂房在形式和结构上是一样的，两者最大的差别在于对两岸边坡的开挖量和基础处理上有所不同。

方案一坝址处的河床断面宽为 95m，而布置拦河坝和发电厂房需要 121m（其中拦河坝长 89m，发电厂房长 32m），为此需要对右岸山体开挖 26m，开挖土石方为 $1.1 \times 10^4 m^3$。

方案三（即方案一坝轴线上移 30m）坝址处的河床宽为 120m，基本上不用对两岸开挖就够空间布置拦河坝和发电厂房，但下游需开挖宽 24.2m 长 50m 的尾水明渠，土石方开挖量为 7200m³，比方案一减少 3800m³，可节省投资 7.1 万元（按 18.7 元/m³ 计）。

发电厂房由 4 跨单宽为 7.8m 的机组段组成，其中的安装间段按厂房内的布置、结构和地质要求，其基础只需开挖至 14.93m（即水轮机层下 1.0m）即可。根据地质勘察报告，方案一在此处为可做持力层的岩石基础，而方案三的安装间段，可做持力层的岩石基础在 8.5m 处。为此，安装间段的水轮机层下需增加前、后和右边三幅剪力墙，作为安装间段的基础，增加混凝土 350m³，钢筋 7.8t，增加投资共 14.5 万元。

方案三虽然在土石方开挖量上可节省 7.1 万元，但由于其在安装间段的基础处理上要比方案一增加钢筋混凝土投资 14.5 万元，使得其比方案一总投资增加 7.4 万元。因此，方案一优于方案三。

综上所述，方案一（马仔山下的耙头嘴 107# 断面）为最佳坝址方案。

为便于拦河坝工作便桥的交通，机组中心纵轴线布置在拦河坝墩中心轴线下游 11.95m 处。结合流溪河两岸新河堤的布置和工程所在地的地形特点，将发电站址选定布置于右岸，其原因主要有：其一，左岸地形较为陡峭，平地较少，而新河堤布置比较靠近河道，并穿过原规划作为拦河坝管理区用地的荒地，使得本来就狭窄的小平地所剩无几，如要布置施工堆料区、管理区和升压站等空间已经不够；其二，右岸地势较为平缓，坝址上游有一片平坦的荔枝林和竹林（高程为 18.3m），面积达 5500m²，是施工时理想的堆料区和多余土石方的弃置地。另外右岸新河堤距离河边较远，将近 60m，这块平地是日后拦河坝管理区的理想位置。因此，将发电站址和管理区选定在右岸是合理的。

14.1.3.5.3 影响源与环境影响识别

根据水电站工程的特点，分施工期与运行期，找出环境作用因素和影响源、影响方式与范围、污染源强和排放量、生态影响程度等。

（1）施工期影响源与环境影响

① 工程施工

影响源：施工占地、废水、弃渣、施工废气、施工噪声、施工人员进驻。

可能产生的环境影响：破坏施工区植被，新增水土流失；对周边水体水质有一定影响；对施工区植物有较大影响；对施工区周围动植物有轻微影响；对土地资源、人群健康及社会有一定影响；隧洞开挖影响地下水。

② 移民安置

影响源：移民生产开发、专项设施复建。

可能产生的环境影响：破坏植被、引起水土流失；对人群健康的影响；安置点污水排放和垃圾堆放的影响。

（2）运行期影响源与环境影响

① 水库运行

影响源：大坝拦截，水库调度，饮水灌溉。

可能产生的环境影响：水库蓄水初期和枯水期下游河段减水；对库区及下游河段水环境、水生生物和水文情势产生影响；水库水文分层的影响；对不稳定库岸产生影响；对工程所在地社会经济有利。

② 水库淹没

影响源：淹没植被、淹没野生动物生境、淹没土地资源。

可能产生的环境影响：淹没耕地、林地资源，对库周边居民生活造成一定影响；迫使库区野生动物迁移。

③ 渠系占地

影响源：工程占地。

可能产生的环境影响：使灌区内土地格局发生较大改变。

④ 灌区运行

影响源：渠系供水、农田灌溉。

可能产生的环境影响：灌溉用水影响地下水水质、灌溉回归水影响地表水水质、灌溉对土壤环境产生一定影响，改善居民生存环境。

（3）营运期排污分析

① 废水　由于不设职工住宅区，在水电站运行期间，废水主要来源于职工的办公废水和电站检修废水。本工程在运营期人员编制为 19 人，生活用水按每人 80L/d 计，排放系数按 0.9 估算，生活污水产生量为 1.37t/d。电站检修时，会产生少量含油废水，设立隔油池，回收废油，出水排入自建污水处理站进行处理。

② 固体废弃物　固体废弃物主要为运行管理人员产生的生活垃圾，以每人每天产垃圾 1.0 kg/d 计，每天垃圾量为 19kg。产生垃圾采取定点堆放，定期用专用车运往垃圾处理场处理。

③ 大气污染物　电站运行期间无大气污染物产生，电站建成运行以后对周围环境空气基本无影响。

④ 噪声　运行期间，噪声以水轮机设备噪声为主，噪声值 70~85 dB（A）。

⑤ 生态环境　本项目对陆生植物的影响是以土地利用格局的改变和一定数量的植被损耗，水生生物受影响，以带来短时期的水土流失为基本特征。由于影响区域土地利用格局的改变，区域自然体系的生态完整性将受到影响，即生产能力降低和稳定状况受影响；由于淹没、砍伐一定量的植被，区域自然体系生物量总量也要受到影响，短时期加重了局部地区的水土流失，将造成局部土壤资源处于不平衡状态。

14.1.3.5.4　环境保护方案与措施

（1）水污染防治措施

本项目职工生活污水经过化粪池预处理后，进入污水处理设施进行处理；食堂的生活污水经隔油池预处理后再进入污水处理设施，处理后出水用做场地冲洗水、绿化用水。电站检修时会产生一定的含油废水，因此在电站厂房设置隔油池收集检修废水，回收油类后的废水送入污水处理设施处理。所有废水不直接排入附近水体，故对附近地表水环境质量影响很小。

（2）噪声污染防治措施

本工程运行期间，主要噪声源为发电机组，噪声值在 80~90dB（A）之间。由于厂区自动化程度较高，厂房密闭性强，加之水库大坝溢流产生的流水声效果，机组噪声对周边环境影响轻微。

（3）固体废物污染防治措施

设置垃圾桶收集办公垃圾和生活垃圾，设置垃圾暂时堆放点，定期运送到垃圾填埋场填埋。在垃圾堆放点定期喷洒灭害灵等药水，防止苍蝇滋生传播疾病。

（4）生态环境保护措施

本项目加强施工管理，减少污染，保护水禽，防止破坏新的景观。加强管理，控制爆破次数和爆破强度，合理选择爆破时间，严禁在夜间爆破，减小对野生动物的影响。施工结束后制订了切实可行的植被恢复方案，加速植树造林，恢复生境，为动物的生存与繁衍提供多种栖息地。对料场和渣场，在开挖前应将表层土进行清理，在场区划出区域进行堆放、妥善保存表土；施工完毕后，应该在采取水土保持措施的同时将表土回填覆土，并种植当地的乡土植物，进行迹地恢复。临时性的占地可以通过恢复草甸、灌丛进行就地补偿，就地补偿实际上是生态恢复，施工区表层土壤单独存放和用于回填覆盖。

（5）水土保持措施

本项目施工过程中水库拦河坝上游基本上未产生水土流失，拦河坝两岸连接建筑物、坝下游河床和发电厂房等产生部分水土流失，对工农业生产和当地群众的生活有一定的影响。本项目造成水土流失量不大，对项目区和周边环境无大的影响，不会导致土地沙化、退化。同时，施工过程中对造成水土流失部位均采取必要的工程措施，弃土弃渣定点堆放，本项目的水土流失可得到有效防治。

14.1.3.5.5 其他分析

（略）。

14.2 建设项目环境影响预测案例分析

14.2.1 地表水环境影响预测案例分析

以某医院建设项目为例。

该医院建设项目地表水环境影响评价工作等级为三级。

14.2.1.1 排水量及排水去向

本项目废水分为医疗废水、生活污水、食堂含油废水，其中，医疗废水主要包括门诊医疗废水、住院部医疗废水和洗衣废水；生活污水包括员工办公生活污水和老人院生活污水。

本项目废水产生量为 125.55t/d 或 45825.75t/a，污染因子主要为 COD_{Cr}、BOD_5、SS、氨氮、LAS、动植物油、粪大肠菌群等。

近期项目生活污水经化粪池处理，食堂含油废水经隔油隔渣池处理后与医疗废水一起经二级生化处理，最后经消毒后达到《医疗机构水污染物排放标准》（GB 18466—2005）中的综合性医疗机构水污染物排放限值要求后，排入附近的 QG 河。

远期项目污水纳入所在地的 MZ 污水处理厂处理，即：远期生活污水经化粪池处理、食堂含油废水经隔油隔渣池处理，达到广东省《水污染物排放限值》（DB 44/26—2001）第二时段三级标准后排入市政污水管网；医疗废水经"一级强化＋消毒"处理后，达到《医疗机构水污染物排放标准》（GB 18466—2005）中的综合性医疗机构水污染物预处理排放限值要求后，进入 MZ 污水处理厂进行后续处理。

本评价主要预测项目废水纳入 MZ 污水处理厂前，经自建的污水处理站处理后对 QG 河的影响。

14.2.1.2 预测因子及排放负荷

根据《环境影响评价技术导则 地面水环境》（HJ/T 2.3—93）的规定，本项目外排废水的特征以及受纳水体 QG 河的水质特征，选择 COD_{Cr} 作为预测因子。

根据工程分析，本项目预测因子正常排放和非正常排放源强参数见表 14-14，QG 河水文特征见表 14-15。

表 14-14　项目预测因子及排放量

项目	废水量/(m³/s)	预测源强/(mg/L)	
正常工况	0.00145	COD_{Cr}	60
事故工况	0.00145	COD_{Cr}	258

表 14-15　QG 河水文特征

水深/m	流速/(m/s)	宽度/m	流量/(m³/s)	长度/m
1.0	0.08	10	2.5	5000

14.2.1.3　预测模式与结果

（1）预测内容

预测项目废水在正常排放及事故排放情况下排入 QG 河，对下游河段水质的影响。

（2）水质预测模式

QG 河属于小河，结合《环境影响评价技术导则 地面水环境》（HJ/T 2.3—93）的要求，选用河流完全混合衰减模式对 QG 河水环境质量进行预测，预测模式如下

$$c = c_0 e^{-k_1 \frac{x}{86400u}} \tag{14-1}$$

$$c_0 = \frac{c_p Q_p + c_h Q_h}{Q_p + Q_h} \tag{14-2}$$

式中　c——排放口下游距离完全混合断面 x(m)断面水中 COD_{Cr} 浓度，mg/L；

c_0——排放口下游完全混合断面水中 COD_{Cr} 浓度，mg/L；

Q_h——河流的流量，m³/s；

c_h——河流中 COD_{Cr} 背景浓度，mg/L；

Q_p——排入河流的废水流量，m³/s；

c_p——废水中的 COD_{Cr} 浓度，mg/L；

k_1——河水中的 COD_{Cr} 衰减系数，1/d；

u——河水流速，m/s。

（3）预测结果

按正常排放和事故排放二种排放工况预测医院废水排放对 QG 河的影响，预测结果见表 14-16。

由表 14-16 可见，在正常排放情况下，QG 河可以满足地表水 Ⅳ 类水标准，对水环境影响较小；在事故排放情况下，对 QG 河有一定影响，但由于排水量较小，水质简单，事故排放情况下，QG 河仍可以满足地表水 Ⅳ 类水标准。

14.2.2　地下水环境影响预测案例分析

以某石化公司烯烃项目一期工程加氢和制氢联合装置技术改造项目为例。

该项目地下水环境影响评价等级为三级，根据《环境影响评价技术导则 地下水环境》（HJ 610— 2011），在进行项目选址及区域水文地质条件调查和分析的基础上，分析项目运营过程中对地下水环境的影响。

14.2.2.1　水文地质条件分析

（1）区域环境水文地质条件

表 14-16 QG 河排污口下游 COD 浓度预测结果

| 排放情况 | 距离/m | COD$_{Cr}$预测情况 | | | 备注 |
		预测值/(mg/L)	标准值/(mg/L)	占标率/%	
正常排放	10	14.9229	30	49.74	
	100	14.8938	30	49.65	
	200	14.8615	30	49.54	
	500	14.7651	30	49.22	
	800	14.6692	30	48.90	
	1000	14.6057	30	48.69	
	1200	14.5425	30	48.47	
	1500	14.4481	30	48.16	
	2000	14.2922	30	47.64	
	2500	14.1379	30	47.13	
	3000	13.9853	30	46.62	
	3500	13.8344	30	46.11	
	4000	13.6851	30	45.62	
	4500	13.5374	30	45.12	
	5000	13.3913	30	44.64	COD$_{Cr}$背景值取 W4 背景断面 最大浓度 14.9mg/L
事故排放	10	15.0377	30	50.13	
	100	15.0083	30	50.03	
	200	14.9758	30	49.92	
	500	14.8786	30	49.60	
	800	14.7820	30	49.27	
	1000	14.7180	30	49.06	
	1200	14.6543	30	48.85	
	1500	14.5592	30	48.53	
	2000	14.4021	30	48.01	
	2500	14.2466	30	47.49	
	3000	14.0929	30	46.98	
	3500	13.9408	30	46.47	
	4000	13.7903	30	45.97	
	4500	13.6415	30	45.47	
	5000	13.4943	30	44.98	

① 区域地质构造　项目所在区域为填海形成，区域地质历史调查资料缺少包含填海区的综合地质图及水文地质图。本项目建设场地无地质断裂带分布，厂区岩土工程勘察结果显示厂区地质构造为基本稳定区。项目所在区域规模较大的断裂带为三灶断裂，仅分布于三灶岛斜尾村一带，长约 1km，走向 40°～50°，构造岩有硅化岩、糜棱岩、强黄铁绢英岩化粉砂岩及压碎粉砂岩等，属于活动性断裂，其活动期大致为第四纪更新世晚期，自晚更新世晚期以来至现在未发现明显的活动迹象，即该断裂为非全新世活动断裂。

② 区域地形地貌　根据调查结果，本项目所在区域地形地貌主要有三类：分别为低山到丘陵（山地，绝对高度及相对高度≤500m）、滨海平原（低洼平地）及海水覆盖的海域。

③ 区域地层分布　项目所在区域山地基岩基本裸露，岩性一般为上古生界泥盆系沉积粉细砂岩及中生界到新生界下第三系侵入岩浆岩花岗岩；滨海平原均被第四系松散土层覆盖，从上至下地层一般为：第四系人工填土层（厚度一般约 2.5～9.0m），第四系海相及海陆交互相沉积层（厚度一般约 40m，岩性主要由淤泥及淤泥质土、黏性土、砂土组成），基岩为燕山三期侵入岩岩浆岩（厚度较大）、泥盆系上统春湾组沉积岩（厚度较大）。海域地层除上部为深浅不一的海水覆盖外，其下第四系海相沉积的松散地层岩性一般为淤泥及淤泥质土、黏性土、砂土（总厚度大者可达约 70m），基岩为花岗岩。

④ 区域地下水类型　项目场地所在区域为填海形成，调查区域内地下水类型主要为松散岩类孔隙水和基岩裂隙水，无覆盖型裂隙溶洞水分布。

项目所在填海区域北侧地下水类型为基岩裂隙水，包含层状岩类裂隙水和块状岩类裂隙水，地下径流模数分别为 $2.6～12.32L/(s \cdot km^2)$ 和 $0.22～5.77L/(s \cdot km^2)$，有一处泉点，泉流量为 $0.33L/s$；项目所在填海区域西侧地下水类型为松散岩类孔隙水和基岩裂隙水，块状基岩裂隙水大面积分布，松散岩类孔隙水分布次之，水量中等，单井用水量为 $100～1000m^3/d$，局部水量贫乏，局部分布层状岩类裂隙水，未见泉点分布，抽水民井流量为 $54L/s$，降深 $0.4m$，水位埋深 $0.15m$；南侧高栏岛地下水类型主要为块状基岩裂隙水，地下径流模数为 $0.22～5.77L/(s \cdot km^2)$，泉流量为 $0.05～3L/s$。

本项目所在区域为填海形成，区域地质历史调查资料缺少包含填海区的综合地质图及水文地质图。根据本项目场地水文地质勘探结果和填海过程，推断本项目所在填海区域地下水类型主要为赋存在第四系人工填土层和吹填形成的透水性较高的砂土层中的松散岩类孔隙水和赋存在强风化粉砂岩中的基岩裂隙水。

⑤ 区域地下水补径排条件　项目所在区域处于亚热带海洋性季风气候降水较丰沛地区，大气降水是本项目所在区域浅层地下水的主要补给来源，次为低洼地塘、河流、沟渠渗漏补给。

项目所在区域含水层主要为人工填土层、砂土层和强风化粉砂岩。人工填土透水性一般（属弱透水层），水头差很小，流动距离较长，径流强度较小，当补给量较大（如降水量较大）时，该层地下水位可抬升至地表，其排泄以蒸发蒸腾（面状向上排泄）及越流排泄（面状向下排泄）为主。砂土层上覆隔水层淤泥层及黏性土层较厚，埋藏较深，透水性较好（属透水层），水头差变化较大，流动距离较长，径流强度一般，排泄以向另一含水层排泄及向海底排泄（泄流为主）。粉砂岩裂隙受裂隙连通及充填、张开程度限制，透水性一般较差（属弱透水层），因基岩面起伏较大，水头差变化较大，流动距离较长，径流强度总体上较小，排泄方式为向另一含水层排泄及向海底排泄（泄流为主）。除填土中面状排泄及含水层间越流排泄条件较好外，其他含水层向排泄（泄流）条件较差。

⑥ 地下水水位动态变化　地下水的变化与地下水的赋存、补给及排泄关系密切。项目区域地下水动态变化具季节性周期，动态随季节性降雨量多寡而变化明显。年水位变化幅度达 1～2m，高水位在 5～10 月，低水位在 11 月～次年 4 月。

⑦ 环境水文地质问题　根据项目岩土工程详勘结果，本项目场地内未发现滑坡、活动断裂、岩溶等不良地质现象，场地的稳定性较好，无液化砂土层，根据地下水水质现状监测结果分析，本项目所在区域地下水受海水入侵的影响氯化物含量普遍偏高，区域主要环境水文地质问题为海水入侵。

⑧ 地下水环境敏感性　本项目所在区域不属于集中式饮用水水源地准保护区、补给径

流区，不属于特殊地下水资源保护区（热水，矿泉水、温泉等），地下水环境不敏感。

（2）建设场地环境水文地质条件

根据项目所在地场地岩土工程详细勘察报告，在拟建场地内共布设工程地质钻孔 78 个。经钻探揭露，场地基岩裸露，场地各钻孔及探槽均未见地下水，水位在钻孔深度以下（＞7m）。根据勘探结果，场地基岩层理、节理裂隙较发育，但节理裂隙面多数较平整，其力学性质为压性，张开度差，场地范围未发现有大的断裂构造带通过，因此，预测基岩裂隙水水量不大。因没有覆盖层阻隔，地下水直接接受地表水和大气降水影响，并与地表水有直接的水力联系。场地地下水主要接受大气降水的入渗补给、北西丘陵基岩裂隙水的侧向补给，主要向东南面低洼处和以地面蒸发形式排泄。

14.2.2.2 项目对地下水环境影响分析

项目运营期间不开采地下水，不存在大型地下建筑单体，小规模的地下桩基工程不会影响区域地下水流场或水位的变化，根据项目岩土工程勘探报告，项目场地内未发现有土洞、溶洞、滑坡、崩塌、断层等不良地质问题，场地的稳定性较好，开发活动不会引发环境水文地质问题。

只要建设项目在施工阶段严格按照相应规范要求施工并在竣工验收时严把质量关，做好防渗措施，在运营期加强管理，按环保要求落实好各项防治措施（包括废水处理措施、应急事故池措施），本项目运营期基本不会对地下水产生不良影响。

14.2.3 大气环境影响预测案例分析

以某工业园区主线公路建设项目为例。

该工业园区主线公路建设项目环境空气影响评价工作等级为三级。

14.2.3.1 施工期环境空气影响分析

根据建设单位提供的资料，该项目采用水泥混凝土路面，不使用沥青，故不存在铺沥青路面时的热油蒸发产生的沥青烟和苯并 [a] 芘等废气；项目施工现场不设水泥搅拌设备，而直接购买商品水泥，故不会由于水泥搅拌而产生粉尘。因此，该项目施工期的大气污染源主要来自填挖土石方、筑路材料运输、堆放和其他作业过程产生的扬尘、粉尘（TSP）及运输车辆、燃油动力施工机械设备等产生的尾气（CO、NO_x），其中，以 TSP 影响较为突出。

（1）扬尘影响分析

扬尘污染主要发生在施工前期路基填筑过程，以施工道路车辆运输引起的扬尘、堆场区和施工过程扬尘为主，根据对道路施工现场及产生源地的调查，工地上产生扬尘的主要环节是汽车行驶及路面扬尘、物料扬尘、施工作业扬尘，其中主要是汽车行驶引起的道路扬尘和风吹堆场引起的扬尘。

① 道路扬尘　引起扬尘的因素较多，主要跟车辆行驶速度、风速、路面积尘量和路面积尘湿度有关，其中风速还直接影响到扬尘的传输距离。根据类比分析，在天气晴朗、施工现场未定时洒水的情况下，道路施工过程中 TSP 浓度监测结果见表 14-17。

表 14-17　道路施工现场 TSP 浓度

施工内容	起尘因素	风速/(m/s)	距离/m	浓度/(mg/m³)
土方	装卸、运输、现场施工	2.4	50	11.7
			100	19.7
			150	5.0

续表

施工内容	起尘因素	风速/(m/s)	距离/m	浓度/(mg/m³)
灰土	装卸、混合、运输	1.2	50	9.0
			100	1.7
			150	0.8
石料	运输	2.4	50	11.7
			100	11.7
			150	5.0

从表 14-17 可见，施工期 TSP 污染严重，土方在装卸、运输和施工中及石料在运输中，距现场 100m 处环境空气中 TSP 浓度高达 19.7mg/m³ 和 11.7mg/m³，距现场 150m 处 TSP 浓度仍达 5.0mg/m³，远远超过国家标准 GB 3095—2012 中的二级标准 0.30mg/m³，风速大时的污染影响范围将增大，对环境空气的污染较大，不过由于项目施工期环境敏感点龙星村位于项目起点之外，且项目建设方承诺将合理安排施工时段，增加洒水频率，可大幅削减产生的扬尘量，同时运输车辆必须严加管理，采取用篷布遮盖或罐装等措施，防止散落和飞扬。通过这些措施，可以使施工场地外的粉尘浓度符合《广东省大气污染物排放限值》（DB 44/27—2001）中的第二时段无组织监控浓度的要求（TSP：施工场地外监控浓度限值 1.0mg/m³）。采取上述措施后，施工期道路扬尘对环境的影响不明显。

② 堆场扬尘 施工场地内物料堆场可能会产生一定量的扬尘，物料堆场的布局，堆场物料的种类、性质以及风速，对起尘量有很大的关系，相对密度小的物料易受振动而起尘，物料中颗粒比较大时起尘量相应也大。堆场的扬尘包括料堆的风吹扬尘、装卸扬尘和经过车辆引起路面积尘再扬起等，这些将产生较大的尘污染，会对周围环境带来一定的影响。为防止其对人体、环境空气的影响，建设单位承诺做好堆放点的防护工作，控制堆场的存放量，预制场、堆场应尽量远离敏感点，采取全封闭作业。并通过采取洒水、篷布遮挡等措施，可有效防止风吹扬尘，使扬尘量减少 70%。此外，对一些粉状材料采取一些防风措施也将有效减少扬尘污染。类比分析同类项目，采取上述措施后，施工期堆场扬尘对环境的影响不明显。

③ 筑路扬尘 筑路属于短期施工行为，扬尘的产生，除跟设备、施工种类、施工时的气象条件密切相关外，与员工的操作熟练程度、文明施工意识等也有很大关系。在本项目的铺路过程中，由于直接利用商品水泥不需要进行水泥搅拌，故本项目不设水泥搅拌站。

表 14-18 施工路段洒水降尘试验结果

距路边距离/m		0	20	50	100	200
TSP/(mg/m³)	不洒水	11.03	2.89	1.15	0.86	0.56
	洒水	2.11	1.40	0.68	0.60	0.29
降尘率/%		81	52	41	30	48

在筑路现场，施工现场的路面也将产生一定量的扬尘，对施工场界下风向有影响，且路基施工阶段的影响程度大于路面工程阶段。在施工过程中产生的道路扬尘、堆场扬尘和施工现场扬尘对周围环境空气质量影响较大，施工单位应采取有效措施加以减缓。据有关试验结果（见表 14-18），通过对路面定时洒水，可有效抑制扬尘。

（2）施工期机动车尾气影响分析

施工机动车污染源主要为 CO、NO_x 及 THC 的排放。本次评价采用的汽车污染物排放系数主要依据《轻型汽车污染物排放限值及测量方法（中国Ⅲ、Ⅳ阶段）》（GB 18352.3—2005）和《车用压燃式、气体点燃式发动机与汽车排气污染物排放限值及测量方法（中国Ⅲ、Ⅳ、Ⅴ阶段）》的相关规定来确定。

施工机动车以大型车辆为主。按日进出作业场区车辆30辆计，每辆车在作业场区行驶距离按1000m（含怠速期），按第Ⅲ阶段计算，则算得NO_x排放量为0.15kg/d。根据估算的排放量，30辆机动车废气的二氧化氮在静风条件下1h平均浓度最高可达0.00006mg/m³，占评价标准的0.03％。因此，施工车辆排放的废气不会造成外环境的明显污染。

14.2.3.2　营运期环境空气影响分析

（1）汽车尾气排放源强

本项目道路建成通车后，汽车尾气是沿线区域大气污染物的主要来源。污染物排放量的大小与交通量呈正比例关系，且和车辆的类型以及汽车运行的工况有关。根据《公路建设项目环境影响评价规范（试行）》（JTJ005—96），该项目建成通车后各特征年（2014年、2020年和2028年）特征时段——平均小时、高峰小时汽车尾气污染源强估算结果见表14-19和表14-20。

本评价选取预测因子为NO_2。

表14-19　各阶段单车NO_x排放平均限值　　　　　单位：g/(km·辆)

车型	第Ⅲ阶段	第Ⅳ阶段	第Ⅴ阶段
小型车	0.15	0.08	0.06
中型车	0.18	0.097	0.072
大型车	5.0	3.5	2.0

表14-20　各阶段单车CO排放平均限值　　　　　单位：g/(km·辆)

车型	第Ⅲ阶段	第Ⅳ阶段	第Ⅴ阶段
小型车	2.3	1.0	1.0
中型车	3.987	1.693	1.693
大型车	2.1	1.5	1.5

（2）预测模式

采用《公路建设项目环境影响评价规范》推荐的扩散模式。

（3）预测内容

日均浓度在日均交通量和典型气象条件下预测；1h平均浓度在日高峰小时交通量和不利扩散气象条件下预测。

当地的典型气象条件选取为：风向为风频最大的风向N、风速为年平均风速1.9m/s、稳定度为D类稳定度；不利扩散气象条件选取为：风向与线源垂直，即$\theta=90°$、风速1.9m/s、稳定度为F类的条件。

（4）预测结果与评价

应用预测模式及相关参数，预测了建设项目各营运特征年、特征时段（高峰小时）、日平均车流量情况下，建设项目汽车尾气在不利气象条件下对评价区域地面环境空气质量的影响范围和影响程度，预测结果见表14-21。

表 14-21　评价范围内 NO₂ 最大浓度增值情况一览表

阶段	浓度类型	浓度增量 /(mg/m³)	背景浓度 /(mg/m³)	叠加背景后的浓度 /(mg/m³)	评价标准 /(mg/m³)	占标率/% （叠加背景以后）	是否超标
2014 年	高峰小时	0.0746	0.027	0.102	0.20	51.0%	达标
	日平均	0.0284	0.025	0.053	0.08	66.3%	达标
2020 年	高峰小时	0.0840	0.027	0.126	0.20	55.5%	达标
	日平均	0.0320	0.025	0.057	0.08	71.3%	达标
2028 年	高峰小时	0.1058	0.027	0.133	0.20	66.5%	达标
	日平均	0.0403	0.025	0.065	0.08	81.3%	达标

由表 14-21 可知，道路建成后沿线 NO₂ 浓度增值影响如下。

营运初期（2014 年）：不利气象条件下，高峰小时车流量汽车尾气引起 NO₂ 的最大浓度增值为 0.0746mg/m³，叠加背景浓度后占评价标准的 51.0%。日平均车流量汽车尾气引起 NO₂ 的最大浓度增值为 0.0284mg/m³，叠加背景浓度后占评价标准的 66.3%。

营运中期（2020 年）：不利气象条件下，高峰小时车流量汽车尾气引起 NO₂ 的最大浓度增值为 0.0840mg/m³，叠加背景浓度后占评价标准的 55.5%。日平均车流量汽车尾气引起 NO₂ 的最大浓度增值为 0.0320mg/m³，叠加背景浓度后占评价标准的 71.3%。

营运远期（2028 年）：不利气象条件下，高峰小时车流量汽车尾气引起 NO₂ 的最大浓度增值为 0.1058mg/m³，叠加背景浓度后占评价标准的 66.5%。日平均车流量汽车尾气引起 NO₂ 的最大浓度增值为 0.0403mg/m³，叠加背景浓度后占评价标准的 81.3%。

综合以上分析，该项目道路建成通车后，汽车尾气引起沿线区域 NO₂ 的浓度增值较小，叠加背景值后均可符合《环境空气质量标准》（GB 3095—2012）中的二级标准。

14.2.4　噪声环境影响预测案例分析

以某高速公路互通立交与地方道路衔接工程建设项目为例。

该工程建设内容包括两部分：其一是互通立交慢行及掉头系统；其二是地方道路衔接工程。

项目沿线各声环境功能区执行《声环境质量标准》（GB 3096—2008）中的 2、4a 类标准，项目的噪声环境影响评价工作等级为二级。

14.2.4.1　施工期噪声环境影响评价

项目施工期为 12 个月，施工过程中某些施工机械的噪声高，对施工现场人员及沿线附近的居民生活环境将产生一定的影响。

（1）施工机械噪声影响

项目对声环境的影响主要表现为施工期各种施工机械产生的噪声。虽然该影响随着施工的结束将自动消除，其影响时间短暂，但是建筑施工机械的噪声远远高于标准值。根据《环境噪声与振动控制工程技术导则》（HJ 2034—2013）中的"表 A.2 常见施工设备噪声源不同距离声压级"，项目施工过程中噪声较大的施工单元主要为路基施工阶段和路面铺设阶段，施工机械主要有挖土机、运土卡车、推土机、压路机等机械。此外，在实际施工过程中，各类施工机械同时工作，各类噪声源辐射的相互叠加，噪声级将会更高，辐射面也会更大，远远高于《建筑施工场界环境噪声排放标准》（GB 12523—2011）限值。因此，施工期产生的噪声强度较大，尽管影响时间较短，但有必要引起足够的重视。

① 预测模式　工程施工机械噪声主要属于中低频噪声，噪声源均在地面产生，可只考虑扩散衰减，将声源看成半自由空间，若在距离声源 r_0 处的声压级为 $L_A(r_0)$ 时，则在 r 处的噪声级 $L_A(r)$ 为（忽略空气吸收作用）：

$$L_A(r) = L_A(r_0) - 20\lg(r/r_0)$$

式中　$L_A(r)$——距离声源为 r 处的 A 声级。

对于多个噪声源，在 r 处叠加后的等效声级为

$$L_{eq} = 10\lg(10^{0.1L_{eqg}} + 10^{0.1L_{eqb}})$$

式中　L_{eqb}——预测点的背景值，dB(A)；

L_{eqg}——建设项目声源在预测点的等效声级贡献值，dB(A)。

L_{eqg} 按下式计算：

$$L_{eqg} = 10\lg\left(\frac{1}{T}\sum_i t_i \, 10^{0.1L_{Ai}}\right)$$

其中　L_{Ai}——声源在预测点产生的 A 声级，dB(A)；

T——预测计算的时间段，s；

t_i——声源在 T 时段内的运行时间，s。

② 预测结果　项目施工过程可以分为路基阶段和路面平整二个阶段，二者的区别主要在于路基施工阶段具体的路量大小决定了噪声持续时间的长短，而路面平整施工阶段是在场地中同时运行的施工机械的类型和数量决定了噪声的强弱。根据预测模式，得到施工路段两侧噪声预测结果见表 14-22。各条道路施工阶段多台设备运转噪声对工程沿线敏感点的预测结果见表 14-23。

表 14-22　各施工阶段噪声预测结果

施工阶段	距声源距离 r/m										标准限值	
	20	30	40	50	100	150	200	250	300	400	昼	夜
路基施工	86.3	82.7	80.2	78.3	72.3	68.7	66.2	64.3	62.7	60.2	70	55
路面施工	83.8	80.2	77.7	75.8	69.7	66.2	63.7	61.8	60.2	57.7		

表 14-23　多台施工机械噪声对敏感点的影响预测结果

序号	敏感点名称	距项目最近距离/m	噪声级/dB(A)	
			路基施工阶段	路面施工阶段
1	LJ 花园	85	75.9	72.5
2	MP 新村	140	67.8	67.6
3	DP 广场	30	82.7	80.2
4	YD 苑	100	72.3	69.7
5	MP 花园	65	74.6	71.3
6	KL 新村	15	84.5	82.1
7	TL 居	125	70.4	68.3
8	FY 小区	110	71.8	68.2
9	SLB 单位	15	84.5	82.1
10	DT 小学	20	86.3	83.8
11	DH 新村	25	84.3	81.6
12	TH 法院	60	74.8	72.9
13	HY 居	15	84.5	82.1

③ 影响评价　根据噪声预测结果可知，在主要施工机械同时运行且未采取任何降噪措

施的情况下，各阶段噪声影响比较大，在不考虑其他衰减因素和叠加本底噪声的情况下，路基施工阶段在道路两侧 100m 处噪声级为 72.3dB(A)，属于超标状态；路面施工阶段在道路两侧 100m 处的噪声级为 69.7dB(A)，接近白天的标准限值，超过夜间标准限值。

在叠加本底噪声值的情况下，各敏感点部分地区的昼夜间噪声均不能达到《声环境质量标准》(GB 3096—2008) 中的 2 类标准[昼间 60dB(A)，夜间 50dB(A)]的要求。各敏感点受影响的时段长达 12 个月，可见施工期噪声对周边敏感点影响较严重。因此，建议施工单位在施工过程中，针对上述敏感点的情况，在沿线敏感点的位置以及施工机械四周，布置临时隔声屏障，同时加强施工管理，避免夜间施工。

(2) 运输车辆噪声影响

拟建项目部分的土石方、筑路材料都需要通过车辆运输进出工地，在这些车辆集中经过的路段，有居民密集区，交通噪声对环境有一定影响。

根据对工程数量的实际情况以及类比估计，建设初期运输车辆将可达到 60 个车次；建设中期每天进出的辆将不超过 30 个车次。根据类似公路建设项目，本项目运载车一般为 5t 以上的重型车辆，其噪声值在 85～90dB (A) 之间，故产生的交通噪声增量相对较强，附近居民区将受到一定的影响。如果仅白天运输，噪声影响相对于夜间运输要小。在这些车辆集中经过的路段，应在项目建设过程中予以保护。从时间上考虑，集中的高强度施工运输噪声环境影响将不超过 30～50d，在此期间应对周边居民区的声环境要有一定保护性措施。

14.2.4.2　运营期噪声环境影响评价

本项目的交通环境噪声影响评价范围为道路中心线两侧各 200m（水平方向）范围，其中以项目两侧第一排建筑为评价重点。

(1) 道路交通噪声预测方法

由于道路结构以及两侧建筑物不同，导致交通噪声在道路附近形成的声场截然不同，而且变得非常复杂，特别是由高架道路和地面道路组成的复合道路。道路上行驶的机动车，包括起动、加速、刹车、转弯、爬坡等过程，其产生的噪声各有差异，产生的声场也极为复杂。所以，在预测中将视机动车为匀速行驶，且每个行车道中的车流量及车型比例均相同。根据不同预测年各路段的车流量以及道路的设计参数，分别预测特征年 2016 年、2022 年和 2030 年不同路段在昼间、夜间两个时段道路两侧交通噪声的影响范围和影响程度。

预测模式采用《环境影响评价技术导则 声环境》(HJ 2.4—2009) 中公路（道路）交通预测模式。

(2) 道路交通噪声预测结果及评价

本项目噪声敏感点有 13 个（见表 14-23），其中 9# SLB 单位和 12# TH 法院为行政办公功能，不对其做预测。其他敏感点噪声预测结果部分见表 14-24。

从预测结果可知，各敏感点噪声影响情况如下。

1# LJ 花园：本敏感点距离项目主线车行道边线 85m，本项目实施后该点声环境质量将基本保持在现有水平，昼间和夜间噪声预测值均满足 2 类标准要求。

2# MP 新村：本敏感点距离项目主线车行道边线 140m，本项目实施后该点的昼间和夜间预测值均满足 2 类标准要求。

3# DP 广场：本敏感点距离 B 匝道车行道边线 30m，本项目实施后该点的夜间预测值超过 2 类标准要求，夜间最大超标量为 4.5dB(A)，昼间预测值满足 2 类标准要求。

表 14-24　项目营运期工程营运期声环境预测部分结果及超标量　单位：dB（A）

编号	敏感点名称	特征年	楼层	测点位置/m			现状值		预测值		超标量		增加量	
				距边线	距中线	高度	昼间	夜间	昼间	夜间	昼间	夜间	昼间	夜间
1	LJ花园（临路第一排前1m处）	2016	1	85	101	1.5	60.1	51.4	55.9	49.9	−4.1	−0.1	−4.2	−1.5
			5	85	101	14	54.4	49.8	55.8	49.8	−4.2	−0.2	1.4	0.0
			9	85	101	26	55.3	48.7	55.7	49.7	−4.3	−0.3	0.4	1.0
			13	85	101	38	57.2	46.9	55.6	49.6	−4.4	−0.4	−1.6	2.7
		2022	1	85	101	1.5	60.1	51.4	56.9	50.9	−3.1	0.9	−3.2	−0.5
			5	85	101	14	54.4	49.8	56.8	50.8	−3.2	0.8	2.4	1.0
			9	85	101	26	55.3	48.7	56.7	50.7	−3.3	0.7	1.4	2.0
			13	85	101	38	57.2	46.9	56.5	50.5	−3.5	0.5	−0.7	3.6
		2030	1	85	101	1.5	60.1	51.4	57.6	51.6	−2.4	1.6	−2.5	0.2
			5	85	101	14	54.4	49.8	57.6	51.6	−2.4	1.6	3.2	1.8
			9	85	101	26	55.3	48.7	57.5	51.5	−2.5	1.5	2.2	2.8
			13	85	101	38	57.2	46.9	57.5	51.5	−2.5	1.5	0.3	4.6
2	MP新村（临路第一排前1m处）	2016	1	140	156	1.5	55.4	45.1	54.0	48.0	−6.0	−2.0	−1.4	2.9
			5	140	156	8.0	52.3	42.2	54.0	48.0	−6.0	−2.0	1.7	5.8
			9	140	156	14	49.6	40.4	54.0	48.0	−6.0	−2.0	4.4	7.6
		2022	1	140	156	1.5	55.4	45.1	54.9	48.9	−5.1	−1.1	−0.5	3.8
			5	140	156	8.0	52.3	42.2	54.9	48.9	−5.1	−1.1	2.6	6.7
			9	140	156	14	49.6	40.4	54.9	48.9	−5.1	−1.1	5.3	8.5
		2030	1	140	156	1.5	55.4	45.1	55.7	49.7	−4.3	−0.3	0.3	4.6
			5	140	156	8.0	52.3	42.2	55.7	49.7	−4.3	−0.3	3.4	7.5
			9	140	156	14.0	49.6	40.4	55.7	49.7	−4.3	−0.3	6.1	9.3

4# YD苑：本敏感点距离项目E匝道车行道边线100m，本项目实施后，该点声环境质量将基本保持在现有水平，昼间和夜间预测值均满足2类标准要求。

5# MP花园：本敏感点距离项目E匝道车行道边线65m，本项目实施后该点夜间预测值超过2类标准要求，夜间最大超标量为4.5dB（A），昼间预测值满足2类标准要求。

6# KL新村：本敏感点距离项目E匝道车行道边线15m，项目实施后该点的声环境将基本保持在现有水平，夜间预测值超过2类标准要求，最大超标量为8.2dB；昼间预测值满足2类标准要求。

7# TL居：本敏感点距离项目E匝道车行道边线105m，本项目实施后该点的声环境将基本保持在现有水平，昼间和夜间预测值均满足2类标准要求。

8# FY小区：本敏感点距离项目E匝道车行道边线110m，本项目实施后该点的声环境将基本保持在现有水平。昼间和夜间预测值均满足2类标准要求。

10# DT学校：本敏感点距离项目I匝道车行道边线20m，本项目实施后该点的声环境将保持现有水平。昼间和夜间预测值均超过2类标准要求，其中夜间超标量较大为7.9dB（A）。

11# DH新村：本敏感点距离项目I匝道车行道边线25m，本项目实施后该点的昼间和夜间预测值基本满足4a类标准要求，但昼间和夜间噪声值有所增加。

13# HY居：本敏感点距离项目H匝道车行道边线15m，本项目实施后该点的夜间贡献值，超过4类标准要求。

对于个别因本项目营运而导致声环境质量不达标的敏感点，需采取相应的措施减缓噪声对敏感点的影响。

综上所述，本项目建设完成后，多数敏感点与道路的距离将有所增加，但项目附近居住区的声环境质量将基本维持在现有水平，对于个别因本项目营运而导致声环境质量不达标的敏感点，需采取相应的措施减缓噪声对敏感点的影响。

14.2.5 生态环境影响预测案例分析

以广州市 NXL 小型水电站建设项目为实例。

该项目基本情况及工程分析详见第"14.1.3.4 节"。项目生态环境评价工作等级为三级，评价范围为库区范围。

14.2.5.1 生态下泄量的合理性分析及保证措施

据相关工程的调度运用经验，该水电站所在河段平时的流量均不大，在 $10 \sim 50 \text{m}^3/\text{s}$ 之间。在此流量范围内，保持坝前水位在正常蓄水位 17.3m，来水均用作发电之用。当来水量大于发电引用流量（53m^3/s）时，可小开度开启靠近厂房的右侧冲砂闸门，以降低上游水位，并清排坝前堆积的泥沙和杂物，保持上游水位在 17.3～17.5m 之间；洪水期间，闸门采用微机控制自动开启泄洪。在泄洪时，先开启中间孔闸门，以降低洪水位，减少上游淹没损失。在正常情况下，维持正常蓄水位 17.3m 不变，来多少，泄多少（包括发电引水流量）；随着来水量的增加，坝前水位上升超过 17.5m 时，开启中间孔弧形闸门，开度视来水量而定，使坝前水位控制在 17.3～17.5m 之间，若来水量继续增大，坝前水位继续上涨，则弧形闸从中间孔向两边对称逐渐开启，直至全开，达到最大泄洪能力；当水位回落至 17.5m 以下时，根据后开先关的原则，逐渐减少闸门开度，直至全部关闭，使汛末坝前水位保持在正常蓄水位 17.3m。

按原国家环保总局办公厅颁布的《关于印发水利水电建设项目水环境与水生生态保护技术政策研讨会会议纪要的函》[环办函（2006）11 号]和结合原国家环护总局环境工程评估中心文件《关于印发＜水电水利建设项目河道生态用水、低温水和过鱼设施环境影响评价技术指南（试行）＞》的函[环评函（2006）4 号]，采取以"维持水生生态系统稳定所需最小水量一般不应小于河道控制断面多年平均流量的 10％（当多年平均流量大于 80m^3/s 时按 5％取用）"进行计算。该水电站所在河段全年平均流量为 16.24m^3/s，工程运行期水库泄放最小生态流量 3m^3/s，占全年平均流量的 18.5％，满足下游生态用水要求。

为了保证工程运行期下游河道的用水，在工程设计中应考虑采取一些工程措施来解决这个问题。在闸坝设计中，已设有放水设施，在不发电时水库通过泄洪闸舌瓣闸门向下游放水，保证下游河道基本的生态用水。

14.2.5.2 对生态系统的胁迫

水利工程的兴建将对河流生态系统造成胁迫，具体表现为使河流形态的均一化和不连续化，不同程度上降低了河流形态的多样性，生境多样性的变化导致水域生物群落多样性的降低，使生态系统的健康和稳定性都受到不同程度的影响。

自然河流的非连续化造成的影响是将动水生境改变成了静水生境，两者分别对应着动水生物群落和静水生物群落。由于水库水深远大于河流水深，太阳光辐射作用随水深加大而减弱，在深水条件下，光合作用较为微弱，所以水库生境的生态系统生产力较低，物质循环和能量流动都不如河流生态系统那样通畅。水库的生态系统是一个相对封闭的系统，与河流生态系统相比较为脆弱，表现为抗逆性较弱，自我恢复能力也弱。水库形成以后，原来河流上中下游蜿蜒曲折的形态在库区消失了，取而代之以较为单一的水库生境，生物群落多样性在不同程度上受到影响。

14.2.5.3 对陆地生态的影响

（1）对陆地植被及植物资源的影响

项目永久占地包括工程建筑物占地和管理范围占地，建筑占地包括拦河坝两岸连接建筑物、电站进出水口建筑物、电站厂房、升压站及进厂 0.5km 公路的占地，据统计工程建筑物共占地 13 亩，管理区范围占地 7 亩，公路占地 13.5 亩，合计 33.5 亩。永久性占地基本上是河岸平缓地带，均为水田或旱耕地，永久性占地不涉及对林木的破坏。水电站建成后由于回水的影响，将淹没耕地 311.16 亩。

施工期对植被和植物资源的影响表现为施工期料场、主体工程开挖及弃渣占地的影响，施工期由于料场开挖、主体工程地面开挖、弃渣占地等，局部地表植被会被破坏，增加水土流失，对陆生植被产生不利影响。但破坏的植被类型主要为疏林地、灌丛和灌草地，未见成片森林植被，植物种类均属一般常见种。且影响范围小，绿地调控环境质量的能力不会有太大的改变。随着施工活动结束，场地迹地平整、回填、植树造林等，施工区植被将会得到恢复。目前，施工期植被已完成恢得，植被现状良好。

（2）对陆生动物群落的影响

施工期对陆生动物的影响主要有以下几点。

① 道路施工、土石方开挖及弃渣堆放等活动造成对陆生动物生境的占用和破坏；施工人员及施工机械设备的噪声会对陆生动物取食、活动等造成影响。施工期该区域动物的种类和数量将出现暂时的波动。

②施工区域没有发现野生动物特有的繁殖地、越冬地、觅食地或栖息地。施工期结束后，随各种恢复和保护措施的落实，临时征地区域的植被恢复，野生动物的活动范围可得到一定的改善，施工结束后，它们仍可以回到原来的领域。因此，施工期对陆生动物的影响只是暂时的，施工结束影响即逐渐消失。

③ 工程施工对鸟类、兽类和爬行类的影响相对较小，但工程建设如果不能保证下游河道必要的水量和洁净的水质，两栖类动物的种类及种群数量将发生不可逆的严重影响，部分种类可能会消失。

营运期对陆生动物的影响主要有以下方面。

电站建成蓄水后，对陆生动物的影响主要是下泄水量的减少，影响河流生产力，对湿地动物造成不利的间接影响。

（3）对景观生态完整性的影响

项目工程总占地面积 33.5 亩，占评价区总面积的很小一部分，工程建成后灌丛和林地优势度值还是最高，分布面积最大，电站工程建成后灌丛仍然是评价区的景观基质，对生态环境质量有较强的调控能力。工程建设不会改变区域中灌丛的景观基质地位，对评价区生态完整性的影响很小。

14.2.5.4 对水生生态的影响

（1）对浮游生物的影响

电站开发后，库区河段水位的抬升将淹没部分土地、植被，为浮游生物提供大量的养分；水体流速减小，有利于营养物质的截流；同时，水体变清，对浮游动植物的生长有利。预计，各库区的浮游动植物生物量将有明显增长。在区系结构上，将出现更多的种类，特别是出现许多适应于缓流和静水生活的种类。浮游植物将以适宜静水的绿藻门、蓝藻门等种类占优势，原有的适宜流水的硅藻类的数量将会减少；而浮游动物在个体数量上可能是桡足类及其无节幼体占优势。

（2）对底栖动物的影响

该河道现底质多为泥沙，有机物沉积很少，底栖动物区系较为贫乏。电站建成后，库区淹没的农田、荒地多为淤泥，这为底栖动物的生长、繁衍提供了良好条件。预计无论在种类数上，还是个体密度上，底栖动物都将有明显的增加。

（3）对鱼类的影响

经调查，本河段未发现特有鱼种。坝上河段因水库蓄水，库区上游段水域水深一般在5～10m，基本仍适合本区现有鱼类的繁殖、栖息；近坝水域因水深达到17.5m，对鱼类繁殖栖息不利。坝下脱水河段因河道径流量明显减少，浮游生物、底栖动物等鱼类饵料生物数量将减少，鱼类栖息环境恶化，现有的鱼类数量将减少；坝下减水段因河道径流量明显减少，现有的鱼类数量将相应的减少。

14.2.5.5　对生物多样性的影响

（1）对陆生动植物的影响

水电站对植被的直接影响主要来自于工程施工，间接影响主要来自于局地气候变化对植被的影响。水电站施工时，开挖、爆破、堆碴等活动将破坏坝址两岸、厂房附近、料场、施工道路沿线的地表植被。工程施工破坏的植物种类主要为次生灌木林和荒草地，对珍稀植物基本无影响。随着本工程水土保持方案的实施，上述扰动植被基本可得到恢复；水电站蓄水后，由于回水的影响淹没311.16亩耕地，其中，水田120.43亩、旱地125.35亩、荔枝林13.43亩、竹林51.93亩（1亩=666.7m²，下同）。工程建设对区域森林生态系统和植被区系组成影响较小。

据调查，在本工程施工区、水库淹没区等影响范围内无珍稀、濒危野生保护动物分布。工程施工期间受噪声和施工人员活动的干扰，可能使施工区的动物种类数量减少，并且可能会迁徙栖息地，但在施工结束以后，随着噪声和人为活动的减少，这种干扰随即消失，种群会很快恢复，对物种多样性影响较小。

在工程运行期，由于水库的出现，水面面积的增加，库区水禽及鸟类数量将增加。

（2）对水生动植物的影响

河流形态多样性是流域生物群落多样性的基础。水利工程可能引起河流形态的不连续化，从而降低生物群落多样性的水平，造成对河流生态系统的一种胁迫。

拦河建坝对水生植物的物种多样性的影响将会比较明显。水库形成以后，因库区河段水面面积和水体体积增大，水流流速减缓、水深增加、加上局部库底营养物质的释放，其环境多样化，可适合不同种类浮游生物的繁衍。浮游植物中的适宜静水的蓝藻门、绿藻门等种类将会增加，原有的适宜流水的硅藻类的数量将减少。但总的来讲，水生植物的种类数量和生物量将有所增加。

由于大坝对河流的阻隔作用以及水文情势的改变，将对河流水生动物特别是洄游性鱼类繁殖将产生明显的影响。

本流域浮游动物主要为清洁水体种类，底栖动物种类中耐清洁种类也较多。浮游动物的主要食物来源是浮游植物，因此，浮游植物的种类、生物量等变化与浮游动物的变化情况密切。水库形成后，由于浮游植物的优势品种将由流水种类逐渐向喜静水种类变化，浮游动物的种类组成也将随之发生变化。总的来讲，随着水体营养增加，浮游植物的种类数量和生物量的增加，水生动物种类和生物量均会有所增加。

水库蓄水后，库区河段的水生植物的种群、生物量将有所增加，库区鱼类饵料生物生活条件会有所改善，这将促进库区鱼类的生长和繁殖。因此，库区河段鱼类的区系组成及数量将有所增加。

14.2.5.6 生态保护措施

（1）陆生植物保护措施

对项目施工过程中的临时占地，建设单位制订了切实可行的植被恢复方案，合理调整评价区的植被结构。按照生态学原理，选择地方特色的乡土植物，遵循植被演替规律，在绿化的基础上进行环境美化，根据自然地理环境的特点和植物的生态适应性及自然演替规律，增加多种的林木成分。

（2）陆生动物保护措施

提高施工人员的保护意识，严禁捕猎野生动物。加强施工管理，减少污染，保护水禽，防止破坏新的景观。施工结束后加速植树造林，恢复生境，为动物的生存与繁衍提供多种栖息地。加强管理，控制爆破次数和爆破强度，合理选择爆破时间，严禁在夜间爆破，减小对野生动物的影响。

（3）生态影响的补偿和恢复

① 生态恢复措施　料场开挖、渣场堆放、施工营地等都将破坏当地植被，必须采取措施加以恢复。

对料场和渣场，在开挖前应将表层土进行清理，在场区划出区域进行堆放、妥善保存表土；施工完毕后，应在采取水土保持措施的同时将表土回填覆土，并种植当地的乡土植物，进行迹地恢复。

对于施工营地，应该在建筑物周围种植树木、草灌等植物，控制水土流失和美好环境。

对临时道路则应种植行道树，并采取工程和植物相结合的措施进行护坡，施工结束后及时进行恢复。

② 生态补偿措施　根据《土地管理法》，国家实行占用耕地补偿制度。非农业建设经批准占用耕地的，按照"占多少，垦多少"的原则，由占用耕地的单位负责开垦与所占用耕地的数量和质量相当的耕地；没有条件开垦或者开垦的耕地不符合要求的，应当按照省、直辖市的规定缴纳耕地开垦费，专款用于开垦新的耕地。本工程所占用的耕地，通过缴纳耕地开垦费由当地政府有关部门按照开垦计划实施耕地占补平衡。

临时性的占地可以通过恢复草甸、灌丛进行就地补偿，就地补偿实际上是生态恢复，施工区表层土壤单独存放和用于回填覆盖。

电站蓄水后由于回水的影响淹没 311.16 亩耕地，其中，水田 120.43 亩、旱地 125.35 亩、荔枝林 13.43 亩、竹林 51.93 亩。将对项目所在地的农业生产造成一定的影响，本项目已对所淹没的耕地进行了补偿，共补偿 80.87 万元。

14.2.5.7 小结

① 该水电站所在河段全年平均流量为 16.24m³/s，本工程运行期水库泄放最小生态流量 3m³/s，占全年平均流量的 18.5%，满足下游生态用水要求。

② 工程施工损坏的植物种类主要为次生灌木林和荒草地，对珍稀植物无影响，随着本工程水土保持方案的实施，上述扰动植被基本可得到恢复。库区水库淹没线以下未见成片森林植被，工程对自然群落及物种影响甚微。

③ 水库淹没区等影响范围内无珍稀、濒危野生保护动物分布，淹没影响较小，水库形成后，水禽及鸟类数量将有增加。

综上所述，本项目对生态环境的影响有利有弊，较大不利影响尚可采取一定补救措施，使之减少到可接受的程度。

14.3　建设项目环境影响评价公众参与案例分析

根据《中华人民共和国环境影响评价法》第 21 条规定：除国家规定需要保密的情形外，对环境可能造成重大影响、应当编制环境影响报告书的建设项目，建设单位应当在报批建设项目环境影响报告书前，举行论证会、听证会，或者采取其他形式，征求有关单位、专家和公众的意见。建设单位报批的环境影响报告书应附具对有关单位、专家和公众的意见采纳或者不采纳的说明。

14.3.1　建设项目环境影响评价公众参与原则及要求

14.3.1.1　需要进行环境影响评价公众参与的建设项目类型

下列建设项目的环境影响评价需要进行公众参与工作。

① 对环境可能造成重大影响、应当编制环境影响报告书的建设项目。

② 环境影响报告书经批准后，项目的性质、规模、地点、采用的生产工艺或者防治污染、防止生态破坏的措施发生重大变动，建设单位应当重新报批环境影响报告书的建设项目。

③ 环境影响报告书自批准之日起超过五年方决定开工建设，其环境影响报告书应当报原审批机关重新审核的建设项目。

对于编制环境影响报告表、填报环境影响登记表类的项目不特别要求进行公众参与工作。

14.3.1.2　建设项目环境影响评价公众参与的原则与方式

（1）原则

建设项目环境影响评价公众参与实行公开、平等、广泛和便利的原则。

建设单位或者其委托的环境影响评价机构在编制环境影响报告书的过程中，环境保护行政主管部门在审批或者重新审核环境影响报告书的过程中，应当公开有关环境影响评价的信息，征求公众意见。但国家规定需要保密的情形除外。

按照国家规定应当征求公众意见的建设项目，建设单位或者其委托的环境影响评价机构应当按照环境影响评价技术导则的有关规定，在建设项目环境影响报告书中，编制公众参与篇章。

按照国家规定应当征求公众意见的建设项目，其环境影响报告书中没有公众参与篇章的，环境保护行政主管部门不得受理。

（2）方式

建设单位或者其委托环境影响评价机构、环境保护行政主管部门应当采用便于公众知悉的方式，向公众公开有关环境影响评价的信息，征求公众意见。公众可以在有关信息公开后，以信函、传真、电子邮件或者按照有关公告要求的其他方式，向建设单位或者其委托的环境影响评价机构、负责审批或者重新审核环境影响报告书的环境保护行政主管部门，提交书面意见。

征求公众意见可采取以下方式。

① 调查公众意见和咨询专家意见　建设单位或者其委托的环境影响评价机构调查公众意见可以采取问卷调查等方式，并应当在环境影响报告书的编制过程中完成。

采取问卷调查方式征求公众意见的，调查内容的设计应当简单、通俗、明确、易懂，避免设计可能对公众产生明显诱导的问题。问卷的发放范围应当与建设项目的影响范围相一致。问卷的发放数量应当根据建设项目的具体情况，综合考虑环境影响的范围和程度、社会关注程度、组织公众参与所需要的人力和物力资源以及其他相关因素确定。

② 采用书面或者其他形式咨询专家意见　咨询专家意见包括向有关专家进行个人咨询或者向有关单位的专家进行集体咨询。

接受咨询的专家个人和单位应当对咨询事项提出明确意见，并以书面形式回复。对书面回复意见，个人应当签署姓名，单位应当加盖公章。集体咨询专家时，有不同意见的，接受咨询的单位应当在咨询回复中载明。

③ 座谈会和论证会　建设单位或者其委托的环境影响评价机构决定以座谈会或者论证会的方式征求公众意见的，应当根据环境影响的范围和程度、环境因素和评价因子等相关情况，合理确定座谈会或者论证会的主要议题，并在座谈会或者论证会召开 7 日前将座谈会或者论证会的时间、地点、主要议题等事项书面通知有关单位和个人。

建设单位或者其委托的环境影响评价机构应当在座谈会或者论证会结束后 5 日内，根据现场会议记录整理制作座谈会议纪要或者论证结论，并存档备查。

④ 听证会　建设单位或者其委托的环境影响评价机构（以下简称"听证会组织者"）决定举行听证会征求公众意见的，应当在举行听证会的 10 日前，在该建设项目可能影响范围内的公共媒体或者采用其他公众可知悉的方式，公告听证会的时间、地点、听证事项和报名办法。

希望参加听证会的公民、法人或者其他组织，应当按照听证会公告的要求和方式提出申请，并同时提出自己所持意见的要点。个人或者组织可以凭有效证件向听证会组织者也申请旁听公开举行的听证会，准予旁听听证会的人数及人选由听证会组织者根据报名人数和报名顺序确定。

听证会组织者应当在申请人中遴选参会代表和旁听者，并在举行听证会的 5 日前通知已选定的参会代表。听证会组织者选定的参加听证会的代表人数一般不得少于 15 人，准予旁听的人数也一般不得少于 15 人。

听证会必须公开举行，并按下列程序进行：

a. 听证会主持人宣布听证事项和听证会纪律，介绍听证会参加人；

b. 建设单位的代表对建设项目概况做介绍和说明；

c. 环境影响评价机构的代表对建设项目环境影响报告书做说明；

d. 听证会公众代表对建设项目环境影响报告书提出问题和意见；

e. 建设单位或者其委托的环境影响评价机构的代表对公众代表提出的问题和意见进行解释和说明；

f. 听证会公众代表和建设单位或者其委托的环境影响评价机构的代表进行辩论；

g. 听证会公众代表做最后陈述；

h. 主持人宣布听证结束。

听证会组织者对听证会应当制作笔录，应当载明下列事项：听证会主要议题，听证主持人和记录人员的姓名、职务；听证参加人的基本情况；听证时间、地点；建设单位或者其委托的环境影响评价机构的代表对环境影响报告书所做的概要说明；听证会公众代表对建设项目环境影响报告书提出的问题和意见；建设单位或者其委托的环境影响评价机构代表对听证会公众代表就环境影响报告书提出问题和意见所作的解释和说明；听证主持人对听证活动中有关事项的处理情况；听证主持人认为应笔录的其他事项。

听证结束后，听证笔录应当交参加听证会的代表审核并签字。无正当理由拒绝签字的，应当记入听证笔录。

14.3.1.3　建设项目环境影响评价公众参与的基本要求

① 建设单位应当在确定了承担建设项目环境影响评价工作的环境影响评价机构后 7 日内，向公众公告下列信息：

a. 建设项目的名称及概要；

b. 建设项目的建设单位的名称和联系方式；

c. 承担评价工作的环境影响评价机构的名称和联系方式；

d. 环境影响评价的工作程序和主要工作内容；

e. 征求公众意见的主要事项；

f. 公众提出意见的主要方式。

② 建设单位或者其委托的环境影响评价机构在编制环境影响报告书的过程中，应当在报送环境保护行政主管部门审批或者重新审核前，向公众公告如下内容：

a. 建设项目情况简述；

b. 建设项目对环境可能造成影响的概述；

c. 预防或者减轻不良环境影响的对策和措施的要点；

d. 环境影响报告书提出的环境影响评价结论的要点；

e. 公众查阅环境影响报告书简本的方式和期限，以及公众认为必要时向建设单位或者其委托的环境影响评价机构索取补充信息的方式和期限；

f. 征求公众意见的范围和主要事项；

g. 征求公众意见的具体形式；

h. 公众提出意见的起止时间。

③ 建设单位或者其委托的环境影响评价机构，可以采取以下一种或者多种方式发布信息公告：其一，在建设项目所在地的公共媒体上发布公告；其二，公开免费发放包含有关公告信息的印刷品；其三，其他便利公众知情的信息公告方式。

④ 建设单位或者其委托的环境影响评价机构应当在发布信息公告、公开环境影响报告书的简本后，采取调查公众意见、咨询专家意见、座谈会、论证会、听证会等形式，公开征求公众意见，征求公众意见的期限不得少于 10 日，并确保其公开的有关信息在整个征求公众意见的期限之内均处于公开状态。环境影响报告书报送环境保护行政主管部门审批或者重新审核前，建设单位或者其委托的环境影响评价机构可以通过适当方式，向提出意见的公众反馈意见处理情况。

14.3.1.4　环境保护主管部门在受理和审批环境影响评价文件过程中的公众参与

（1）受理情况公开

各级环境保护主管部门在受理建设项目环境影响报告书、报告表后向社会公开受理情况，征求公众意见。公开内容包括：项目名称；建设地点；建设单位；环境影响评价机构；受理日期；环境影响报告书、报告表全本（除涉及国家秘密和商业秘密等内容外）；公众反馈意见的联系方式。

建设单位在向环境保护主管部门在提交环境影响报告书、报告表全本同时附删除的涉及国家秘密、商业秘密等内容及删除依据和理由说明报告。环境保护主管部门在受理建设项目环境影响报告书、报告表时，应对说明报告进行审核，依法公开环境影响报告书、报告表全本信息。

（2）拟做出审批意见公开

各级环境保护主管部门在对建设项目做出审批意见前，向社会公开拟做出的批准和不予批准环境影响报告书、报告表的意见，并告知申请人、利害关系人听证权利。公开内容包括：项目名称；建设地点；建设单位；环境影响评价机构；项目概况；主要环境影响及预防或者减轻不良环境影响的对策和措施；公众参与情况；建设单位或地方政府所做出的相关环境保护措施承诺文件；听证权利告知；公众反馈意见的联系方式。

14.3.2 建设项目环境影响评价公众参与案例分析

以某年出栏 6 万头商品猪现代化生猪养殖项目环境影响评价公众参与为实例。

14.3.2.1 公众参与对象

在进行本项目公众参与时，按照力求普遍、重点突出的原则，确定公众参与的对象。本次调查的范围重点为项目周围的敏感点，包括大岕村、和平村和水口村等行政村及其下属的自然村，主要以和平村为主。

14.3.2.2 公众参与调查步骤和调查方式

本次公众参与调查分三步进行。

① 建设单位委托环评单位开展环境影响评价工作后，于 2014 年 6 月 30 日在××市环境保护局网站上公示了项目的建设信息，在项目所在区域周边环境敏感点处张贴了项目公告。公告信息见表 14-25。第一次公告照片见图（略），网上公众参与第一次公示截图见图（略）。

表 14-25 公众参与第一次公示内容

广州市××有限公司年出栏 6 万头商品猪现代化大型生猪养殖项目 环境影响评价第一次公示
广州市××有限公司拟在××镇和平村建设年出栏 6 万头生猪养殖项目。根据《环境影响评价法》、《环境影响评价公众参与暂行办法》[环发 2006(28)号]、《广东省建设项目环保管理公众参与实施意见》[粤环(2007)99 号]的规定，现将项目基本信息及环境影响评价工作情况公示如下： 一、建设项目名称及概要 　　项目名称：广州市××有限公司年出栏 6 万头商品猪现代化大型生猪养殖项目 　　建设单位：广州市××有限公司 　　项目概况：本项目总投资 1.5 亿元人民币，其中，环保投资 1000 万元，总用地面积 392000 平方米（约 588 亩），主要建设内容包括母猪繁育区、仔猪保育区、肉猪育成区、生产辅助区、污染治理区和员工生活区等。项目建成后预计各类猪只年存栏量约 28000 头[包括生产母猪 3000 头、公猪 40 头（含后备）、哺乳仔猪 3800 头、保育仔猪 4200 头、生长育成猪 16960 头]，年出栏商品生猪约 6 万头。

续表

二、建设单位及联系方式

　　建设单位:广州市××有限公司

　　地址:广州市××镇和平村

　　联系人:_____

　　联系电话:_____

三、环境影响评价单位及联系方式

　　环评单位:××研究所

　　联系人:＊＊＊

　　联系电话:_____

　　电子邮箱:_____

四、环境影响评价的工作程序和主要工作内容

　　评价的主要工作程序:接受委托－工程分析－确定评价等级、范围和内容－环境现状质量调查－环境影响评价－编写报告书－环保主管部门审查,其中公众参与公众将贯穿其中。

　　主要的工作内容有:工程污染源分析、环境质量现状调查、环境影响预测及评价、环保措施、公众参与等。

五、征求公众意见的主要事项

　　(1)征求公众意见的范围

　　本项目征求公众意见的范围包括项目可能造成的环境影响范围内的所有居民及单位,并在××市政府网进行公告。征求公众对本项目环境影响、污染防治措施等环境保护方面的意见和建议。

　　(2)征求意见的主要事项

　　目前本建设项目周围原有的环境状况如何? 主要存在的环境问题是什么?

　　从环境角度考虑,是否赞同本项目的建设?

　　对本项目的环境保护工作有何建议?

　　其他建议?

六、公众提出意见的主要方式

　　可通过电话、信件等方式与建设单位或环境影响评价机构联系,提交书面意见或口头意见等。

七、信息公开的有效期

　　自公示之日起 10 个工作日。

广州市××有限公司

2014 年 6 月 30 日

　　② 报告书初稿完成后,建设单位于 2014 年 7 月 11 日在××市环境保护局网站上公示了项目建设信息、可能产生的影响以及拟采取的污染防治措施等,征求公众意见以及在项目所在区域周边环境敏感点处张贴项目建设相关信息,公告信息如表 14-26 所列。第二次公众参与公告照片见图 (略),网上公众参与第二次公示截图见图 (略)。

表 14-26　公众参与第二次公示内容

广州市××有限公司年出栏 6 万头商品猪现代化大型生猪养殖项目
环境影响评价简写本公示

　　根据国家环保总局发布《环境影响评价公众参与暂行办法》规定,现将有关情况公示如下。

一、项目概况:

　　项目名称:广州市××有限公司年出栏 6 万头商品猪现代化大型生猪养殖项目

　　建设单位:广州市××有限公司

　　项目概况:广州市××有限公司拟在××镇和平村建设年出栏 6 万头生猪养殖项目。该项目总投资 1.5 亿元人民币,其中,环保投资 1000 万元,总用地面积 39.2 万平方米(约 588 亩),主要建设内容包括母猪繁育区、仔猪保育区、肉猪育成区、生产辅助区、污染治理区和员工生活区等。项目建成后预计各类猪只年存栏量约 28000 头[包括生产母猪 3000 头、公

猪 40 头(含后备)、哺乳仔猪 3800 头、保育仔猪 4200 头、生长育成猪 16960 头],年出栏商品生猪约 6 万头。

二、建设项目对环境可能造成影响及预防减轻不良环境影响的主要措施

1. 水环境影响及减缓措施

本项目产生的废水主要有猪场工作人员生活污水和猪场生产废水,主要污染物为 pH 值、SS、COD、BOD$_5$、NH$_3$-N 和粪大肠菌群等。

猪场生产废水,即猪粪尿污水和猪舍冲洗废水经粪污处理设施处理(水解酸化—厌氧反应—消毒)达到《畜禽养殖业污染治理工程技术规范》(HJ 497—2009)液态畜禽粪污无害化处理要求后全部作为液态有机肥外卖;员工生活污水经化粪池预处理后进入污水处理站进行二级生化处理,达到《城市污水再生利用城市杂用水水质标准》(GB/T 18920—2002)城市绿化要求后,回用于场地人工绿地绿化用水,不外排。

2. 大气环境影响及减缓措施

项目产生的大气特征污染物主要为各类猪舍和污水处理站等设施无组织排放的恶臭污染物,包括氨气、硫化氢等,饲料加工车间粉尘以及备用柴油发电机和沼气发电机废气。本项目采用漏缝地板——干清粪饲养方式,常年保持猪舍干燥、所有排污沟均密封设置、刮出的猪粪加工成生物有机肥,车间抽风出口安装生物除臭装置。经预测厂界臭气、车间粉尘均可达标排放,对当地大气环境影响较小。

3. 噪声环境影响及减缓措施

本项目生产过程中产生的噪声主要来源于猪只发出的哼叫声、饲料加工车间、有机肥生产车间、污水处理站等各类机械设备噪声、排风车辆噪声以及运输车辆噪声。建设项目通过场内合理布局,尽可能满足猪只饮食需要,避免因饥饿或口渴而发出叫声,并对高噪声设备采用隔声、减振等措施进行处理,在办公区、生产区、道路两侧、场四周等设置绿化隔离带等,使场区边界的噪声达到《声环境质量标准》(GB 3096—2008)2 类标准。

4. 固体废弃物环境影响及减缓措施

本项目产生的固体废弃物主要包括猪粪、病死猪(含母猪分娩物、胎盘等)、员工生活垃圾、沼气池污泥和猪粪沉淀分离物以及少量医疗废物。养猪场的猪粪和沼气池沉淀分离物经过生物好氧发酵后,制成有机肥料外卖。病死猪(含母猪分娩物、胎盘等)按《畜禽病害肉尸及其产品无害化处理规程》(GB 16548—1996)和《畜禽养殖业污染防治技术规范》(HJ/T 81—2001)进行填埋处理。员工生活垃圾设置固定的垃圾堆放点,定期由环卫部门运走统一处理。医疗废物应设置专用存储容器,并存放于隔离间,收集到一定数量后交由有资质单位进行安全处置。

三、环境影响报告书提出的初步环境影响评价结论要点

本项目布局合理,建设规模适宜,通过采取相应的防治措施,对区域内水环境、大气环境、声环境及生态环境的影响均较小。建设单位在执行"三同时"的管理规定的同时,切实落实本环境影响报告书中的环保措施,尤其是臭气和废水防治措施,并要经环境保护管理部门验收合格后,项目方可投入使用。基于上述前提情况下,本项目的选址和建设从环保角度而言是可行的。

四、公众参与的方式和时间

欢迎本项目周边居民、企事业单位、社会热心人士从环保方面对本项目提出意见和建议。公众可到建设单位、评价单位索取公众参与调查表和查阅环评简本。或者到增城市政府网上进行查询。

本次公众参与期限为自公布之日起 10 个工作日。公众可通过网站提交、向指定地址发送电子邮件、传真、信函等方式发表关于对本项目的意见和建议。请提供详尽的联系方式、书面意见签署个人姓名或加盖公章,以便及时向您反馈相关信息。征求主要事项包括:a. 是否支持该项目建设;b. 新建项目是否能促进当地经济发展、提高生活水平;c. 新建项目可能对您造成何种影响;d. 对环境影响报告书有何评价?是否同意报告书中观点;e. 其他。

五、联系方式

(1)项目建设单位名称和联系方式:

建设单位:广州市××有限公司

地址:广州市××镇和平村

联系人:＊＊＊

联系电话:_____

(2)项目环评单位名称和联系方式:

评价机构:××研究所　　　联系人:××

联系电话:_____　　　电子邮箱:_____

广州市××有限公司

××研究所

2014 年 7 月 11 日

③ 在完成本项目工程分析和污染源强核算、环境影响预测评价、环保措施可行性分析论证、简本公示等工作后，根据《环境影响评价公众参与暂行办法》，环评单位制作了本项目的公众参与调查表格，由建设单位征询各敏感点地区有关单位、群众和当地政府有关部门对该项目建设的意见，让公众了解本项目建设情况、施工期与营运期间主要环境问题及环境保护措施等情况。调查表格设计见表 14-27 和表 14-28。

表 14-27 公众调查意见表

项目概况：广州市××有限公司拟在××镇和平村建设年出栏 6 万头生猪养殖项目。该项目总投资 15000 万元人民币，其中，环保投资约 1000 万元，总用地面积 392000 平方米（约 588 亩），主要建设内容包括母猪繁育区、仔猪保育区、肉猪育成区、生产辅助区、粪污处理区和员工生活区等。项目建成后预计各类猪只存栏量约 28000 头，包括生产母猪 3000 头、公猪 40 头（含后备）、哺乳仔猪 3800 头、保育仔猪 4200 头、生长育成猪 16960 头。

工程主要环境影响及环保措施：项目猪舍全部采用封闭式设计、机械负压通风换气、自动降温保暖、自动送料喂料的漏缝地板机械干清粪生产技术。猪场产生的猪粪尿污水和猪舍冲洗废水经粪污处理设施处理（水解酸化—厌氧反应—消毒）达到液态畜禽粪污无害化处理要求后全部作为液态有机肥外卖；员工生活污水经化粪池及二级生化处理，达到城市绿化回用标准要求后，全部回用于场内山林绿地浇灌，不外排；猪舍臭气经负压收集通过生物法吸收后在厂界能达标排放；猪舍干清粪、隔渣及污水处理站污泥经生物好氧发酵后最终制成固体有机肥综合利用。经预测，采取上述措施后，项目对周边的环境影响将大大降低，可以达到可接受水平。

环评结论：建设单位只要严格遵守"三同时"制度，加强环境管理，严格按有关法律、法规及环评报告书提出的要求落实各项环保措施，从环境保护角度而言，该项目的建设是可行的。

为便于我们进一步做好环境影响评价和环境保护设计工作，请您以个人观点回答下列问题。谢谢您的合作！

环境影响评价机构：××研究所

联系人：×× 电话：_____ 邮箱：_____

传真：_____

一、调查对象情况

姓名： 性别： 职业： 文化程度：

年龄： 单位或住址： 电话： 本地居住时间：

您属于？ 当地居民（ ）、学校师生（ ）、当地管理部门（ ）、企事业单位（ ）

过路行人（ ）、其他（ ）

二、调查问题（请在括号内打√）

1. 您知道该猪场的建设吗？ 知道（ ） 不知道（ ）

2. 您认为该项目建成后是否会给区域带来整体社会效益？ 是（ ） 否（ ） 不一定（ ）

3. 您认为目前当地原有的环境现状如何？ 好（ ） 一般（ ） 较差（ ） 不知道（ ）

4. 该猪场建成后，您认为您所在区域环境质量将会如何变化？

变得更好（ ） 变得较差（ ） 变化不明显（ ） 不清楚（ ）

5. 您认为该项目主要的环境影响是？

废气影响（ ） 噪声影响（ ） 污水影响（ ） 固体废物污染影响（ ）

生态环境破坏影响（ ） 其他（ ）

6. 对防治该项目建设过程中及建成后产生的环境影响，您有什么好的建议？

7. 若该项目发生环境问题，您的处理方式是：

向有关管理部门反应（ ） 找建设单位（ ） 不闻不问（ ）

8. 从环境保护的角度，您是否同意广州市建业有限公司建设该猪场项目？

同意（ ） 不同意（ ） 无所谓（ ）

若不同意请说明理由：

9. 对该猪场项目的开发建设，您是否还有其他意见和建议？

表 14-28 单位调查意见表

单位名称			单位地址	
填表人		职位/职务	联系电话	

　　项目概况：广州市××有限公司拟在××镇和平村建设年出栏 6 万头生猪养殖项目。该项目总投资 15000 万元人民币，其中，环保投资约 1000 万元，总用地面积 392000 平方米（约 588 亩），主要建设内容包括母猪繁育区、仔猪保育区、肉猪育成区、生产辅助区、粪污处理区和员工生活区等。项目建成后预计各类猪只存栏量约 28000 头，包括生产母猪 3000 头、公猪 40 头（含后备）、哺乳仔猪 3800 头、保育仔猪 4200 头，生长育成猪 16960 头。

　　工程主要环境影响及环保措施：项目猪舍全部采用封闭式设计、机械负压通风换气、自动降温保暖、自动送料喂料的漏缝地板机械干清粪生产技术。猪场产生的猪粪尿污水和猪舍冲洗废水经粪污处理设施处理（水解酸化—厌氧反应—消毒）达到液态畜禽粪污无害化处理要求后全部作为液态有机肥外卖；员工生活污水经化粪池及二级生化处理，达到城市绿化回用标准要求后，全部回用于场内山林绿地浇灌，不外排；猪舍臭气经负压收集通过生物法吸收后在厂边界达标排放；猪舍干清粪、渣隔及污水处理站污泥经生物好氧发酵后最终制成固体有机肥综合利用。经预测，采取上述措施后，项目对周边的环境影响将大大降低，可以达到可接受水平。

　　环评结论：建设单位只要严格遵守"三同时"制度，加强环境管理，严格按有关法律、法规及环评报告书提出的要求落实各项环保措施，从环境保护角度而言，该项目的建设是可行的。

　　为便于我们进一步做好环境影响评价和环境保护设计工作。请贵单位回答下列问题。谢谢合作。

环境影响评价机构：××研究所
联系人：×× 电话：_____ 邮箱：_____
传真：_____

1. 从环境保护的角度,是否同意广州市建业有限公司建设该猪场项目?
　　同意(　) 不同意(　) 无所谓(　)
　　若不同意请说明理由:
2. 对该项目的环境保护工作有何其他建议?

　　　　　　　　　　　　　　单位名称(公章):
　　　　　　　　　　　　　　日　期:

14.3.2.3 调查意见

　　本次调查共发放调查表格 83 份（其中 80 份个人调查表，3 份单位调查表），回收有效表格 83 份（其中 80 份个人调查表，3 份单位调查表），回收率为 100%。其中，参与调查的单位和个人中位于项目环境（含风险事故）影响范围内的单位和个人数量不少于 70%，满足《广东省建设项目环保管理公众参与实施意见》[粤环（2007）99 号]的要求。

　　（1）单位（团体）调查意见统计

　　本次调查的单位（团体）共有 3 个，为大岙村委、和平村委和水口村委。3 个单位均表示在处理好猪场粪便、废气、噪音等达标排放情况下同意项目的建设，同时建议企业在生产运营过程中将对周边生态、居民环境影响降到最低。

　　（2）个人调查意见统计

　　受调查人群主要为项目评价范围内的大岙村、和平村和水口村居民，调查人员具体情况见表（略）。调查统计结果，见表 14-29 和表 14-30。

表 14-29 公众参与问卷调查结果统计表（个人）

问　　题	选　项	人数/人	百分比
1. 您知道本猪场的建设吗?	知道	80	100%
	不知道	0	0%
2. 您认为该项目建成后是否会给区域带来整体社会效益?	是	80	100%
	否	0	0%
	不一定	0	0%

续表

问 题	选 项	人数/人	百分比
3. 您认为目前当地原有的环境现状如何？	好	80	100%
	一般	0	0%
	较差	0	0%
	不知道	0	0%
4. 该猪场建成后,您认为您所在区域环境质量将会变得？	变得更好	65	81%
	变得较差	0	0%
	变化不明显	15	19%
	不清楚	0	0%
5. 您认为该项目主要的环境影响是？	废气影响	50	63%
	噪声影响	0	0%
	污水影响	20	25%
	固体废物污染影响	0	0%
	生态环境破坏影响	10	13%
	其他	0	0%
6. 若该项目发生环境问题,您的处理方式是	向有关管理部门反应	30	38%
	找建设单位	50	63%
	不闻不问	0	0%
7. 从环境保护的角度,您是否同意广州市建业有限公司建设该猪场项目？	同意	80	100%
	不同意	0	0%
	无所谓	0	0%

表 14-30 公众调查统计结果统计列表（单位）

序号	被访单位	联系人	职务	联系电话	单位地址
1	××镇和平村民委员会	××	×××		××镇和平村
2	××镇水口村民委员会	××	×××		××镇水口村
3	××镇大岖村民委员会	××	×××		××镇大岖村

公众意见调查结果表明，所有受调查的单位和个人均同意本项目建设；没有反对意见的。

14.3.2.4 信息公示后的公众意见反馈

本次环评在敏感点公告栏进行了 2 次公告，在××市环保局网上进行了 2 次公告，充分保证了环评公众参与的透明度。在公示期间，没有收到公众的任何形式的反馈意见。

14.3.2.5 建设单位对公众意见的回应

建设单位认真考虑和研究了当地居民、单位及有关部门的意见和建议，对于调查对象关于本项目施工期和营运期的水环境污染、废气污染、生态环境破坏和污染事故等方面的担忧表示理解。建设单位明确表示将严格遵守国家和地方的环保法律法规以及相关部门的规定，采用先进的可行的污水、废气等污染防治污染技术，严格控制本项目施工期和营运期污染物的排放，其中，生产和生活污水经自建的污水处理系统处理后，全部回用，不对外排放。

建设单位同时还表示将加强建设过程中的环境管理，采取有效措施，尽可能将施工期和运行期产生的污染以及给生态环境造成的破坏程度降到最低，确保本项目的建设与附近居民和睦相存，杜绝居民投诉事件的发生。

在认真考虑两次公众参与公众反馈的意见后，建设单位承诺做好以下方面的工作：

① 施工期间加强管理、文明施工，尽可能将项目施工时间缩短，减少扰民，同时注意施工期对周边居民的安全影响。

② 购置国内及国际先进的环保设备，保证设备运行，最大限度减小本项目产生的污染物对周边地区的环境影响。

③ 加强污染治理措施的运行管理与日常维护，确保环保设备的正常运行。

④ 严格执行环境影响报告书中提出的各项污染防治措施，并在此基础上建立健全的环境管理和环境监测制度。

14.3.2.6 公众意见调查结论

建设单位共发放调查表格 83 份（其中 80 份个人调查表，3 份单位调查表），回收有效表格 83 份（其中 80 份个人调查表，3 份单位调查表），回收率为 100%。其中，参与调查的单位和个人中位于项目环境（含风险事故）影响范围内的单位和个人数量不少于 70%，满足《广东省建设项目环保管理公众参与实施意见》[粤环（2007）99 号] 的要求。

调查结果表明，受调查的 3 个单位大冚村委、和平村委和水口村委以及 80 位个人意见均同意本项目建设；没有反对意见的。

建设单位承诺采用合理有效的措施治理本项目产生的废水、废气和噪声以及固体废物，做到污染物达标排放。在施工阶段进行严格管理，保证施工质量，保证各项污染物达标排放。做好风险应急措施，建立完善的预警机制。建立完善的环境管理与监测体系，加强对污染物排放的监督和管理。

14.4 规划项目环境影响评价案例分析

根据《中华人民共和国环境影响评价法》，国务院有关部门、设区的市级以上地方人民政府及其有关部门，对其组织编制的土地利用的有关规划和区域、流域、海域的建设、开发利用规划（以下称综合性规划），以及工业、农业、畜牧业、林业、能源、水利、交通、城市建设、旅游、自然资源开发的有关专项规划（以下称专项规划），应当进行环境影响评价。对于综合性规划，应当根据规划实施后可能对环境造成的影响，编写环境影响篇章或者说明；对于专项规划，应当根据规划实施后可能对环境造成的影响，编制环境影响报告书。

14.4.1 综合性规划环境影响篇章实例分析

14.4.1.1 综合性规划环境影响篇章的主要内容

以某市城市总体规划（2010～2030）环境影响篇章为实例。
某市城市总体规划（2010～2030）环境影响篇章的主要章节如下：
(1) 总论
① 规划背景
② 评价范围与评价时段
③ 评价依据
④ 评价内容与评价重点
⑤ 环境敏感目标分布

（2）规划概述

① 上一轮总体规划回顾

② 本轮总体规划概况

③ 规划实施所依托的资源环境条件

（3）环境现状调查

① 区域环境概况

② 区域环境质量

③ 区域生态、资源现状

④ 宁德市能源消耗基本情况

⑤ 城市主要环境问题分析

（4）环境保护目标、评价指标和环境影响识别

① 环境保护目标

② 评价指标体系

③ 环境影响识别

（5）规划协调性分析

① 与国家和福建省"十二五"规划纲要的符合性分析

② 区域定位的协调性分析

③ 城市发展空间布局的环境协调性分析

④ 产业布局规划的协调性

⑤ 生态功能区划的协调性

（6）环境资源承载力

① 环境制约因素

② 环境资源承载力与容量分析

（7）规划环境影响分析与评价

① 城市功能定位与发展方向环境影响分析

② 城市发展规模环境影响预测与分析

③ 城市布局的环境影响分析

④ 产业发展规划环境影响分析

⑤ 综合交通规划环境影响分析

⑥ 市政基础设施规划环境影响分析

⑦ 规划方案的环境风险分析

⑧ 人居环境影响评价

（8）规划优化对策和建议

14.4.1.2 综合性规划环境影响篇章实例分析

以某市城市总体规划（2010～2030 年）环境影响篇章为实例。

（1）总论

① 规划背景

1）规划由来：略。

2）城市发展目标和城市职能：略。

② 评价范围与评价时段

1）规划范围：略。

2）评价范围。评价范围包括规划范围及受规划影响的区域，以中心城区规划范围为主，生态和大气评价范围扩展到规划区范围，对于产业空间布局和资源配置评价范围扩展到整个市域。海洋环境影响评价范围重点包括市辖海域。

3）规划期限。规划期限为 2011～2030 年。其中，近期为 2011～2015 年，中期为 2016～2020 年，远期为 2021～2030 年，远景为 2030 年以后。

③ 评价依据：略。

④ 评价内容与评价重点

1）评价内容。本次规划环评主要针对××市城市总体规划方案，从可持续发展角度对城市功能定位、发展目标与规模、土地利用、城市空间布局、产业结构与布局、城市交通、重大基础建设和公共服务设施等规划内容进行环境影响评价，对规划实施可能造成的环境影响开展分析、预测和评估，包括资源环境承载力分析、不良环境影响的分析和预测，以及相关规划的环境协调性分析，提出预防或减缓不良环境影响的对策和措施。

2）评价重点

a. 调查评估××市区当前及历年的生态和环境质量现状，分析环境质量及资源利用的演变趋势，筛选、识别规划实施可能涉及的主要环境目标、主要环境问题及城市发展面临的主要资源、环境制约因素。

b. 从环境保护和资源可持续利用角度，论证总体规划方案的功能定位、发展目标和规模、城市空间结构和规划区功能分区布局、产业结构与布局、土地利用布局、市政基础设施以及资源利用规划的环境相容性和合理性。优化工业、码头仓储、物流、公用基础设施等土地使用功能布局。

c. 对规划的实施提出减缓不良环境影响的对策措施及规划实施后的跟踪评价。

⑤ 环境敏感目标分布　评价范围内环境敏感目标分布情况见表（略）。

（2）规划概述

① 上一轮总体规划回顾　略。

② 本轮总体规划概况　本轮总体规划分为三个层次，分别是市域（市行政辖区范围）、规划区和中心城区。本规划环评的重点为规划区和中心城区。

1）规划期限。本规划期限为 2011～2030 年。其中，近期为 2011～2015 年，中期为 2016～2020 年，远期为 2021～2030 年，远景为 2030 年以后。

2）规划层次与范围

a. 市域：范围为市行政辖区范围，总面积为 13452km²。

b. 规划区（都市区）：本规划区范围总面积 2264km²，其中，陆域面积 1776km²，海域面积 488km²。

c. 中心城区：中心城区总面积为 1364km²，其中，陆域面积 999km²，海域面积 365km²。

规划范围见图（略）。

3）市域层次规划内容

a. 市域城镇空间结构。规划期末形成"一带、一轴、一区、一城、多点"的城镇空间结构。

b. 市域城镇等级结构及规模。规划采用"区域中心城市—次级中心城市—县级城市—中心镇——般镇"的城镇等级结构。各级人口规模见表（略）。

c. 市域重要产业园区分布。形成"一核、多点"的工业布局，重点发展电机电器、医药化工、汽摩配件、食品加工、临港综合产业五大产业集群，详见图（略）。

d. 市域综合交通规划

（a）铁路网规划：规划构建"一枢纽、三纵、五横、七支线"的铁路网络，详见图（略）。

（b）高速公路规划：构建"三纵、四横、三联"的高速公路网，详见图（略）。

（c）市域干线公路网：规划形成"四纵、四横、三联"的国省干线公路网，详见图（略）。

（d）城乡公路网：县乡公路网主要承担各县市与中心城镇相互间的公路交通联系，主干县道采用三级及三级以上技术标准，乡道采用四级及四级以上公路技术标准。

（e）港口运输规划：形成"两主两辅"港口布局，详见图（略）。

e. 市域重大公用设施规划：略。

f. 市域旅游规划。整合区域旅游资源，建设五个旅游集散中心，详见表（略）。

g. 市域生态环境保护规划

（a）生态保护规划：规划将市域划分为 5 个生态功能区，见图（略）。各生态功能区规划重点见表（略）。

（b）环境保护规划。

Ⅰ. 大气环境污染综合防治规划。优化能源结构，推广使用清洁能源。对于城区内的燃煤锅炉，需配套脱硫除尘设施，并逐步淘汰；新建区禁止燃煤，推广使用电、液化气、管道煤气等清洁能源，持续改善城市环境空气质量。

合理定位城市各区域功能，并以此为依据调整城市产业结构和空间布局，推行大气环境污染物总量控制。

控制机动车尾气污染，严格控制粉尘污染。鼓励采用清洁能源发电机组、加装脱硫装置的火电机组以及洁净煤燃烧技术发电机组。

Ⅱ. 水环境污染综合防治规划。取缔水源保护区内的直接排污口，禁止有毒有害物质进入饮用水水源保护区。加强农村面源污染控制，严防养殖业污染水源，强化水污染事故的预防和应急处理。

实施内河截污与引水综合整治工程；加强城区河道清淤力度。

在建设完善规划污水管网的同时，加强已有污水管道系统维护，结合老城改造，深化合流管道系统改造，增加污水收集率。

Ⅲ. 声环境污染综合防治规划。制定噪声污染防治地方法规，强化工矿企业噪声污染控制、建筑施工噪声污染控制、交通噪声、社会生活噪声污染控制。

城市快速路、主干道建设，注重采取建设声屏障、隔声隧道、绿化带等综合整治措施保护城市敏感目标。

Ⅳ. 固体废物污染综合防治规划。鼓励使用能效标识产品、节能认证产品和环境标志产品、绿色标志食品和有机标志食品。建立完整的城市生活垃圾分类收集、转运以及处理处置设施系统。

集中回收处置塑料袋成为再生资源，循环使用，提倡塑料袋的多次使用。

加快垃圾焚烧发电厂、填埋场、城市污水处理厂污泥处置场建设。

Ⅴ. 近岸海域环境保护规划。实施污染物总量控制，减少和控制陆域污染物入海量。加快工业污染源治理和城市生活污水处理、垃圾处理工程建设，减少陆源污染物入海量，执行

"一控双达标"制度，严格控制新污染源的产生，防止海洋环境退化。应建立海洋生态环境损害补偿制度，主要商用港口和一、二级渔港要建立含油污水处理设施，对来往船舶的含油污水收集处理。

防治突发性污染事故。建立防灾减灾体系，建立包括海洋环境预报及灾害预警系统、应急检视处理系统和指挥协调系统等一整套完整的海洋灾害预警系统，配备完善的防御、救助设施；码头装卸和港口运输可能发生溢油突发性污染事故，一旦发生溢油污染事故对海域生态环境将造成重大的危害，必须立即采取措施及时处理，严防突发性污染事故对海域生态环境造成的重大危害。溢油的防治主要包括溢油的监测、防止扩散、回收和处置等。

节水减污，提高工业用水重复利用率。钢铁工业尤其要列为重点节水部门。充分重视对企业节水潜力的挖掘，进一步提高工业用水的重复利用率，以节水减污。

加强海洋生态保护。重视对海岸滩涂及河口湿地的保护，不应任意围垦或开发湿地，严禁捕猎珍稀鸟类，保护生物多样性。

推广生态养殖模式，减少海洋养殖自身污染。通过发展生态渔业，减少海洋养殖自身污染。实行清洁生产，减少或避免药物的残留及副作用。

4）规划区层次规划内容：略。

5）中心城区规划内容：略。

6）规划开发控制时序

a. 空间管制

（a）禁建区：由用地适宜性评价中三类用地构成，包括水源保护区、红树林保护区、森林公园和主要河流水系。

禁建区内用地严格按照各类相关法规规章进行管制，逐步清退基本生态控制线内不符合规定的现状建设用地。

（b）限建区：主要由用地适宜性评价中的二类用地构成，包括滨水保护地带、城镇绿化隔离地区、区域生态绿地、山体、交通通道的防护绿地等地区。

限建区依法或由城乡规划确定，区内原则上禁止城镇建设。按照国家规定需有关部门批准或核准的建设项目在控制规模、强度下经审查和论证后方可进行。

（c）适建区：指城市规划期内规划建设用地。城市建设应严格按照城市总体规划要求进行，优先满足基础设施用地和社会公益性设施用地需求。

（d）已建区：指现状建设用地，包括城镇建设用地和村镇建设用地。综合协调已建区内功能布局，加强已建区的更新改造和环境整治。

b. 四线控制。四线即红线、绿线、蓝线、黄线。

（a）红线控制：红线是指规划中用于界定城市道路、广场用地和对外交通用地的控制线。红线控制的核心是控制道路用地范围、限定各类道路沿线建（构）筑物的建设条件。

（b）绿线控制：绿线是指公园绿地、防护绿地的用地控制线，规划区内公共绿地应结合水系布置，重点区域建设湿地生态公园。绿地规模和用地界线为强制性指标，具体位置、形态为指导性指标。

（c）蓝线控制：蓝线是指用于划定较大面积水域、水系、湿地、水源保护区及其沿岸一定范围陆域地区保护区的控制线。

（d）黄线控制：黄线是指对城市发展全局有影响的、城市规划中确定的、必须控制的城市基础设施和重大交通设施用地的控制界线，应严格控制其他城市建设用地对相关基础设施用地的侵占。

c. 开发强度控制

低强度建设区包括历史地段及三都岛群周边地区；中低强度建设区包括老城区和工业区；中等强度建设区包括一般城区建设用地；高强度建设区包括火车站周边、滨海新城商务中心等区域。

d. 分期实施

规划分为近、中、远三期。以 2013 年为规划基准年。

（a）近期建设。发展规模：2015 年，中心城区规划人口为 49 万人，用地规模为 83.5km²。其中，主城区常住城镇人口规模约 38.6 万人，用地规模达到 45km² 左右。建设重点包括新区建设、老城改造、保障性住房建设、产业园区建设、基础设施建设、公共服务设施建设、园林绿化建设和城市景观塑造。

（b）中期建设。中期发展规模：预计 2020 年，中心城区规划人口为 74 万人，用地规模为 129.6km²。其中，主城区常住城镇人口规模约 54.6 万人，用地规模达到 60km² 左右。建设重点包括综合生活区建设、产业园区建设。

（c）远期建设。远期发展规模：预计 2030 年，中心城区规划人口为 99.8 万人，用地规模为 190.6km²。其中，主城区常住城镇人口规模约 71 万人，用地规模达到 74km² 左右。建设重点包括新区建设、城区优化和环境景观建设。

③ 规划实施所依托的资源环境条件

1）中心城区土地资源相对紧缺，但滩涂资源丰富。中心城区处于山海间的多丘地区，土地资源相对紧张。中心城区现状城镇建设用地约 20km²，周边可供发展的相对平坦的土地约 60km²，不能满足跨越式发展模式对土地的需求。但中心城区周边的滩涂资源比较丰富。据初步测算，主城区周边至少存在 100km² 滩涂资源，且部分滩涂临近深水港口，可用于发展临港工业。

2）港口资源居全国前列。规划区域拥有多处 50 万吨级深水航道及岸线，可停靠世界各类船舶。同时，这些港口又是天然的避风良港，可保证全年高比例的营运天数。

3）海洋及农产品资源丰富，产量占全国较大份额。温暖湿润的气候与肥沃的土地为本市农产品生长提供了优越的条件。当地名优特农产品众多，其中，五大优势农产品为名特优绿茶、食用菌、果蔬、畜牧、中药材。当地水产资源也非常丰富，拥有海洋生物 600 多中，海域面积 4.46 万平方公里，盛产大黄鱼、对虾、石斑鱼、二都蚶、剑蛏等海味珍品。大黄鱼人工繁殖及育苗技术达到国际领先水平，其年产量占全国 70%。

4）旅游质高量多，但旅游品牌尚未形成。全市旅游资源质高量多，目前已有 2 个国家级和 7 个省级风景名胜区。

5）生态环境质量状况总体良好。全市生态环境状况在全省处于前列。从水质、大气质量、森林覆盖率等环境质量评价指标上看，本规划区生态环境质量在全国沿海城市中居于前列。

（3）环境现状调查

① 区域环境概况　规划区属中亚热带海洋性季风气候，冬少严寒，夏少酷暑；气候湿润，雨量充沛；夏季最长，秋季最短；气候资源丰富、气象灾害频繁。由于有 4 个高海拔山区县，气象要素的地理差异较大。全市年平均气温为 17.5℃、生长期 327.9d、无霜期 270.4d、日照时数 1637.7h、降水量 2350mm。降水集中两个时段，即 5～6 月的雨季（前

汛期）和7～9月的台风季（后汛期）。年平均有3.5个台风影响，暴雨日数年平均5.7d，大暴雨年发生概率全市平均为80.3%，特大暴雨多为台风影响造成，其中，柘荣出现特大暴雨的概率最大。

② 区域环境质量

1）大气环境质量

a. 大气环境质量现状：根据2013年市环境监测站对全市大气常规自动监测站的监测结果分析，2013年空气中三种主要污染物年平均浓度分别为SO_2为0.021mg/m³，NO_2为0.021mg/m³，PM_{10}为0.059mg/m³，SO_2和PM_{10}浓度可达到国家环境空气质量二级标准，NO_2浓度可达到国家环境质量一级标准。2013年城区空气污染指数平均值为54.5，全年空气质量以优、良为主。

b. 历年大气环境质量变化情况：略。

2）地表水环境质量现状

a. 主要河流水质。全市主要河流水质优良，2013年在总评价河长640.9km中，水质达到或优于Ⅲ类标准的河长为618.4km，占评价河长的96.5%；水质劣于Ⅲ类标准的河长为22.5km，占评价河长的3.5%。

b. 大型水库水质。2013年监测大型水库3座。水质评价结果：GT一级水库在全年期、汛期、非汛期水质均为Ⅲ类，与上年水质相当；QS水库在全年期水质为Ⅲ类、汛期水质为Ⅱ类、非汛期水质为Ⅲ类，水质比上年好转；HK水库在全年期为水质Ⅴ类、汛期水质为Ⅲ类、非汛期水质为劣Ⅴ类，非汛期水质有所劣化，超标项目为总氮。三座水库营养状态均为中营养。

c. 城市主要饮用水水源地水质。2013年全市共监测13个水源地，水质评价结果：8个水源地水质合格率为100%；5个河流型水源地水质合格率相对较低，主要超标项目为粪大肠菌群、铁、锰。

d. 重要水功能区水质。2013年全市共监测14个水功能一级区，19个水功能二级区。按河长达标评价，一级区评价河长302.8km，达标河长302.8km，达标率100%；二级区评价河长338.2km，达标河长323.2km，达标率95.6%，其中，达标率相对较低的是二级区过渡区，达标率为86.6%。超标项目位氨氮、总磷。

3）海水环境质量。全市近岸海域海水功能达标率为33.3%。近岸海域局部海域环境受到污染，特别是入海排污口、部分河流入海口附近海域、养殖密集区、沿岸石板材工业及船舶修造业密集的局部海域，主要超标因子为无机氮、活性磷酸盐。

4）声环境质量。2013年城区环境噪声均值为54.1dB，2类功能区声环境质量处于轻度污染水平；城市道路交通噪声均值为68.5dB，4类功能区噪声昼间达标，夜间略有超标。

③ 区域生态、资源现状

1）生态资源

a. 森林资源。全市现有林业用地面积99.6×10⁴hm²，占陆地总面积的76.6%，其中，有林地面积86.0×10⁴hm²，活立木蓄积量1539.3×10⁴m³。森林覆盖率66.1%，绿化程度为86.1%。森林资源较丰富，形成多种森林和自然景观。

b. 野生动植物资源。全市野生动植物种类繁多，植物共有186科，721属，1417种，属国家一、二级保护的植物树种有银杏（Ginkgo biloba L）、南方红豆杉（Taxus chinensisvar.mairei）、金钱松（Pseudolarix amabilis Rehd）等19种。陆生脊椎动物有378

种，昆虫 28 目、1337 种，其中，属国家一、二级保护的动物有云豹（Neofelis nebulosa）、蟒（Pythonmolurus）、鸳鸯（Aix galcriculatc）、猕猴（Macacamulatta）等 37 种。

2）区域水资源现状。2013 年全市平均年降水量 1616.8mm，折合水量 $217.01 \times 10^8 m^3$，比多年平均值少 5.2%，属平水年。全市年水资源总量为 $119.59 \times 10^8 m^3$，人均水资源量 $3445 m^3$。年供水总量 $15.5217 \times 10^8 m^3$，其中，地表水占 99.4%，地下水占 0.6%；年用水总量 $15.5217 \times 10^8 m^3$，其中，农田用水量 $9.06 \times 10^8 m^3$，占总用水量的 58.4%。全市用水量比上年增加 0.6%，工业用水与万元 GDP 用水、生活用水指标略有下降。大中型水库年末蓄水量 $9.5705 \times 10^8 m^3$，比年初蓄水量减少 $3.8915 \times 10^8 m^3$。

3）海岸线及港口资源。规划区海岸线长、港口资源丰富。规划区绵延 878km 的海岸线，拥有天然良港。

4）农林海产资源。区域的农业、林业和海产资源十分丰富，茶叶、食用菌、水果、花卉、蔬菜等质优量丰，盛产大黄鱼、对虾、二都蚶、牡蛎及海带、紫菜等名优特海产品，是中国最大的大黄鱼养殖基地，产量占全国的 70%。

5）矿产资源。规划区属火山岩地带，矿产资源丰富。截至 2003 年底，规划区发现各类矿产资源 42 种，其中金属矿产 11 种，非金属矿产 27 种，能源矿产 2 种，水气矿产 2 种，探明有储量的矿产计 27 种。有色金属类矿产铅、锌、钼和非金属类矿产叶蜡石、高岭土、饰面用花岗石以及建筑用花岗岩等为优势矿种，金、银矿成矿地质条件良好，矿（化）点分布较多，近几年已发现多处小型矿床，有望通过勘查取得突破。

④ 能源消耗基本情况　略。

⑤ 城市主要环境问题分析

1）城市用地空间不足、城市用地发展方向不明朗。由于自然地形、地质、地貌条件的制约以及对外交通线路形成的门槛，城市建设用地拓展受到限制。而城市用地发展方向又面临成片围垦、分散布局等多种选择。城市用地空间不足、城市用地发展方向不明朗已成为城市发展面临的迫切问题。

2）港城分离缺乏互动。港与城区在空间上相互分离，平行发展，关系松散，港口只发挥其运输功能，城市没有港口特色。

3）城市内外交通衔接、道路系统不完善。城市内外交通之间的衔接和城市道路系统比较混乱，缺乏系统性，有待完善。

4）城市特色不足

5）新老城区发展脱节、工业发展空间不足

（4）环境保护目标、评价指标和环境影响识别

① 环境保护目标

1）建设环境良好和生态宜居的海湾型城市，塑造滨海生态城市景观特色。

2）大气、地表水、近岸海域水环境质量满足宁德市环境功能区划和近岸海域环境功能要求；城市区域声环境质量满足声环境功能区划和国家相关噪声控制标准。

3）产业空间布局和空间分区发展满足生态功能区划要求，不同功能区域满足不同的生态保护标准和控制策略，维持区域生态系统的稳定性。

4）确保完成节能减排目标，污染物排放总量控制在国家下达的指标和环境容量以内；固体废物得到有效安全的处置。

5）水资源节约与循环利用，提高水资源利用效率，保证生态用水量；土地资源、岸线资源的开发利用不超出资源承载力；优化能源结构，使用 LNG 清洁能源，能源利用效率显

著提高，能源供应安全得到有效保障。

6）维持区域生态系统的生物多样性，保护环三都澳湿地水禽红树林自然保护区生态和城市内河生态系统的稳定性和完整性。

7）制定有效的防范环境风险应急措施和响应体系。

② 评价指标体系　本次规划环评主要参考环保部颁布的《生态市建设指标》、《国家环保模范城市创建考核指标体系》、《重点城市环境综合定量考核指标体系》和国家"十二五"期间节能减排约束性指标控制要求设定评价的指标体系，具体指标详见表 14-31。

表 14-31　城市总体规划环境影响评价指标体系

分类		环境目标	环境指标	现状值	近期目标	远期目标
环境	水环境	1. 保证水质符合环境功能区划标准 2. 保护饮用水源 3. 保证水产品安全	城市集中式饮用水源水质达标率/%	91.7	100	100
			城市内河水功能区水质达标率/%	80.6	85	100
			水环境功能区达标率/%	一级区 100，二级区 95.6	100	100
			近岸海域水环境质量达标率/%	33.3	≥50	≥60
			万元 GDP 的 COD 排放量/(kg/万元)	—		
			COD、氨氮等污染物排放总量	—	不超过国家总量控制指标	
	大气环境	保证空气质量符合环境功能区划标准	城市环境空气质量全年优良天数占全年天数比例/%	89	≥95	≥95
			万元 GDP SO_2/(kg/万元)	5.6	≤5	≤4.5
			SO_2、NO_x 等污染物排放总量	—	不超过国家总量控制指标	
			城市机动车尾气排放标准	国Ⅱ～国Ⅲ	国Ⅳ	国Ⅴ
	声环境	保证声环境功能区达标	城市区域环境噪声平均值/dB(A)	54.1	≤53	≤53
			交通干线环境噪声平均值/dB(A)	68.5	≤68	≤68
			声环境功能区噪声达标率/%	—	90	95
	固体废物	满足城市固废处理能力	生活垃圾无害化处理率/%	69.3	100	100
	生态环境	维护生态系统的稳定性和宜居城市舒适性	城市绿地率/%	40	45	45
			森林覆盖率/%	64.8	65	65
			人均公共绿地面积/(m²/人)	13.5	14	14
			人均居住用地面积/(m²/人)	52.98	45.1	37.2
			保护区占国土面积的比例/%	9.7	10	12
资源	水资源	提高水资源利用率，保证生态用水量	万元 GDP 水耗/(m³/万元)	204	150	80
			单位工业增加值新鲜水耗/(m³/万元)	—	9	7
			中水回用率/%	—	≥40	≥50
	土地资源	土地资源利用效率	单位工业用地面积工业增加值/(亿元/km²)	20	25	30
	能源	优化能源结构，提高能源利用效率	万元 GDP 能耗/(吨标准煤/万元)	0.53	0.51	0.5
			可再生能源使用比例/%	10	15	25

③ 环境影响识别　在对规划的目标、指标、总体方案进行分析的基础上，识别规划目标和规划方案实施可能对自然环境（介质）和社会环境产生的影响。区域发展对环境资源的利用主要体现在对水资源、能源和各种原材料的消耗上，对环境质量的影响主要反映在各类污染物的排放、生态环境的变化上。

1）生态环境的影响

a. 土地利用变更：规划区的土地现状主要为城镇用地、工业用地、基础设施用地、农村居民点、农业生产用地、风景名胜区和各类陆域自然保护区、滩涂湿地与水源保护地区、生态保育地区、山林等用地，随着项目逐步引进，在区内落户，区内现有的用地性质将发生改变，滩涂、山林和农业用地将不断减少，逐步变为以工业生产及配套实施用地为主的土地利用方式，并可能伴随着居民搬迁、农田征用，这些都将对当地的陆域生态环境和现有的景观产生一定影响。

b. 水土流失：项目施工建设阶段，因土地平整、区内道路建设及建设项目的施工，将导致开挖面裸露，地表覆盖物改变、土壤因搬移、堆填变得松散，在一定程度上造成水土流失。

c. 海洋生态及水产养殖受到破坏：规划围填海工程施工及规划区污水排海，都将海域的海洋生态环境和水产养殖造成不同程度的影响。

d. 改变陆域生态环境，影响陆域生态：因占用土地，植被被破坏，减少了陆栖生物的栖息地，缩小生物生境，生物多样性将受到影响。

e. 影响自然景观：随着项目逐步引进，在区内落户，工业建筑物大量增加，自然景观逐步被人工景观替代，导致自然景观被破坏。

2）水环境

a. 污水排放对海域的影响：根据规划区产业结构，其排放污水的主要污染指标有COD、BOD、DO、氨氮、石油类、总磷、SS、pH 值、水温以及重金属和一些有机化合物。规划区大量污水排放入海，将影响纳污海域的水质，尤其是发生事故排放或处理尚未达标即外排至海域的情况下，对海域的影响将更为显著。

b. 区域调水对河流水环境影响：规划区内调水，将降低供水河流的径流量，降低河流的自净能力。

c. 对地下水的影响：随着项目逐步引进，在区内落户，各企业排放的固体废物的临时储存和工业生产过程的物料的跑、冒、滴、漏将可能影响地下水水质。

3）环境空气。根据规划区发展定位，规划区建成后，主要大气污染源为：燃料燃烧和电力发电产生的 SO_2、NO_2、烟尘；油气储备及深加工产品产生的烃类化合物（包括烷烃、芳香烃等）、恶臭污染物（硫醇、硫化氢等）；冶金项目产生的重金属粉尘、氟化物；以及其他工业产生的粉尘和其他特征污染物。

上述各类工业生产工艺过程排放的各种特征大气污染物以及能量消费产生的各类燃烧烟气，将对区域大气环境带来影响。

4）噪声。规划区建成后，区内的主要噪声源为工业、企业生产过程中设备运转噪声，此外，区内社会活动产生的噪声和交通噪声也将影响工业园区的声环境。

5）固体废物。规划区运营后的主要固体废物包括生产固体废物（含危险废物）和生活垃圾等，如若固体废物处置不当，也会对区域环境带来不利影响。

6）社会环境。规划区建设过程和建成后，随着土地的征用，工业项目的落户，经济结构将明显的改变，区域经济将从已农业为主改变为以工业为主，由粗放型向集约型转变，这种变化后，第二产业也将高速发展，可大大提高地方了当地就业率，同时经济高速增长，地方财政收入将快速提高，区域的医疗条件和城市居民生活质量也将得到改善。但也带来征地拆迁、文物和古迹保护等社会问题。

综合以上分析，规划区的建设对周围环境的影响是比较明显的，因此，在本评价中应对项目施工及运行可能产生的环境影响进行分析，提出控制措施；同时制定规划区的环境管理方案，力求将规划区建成后对环境的影响降至最低限度，实现规划区的可持续发展。通过对相关规划的研究分析，采用清单法识别该规划实施后对环境的影响，见表 14-32。

表 14-32 规划的环境影响识别清单

环境	影响因子	影响范围	时间跨度	影响性质	影响
水环境	COD_{Cr}、BOD_5	纳污海域	规划期及其后较长时间	恶化水质	强
	SS			水体浊度、感观	弱
	NH_3-N、TP			恶化水质	较强
	石油类、动植物油			影响复氧，降低DO，影响水生生物	强
	pH值、水温			改变水质，影响生态	弱
	重金属			影响水质，危害健康	一般
	有机化合物			影响水质，危害健康	一般
大气环境	SO_2、NO_x	规划区及周边	规划期及其后较长时间	酸雨、人群健康	强
	TSP、PM_{10}			人群健康	较强
	恶臭气体	污染源周围约500m	项目正常生产期	影响周围人群舒适	一般
	有机废气	规划区周边	项目事故	影响周围人群健康和植物生长	较强
	氟化物	规划区及其周边	规划期及其后较长时间	影响周围人群健康和植物生长	一般
	重金属粉尘			影响周围人群健康	弱
固体废物	医疗废物	接触人群	废物产生至处理期间	感染、诱发疾病等	一般
	危险废物			易燃易爆、腐蚀、致癌、危害健康	一般
	生活垃圾	垃圾处理中转站周围	规划期及其后较长时间	恶臭、引起感观不适、渗滤液、害虫、啮齿动物滋生可能传播疾病	弱
	一般工业固废			景观、感观	弱
生态环境	陆域生物多样性	规划区域及其周围	规划期及其后较长时间	植被破坏	弱
	陆栖生物			破坏栖息地，缩小生境	弱
	植被、绿地	规划涉及区域		人工植被替代天然植被	一般
	土壤侵蚀			地表覆盖物改变，水土流失	一般
	景观			自然景观被工业建筑(景观)替代	一般
	水生生物多样性	纳污海域		水生生物生境	一般
	滩涂及湿地	涉及区域		水生生物生境和鸟类	强
资源消耗	水资源消耗	规划区及其周边	规划期	水资源消耗大幅增加	强
	不可再生资源消耗		规划期	对资源的消耗增加	一般
	能源消耗		规划期	工业总能耗增加	强
社会环境	文物、古迹	规划涉及区域	规划期	对文物、古迹保护影响	弱
	地方财政	规划区	规划期	提高地方财政收入	强
	经济增长方式		规划期	由粗放型向集约型转变	强
	经济结构		规划期	提高第二产业比例	强
	征地拆迁	规划涉及区域	规划期	社会公正，不降低拆迁居民生活质量	一般
	居民生活质量	规划区	规划期及其后较长时间	提高居住环境但环境质量下降	一般
	医疗与健康			提高医疗条件，影响健康	一般
	就业		规划期	提高地方就业率	一般
综合	污染物因子中COD_{Cr}、石油类、SO_2、有机化工废气；生态环境中滩涂及湿地，资源消耗中水资源、能源的消耗以及社会环境中地方财政、经济结构及经济增长方式共10项影响因子，为其对经济、资源、环境的长期、显著影响，成为本次规划主要的环境影响因子				

环境影响识别表明，本次规划的环境影响主要表现在五个方面：其一，SO_2、NO_x和颗粒物排放对区域大气环境和有机化工废气的风险对规划的影响；其二，工业废水中COD、石油类以及营养性污染物排放对纳污海域水环境容量的影响；其三，占用滩涂湿地对生态环境的影响；其四，工业发展对水资源、能源消耗的影响；其五，对增加地方财政收入、区域产业结构及经济增长方式的影响。

（5）规划协调性分析

① 与国家和地方"十二五"规划纲要的符合性分析 国家"十二五规划纲要"提出：

"坚持把经济结构战略性调整作为加快转变经济发展方式的主攻方向。构建扩大内需长效机制，促进经济增长向依靠消费、投资、出口协调拉动转变"的指导思想。明确"积极支持东部地区率先发展。重点推进河北沿海地区、江苏沿海地区、浙江舟山群岛新区、海峡西岸经济区等区域发展。"

本省"十二五规划纲要"中把本市域列为福建省重点发展区。

综合分析表明，本次《规划》中的空间布局发展核心与地方"十二五规划纲要"中的重点发展区一致，都是发展重点。《规划》优化了重点区域的产业布局，总体发展方向也与本省"十二五规划纲要"相协调。

② 区域定位的协调性分析　本次规划对本市城市性质定位为：海西能源和临港产业基地，地区性交通枢纽和旅游集散中心，地区性服务中心，市域政治经济文化中心，生态和特色居住城区。该定位符合《国务院关于支持福建省加快建设海峡西岸经济区的若干意见》、《海峡西岸经济区发展规划》、《海峡西岸城市群发展规划（2008～2020）》、《海峡西岸城镇群协调发展规划（2007～2020）》等上位发展战略、政策和规划要求。

③ 城市发展空间布局的环境协调性分析　规划区空间布局发展的制约环境因素主要为土地因素。城市建设用地拓展受到自然地形、地貌及外交通线路形成的门槛限制。而城市用地发展方向又面临成片围垦、分散布局等多种选择。近年来工业用地发展迅猛，受制于城市空间的限制，工业发展用地严重不足，新老城区发展失衡，城市发展仍集中于老城区，致使部分工业与居住用地混杂。主要制约因素还包括海湾环境容量、港口资源、海洋资源等。

规划区将工业用地发展布局为"一带、两湾、三区"，沿海经济发展带是产业集聚的重点区域，产业布局向海湾集聚。主城区主要向东向海发展居住生活用地，使工业集中区与主城区分离。从规划的环境协调性角度分析，城市发展空间布局符合本省海洋功能区划、本市港口总体规划、近岸海域环境功能区划等相关规划。

④ 产业布局规划的协调性　本次规划提出市域形成"一核、多点"的工业布局，重点发展电机电器、医药化工、汽摩配件、食品加工、临港综合产业五大产业集群。规划的产业定位和布局与《国务院关于支持福建省加快建设海峡西岸经济区的若干意见》、福建省《关于贯彻落实国务院〈关于支持福建省加快建设海峡西岸经济区的若干意见〉的实施意见》、《福建省建设海峡西岸经济区纲要》中的相关要求相协调。

⑤ 生态功能区划的协调性　规划在中心城区保持适度的人口密度，控制各类用地比例，保持合理的区域建筑密度和建筑容积率。加强城市景观建设，强调城市人工生态与自然生态的协调发展，合理配置公共绿地。维护和建设城市绿色廊道，保护野生动物栖息环境。严格控制工业"三废"及城镇居民生活污染。中心城区的外围为"森林生态维护和恢复功能区"和"农业发展和治理农业生态问题功能区"。上述功能区域作为本市城市空间的扩张范围符合生态系统服务功能定位要求，但应按照生态控制要求做好水源保护、生态恢复、废物处理、湿地保护、控制农村面源、发展循环经济和建设生态城市等保护工作。产业空间布局和空间分区发展也应满足生态功能区划要求，不同功能区域满足不同的生态保护标准和控制策略，维持区域生态系统的稳定性。

（6）环境资源承载力

① 环境制约因素

1）水环境制约因素。地表水：区域可利用水资源量为 $5.15 \times 10^8 \text{m}^3/\text{a}$。但作为未来工业发展和城市建设的重点，宁德市生产、生活以及人工生态补给总需水约 $8 \times 10^8 \text{m}^3/\text{a}$，需通过政策、经济补偿以及工程措施在区域内实现按需调配，解决未来的水资源供需缺口以及水资源的地区分布不均衡的问题。

地下水：规划区下水总量 $20.88 \times 10^8 \mathrm{m}^3$，约占水资源总量的 14%。地下水不丰富，且水质中氨氮超标。

2）土地资源制约。规划区土地资源有限，城市建设用地拓展受到自然地形、地貌及外交通线路形成的门槛限制。而城市用地发展方向又面临成片围垦、分散布局等多种选择。近年来工业用地发展迅猛，受制于城市空间的限制，工业发展用地严重不足，新老城区发展失衡，城市发展仍集中于老城区，致使部分工业与居住用地混杂。

规划建设占用的土地有大量基本农田、耕地、林地和滩涂，应当在规划实施过程中，依法调整基本农田、耕地、林地。

3）社会经济制约。规划实施涉及居民拆迁安置以及耕地和养殖区的征用，社会影响面较大，受影响的人群较多。

4）生态与环境制约。规划产业以重工业为主，水资源、能源消耗较大，同时对环境污染负荷较重，规划实施将对环境产生较大的压力。同时填海造地和港区建设需进行大面积的围填海活动，将改变海湾的海域水动力条件，可能加剧淤积退化，减弱水动力条件，对海洋资源和生态环境带来不利的影响。

5）环境空气制约因素。本规划区的大气环境质量总体良好，具有一定的环境容量。但本规划区域的建设涉及范围较广，随着众多项目的引进，确保不影响区内和周边区域环境空气质量将是制约经济区发展的重要因素。

6）基础薄弱制约因素。该规划区现有经济较薄弱，公用设施不完整，道路、管网等基础设施建设比较落后，基础设施条件较差，制约了规划区开发的顺利实施。

② 环境资源承载力与容量分析

1）水资源承载力。规划区内水资源缺口约 $2.5 \times 10^8 \mathrm{m}^3/\mathrm{a}$，用水基本无余量，区域用水较紧张，区域发展应慎重考虑水资源的局限性。

2）海域水环境容量。规划区主要排污海域为 SS 湾，湾内海域水质本底 COD 浓度相对较低，还有一定的 COD 的环境容量；但氮、磷超标情况比较明显，局部海域石油类也已经超标，目前各排口无机氮均无剩余环境容量；部分排污口总磷、石油类也无剩余环境容量；湾外海域水质相对较好，COD、无机氮、总磷、石油类的环境容量较大，湾外排污口环境容量优于湾内排污口。至远期，各排污口 COD 均未超载；湾内各排污口氮、磷、石油类除现状污染物本底值已超标。

根据海洋环境质量现状、各预设排污口水环境容量、环境敏感性等因素，应加强开展区域环境整治工作，腾出环境容量。建议调整湾内养殖，加快污水厂建设，深度脱氮除磷，减少氮磷排放。

3）环境空气承载力。规划区环境容量测算结果见表 14-33。规划区相关工业片区大气污染物排放总量控制建议指标见表（略）。

表 14-33　规划区大气环境容量

SO$_2$/(10^4t/a)			NO$_2$/(10^4t/a)			PM$_{10}$/(10^4t/a)		
容量	现状	盈亏	容量	现状	盈亏	容量	现状	盈亏
4.51	1.32	3.19	7.36	3.29	4.07	2.76	0.78	1.98

4）土地资源承载力。规划实施对区内的土地利用格局影响主要表现为区内建设用地增加和浅海滩涂及耕地、林草地的减少。规划实施对区内浅海滩涂的影响较大，其次为对区域

耕地的影响，由于该地区现有耕地资源已严重不足，并且该区域山多地少，后备耕地资源有限，加之区域耕地生产率较低，故本项目征占耕地势必导致该区域的原已紧缺的耕地资源更加紧张，将给区域农业土地资源承载力带来一定的压力。同时从农业用地调整指标分析，宁德市现有土地利用发展规划难以满足本规划实施的要求。

（7）规划环境影响分析与评价

① 城市功能定位与发展方向环境影响分析　根据本市的区位特点，规划发展定位为"海西东北翼中心城市"。本次规划立足于宜居城市和海湾城市建设，充分利用既有的生态环境资源优势，采取土地集约化利用方式克服土地资源和发展空间的限制，依托沿海 LNG 供气管线优化城市能源结构，依深水良港，充分发挥港口优势，以港兴市、发展临港工业。拟议规划方案的城市功能定位与发展方向有利于充分发挥环境资源优势，同时克服、突破土地资源不足等劣势，实现城市功能科学定位和空间布局的理性扩张。本次城市功能定位和发展方向符合本省生态环境功能区划、生态适宜性和区域生态资源环境特征，对区域的环境影响总体上是可以接受的。

但考虑到临港产业中提出的油气深加工、冶金等污染产业与该区域的环境兼容性较差，因此，应按照"保底线，优布局，调结构，控规模，严标准"的总体思路，坚持"生态功能不降低、水土资源不超载、污染物排放总量不突破、环境准入不降低"的原则，实现区域产业、城市、旅游与生态环境保护的协调、同步发展，将本市建设成为环境保护优化经济发展的示范城市。

② 城市发展规模环境影响预测与分析

1）规划人口规模环境影响。本次市域规划 2030 年人口规模为 370 万人，中心城区 2030 年人口规模为 100 万人，根据资源环境承载力评价结论，规划人口规模满足土地、水资源承载力和环境容量控制要求。规划期内，随着建设步伐的加快，本市面临的人口压力将主要来源于中心城市建设不断涌入的流动人口。未来人口的发展将对水资源、交通、能源、市政设施造成巨大压力，环境影响不可低估。因此，控制流动人口是缓解市区潜在人口压力的重要方法。应在发展战略方面考虑降低人口的产业结构与发展方式，通过减少流动人口需求来达到控制人口的目的。

2）供排水规模增加的环境影响。规划中心城区人口规模年需水量约为 $4.74 \times 10^8 \, \text{m}^3$，区域水资源基本满足规划要求，但区域发展应慎重考虑水资源的局限性。增加的人口规模引起的排水规模增大，对海域环境有一定的影响。

3）土地规模扩张的环境影响。规划期末中心城区范围内的可供利用土地已经基本被开发利用，绝大部分的土地生态服务功能由现有的农业生态供给服务功能变更为城市生态服务功能，降低了规划区内土地农业生态系统的供给能力，将增加城市农产品生产流通成本和生活成本。同时，城市低洼地、滞洪区、防洪区占用将增大了城市防洪排涝压力和生态风险。

生态叠图分析结果表明，城市规划建设用地一定程度上占用了现有的海域、浅海滩涂、耕地、林地、园地和内河地表水，减少最为明显的是浅海滩涂，其次为耕地。围填海占用滩涂等行为将导致海湾海域面积缩小、纳潮量降低，改变了海湾海域水动力环境，下阶段应科学合理围垦，尽量减少围垦面积，保证这些海域的水动力条件和纳潮量，减少污染物在湾内的聚集；占用耕地、园地等农业用地将直接导致区域农业用地资源在现有基础上缩小，从而使区域人地矛盾加剧。建议为区域基本保护农田制定合理的规划指标，确保基本保护农田不因规划实施而显著减少，保持区内基本保护农田的动态平衡。

4）公共交通设施规模环境影响。规划实施后，区域交通以优先发展公共交通和轨道交通为主要策略，将以快速、便捷的轨道交通、快速路系统联结周边区域，公共交通线网密度达到 1.15km/km²，规划期末公交运营车辆数 750 标台。总体上规划方案实施有利于减缓目前城市道路交通拥挤，一定程度上有利于缓解规划期内机动车数量增加带来的汽车尾气污染。同时交通设施建设也将对道路两侧的城市区域声环境质量带来一定的不良影响。

③ 城市布局的环境影响分析

1）空间布局规划合理性分析

a. 市域空间布局环境合理性分析。规划市域形成"一带，一轴，一区，一城，多点"的城镇空间结构，有利于引导产业向宁德市中心城区集聚，并提升产业规模和档次。同时建立起以宁德中心城区为主体的临港产业区、都市区，有利于统筹市内外城市空间、整合资源、提高土地集约使用水平、完善城市功能、保障生态安全。

b. 城市空间布局结构的环境合理性。中心城区规划构建"一城四区"的城市空间结构，进一步明确了城市的功能布局，有利于控制各区和中心之间相互交叉的复合污染，通过规划实施逐步改善环境质量；通过构建"近期南北拓展、远期环湾沿海集中"的布局结构能减轻各中心之间和各新城之间物流和人流的压力，避免传统的"摊大饼"式的城市发展模式所带来的环境问题。规划中提出的多区城市空间发展思路易于组织多向交通流向和城市的各种功能，可以保持较好的生态环境，组团式的布局结构有利于环境保护和生态建设。对于旧城改造也预留出生态隔离廊道，形成带状组团形式。中心城区和其外围规划区之间构建合理的大型生态廊道体系及城市绿地，生态廊道体系连接各大区域绿地和各类生态系统，承担市域新城隔离带和大型生物通道的功能，有利于控制建设用地蔓延，优化城市空间发展形态。

总体而言，城市空间结构上考虑了本市生态自然属性、人文历史演化规律、土地生态适宜性和与区域的协调发展，并从总体上奠定了生态环境建设的格局基础，符合生态环境特征，为建设生态城市奠定了基础。

c. 城市空间布局与环境保护敏感区的协调性分析。本轮规划充分考虑了城市资源环境、工程地质和城市安全条件，制定了空间管制区划，划定禁建区、限建区、已建区和适建区。本次规划划定的禁建区、限建区与城市主要环境保护敏感目标（区域）的分布总体上相协调，城市空间规模扩张基本避开了各类生态和环境敏感区域，总体上符合环境保护要求。

2）土地利用生态适宜性和对生物多样性影响。采用基于 GIS 的生态叠图分析法开展中心城区范围内的土地生态适宜性评价，划定了基于土地生态适应性的中心城区空间管制区划，红线区对应规划中的禁止建设区，黄线区对应限制建设区，规划方案提出的土地利用规模、土地空间扩张需求和管制区划总体上符合生态保护要求。

3）居住区用地布局的环境合理性分析。中心城区规划共建设 24 个居住区，每片区规划居住人口约 3 万～5 万人。

4）物流仓储中心、交通枢纽用地布局的环境协调性分析

a. 物流仓储中心用地布局环境协调性分析。规划中的物流园均布置在城市主要交通枢纽和干道附近，有利于物流、交通流的快速疏散，其与周边环境相对协调。

b. 交通枢纽用地布局的环境协调性分析。汽车站、火车站位于商业、金融、文化、居住等混杂区内，人口密度较大，交通较拥挤，机动车尾气和噪声排放对周围居民区环境质量产生不良影响，在规划实施中应采取有效环境保护措施减缓其不利影响。

④ 产业发展规划环境影响分析 本次规划进一步加强市域和中心城区的产业布局调整力度，规划形成"三大一小"的工业片区。

1）产业布局的环境空气影响分析。重点发展冶金、精细化工的临港工业片区与主城区

之间通过物流园区分隔，工业污染从规划层面得到有效的控制，使得主城区与工业区之间获得了环保纵深，降低了工业产业发展对城市环境和生态的不利影响。但鉴于主城区南部拓展空间有限的现实，工业区布置于主城区北部也极大制约了主城拓展的方向和空间。为保证主城区的环境空气质量，编制主城区、临港工业区详规时应充分考虑临港工业的排污影响，重点排污企业与主城区的居住文教区之间应维持 2km 以上的环境防护距离。

2）产业布局对近岸海域环境影响分析。规划中产业组群式聚集发展，分行业类别进行合理布局，有利于集中控制工业污染。中心城区范围内的产业组团基本上依托城市污水处理厂进行处理，但必须对涉及到重金属、有毒有害化学物质排放的项目要采取严格的监管，确保进入城市污水处理厂的污水符合进水要求；中心城区内产业组团的项目应推行清洁生产，对于新建、改建项目实行严格的环境准入制度。

⑤ 综合交通规划环境影响分析

1）交通布局与环境敏感区（目标）协调性分析。应用基于 GIS 系统的生态叠图分析法，评价交通布局与环境敏感区的协调性。结果表明，规划的桥梁、道路工程均能按要求避开一级水源保护区，且主要桥梁道路工程均距水源保护区较远。

2）对经济与社会发展影响。本次规划提出了在区域上衔接长三角区域，强化枢纽衔接、支持交通基础设施共享；在市域上构建环湾城市与外围县市、城市各城区之间集约、紧凑、高效的联系，形成可持续、低碳的现代化城市综合交通系统。交通规划有助于实现城市总体布局结构、推动区内外一体化进程、促进区域联动建设、实现城市可持续发展。

3）对水环境影响。根据现行有关法律、法规，饮用水源一级保护区内禁止新建、扩建与供水设施和保护水源无关的建设项目，新建道路需避开一级水源保护区，尽量少穿越二级水源保护区，如果穿越二级水源保护区则需执行减轻对饮用水源带来的污染和风险的环保措施。中心城区范围内，大部分主要干道都已规划避开城市集中式饮用水源地，但其中，省道304 线部分路段需穿越水库二级水源保护区，存在一定的交通环境风险隐患，需要采取防撞、路面污染物收集处置等措施控制环境事故污染，确保水源环境安全。

4）对大气环境影响。预测到 2030 年机动车尾气排放将成为城市主要污染源，执行严格的机动车尾气排放标准将会大大减少污染物的排放量。机动车尾气污染特征表现为沿线两侧的近地层污染，其扩散受城市通风廊道、热岛效应、建筑物高度密度、路网密度等综合影响，交通高峰时段在临路两侧出现短时间持续性的高污染带，需要通过优化交通布局、城市建筑布局、降低建筑物密度、增加道路绿化隔离和削减高峰期车流量等综合措施来减缓机动车尾气污染。建议宁德市加大机动车淘汰力度，严格监控机动车尾气达标排放情况，大力引进新的旧机动车污染控制技术，提高车用油品标准，尽快使所用机动车达到新标准；近期应强制执行国Ⅳ，远期应强制执行国Ⅴ以上标准。

5）对声环境影响。规划方案的实施有利于营造一个通行较顺畅、安全有序的交通环境，以达到减小交通噪声污染程度的目的。城市交通噪声预测结果表明，规划期内城市道路交通噪声平均值可控制在 68～69dB（A）；中心城区主、次干道两侧的临街建筑夜间噪声将超过4a 类区标准限值 55dB（A），即夜间交通噪声对临街的居民住宅等敏感建筑影响比较大。

随着旧城改造的进行，以及绿地系统规划的实施，交通噪声对临街住宅等的影响将有所减缓。新建道路、轨道交通、桥梁及旧路改造项目应严格按照项目环境影响评价文件要求采取防护措施，确保周边区域声环境质量达标。

6）对生态环境影响。交通设施建设对生态环境的影响主要表现在占用土地、生物多样性影响、水土流失影响等。交通线性工程建设会对陆生动物产生阻隔效应，交通运营产生的噪声、强光、废气等对部分生物有驱离、迷惑作用，一定程度上改变沿线区域两栖类、爬行类及鸟类等的生物分布状况。水工工程建设也会对底栖生物等水生生物产生影响。工程施工中扰动沿线地形地貌，使覆盖地表植被遭受破坏、地表土壤裸露，原有的水土保持功能受到损害。

交通规划中应当重视交通对生态环境的影响，避免规划线路穿越自然保护区、森林公园、湿地、地下文物保护区、生态控制线范围等生态敏感区，并在线路的施工和营运期间采取有效措施减轻对周边生态环境的影响。

⑥ 市政基础设施规划环境影响分析

1）水资源规划环境影响评价。2020～2030年，由于区域内水资源基本得到开发，因此不计划新建水源工程，只是对已有水利工程加强管理，进行加固除险、改造、整修、配套完善后，使其继续发挥原有的效益。

规划对陆域水环境影响主要为规划用水、调水，水体水量减少，引起水体水环境容量减少，可能影响水体水环境质量。

2）能源规划环境影响评价。2030年中心城区天然气总用气量为 $11.79 \times 10^3 N \cdot m^3/a$，中心城区总用电负荷为 3649.1MW，主要电源为核电厂、火电厂、风电场、燃气电厂和水电站，同时区域电网与华东电网联网，以提高供电可靠性。由于大规模发展火电不利于国家节能减排约束性指标的完成与控制，建议进一步减少煤炭发电的比例，提高天然气能源的比重，发展核能、风能等其他清洁能源，2020年，城市清洁能源使用率应达85%以上，同时增大外调电能的力度。

3）污水处理设施规划环境影响评价

a. 污水预测量与处理能力平衡分析。到2030年，中心城区预测总污水量为 $112.5 \times 10^4 m^3/d$，规划共建设14座污水处理厂（含现有污水处理厂扩建），污水处理总规模达到 $135 \times 10^4 m^3/d$。考虑到城市远景的发展，污水处理能力已考虑了1.2倍的弹性发展容量，各规划污水处理厂预留用地均按远景可发展规模留足。

b. 污水处理设施规划环境影响预测与评价。在设定的排污情形下，评价海域COD污染物浓度增量在0.1～1.0mg/L之间，叠加海域现状COD浓度值后，可达到各功能区的海水水质要求。2030年规划远期全部污水湾内排放将造成绝大部分一、二类区超标；工业区污水由湾内的排污口排放时，排污口附近海域石油类污染物浓度增量在0.07～0.1mg/L之间，将使局部海域石油类污染物超标。

4）环卫规划环境影响评价。规划近中期生活垃圾处理采用"简易分选＋焚烧＋卫生填埋"的综合处理工艺。中远期采用"分选/回收＋焚烧＋堆肥＋卫生填埋"相互衔接配套、有机融合完善的综合处理系统。规划实现垃圾收集分类化，运输密闭化，处理实现无害化、减量化、资源化。2030年压缩转运率达90%，垃圾清运机械化程度100%，无害化处理率100%，工业固体废物处置率达100%，危险废物安全处置率100%。

垃圾焚烧厂如靠近规划城镇中心，将对周边的居民集中区产生不利影响。垃圾处理处置设施布局规划和选址应避开人口居住密集区域和城镇规划中心区，并按照规定做好公众参与工作。由于垃圾储运系统线路需要穿过中心城区和周边乡镇的居民集中区，储运过程中的恶臭、渗滤液跑冒滴漏、垃圾散落等对沿线居民环境质量和卫生环境造成较为不利影响。建议尽快实施城镇垃圾分类收集，采用集装箱运输、密闭式垃圾压缩车等先进垃圾储运设备及技术控制垃圾储运过程中污染，同时应规划专用的垃圾储运线路，优化调整垃圾处理设施、储运设施及路线周边用地功能。

⑦ 规划方案的环境风险分析　总规方案实施存在的环境风险主要存在于"工业事故排污"、"能源供应不足"、"核电站风险"、"污水处理厂运行事故"、"危险品运输事故"五大类。

天然气如果供应不足，会对全市能源消耗产生重大风险影响，可以采取借调电力或者开发核电等措施，替代天然气的使用，在短期间内是一个可行的措施，但是需要注意核电开发的安全隐患，对核反应堆为中心半径 5km 内的区域进行规模控制。

污水处理厂出现运行事故超标排放致三都澳海域水质造成污染或冶金、化工等工业企业出现运行事故排污致人居环境污染，需要在加强安全防患意识的前提下制定应急救援预案。

交通干线通过二级水源保护区，如果发生危险品运输事故，将污染饮用水源，通过"金涵水库水源地"保护区的道路必须禁止一切运输危险品的车辆通行，保障饮用水源地环境安全。

⑧ 人居环境影响评价

1) 规划居住用地规模和人口密度适宜性分析。按照本次评价提出的评价指标和总规中设定的宜居城市居住用地规划指标，本轮规划居住用地规划总面积 3716.63ha，占城市规划建设总用地的 19.5%，中心城区规划人均居住用地面积为 37.2m²/人，符合建设部颁布的宜居城市人均居住住宅面积为 26m²/人的标准要求。

2) 城市绿化系统适宜性分析。中心城区规划中期（2020 年）城市绿地率达到 42%，绿化覆盖率达到 48%，人均公共绿地面积 15m²；中心城区规划远期（2030 年）规划绿地与广场用地面积为 2524.1ha，占城市建设用地的 13.24%，人均绿地面积为 25.3m²/人，其中，公园绿地面积 1196.8ha，人均公园绿地面积 12m²/人。根据 2030 年市中心城区城市建设用地平衡表，城市公共绿地规划面积 2524.1ha，因此，此次规划的绿地面积能够满足规划目标要求。

（8）规划优化对策和建议

（略）。

14.4.2　专项规划环境影响报告书案例分析

14.4.2.1　主要内容

某市环境卫生设施专项规划（2009～2020 年）环境影响报告书的主要章节如下。

（1）总则

① 项目背景

② 编制依据

③ 评价对象、时段及目的

④ 评价指导思想和原则

⑤ 区域的环境功能区划

⑥ 环境保护目标

⑦ 评价标准

⑧ 评价内容及评价重点

⑨ 评价方法和技术路线

（2）城市生活垃圾收运处理现状及存在问题

① 城市生活垃圾收运、处理现状

② 生活垃圾收运处理存在的问题及解决方案

（3）规划概述与分析

① 规划概述

② 规划协调性分析

（4）规划方案的环境影响因素识别

① 环境影响因素识别

② 收运系统的污染源分析

③ 垃圾处理基地的环境污染源分析

④ 死禽死畜卫生处理环境污染分析

⑤ 建筑垃圾和余泥渣土处置环境污染分析

⑥ 市水域环境卫生管理规划方案环境污染分析

⑦ 环境制约因素分析

（5）区域发展现状调查

① 地理区位

② 自然环境

③ 社会经济概况

（6）区域环境质量现状调查

① 环境空气质量调查

② 地表水环境质量调查

③ 声环境质量调查

④ 地下水环境质量现状评价

⑤ 生态环境现状调查

（7）环境目标与评价指标体系

① 指标体系的构建思路

② 指标的提出与筛选过程

③ 最终确定的指标体系

（8）环境承载力分析与污染物总量控制

① 水环境承载力分析

② 环境空气容承载力分析

③ 污染物总量控制

（9）环境影响预测、分析及累积性生态风险评价

① 环境空气影响预测与评价

② 水环境远期影响预测与评价

③ 突发性风险评价及应急预案

④ 累积性生态风险分析

⑤ 固体废物环境影响分析

⑥ 垃圾收集、运输及储存过程影响分析

⑦ 死禽死畜卫生处理环境影响分析

⑧ 建筑垃圾和余泥渣土处置环境影响分析

⑨ 市水域环境卫生管理规划环境影响分析

⑩ 现有垃圾填埋场封场后的环境影响分析

（10）公众参与

① 公众参与的目的与意义

② 本规划公众参与实施单位和工作分工

③ 本规划公众参与工作内容

④ 第一阶段（第一次公示）

⑤ 第二阶段（第二次公示及发放调查表）

⑥ 公众意见调查结果与分析

⑦ 规划编制单位对公众意见的回应

⑧ 公众参与小结

（11）规划方案的环境保护与管理对策

① 规划方案的环境保护对策

② 规划方案的环境管理对策

（12）困难与不确定性

① 规划环境影响评价中的困难和不确定性分析

② 解决规划环境影响评价困难和不确定性问题的对策

（13）垃圾收运处理规划综合论证及调整建议

① 规划实施的优势、弱势、机遇与风险

② 垃圾焚烧规模的合理性

③ 市生活垃圾处理方式以焚烧为主的合理性

④ 规划协调性分析

⑤ 规划实施环境影响的可接受性

⑥ 环境规划目标可达性分析

⑦ 大型垃圾处理基地规划选址推荐综合论证

⑧ 公众调查的综合意见

⑨ 规划调整建议

（14）环境监测与跟踪评价方案

① 环境跟踪评价

② 环境监测计划

（15）评价结论与建议

① 规划环评的综合结论

② 规划调整建议

14.4.2.2　实例分析

以某市环境卫生设施专项规划（2009～2020）环境影响报告书为实例。

（1）总则

① 项目背景　略。

② 编制依据　略。

③ 评价对象、时段及目的

1）评价对象。按照《××市环境卫生设施专项规划（2009～2020)》和××市城市管理局的要求，评价对象为××市城市生活垃圾的收运处理系统。

2）评价时段。规划年限：2009～2020 年，其中，近期 2015 年、远期 2020 年。

3）评价范围。根据《规划环境影响评价技术导则（试行）》（HJ/T 130—2003）中评价范围的确定原则，从规划区的地域属性、管理边界和环境特征综合考虑，本规划环评范围原则覆盖整个城市。

4）评价目的

a. 对规划提出的垃圾综合处理基地选址进行环境合理性排序。

b. 摸清目前本市简易垃圾焚烧站、填埋场存在的环境问题，提出治理方案。

c. 通过对规划方案的监测调查，识别规划区的环境问题，分析预测规划可能的影响，提出规划的环境保护方案与建议。

d. 从环境保护出发提出规划的调整建议。

e. 充分考虑公众参与。

参照《环境影响评价公众参与暂行办法》要求，征求公众在环保方面对此次规划的意见、建议，并经分析后纳入规划方案调整建议中。

④ 评价指导思想和原则

1）指导思想。以科学发展观为指导，遵循"生态优先，协调发展"的原则，在确保区域环境质量优美和生态状况良好的基础上，积极推进环境友好型生活垃圾处理的规划和建设，促进区域生态环境与社会经济系统的全面、均衡和可持续发展。

2）原则

a. 科学、公正、客观原则。规划环境影响评价必须科学、公正、客观，综合考虑规划实施后对各种环境要素及其所构成的生态系统可能造成的影响，为决策提供科学依据。

b. 早期介入原则。在规划编制期间和实施前介入，将对环境的考虑充分融入到规划中。

c. 整体性原则。规划的环境影响评价应当把与该规划相关的政策、规划、计划以及相应的项目联系起来，做整体性考虑。

d. 一致性原则。规划环境影响评价的工作深度应当与规划的层次、详尽程度一致。

e. 公众参与原则。评价过程中将组织多种形式和层次的公众参与，考虑社会各方面的利益。

⑤ 区域的环境功能区划　略。

⑥ 环境保护目标　环境保护总目标：保护自然资源和生态环境、提升人居环境质量，促进经济、社会与环境全面、协调与可持续发展，将本市建设成为适宜创业和居住的、人地和谐的生态城区。

具体环境保护目标见表（略）。

⑦ 评价标准

1）环境质量标准

a. 《地表水环境质量标准》（GB 3838—2002）Ⅱ～Ⅳ类标准（按照地表水环境功能区水质目标执行）。

b. 《环境空气质量标准》（GB 3095—2012）一、二级标准。

c. 《声环境质量标准》（GB 3096—2008），执行1～4类标准。

d. 《地下水质量标准》（GB/T 14848—93）Ⅲ类标准、Ⅴ类标准。

e. 《土壤环境质量标准》（GB 15618—1995）二级标准。

2）排放标准

a. 《大气污染物综合排放标准》（GB 16297—1996）二级标准。

b. 广东省地方标准《大气污染物排放限值》（DB 44/27—2001）中的第二时段二级

标准。

c.《污水综合排放标准》（GB 8978—1996）一级标准。

d. 广东省地方标准《水污染物排放限值》（DB 44/26—2001）中的第二时段一级标准。

e.《城市杂用水水质标准》，GB/T 18920—2002。

f.《工业企业厂界噪声标准》（GB 12348—2008）中的 2、3、4 类标准。

g.《建筑施工场界环境噪声排放标准》（GB 12523—2011）。

h.《恶臭污染物排放标准》（GB 14554—93）。

i.《生活垃圾焚烧污染控制标准》（GB 18485—2001）。

j. DIRECTIVE 2000/76/EC OF THE EUROPEAN PARLIAMENT AND OF THE COUNCIL of 4 December 2000 on the incineration of waste（欧盟垃圾焚烧标准）。

⑧ 评价内容及评价重点

1）评价内容。本次评价的主要工作内容有：垃圾收运处理规划概况与规划分析，区域环境现状调查与分析，规划各方案环境影响预测与评价，公众参与，规划方案综合论证与环境保护措施，调整方案，监测与跟踪评价等。

2）评价重点。评价重点为：大气环境影响评价，规划方案环境影响综合论证，公众参与，规划调整方案，监测与跟踪监测。

⑨ 评价方法和技术路线　依据国家有关法律、法规和政策，结合规划方案的特点以及当地资源环境特点、目前存在问题开展工作。

采取的技术路线是：首先，对规划提出的 2 个方案选址进行初步筛选，对不符合环境保护规划、城市总体规划的方案不进入后期的综合评价；其次，对筛选方案进行环境质量现状监测调查；其三，识别、界定规划方案的主要生活垃圾环境影响，并进行环境影响模拟预测；其四，分层次地进行规划方案的分析、预测和评估；其五，从环境保护的角度进行方案的可行性综合分析，进行综合排序；其六，提出规划调整建议以及预防或减轻环境影响的对策和措施。

在编制环境影响评价报告书过程中，通过公众参与，征求专家和具有一定专业知识的公众的意见和建议，完善环境影响报告书。

具体的技术路线见图（略）。

（2）本市生活垃圾收运处理现状及存在问题

① 本市生活垃圾收运、处理现状

1）垃圾收运现状。根据本次规划对市城区、各镇、街、工业园区的生活垃圾收运现状的调查和走访，发现本市基本建立了较完善的生活垃圾收运系统，绝大多数村庄的生活垃圾都已经纳入环卫收运系统。目前，本市环卫生活垃圾收运系统覆盖范围占总服务人口的 85% 左右。

2）生活垃圾收集方式。中心城区和各镇区、工业园区的居民生活垃圾均有专人上门收集，城中村和农村均采区居民垃圾集中投放，环卫部门收集清运的方式，其收集方式主要有以下两种。

a. 在中心城区和各镇区、工业园区的生活垃圾，环卫所、居委会和物业管理公司专人上门收集，生活垃圾运往垃圾压缩站或垃圾压缩车，运往垃圾填埋场进行填埋处理。

b. 按照市城乡清洁工程工作部署，各镇农村生活垃圾采用村民散装集中倾倒在垃圾桶、垃圾屋或垃圾池中由各镇环卫清运部门的流动垃圾压缩车负责收集转运。

3）生活垃圾收运方式。现有生活垃圾收运方式有以下 2 种。

a. 压缩收集站收运方式。中心城区和纳入镇区环卫收运范围的镇区的生活垃圾由保洁人员收集后用手推车送到垃圾压缩站，或者由其他收运车沿途收集后运到垃圾压缩站，压缩后再运往各垃圾填埋场处理。

b. 垃圾池、垃圾桶收运方式。对于各镇农村生活垃圾，采用以露天垃圾池、垃圾桶为基本设施的非密闭化垃圾收运方式。垃圾由村民投放或专人打扫后送入垃圾桶、垃圾池后，再由垃圾运输车辆不定期（以垃圾压缩车为主）运往果园或各镇垃圾填埋场处理。

现有农村的垃圾池均为露天设置，有的村仅有垃圾堆，垃圾暴露，环境卫生状较差，常有拾荒者随意翻搅；刮风时，塑料、废纸等轻质物四处飘散，下雨时垃圾受到雨水浸泡，渗滤液四溢，给周围的环境及居民生活带来较大影响。

② 生活垃圾收运处理存在的问题及解决方案　根据现状调查，由于本市特殊的地理位置和地形条件，许多村为山区村，距离镇区远，受运输道路条件差，政府资金投入有限等限制，本市目前未能形成覆盖全市、有效的生活垃圾收运体系，收运管理不畅，收运系统密闭化程度低，对环境存在潜在威胁；现有简易填埋场，堆放场规模较小，建设标准低，运行管理不力，生活垃圾填埋产生的废水、废气、废渣的排放对空气、土壤、地表地下水及周围环境均造成了一定的影响。主要问题及解决方案如下。

1) 市垃圾收运系统存在的问题及解决方案。由于生活垃圾产量不大的原因，除中心城区采用垃圾压缩站的收运方式外，其他镇区和农村的地区使用露天的垃圾池或垃圾桶进行垃圾收运，这种收运形式卫生状况较差，收运过程中制造噪声，往往在收运的过程中造成严重的二次污染。另外，有的比较分散、距离远的自然村，绝大部分村没有纳入到环卫的收运体系中来，生活垃圾多为自行处理，农村居民随意丢弃垃圾，环境影响恶劣。

解决方案：规划建设垃圾收集站、垃圾压缩站解决。

2) 农村垃圾收运过程中密闭化和机械化程度低。除中心城区及镇区配备垃圾压缩车以外，绝大部分村以其他交通工具将垃圾运往垃圾处理设施，一般采用吊装垃圾车或拖拉机，且收运车辆陈旧损坏现象十分严重，有些已经报废的车辆仍在使用。同时，很多垃圾池需要人力将垃圾装车，导致需要配置较多人力负责将垃圾铲上垃圾运输车。这种运输方式没有压缩，垃圾亏载现象严重，效率低下，在运输过程中污水抛洒，对环境造成较大的二次污染。

解决方案：新增高标准压缩站以及规划机械运输解决。

3) 现有垃圾处理设施设置简陋，二次污染情况较为严重。本市现有的填埋场除市城市废弃物综合处理场达到《生活垃圾卫生填埋技术规范》的要求外，其余镇的填埋场都是简易垃圾填埋场，均未能达到中华人民共和国行业标准《生活垃圾卫生填埋技术规范》的相关要求，设施普遍相对简陋，场底没有铺设防渗垫层，没有垃圾渗滤液导排和收集处理系统，垃圾渗滤液处于无控状态，已对附近径流造成污染，许多填埋场周边水体已受污染，水质变黑发臭；填埋场没有气体导排设施，填埋气体迁移聚集发生爆炸的危险也不容忽视。

解决方案：淘汰现有简易垃圾处理点，规划建设市城市废弃物综合处理场，在实现垃圾分类的基础上规划建设焚烧、堆肥等处理设施，以消纳全市的生活垃圾。

(3) 规划概述与分析

① 规划概述

1) 规划范围、年限

a. 规划范围。规划地域范围为市域范围，总面积 1984.58km²，规划重点范围为市中心城区城市规划建设区、各中心镇城镇建设区、工业园区、经济开发区等规划建设区，合计

157.06km²，详见图（略）。重点规划范围见表（略）。

b. 规划年限

规划期为：2009～2020 年。

为使本规划在时间上与市国民经济社会发展计划、城市总体规划基本协调，本专项规划的规划期划分为：2009～2015 年为规划近期；2016～2020 年为规划远期。

大型、全局性、长期使用的环境卫生设施突出远景规划，同时也包含近期建设规划，而小型、局部性的环境卫生设施以近中期规划为重点。

规划基准年：2008 年。

2）规划目标。落实《珠江三角洲地区改革发展规划纲要（2008～2020 年）》提出的"到 2012 年，城镇生活垃圾无害化处理率达到 85％左右；到 2020 年，城镇生活垃圾无害化处理率达到 100％"。使本市的环境卫生整体水平与市建设和发展现代化山水园林城市的要求，展现"青山、绿水、蓝天"特色，建设"休闲之都"的城市定位的战略目标相适应；同时，通过环境卫生设施专项规划、建设和管理，逐步形成"源头削减、分类收集、分类运输、综合处理"的城市生活垃圾收运处理系统，合理布局和建设环境卫生设施，完善环境卫生工程技术装备，提高环境卫生管理服务水平，实现环境卫生事业的现代化。

无害化、减量化和资源化处置生活垃圾是市处理生活垃圾的最终目标。本规划将成为本市未来 10 年环境卫生事业发展的蓝图。

3）生活垃圾分类收集与减量化方案

a. 生活垃圾分类收集方案。生活垃圾收集遵循垃圾分类收集原则，按照《广州市城市生活垃圾分类管理暂行规定》，同时结合本市的发展定位合理选择。

（a）居住区垃圾。居民区垃圾分为可回收垃圾、餐厨垃圾、有毒有害垃圾和其他垃圾。

其中，可回收垃圾进入再生资源回收中心，餐厨垃圾进入餐厨垃圾处理厂，有毒有害垃圾由环卫部门收集后运往危险固体废物处理中心处理，其他垃圾则主要进入垃圾处理场所进行处理。

（b）商业区和公共场所垃圾。商业办公区、公共场所和道路由于功能与居民区不同，所产生的垃圾分为可回收垃圾、有毒有害垃圾和其他垃圾。可回收垃圾主要是废弃的纸张、塑料、金属等；有毒有害垃圾主要有废灯管，废药品和废电池等对人体健康有害的垃圾，其他垃圾即零食垃圾、零星肮脏的纸片、塑料包装等。可回收的垃圾将进入废品回收系统，有毒有害垃圾由环卫部门收集后运往危险固体废物处理中心处理，其他垃圾运往垃圾处理场所进行处理。

（c）餐饮业垃圾。餐饮业垃圾是指宾馆、酒楼、饭店和单位食堂等产生的垃圾，产生的垃圾以易腐垃圾为主，其他成分与居民垃圾类似。按照所产生的垃圾可分为餐厨垃圾、可回收垃圾和其他垃圾。餐厨垃圾将实行单独收集、运输。

b. 与分类收集配套的收运、处置设施建设规划。实施过程中，要做到源头分类投放、中途分类运输，末端分类处理相结合。通过对收运、处置设施的建设，保证分类收集能长期、有效实施。

c. 生活垃圾减量化措施

（a）实施净菜进城。

（b）大力发展绿色包装。

（c）餐饮业及社区有机易腐垃圾源头减量化。

4）生活垃圾收运系统规划方案

a. 收运模式

（a）城区和工业园区收运模式。结合各街、镇城区生活垃圾的实际情况，规划以上门收集，压缩转运站转运为主，机动车直接转运为辅的收运方案，禁止设置垃圾池。

（b）农村地区收运模式。以行政村为单位，建立"村收集—镇运输—市处理"的生活垃圾收运模式，尽快将各个村都纳入到镇生活垃圾收运体系中来。

b. 收运设施

（a）生活垃圾收集站（点）设置要求（略）。

（b）生活垃圾转运站设置要求。依据《城市环境卫生设施规划规范》（GB 50337—2003）、《生活垃圾转运站技术规范》（CJJ 47—2006）的具体要求。

c. 运输车辆配置

（a）垃圾压缩车。本规划以推荐的横压平推压缩工艺和目前广泛使用的 16t 转运车进行车辆配置和估算，在实际建设中应以采用的压缩工艺进行适当的车辆配置。各镇所需转运车辆估算数量见表（略）。

（b）小型通载车配置。参照目前广州市中心城区垃圾压缩中转站试用的小型载桶机动车计算，每次装 21 个桶，每桶 240L，垃圾容重取 0.35kg/L，则小型机动车的每车载重量约为 1.76t。经测算，服务半径控制在 5km 以内，小型机动车每天转运次数城区平均约 10 次，农村地区平均约五次。中心城区和各镇所需小型通载车辆估算数量见表（略）。

5）大型生活垃圾终处理设施建设规划

a. 垃圾处理方式的选择。本市生活垃圾处理工艺到规划中期（2015 年前）主要是采用"卫生填埋"，在规划后期（2015 年后）采用"焚烧为主、填埋和综合处理为辅"的处理方式。

b. 市固体废弃物综合处理中心选址：略。

c. 市固体废弃物综合处理中心功能规划。市固体废弃物综合处理中心拟将建设生活垃圾填埋场、综合处理厂、垃圾焚烧发电厂、建筑余泥处置场等功能区，服务区域为市行政区划范围，力求能够解决市生活垃圾 40 年的使用年限。

根据规划文本，市生活垃圾焚烧发电厂的建设项目规划处理规模为 1500t/d。

6）公厕设置、粪便清运处理规划：略。

7）死禽死畜卫生处理规划。近期收运处理规划目标由广州市卫生处理厂集中收运处理；远期收运处理目标则在本市范围内选址新建一个卫生处理厂集中处理。

8）建筑垃圾和余泥渣土处置规划：略。

9）市水域环境卫生管理规划：略。

10）道路清扫保洁：略。

11）环境卫生工作场所规划。环境卫生工作场所用地优先排序应为停车场—基层环境卫生管理机构—环境卫生作息场所。

12）环卫停车场规划：略。

13）环境卫生作业人员作息场所规划。作息场所宜与其他环卫设施合建，新建或改造的压缩站应配置作息场所，不具备条件时也可单独设置。作息场的大小按该场所服务的环卫工人的数量配置，建筑面积按 3～4m²/人、空地面积按 20～30m²/人设置。

14）环境卫生应急系统规划。建立协调统一的应急机构、完善环境卫生突发事件应急预案、健全专业应急队伍、加强应急物资储备等是环境卫生应急系统规划的重点。

a. 生活垃圾收运系统。当节假日、大型集会引起部分区域生活垃圾量急剧增多时，可通过延长作业时间以保证垃圾日产日清。当垃圾转运站出现故障无法转运垃圾，垃圾可由邻近垃圾转运站或垃圾压缩车直接转运至垃圾处理设施。

b. 生活垃圾处理系统。当垃圾焚烧厂出现停炉检修时，以 TP 生活垃圾卫生填埋场作为市生活垃圾备用处理设施。

c. 粪便收运处置。当遇到暴雨、洪水等自然灾害，环卫清洁队伍可能出现溢满的化粪池突击抽吸，减少化粪池出现溢流。

d. 死禽死畜卫生处理。当出现重大疫情致大批禽畜死亡，可致电广州市卫生处理中心，运至广州市卫生处理中心处理。

e. 道路清扫保洁。在集会等垃圾高发时段，宜简单隔离，并临时增派人手及时清扫现场道路广场等，保持整洁。

各种油料、有毒有害物质运输途中遗洒泄漏引起的道路污染及建筑余泥渣土大面积洒落引起的道路拥堵，应及时调用物资，协同交通部门，进行应急收集、清扫。

遇突发灾难性气候如台风、暴雨、冰冻等时，城市管理部门应事先预防并准确判断作业量同时选择适宜方式，维护城市清洁。

f. 环卫公共设施。在集会等人流突增的情况下，应增加流动厕所，要求临街单位厕所对外开放。

g. 水域保洁。因暴雨、洪水导致水域漂浮垃圾量突增或因油船泄漏、垃圾倾倒等事件导致流溪河受到污染，应立即启动水上应急队伍进行处理。

15）环卫设施建设时序规划及投资估算

a. 环卫设施建设时序规划。综合本规划各专题的内容，根据规划目标、要求和投资密度，确定环卫设施的建设时序，具体规划建设时序见表（略）。

b. 建设投资估算。规划期内环卫设施建设及设备配置共需投资 127498 万元，各类设施的建设投资估算见下表（略）。

② 规划协调性分析

1）与相关发展规划的符合性分析。本规划报告规划了本市生活垃圾收运和处理处置系统、规划了粪便和死禽死畜处置设施建设、规划内河涌清洁保障的管理要求，规划的设施必然会提高市环境卫生的质量水平，生态环境质量进一步改善，因此，本规划与本市"十二·五"期间改善生态环境质量的目标性是一致的。

本规划的规划目标是逐步形成"源头减量、分类收集、分类运输、综合处理"的城乡一体化生活垃圾收运处理系统，规划提出：到 2020 年城区生活垃圾收运机械化率达到 100％（农村 90％）；城区生活垃圾的收运容器化率达到 100％（农村 95％）；城区生活垃圾无害化率达 100％（90％）。因此，本规划与《珠江三角洲地区改革发展规划纲要（2008～2020年）》在对生活垃圾处理的这一目标上是相符合的。

本规划进行了生活垃圾处理系统方案设计、比较和优化分析，确定生活垃圾分类收集的实施方案，确定大型环境卫生设施的主要功能、规模及用地范围，对大型环境卫生设施建设时序进行安排，提出规划实施的保障措施，使现存的各镇区分割的生活垃圾处理设施形成城乡一体化的有机整体。符合本市城市总体规划战略目标。

本规划备选 2 个垃圾综合处理基地，选址均位于主体功能区划定的重点开发功能区内，没有占用优化开发功能区以及禁止开发的功能区。

2）与国家和地方相关文件要求的符合性分析。本规划报告规划了餐厨垃圾和死禽死畜垃圾集中处理的建设要求，提出了焚烧发电、餐厨垃圾生物处理堆肥的资源化利用方式。因此，本规划报告在垃圾分类、资源利用方面符合国发［2011］9号文提出的相关要求，亦满足《广州市城市生活垃圾分类管理暂行规定》的要求。

3）与相关环境规划的符合性分析。本规划报告提出的垃圾处理综合基地选址不在严格控制区范围内，属于有限开发区范围，符合广东省环保规划。

本规划报告的实施是响应《广东省固体废物污染防治"十二五"规划（2011～2015）》的要求，并且与《广州市固体废物污染防治规划中期修编》在规划目标、垃圾分类收集、垃圾处理处置的要求上是一致的。

本规划的固体废弃物综合处理中心备选场址不在饮用水源保护区范围，选址均符合区域饮用水源保护区划的规定；规划比选方案选址均不在一类环境空气区范围，离一类区超过8km的距离。

本规划与本市环境保护规划（2011～2025年）在对生活垃圾处理的这一目标上是相符合的。

本规划提出的2个规划比选方案选址不占用森林公园、自然保护区用地，符合相关林业规划。

本规划报告总体符合广州市环境卫生规划的要求。

规划的2个垃圾综合处理基地选址近距离敏感点分布见图（略）。从该图可见，两个选址周边300m内都没有敏感点分布，符合《关于进一步加强生物质发电项目环境影响评价管理工作的通知》［环发（2008）82号］，新改扩建的生活垃圾焚烧发电类，其环境防护距离不小于300m相关要求。

（4）规划方案的环境影响因素识别

① 环境影响因素识别 根据规划提出的规划区发展规模、环卫基础设施建设、生态环境与环保规划，在充分考虑规划区水资源、土地资源、水环境、大气环境、声环境和生态环境的现状和变化趋势的基础上重点对对专项规划的实施可能造成的环境影响进行识别，见表14-34。

表 14-34 规划实施环境影响识别

识别要点	水资源		土地资源		水环境		大气环境		声环境		生态环境		社会经济	
	影响内容	影响程度	影响内容	影响程度	影响内容	影响程度	影响内容	影响程度	影响内容	影响程度	影响内容	影响程度	影响内容	影响程度
土地利用											占用一定土地	－	促进社会环境卫生文明建设	++
垃圾综合处理基地设施建设	用水增大	－	占地土地	－	污水量零排放	－	烟尘、二噁英、SO₂等烟气污染物排放	++	交通噪声、设备噪声	－	占用土地	－	民生工程	++
垃圾运输和中转站建设	用水增加	－	占用土地	－	污水增多	－	臭气	－－	运输噪声	－			民生工程	+

注：+/－表示有利或不利影响；数量表示轻微、中等、重大不同影响程度。

② 收运系统的污染源分析

1）转运站。此次规划的垃圾收运系统规划期内需建成18座生活垃圾转运站，其中，新建14座转运站、保留现状转运站4座、取消不符合规划要求的转运站2座，总转运能力达到 1670t/d。

根据要求转运站建设渗滤液处理系统密闭操作，在转运站产生的渗滤液按照垃圾转运量的 11% 计算；根据《生活垃圾转运站技术规范》（CJJ 47—2006），小型转运站（转运量小于 150t/d）要求与相邻的建筑间隔 10m 以上，周围绿化带要求 5m 以上，根据同类项目，在密闭操作的情况，认为臭气浓度可以满足要求。根据根据广州环卫科研所对广州市生活垃圾做的分析结果，经过推算可知，湿垃圾中平均有机碳含量为 14.8%，则按有机碳法 1kg 垃圾的填埋气体理论最大产气量应为 $0.249m^3$，即：每吨垃圾可产填埋气体 $249m^3$；每吨垃圾在转运站产生的气量按 $0.018m^3/d$ 估算。

各类规模中转站的污染物产生情况见表 14-35。

表 14-35　各类规模中转站的污染物产生情况

转运量/(t/d)	渗滤液及冲洗废水产生量/(m³/d)	废气产生量/(m³/d)
40	4.4	0.72
80	8.8	1.44
100	11	1.8
120	13.2	2.16
150	16.5	2.7

渗滤液要求经过预处理，其中总汞、总镉、总铬、六价铬、总砷、总铅处理至《生活垃圾填埋场污染控制标准》（GB 16889—2008）表 2 的相关要求后，排入城市污水处理厂。

垃圾废气中的臭气成分主要为 NH_3、H_2S，根据类比调查资料，填埋气体组分参照同处珠江三角洲的深圳玉龙坑垃圾填埋场、兴丰垃圾填埋场的有关实测参数来确定，NH_3、H_2S 在释放气体中的含量分别为 0.25% 和 0.045%。

2）交通运输污染物排放。收运系统配备 94 辆压缩车，106 辆桶装车，运输过程中产生一定的环境影响，例如：交通运输车辆噪声、运输车辆尾气以及行驶过程中的扬尘和垃圾气味和污水遗漏等。

按照上述统计，生活垃圾运输量 1500t/d、粪便等有机类废物 180t/d，另外，还有建筑垃圾等，每天的运输量约 2700t/d，若以垃圾运输年载重 10t 车计算，考虑汽车运货进-空车出或空车进-运货出的情况（其他情况不考虑），则规划远期交通量为 340 车次/天。

假设所有运输车辆经过规划道路进入指定地点，按照服务范围内 10.0 公里计算，根据有关文献资料介绍的数据，汽车废气的排放因子为 SO_2 为 0.19mg/（辆·m）、NO_2 为 2.2mg/（辆·m）、TSP 为 0.30mg/（辆·m）。可计算得出汽车尾气的污染物排放量分别为：SO_2 为 0.6kg/a、NO_x 为 7.48kg/a、TSP 为 1.0kg/a。

根据类比，在无任何阻挡的条件下，垃圾运输的交通干线道路两侧不同距离的等效连续声级 Leq 见表 14-36。

表 14-36　运输车辆交通噪声预测值

距离/m	Leq/dB(A)	距离/m	Leq/dB(A)
30	49.4	200	41.1
50	47.2	300	39.4
100	44.2	400	38.1

③ 垃圾处理基地的环境污染源分析

1）废水。垃圾焚烧厂的废水主要包括垃圾预处理系统的渗滤液、清洗废水、发电系统的除盐水、清洗废水及其他少量的生产废水。各废水产生及排放情况见表 14-37。

表 14-37 规划垃圾处理基地废水污染负荷一览表

分类	来源	产生量参数/(m³/t垃圾)	产生量/t	主要污染物浓度/(mg/L)	备注
垃圾渗滤液	生活垃圾、餐厨垃圾、粪便垃圾以及死畜垃圾等（约1680t/d）	20%	336	$BOD_5=22000$ $COD_{Cr}=40000$ $SS=5000$ $NH_3-N=1500$ $Pb=0.05$ $Cd=0.005$	高浓度有机污水，含重金属离子
生活污水、一般生产废水	清洁冲洗废水、锅炉排污、循环水系统排污、员工生活等	类比广州第四资源电厂	1100	$BOD_5=200$ $COD_{Cr}=300$ $SS=100$	低浓度有机污水

垃圾焚烧厂的废水要求尽可能的回用，渗滤液蒸发废水与焚烧发电部分的废水集中处理至《城市污水再生利用工业用水水质》（GB/T 19923—2005），回用于绿化、冲洗及循环冷却水系统补水，不外排。

2）焚烧炉烟气污染源分析

a. 烟气成分。垃圾焚烧烟气的主要成分是由 N_2、O_2、CO_2 和 H_2O 等四种无害物质组成，占烟气容积的 99%。因垃圾成分不可控和燃烧过程的多变性，焚烧烟气中还含有 1% 左右的有害污染物，主要包括：颗粒物，包括惰性氧化物、金属盐类、未完全燃烧产物等；酸性污染物，包括氯化氢（HCl）、氟化氢（HF）、硫氧化物（SO_x）及氮氧化物（NO_x）等；重金属，包括 Pb、Hg、Cd、锰、铬、As、钛、锌、铝、铁等单质与氧化物等；残余有机物，包括未完全燃烧有机物与反应生成物，如芳香族多环衍生物、烃类化合物、不饱和烃化合物，二噁英类。

b. 烟气污染源。通过类比发现，年工作时间为 8000h、处理达到设计排放限值后的烟气经高 90m 的烟囱排放，烟囱由 2 根内径 2.4m 的烟管组成，烟气风量为 297249m³/h，各污染物负荷见表 14-38。

表 14-38 主要烟气污染物产生量及排放量一览表

污染物种类	产生浓度/[mg/(N·m³)]	产生量		排放浓度/[mg/(N·m³)]	排放量	
		满负荷/(kg/h)	年排放量/(t/a)		满负荷/(kg/h)	年排放量/(t/a)
烟尘	约5000	1486.6	11893.2	10	3.0	23.8
SO_2	约300	89.2	713.6	100	29.7	237.9
NO_x	约300	89.2	713.6	150	44.6	356.8
HCl	约500	148.7	1189.3	50	14.9	118.9
Hg	约1	0.3	2.4	0.05	0.0	0.1
Cd+Tl	约1	0.3	2.4	0.04	0.0	0.1
Pb+Sb+As+Cr+Co+Cu+Mn+Ni+V	约10	3.0	23.8	1	0.3	2.4
二噁英类	约5 ngtEQ/Nm³	1.48 mgtEQ/h	11.9 gTEQ/a	0.1 ngTEQ/Nm³	0.03 mgtEQ/h	0.24 gTEQ/a

3）无组织恶臭污染源分析。垃圾焚烧厂的恶臭污染源主要包括来自垃圾储坑内的垃圾堆体存放发酵时产生的臭气、垃圾渗滤液收集池产生的臭气、厂内垃圾运输车辆散发的臭气等。恶臭污染物扩散途径主要是垃圾池内的气体输送过程中的泄漏、停炉过程中的气体排放、垃圾渗滤液收集处理过程中的逸散，以及垃圾车进厂后的遗洒等。

根据国内对生活垃圾恶臭研究的相关资料，目前国内评价生活垃圾恶臭污染源时常采用的 8 种典型恶臭污染物，包括硫化氢、甲硫醇、甲硫醚、二甲硫醚、三甲胺、氨、乙醛及苯乙烯。但由于生活垃圾成分较为复杂多变，恶臭物质的组成也较为繁多，即便国内部分研究机构对生活垃圾恶臭浓度及恶臭污染物含量做了大量的研究分析，也尚未确定臭气浓度与某种具体的污染物之间的线性关系。综上分析，本评价对于处理基地无组织恶臭源的分析也主要以硫化氢、氨和甲硫醇这 3 个指标为主。

a. 垃圾储坑及垃圾倾卸区恶臭泄露。基地运营过程中，垃圾在垃圾储坑内存放发酵的过程中，会产生甲硫醇、氨和 H_2S 等恶臭污染物，这些恶臭污染物散发到空气中形成恶臭气体。在不采取措施的情况下，垃圾储坑内混杂了恶臭气体的空气在垃圾运输车倾卸垃圾时会通过打开的倾斜门扩散到垃圾卸料厅，并由倾卸大厅的汽车出入大门逸散到外界环境空气中。为降低这些恶臭气体的影响，在垃圾储坑及垃圾倾卸大厅安装机械抽风设备，将垃圾倾卸大厅和垃圾储坑内空气抽入焚烧炉内燃烧，使之保持负压，防止臭气外逸。同时，为了防止臭气从倾卸大厅逸出，在汽车出入大门设空气幕帘。

根据同类型垃圾焚烧发电厂的实际运作效果，在采取上述措施后，垃圾储坑及垃圾倾卸区的恶臭污染物能逃逸到外界环境空气的量很少，垃圾运输车辆卸料区的恶臭无组织排放源系数分别为 H_2S 为 $2.65mg/(m^2 \cdot h)$、氨 $24.56mg/(m^2 \cdot h)$ 和甲硫醇 $0.53mg/(m^2 \cdot h)$。垃圾运输车辆卸料区的无组织排放源面积按照 $2000m^2$ 计，那么基地运输车辆卸料区的无组织排放源为 H^2S 为 $0.005kg/h$、NH_3 为 $0.049kg/h$ 和甲硫醇为 $0.0011kg/h$。

b. 停炉时的恶臭气体排放。垃圾仓内设有备用抽风系统，在焚烧炉停炉检修时，为保持垃圾仓内的负压环境，开启备用抽风系统，避免 H_2S、NH_3、甲硫醇等臭气外溢。备用抽风系统对垃圾储坑的换气次数约为 $1\sim1.5$ 次/h，备用抽风系统设有活性炭除臭装置，若每台处理风量 $180000m^3/h$，可以满足停炉检修期间垃圾储坑外排臭气的处理。

垃圾仓备用抽风系统排风口高度一般不得低于 20m，活性炭除臭装置对恶臭物质的设计去除效率＞90%，经处理后恶臭污染物排放满足《恶臭污染物排放标准》（GB 14554—93）的标准限值要求。

c. 生化堆肥、渗滤液收集处理过程的恶臭污染源。为消除垃圾渗滤液收集处理过程中产生的臭气，需在污水处理站和生化堆肥系统设计有生物除臭系统，通过管道将区域所产生的臭气统一收集后，采用生物滤池法除臭工艺进行除臭处理，除臭效率大于 90%。根据同类生活垃圾焚烧发电厂的实际运作效果，在采取上述措施后，收集处理过程中臭气逸散量很少。

4）固体废物污染源分析。根据类比，垃圾处理基地营运期产生的固体废物主要包括垃圾焚烧过程产生炉渣、飞灰，烟气净化系统的布袋除尘器产生的废布袋，污水处理站污泥和员工生活垃圾。

a. 炉渣。垃圾焚烧炉渣与垃圾的成分有很大关系，炉渣产生系数一般按照处理垃圾量的 20%，则处理基地炉渣产生量为 300t/d（10×10^4t/a）。

b. 飞灰。飞灰主要指余热锅炉的细灰和布袋除尘器收集的粉尘等。飞灰产生系数一般为处理垃圾量的 5%，则处理基地飞灰产生量为为 75t/d（2.5×10^4t/a）。

c. 厂内其他固废。本项目运营过程中厂区污水处理站会产生一定量的污泥，生化堆肥会产生一定残渣，员工也会产生少量的生活垃圾。上述垃圾连同进入基地的生活垃圾一起投入焚烧炉焚烧，做到无害化处理。

5）噪声污染源分析。噪声是由不同频率和振幅组成的无调杂声，它让人烦躁、厌恶，对人体危害极大。按照产生机理可分为空气动力性噪声、机械振动噪声和电磁性噪声。噪声源主要来自设备，如汽轮发电机、锅炉排汽系统、风机、水泵等；另外，车辆也会产生一定的噪声。基地主要噪声源情况见表14-39。

表 14-39　垃圾综合处理基地主要噪声源强

噪声源	治理前声级/dB(A)	治理措施	治理后声级/dB(A)	工况
汽轮发电机组	105~110	室内隔声	约70	连续
空气压缩机	90~95	室内隔声	约70	连续
送风机	85~90	隔声罩、室内	约70	连续
引风机	85~90	隔声罩、室内	约70	连续
搅拌机	80~90	室内隔声	约70	连续
安全阀	95~110	室内隔声	约70	间断
锅炉排汽(瞬时)	95~130	安装双层两级消声器	85	瞬时
冷凝器	85~95	室内隔声	约70	间断
冷却塔	83~86	室外、水池上设吸音装置	72	连续
垃圾吊车	80~90	室内隔声	约70	间断
废渣吊车	80~90	室内隔声	约70	间断
废渣输送带	80~90	室内隔声	约70	间断
振打设备	75~80	室内隔声	约70	间断

④ 死禽死畜卫生处理环境污染分析　根据规划，远期将在垃圾综合处理基地内建设死禽死畜卫生处理，处理规模为30t/d，目前国家层面还没有一套统一的死禽死畜处理办法。不过可以预见的是处理死禽死畜潜在存有臭味污染、污水污染，以及涉及环境安全的事件，其处理难度较高。

根据广州市统一规划部署，广州市拟计划在2015年年底在规划中的广州生态循环经济园区内，建设死禽死畜卫生处理中心，每日处理死禽死畜尸体的能力由目前的60t提高到100t或以上，建成全国乃至全球一流的卫生处理中心，届时广州市死禽死畜卫生处理中心将处理全广州市死禽死畜，因此，本市死禽死畜卫生处理规划没有实施的必要，但可作为远景考虑。

本报告不再就此规划的环境污染做深入分析。

⑤ 建筑垃圾和余泥渣土处置环境污染分析　根据规划报告，近期中心城区余泥渣土依托市域内废旧采石场填埋处置，作为采石场复绿工程一起实施。远期，规划在拟建的垃圾综合处理基地内处置。从近期本市余泥渣土处理已经落实，除了能综合利用的之外，全部依托市域内废旧采石场填埋处置，同时也为采石场复绿工程起了一定的促进作用，环境效益明显，没有存在明显的环境制约因素，环境污染较小。

⑥ 市水域环境卫生管理规划方案环境污染分析　略。

⑦ 环境制约因素分析

1）水环境。从水环境质量调查分析可知，区域水环境尚可，有一定环境容量。

规划实施后，垃圾中转站产生少量的渗滤液经预处理后排入城市污水处理厂，经深度处理后排放，对地表水环境影响有限。垃圾综合处理基地产生的渗滤液等各类污水均经过基地自建的污水处理系统深度处理后，作为中水回用，不外排，不会对区域的地表水产生影响。

规划的垃圾综合处理基地和转运站，储存和收集垃圾或渗滤液的设施全部经过专业设计防渗、防漏，不会对地下水的构成明显的威胁。

综上所述，规划实施不存在明显的水环境制约因素。

2) 环境空气。从环境空气质量现状调查分析可知，区划环境空气质量尚可，符合环境空气功能区的要求，且有一定的环境空气容量。

规划实施后，垃圾中转站及垃圾运输过程中，不可避免产生一定的臭味影响，但通过实施规范化、标准化的中转站建设和管理，以及运输车辆的封闭、定期清洗的措施后，可将臭味影响降到最低程度。垃圾综合处理基地内生活垃圾焚烧电厂排放的烟气均经过国内目前最先进的处理工艺处理后达标排放，对外环境的影响有限。基地设置不少于 300m 的防护距离，防护距离内不得建设对环境敏感的建筑物，可将基地边界臭味影响控制在可接受的范围内。

综上所述，规划实施后不存在明显的环境空气制约因素。

3) 生态环境。规划的垃圾处理基地占地面积相对较大，规划实施不可避免对选址区域的生态环境造成破坏。推荐的选址地块部分土地已是环卫设施用地，只需相对较少地征用部分林地。因此，规划的垃圾处理基地选择和建设对生态的破坏较小，生态环境的制约因素较少。

(5) 区域发展现状调查

(略)。

(6) 区域环境质量现状调查

(略)。

(7) 环境目标与评价指标体系

① 指标体系的构建思路

1) 指标体系特征

a. 指标应反映规划的内容与目标。

b. 政策相关性。指标必须反映出国家及广东省、广州市及相关园区的政策要求，能够说明环境质量变化趋势或改善程度及资源利用情况。

c. 指标的高度综合性及数值的定量化。

d. 科学性和可操作性。应具有明确的科学内涵、较好的度量性。

e. 应当遵循完整性、可操作性、可分解、无冗余、尽量减少目标数量等原则。

2) 指标设置的基本思路。指标体系的功能应包含 3 个方面：a. 行业引导。能体现垃圾处理行业清洁生产及循环经济发展要求，贯彻垃圾处理发展可持续性内涵。b. 影响识别。应能识别规划本身实施过程中对该地区环境产生的具有宏观性、区域性的因子，体现针对该影响因子而提出的环境目标。c. 问题约束。应能反映地区发展现状存在的资源及环境制约因素，作为地区行业发展的限制性指标。

② 指标的提出与筛选过程

a. 清洁生产标准与指标：针对生活垃圾焚烧，选取同行业生活垃圾焚烧业清洁生产标准：生产工艺与装备要求、资源能源利用指标、污染物产生指标、产品指标、环境管理等 5 部分，主要参考了北京、上海以及广东等已经开展的城市垃圾综合处理基地的情况。

b. 相关环评技术导则推荐指标及相关的规范要求。

c. 省、市及地方的政策、法规要求。

③ 最终确定的指标体系　针对最后确定的指标，设定总分值为 100，通过专家咨询逐层确定各指标的权重。综合分析专家意见和问卷结果，得出本规划的评价指标体系，见表 14-40。

表 14-40　评价指标体系（2020 年）

环境主题	环境目标	评价指标	评价要求
生活收运及处置	促进形成逐步形成"源头减量、分类收集、分类运输、综合处理"的城乡一体化生活垃圾收运处理系统	生活垃圾收运容器化率	100%
		生活垃圾收运机械化率	100%
		生活垃圾收运减量化率	10%
		垃圾分类收集、分类运输	80%
		资源化利用率/%	70%
		无害化处置率/%	100%
		焚烧综合处理垃圾减容量	＞80%
处理基地必备环保设施	通过环保设施减低污染物排放,保护环境	渗滤液处理系统	建设
		烟气净化系统	旋转喷雾反应塔＋活性炭喷射＋布袋除尘＋SNCR
		炉渣	最大限度的回收利用
		飞灰	无害化
大气环境	控制空气污染物的排放及空气污染	处理吨垃圾废气排放量(标态)(m³/t 垃圾)	＜4800
		处理吨垃圾 SO_2 排放量(标态)(kg/t 垃圾)	＜0.45
		处理吨垃圾烟尘排放量(标态)(kg/t 垃圾)	＜0.15
		处理吨垃圾 NO_2 排放量(标态)(kg/t 垃圾)	＜1.1
		重金属排放浓度(标态)(mg/m³)Pb＋As＋Sb＋Cu	＜1.6
		二噁英类排放浓度(标态)(ng. TEQ/m³)	＜1.0
		特征大气污染物排放达标率/%	100
		评价区域主要空气污染物浓度	符合功能区质量标准
		空气质量超标区面积及占区域总面积比例	0
		暴露于超标环境中的人口数及比例	0
水环境	控制水污染物排放及水环境污染	处理吨垃圾废水排放量/(m³/t 垃圾)	0
噪声	控制工业区噪声水平	基地边界噪声平均值/dB(A)(昼/夜)	昼 60;夜 50
固体废物	固体废物的生成量最小化,减量化及资源化	工业固体废物综合利用率/%	—
		危险废弃物安全处置处理率/%	100
自然资源与生态环境保护	减少可能造成的不良生态影响	项目实施与生态敏感区临近度	不得位于生态敏感区内,且符合安全距离要求
		项目实施占用的土地性质	不占用农田和特殊保护用地
		项目实施区域水土流失/[t/(km²·a)]	＜500
资源与能源	消耗总量减量化,鼓励使用可再生的资源及废物的资源化利用	处理吨垃圾用水量/(m³/t 垃圾)	3.0
		工业用水重复利用率/%	≥70
环境安全	环境安全	环境安全	零发生
清洁生产和循环经济	清洁生产和循环经济	炉渣	综合利用
		废水	中水回用
社会经济	规划布局资源利用	符合相关规划要求	符合国民经济与社会发展等相关规划要求,不对区域水、土地、交通等产生重大不良影响,带动区域社会经济与环境发展
		与相关资源需用方相协调	
		带动区域社会经济与环境发展	
		履行经济环境社会责任	
其他	企业管理科学化及提高精神文明程度	公共和配套设施完善程度	完善
		企业管理水平	各类认证,管理科学化
		公众对环境的满意率/%	＞95

（8）环境承载力分析与污染物总量控制

① 水环境承载力分析

1）水环境承载力计算方法

  a. 污染物排放量计算。各水功能区规划水平年的污染物排放量主要考虑进入规划划定的水功能区的污染物量，以排入水功能区的废污水量与污染物排放浓度的乘积来计算。

  b. 污染物入河量计算。入河量是指工业废水和生活污水中的污染物通过一定的方式最终进入流域水功能区的数量，规划水平年各水功能区污染物入河量按污染物排放量乘以入河系数得到。

  规划水平年入河系数是在综合考虑了地区城市污染控制规划以及其他相关规划研究成果的基础上，主要影响因素为城市集中污水处理率的提高与收集管网覆盖率的提高，结合现状入河系数调整数据得到的发展趋势。广州市 COD 入河系数取 76.55%，氨氮入河系数取 100%。

  c. 纳污能力计算。假设有一个长度为 L 的顺直河段。由于污染物一般是沿河岸分多处排放的，即河段内可能存在多个排污口。鉴于规划的远期水平年期间各排污口的设置位置具有不确定性，故需要对排污口进行概化，即将计算河段内的多个排污口概化为一个集中的排污口，该排污口位于该河段的中点处，相当于一个集中源，其排放量等于该河段所有排污口的汇总排放量。该集中点源的实际自净长度为河段长的一半，即 $L/2$。因此，对于该河段的出口断面，其污染物浓度表达式为

$$C_{\mathrm{L}} = C_0 \mathrm{e}^{-k_1 L/u} + \frac{W_{\mathrm{p}}}{Q_{\mathrm{r}}} \mathrm{e}^{-k_1 L/(2u)} \tag{14-1}$$

式中 C_{L}——河段出口断面污染物浓度，mg/L；

   C_0——河段起始断面污染物浓度，mg/L；

   L——河段长度，m；

   u——河段断面平均流速，m/s；

   W_{p}——该河段的入河污染物总量，kg/d；

   Q_{r}——河段流量，m³/s；

   k_1——该河段污染物降解速率系数，1/d。

  根据纳污能力的概念可知，该河段的纳污能力 W_{s} 为

$$W_{\mathrm{s}} = (C_{\mathrm{s}} - C_0 \mathrm{e}^{-k_1 L/u}) \mathrm{e}^{k_1 L/(2u)} Q_{\mathrm{r}}$$

  如果河段为感潮河段，还应考虑潮汐作用的影响。

  d. 污染物削减量计算。若规划水平年污染物入河量小于纳污能力，则以污染物入河量作为其入河控制量；若规划水平年污染物入河量大于纳污能力，则污染物入河量应削减，以纳污能力作为污染物入河控制量。

  2）水环境承载力分析结论。本规划中各备选方案中的垃圾焚烧厂废水要求尽可能回用，渗滤液蒸发废水与焚烧发电部分的废水集中处理至《城市污水再生利用工业用水水质》（GB/T 19923—2005）的循环冷却水补充用水水质标准后回用，正常工况下实现废水零排放。另外，垃圾转运站会产生少量的渗滤液，经预处理达标后排入所在区域的污水处理厂，经深度处理后排放，该股废水量较小，所占水环境容量有限。

  因此，本规划实施后不会明显增加规划区内的污水、废水污染物的排放量，不会给规划区水环境承载力带来明显影响。

  ② 环境空气容承载力分析

  1）大气环境容量。由于大气没有边界，一定空间区域内外的污染物互相传输、互相影响。鉴于气象条件和污染物排放的复杂性，准确计算区域大气环境容量十分困难，需要对边

界条件做一定的简化并借助相关的数学模型进行估算。

  a. 分析因子。根据国家对污染物排放总量控制的要求，选择 SO_2、NO_2、PM_{10} 作为环境空气容量分析因子。

  b. 分析范围。大气环境容量的分析范围主要根据本规划的占地范围、大气影响预测的范围以及周围有无重大污染源等综合考虑，确定分析范围是整个市域。

  c. 环境空气功能分区及浓度限值。评价区环境空气功能区有一类区和二类区，执行《环境空气质量标准》（GB 3095—2012）的一级标准和二级标准。

  d. 计算方法。采用地区系数法（A 值法）计算地区 SO_2 等原生污染物大气理想容量

  e. 计算结果。计算得到规划范围内空气污染物的环境容量（见表 14-41）和二类区大气环境容量利用的剩余容量（见表 14-42）。

表 14-41 本市理想大气环境容量计算结果

功能区		面积/km²	$SO_2/10^4$ t	$NO_2/10^4$ t	$NO_x/10^4$ t	$PM_{10}/10^4$ t
一类区	总量	866	0.71	1.42	1.90	1.42
	低架源		0.18	0.36	0.47	0.36
二类区	总量	1119.25	4.53	1.81	2.42	4.53
	低架源		1.13	0.45	0.60	1.13
合计	总量	1985.26	5.24	3.23	4.31	5.95
	低架源		1.31	0.81	1.08	1.49

表 14-42 二类区剩余大气环境容量   单位：万吨

年份	分类	二氧化硫	氮氧化物	可吸入颗粒物
2010 年	总量	4.47	2.39	4.40
	低架源	0.78	0.58	1.00
2015 年	总量	4.18	2.26	3.71
	低架源	0.78	0.45	0.31
2020 年	总量	4.18	2.26	3.02
	低架源	0.49	0.86	−0.38
2025 年	总量	3.46	1.96	4.53
	低架源	0.06	0.68	−1.41

  2）规划实施的大气环境承载能力分析。本规划大气污染物排放主要集中在综合处理基地。根据规划方案分析，以 2020 年为例，估算大气污染物新增排放量所占环境容量的比例，估算结果见表 14-43。

表 14-43 本规划主要大气污染物排放量所占二类区环境容量的比例

指　　标	总量		
	SO_2	NO_x	PM_{10}
大气污染物新增排放量/(t/a)	237.9	356.8	23.8
大气环境容量/(t/a)	41800	22600	37100
新增污染物排放量占环境容量比例/%	0.569	1.578	0.064

  由表 14-43 可知，本规划大气污染物的排放量所占区域环境容量的比例很小，为其他项目的建设留有充足的剩余环境容量空间。因而，可将其作为本规划大气污染物总量控制建议指标。

  ③ 污染物总量控制 总量控制是一个区域性概念，但是本规划最终涉及污染源排放的是定点后的综合处理基地，类似于一个建设项目。在该类型的环评中进行总量控制分析与评价，无论从评价范围、时间、资金、技术等方面，都难以达到区域总量控制的深度。因此，

此处的总量控制可理解综合处理基地排放污染物的最大允许排放量。

1）污染物总量控制指标的确定

污染物总量控制指标的确定原则：区域污染物总量控制要求；区域环境保护目标和环境本底；项目主要污染物排放浓度和排放量；区域环境承受能力。

根据《"十一·五"期间全国主要污染物排放总量控制分解计划》，国家实施污染物排放总量控制的指标有 2 项，分别为 SO_2 和 COD_{Cr}。

自 2009 年 5 月 1 日起，广东省人民政府对省内排放 SO_2、NO_x、VOCs、PM_{10} 等主要大气污染物实施总量控制制度。

本规划实施总量控制主要针对垃圾焚烧，确定规划的总量控制的指标如下。

大气污染物指标（3 个）：SO_2、NO_x、PM_{10}。

废水污染物指标（1 个）：COD_{Cr}。

根据类比同类垃圾焚烧项目，此类项目有 HCl、二噁英类、铅、汞等特征污染物，建议在项目环评时纳入总量控制。

2）大气污染物总量控制分析。垃圾焚烧项目的烟气治理措施目前大多采用半干式中和塔＋布袋除尘的方式后，SO_2、PM_{10}、HCl、二噁英类等污染物控制效果完全可以达到《生活垃圾焚烧污染控制标准》（GB 18485—2001）的标准要求。

本评价以最不利的情景考虑规划实施后（2020 年焚烧处理规模为 1500t/d）的总量控制因子，经处理后的垃圾综合处理中心烟气中主要污染物排放量（即总量控制建议指标）见表 14-44。

表 14-44　大气主要污染物总量控制建议指标

项　　目	SO_2	PM_{10}	NO_x	HCl	二噁英类	Pb＋Sb＋As＋Cr＋ Co＋Cu＋Mn＋Ni＋V
总量控制建议指标/（t/a）	237.9	23.8	356.8	118.9	0.24gTEQ/a	2.4

3）水污染物总量控制分析。本评价要求，综合处理基地实行生产废水零排放，水污染物总量控制指标为 0。

4）固体废物污染物总量控制分析。垃圾焚烧产生的固体废物主要是飞灰和炉渣，其中，飞灰产生最大量为 $2.5×10^4$ t/a，炉渣产生最大量为 $10×10^4$ t/a。

本规划环评要求，炉渣应在厂内建综合利用设施，全部综合利用；飞灰在厂内固化后经检测达到《生活垃圾填埋场污染控制标准》（GB 16889—2008）后（含水率＜30％；二噁英含量＜3μgTEQ/kg；按照 HJ/T 300 制备的浸出液中危害成分浓度低于 GB 16889—2008 表 1 规定的限值），送至填埋场填埋，若不符合 GB 16889—2008 的飞灰，则送往垃圾填埋场危废处理中心处理。

因此，建议本项目固体废物的总量控制指标为 0。

（9）环境影响预测、分析及累积性生态风险评价

① 环境空气影响预测与评价　略。

② 水环境远期影响预测与评价　略。

③ 突发性风险评价及应急预案

1）垃圾焚烧项目安全事故及风险统计分析。垃圾焚烧发电是发达国家于 20 世纪 70 年代开始兴起并在全世界范围内逐步发展起来的环保行业。美国从 80 年代起先后投资 20 亿美元兴建了 90 座，总处理能力达 $3000×10^4$ t/d 的垃圾电厂，到 1990 年已发展到 400 座焚烧厂、焚烧率达 18％；英国于 70 年代初在伦敦市埃德蒙顿建立垃圾焚烧发电厂，后来在诺丁

汉·泽西及考文垂各郡都先后建起了比较大的垃圾电厂；法国现有垃圾焚烧炉300多台，可处理40%以上的城市垃圾；德国在1998年有垃圾焚烧炉75台；我国澳门已建一座3×290t/d的垃圾电厂，1992年投入运行，实现了澳门垃圾的全部焚烧处理；深圳市市政环卫综合处理厂已于1988年投入运行，其主要设备有3×150t/d三菱重工马丁式焚烧炉，3×13t/h双锅筒自然循环锅炉（三菱重工引进），4MW汽轮发电机组（杭州汽轮机厂及杭州发电设备厂产品）。随后，在广州市、珠海、佛山市南海区、中山等地以及上海、天津、重庆、浙江省等地也纷纷建成了一座座垃圾焚烧发电厂。但到目前为止，还未见有关垃圾焚烧发电厂发生重大环境污染事故的报道和统计。

2010年1月7日9时30分左右，广州李坑生活垃圾发电厂一号锅炉冷壁管发生爆炸。据初步调查，事故原因是一号锅炉水冷壁部分对流水管受到腐蚀而未及时更换。水管破裂时，焚烧炉及锅炉立即自动停炉，溢出的大量气体为高温高压的水蒸气。环保部门现场监测结果表明，该事故没有对周边大气环境、水环境造成明显影响。

2）突发事故环境风险识别

a. 物质风险识别。本项目营运过程中涉及的污染物主要有飞灰、二噁英，属于危险废物。在焚烧炉出现故障或烟气净化设施效率降低时，含有二噁英等有害物质的烟气可能存在超标排放的情况。垃圾焚烧烟气中重金属与二噁英存在形式及其危害见表14-45。

表14-45　垃圾焚烧烟气中重金属与二噁英存在形式及其危害

成分	存在形式	对人体健康的危害
镉	气、固态	致癌性，主要对肾脏、细胞、骨组织均有损伤，同时导致贫血，临床表现为骨质疏松、软骨症和骨折，即所谓"痛痛病"
铅	固态	对神经系统、智力、造血系统、生殖系统、心血管系统均有影响，临床表现为贫血、神经功能失调和肾损伤
铬	气、固态	致癌性，对皮肤和消化道具有强烈的刺激和腐蚀作用，对呼吸道也能造成损害
汞	气态	致畸、致突变作用，无机汞对消化道黏膜具有强烈的腐蚀作用，烷基汞可在人体内长期滞留，引起"水病"
二噁英	气、固态	致癌、致畸、致突变作用，其毒性相当于氰化钾的1000倍，是世界上最毒的物质之一

二噁英在啮齿类动物中产生的毒性效应包括：氯痤疮，衰竭综合征，肝毒性，致畸毒性，生殖和发育毒性，致癌，神经和行为毒性，免疫抑制，体内多种代谢酶的诱导，内分泌系统的干扰等。在人类由于职业接触或意外事故观察到的症状主要有：氯痤疮，肝损害，卟啉血症，感觉障碍，精神障碍，食欲减退，体重减轻且接触人群肿瘤发病率升高（其中2,3,7,8-TCDD已被美国环境保护署确证为一级致癌物）。

二噁英类化学物质对人体的毒性作用主要包括以下几个方面。

（a）氯痤疮：1897年第一次描述了因二噁英发生氯痤疮的病例。20世纪30年代，成为制药厂制造多氯联苯农药工人的职业病，60年代才予以确证。病人皮肤出疹，出现囊泡、小脓疱，重者全身疼痛，可持续数年。实验动物研究显示，当二噁英量达到23~13900ng/kg时，就发生氯痤疮，人则仅需96~3000ng/kg才发病，高于美国市民含量的7倍，美国环境保护署（EPA）的研究是3倍。

（b）癌症：二噁英被列为国际癌研究所致力研究的强致癌物质之一，被列为一类致癌物，也是一种致命的致癌物质。1988年，美国发表了全球第一个二噁英危险评价公报，指出一万个癌症病人中，就有一个是因二噁英引起的。1995年，该报告的第二版将这个数值修定为1/1000。5份回顾性研究结果显示，人生活在二噁英污染的环境中，易发生癌症，其原因是偶然污染或食物原因。某些特定的人群中，当二噁英达到109ng/kg时，易发癌症，超过 8 倍时，发生率就更高。

（c）影响行为和学习紊乱：狨猴实验证实，幼猴的学习能力降低，当积蓄量达到美国人平均值时，学习紊乱。处于正常值范围内的人，尚未发现中枢神经紊乱症。

（d）糖尿病：2 份报告证实因污染二噁英而发生糖尿病，美国空军的研究也得到同样的结果。体内积蓄达到 99～140ng/kg 时糖尿病的发生率增加。对糖的调节机能降低。

（e）致畸胎作用：二噁英对人的致畸胎作用尚未得到证实，但在小鼠已经证明二噁英及其类似物可以引起腭裂、肾盂积水、先天性输尿管阻塞等。

二噁英类化学物质的环境转移及分布特征如下。

对于二噁英化学物质的环境转归及分布目前还不完全清楚。

对二苯并二噁英/呋喃而言，在土壤、底泥、水体和空气的二苯并二噁英/呋喃由于它们的高脂溶性和低水溶性，主要与微粒或有机物结合。它们一旦与微粒发生结合，就很少发生挥发或被过滤去除。一份对氯代二苯并二噁英/呋喃在气/微粒相分布的研究资料显示，高氯代同系物（如六和七氯代物）主要分布于微粒相；而低氯代同系物（如四和五氯代物）则更显著地分布于气相（虽然不为主要），这与 Bidlemam（1988）的气/微粒相理论分布模式是一致的。已有资料表明，氯代二苯并二噁英/呋喃在很多环境条件下相当地稳定，尤其是四和更高氯代的同系物，可在环境中存在数十年之久。它们在环境中唯一发生的显著转化过程，就是那些在气相或土-气或水-气交界面的未与微粒结合的物质发生的光解反应。进入大气的二苯并二噁英/呋喃或者通过光解去除，或者发生干或湿沉降。

在土壤中的氯代二苯并二噁英/呋喃有小部分会挥发，但它们主要的转归还是吸附于土壤存在于接近土壤表层的部位，或者由于土壤层的破坏而进入水体，或者吸附于微粒重新悬浮于空气。进入水体的氯代二苯并二噁英/呋喃主要吸附沉积于底泥中。环境中氯代二苯并二噁英/呋喃的最终归宿是水体底泥。

b. 生产装置风险识别。垃圾焚烧厂的主要设备存在的风险主要是因为设备老化发生粉尘、热量的泄漏，给操作工人带来安全风险，以及设备开关机和故障时的环境风险，具体表现为以下几方面。

（a）在焚烧炉启动过程一直投入辅助燃料（轻柴油），此时烟气中主要污染物为 SO_2，其排放量比正常燃烧时有明显增大。将对附近环境造成一定的影响，但影响不大。

（b）焚烧炉启停过程烟气流量、烟温异常。烟气处理装置内的设置有监控装置，会及时提示操作人员，此时可关机或调整焚烧炉内燃烧状况至正常都是很容易实现的也是安全的。而且在焚烧炉熄火关闭过程中时，要投入辅助燃料（轻柴油），使炉膛内烟气温度始终保持在 850℃，烟气停留达到 2s，因此，从理论上说，绝大多数有机物均能在焚烧炉内彻底烧毁，也能使燃烧产生的二噁英绝大多数分解，就像正常焚烧炉正常运行工况。因此，焚烧炉启停过程中其影响是瞬时、短暂的。

（c）焚烧炉出现故障，导致炉膛内温度无法达到 850℃或烟气在炉内停留时间不到 2s，会造成二噁英污染物排放量增大。

（d）布袋除尘器损坏、烟气处理系统失灵时，将对附近环境造成一定的影响，大气污染物中烟尘、Hg、二噁英的排放量比正常排放时有明显增大。但由于一般垃圾焚烧设施采用的布袋除尘器共有多个腔体，为并联使用，当其中一个出现故障，会立即关闭进行紧急维修，但其余几个腔体仍旧正常工作；烟气处理用活性炭设施也应有备用，避免烟气净化系统一旦发生故障时污染物就全部泄漏的风险。

（e）飞灰运输事故潜在危险性。飞灰运输罐车事故，严重的导致储罐破裂，飞灰进入沿途水体、土壤等，污染环境。

（f）火灾、爆炸事故潜在危险性。

以上非正常排放可通过加强日常的严格、科学的管理，减少污染物排放量，降低环境污染风险。

c. 环保设施风险识别。类比一般垃圾焚烧项目，环保设施主要是垃圾焚烧发电厂的除尘设施及渗滤液处理设施。

d. 垃圾储坑风险识别。垃圾卸料平台：垃圾卸料平台布置在主厂房，紧贴垃圾储坑，为了防止臭气外泄影响环境空气，采用室内型，每个卸料口选用电动液压形式的自动门尽量减少气体交换。一旦负压装置出现故障，可能会出现恶臭气体泄漏的现象。

垃圾储坑底部采用倾斜设计，倾角为 2.5°以上，并在卸料平台底部设置一排拦污栅。渗滤液通过拦污栅进入导排沟内，最后汇集至渗滤液调节池，由泵送至渗滤液处理系统。

储坑设有自动垃圾抓斗、全封闭、负压状态、防渗，不会出现渗漏的情况，但若出现防渗层破裂后，会对地下水产生影响。

3）突发大气环境风险影响预测。从前述突发性风险识别可知，垃圾焚烧项目最可能产生的突发环境事故为烟气处理系统出现事故，未经处理的烟气直接排放，导致烟尘、HCl、二噁英类、Cd 等以高浓度直接排放。

事故时间一般在 15min，分别预测不同时间下 IDLH 浓度（立即威胁生命和健康浓度）出现的距离，短时间允许接触浓度出现的距离；在 IDLH 浓度出现的范围内的人员应搬迁，在短时间接触浓度范围的人员应在事故发生后撤离。

突发风险环境评价标准见表（略），根据《环境风险评价技术导则》推荐的多烟团模式进行预测，预测结果见表（略）。根据预测结果可知，在突发环境事故情况下，各污染物因子不会出现 IDLH 浓度范围，二噁英类未出现超出短时间接触容许浓度点，未出现 0.4mgTEQ/Nm³ 的区域。由此可见，在烟气不处理直接排放的情况下，对环境有一定的影响，但属于可控制的范围。

4）突发水环境风险影响分析。垃圾收运处理系统的水环境风险主要表现为：垃圾储存坑防渗层破裂对地下水的影响、暴雨季节的洪涝灾害。

垃圾储存坑为封闭式的钢筋混凝土结构，坑内的上方空间设有强制抽气系统，以控制臭味和甲烷气的积聚，并使垃圾储存坑区设有负压装置。

垃圾储坑采用抗渗混凝土进行防渗，储存坑底部为倾斜设计，并设置污水管道收集系统。

由上述描述可知，垃圾坑防渗材料的防渗防腐作用是可靠的。尽管防渗膜物料的老化一般为 15～20 年，因为静铺场地，没有尖硬物搅动防渗膜，其防渗功能依然起着作用，故垃圾渗滤液不会渗入地下水。

当焚烧炉处理设施出现故障停止运行时，事故应急池和渗滤液调节池即成为缓冲池，此时厂内污水及垃圾渗滤液不会流出厂外污染环境。

5）突发环境事件防范措施

a. 收运系统环境风险防范措施整体要求。严格按照《生活垃圾转运站技术规范》CJJ 47—2006 的相关要求开展转运站的建设。

为了减少垃圾运输对沿途的影响，需采取以下措施。

（a）采用符合《当前国家富力发展的环保产业设备（产品目录）》（2007 年修订）主要指标及技术要求的后装压缩式垃圾运输车，运输车需密闭且有防止垃圾渗滤液滴漏措施，对在用车加强维修保养，并及时更新垃圾运输车辆，确保垃圾运输车的密封性能良好。

（b）定期清洗垃圾运输车，做好道路及其两侧的保洁工作。（c）合理设计垃圾运输路线，尽可能缩短垃圾运输车在敏感点附近滞留的时间，避免在运输道路两旁 30m 范围内新建办公、居住等敏感场所。

（d）每辆运输车都配备必要的通讯工具，供应急联络用，当运输过程中发生事故，运输人员必须尽快通知有关管理部门进行妥善处理。

（e）加强对运输司机的思想教育和技术培训，避免交通事故的发生。

b. 烟气净化设施风险防范措施。半干式反应塔内未反应完全的石灰，可随烟气进入除尘器，若除尘设备采用袋式除尘器，部分未反应物将附着于滤袋上与通过滤袋的酸气再次反应，使脱酸效率进一步提高，相应提高了石灰浆的利用率。

重金属以固态、液态和气态的形式进入除尘器，当烟气冷却时，气态部分转化为可捕集的固态或液态微粒。所以，垃圾焚烧烟气净化系统的温度越低，则重金属的净化效果越好。

城市生活垃圾中含有氯元素、有机质很多，因此，锅炉出口的烟气中常含有二噁英类物质（PCDD、PCDF）以及其他有机污染物，应优先采取控制焚烧技术避免二噁英的产生，可采取以下措施。

（a）在焚烧过程中对垃圾进行充分的翻动和混合，确保燃烧均匀与完全；

（b）控制炉膛内烟气在 850℃ 以上的条件下滞留时间大于 2s。保证二噁英的充分分解；

（c）尽量缩短烟气在 300～500℃ 温度区的停留时间，减少二噁英类物质的重新生成。

（d）将活性炭喷入反应塔后的烟气管道中，用以吸收烟气中的二噁英，然后再经过袋式除尘器，保证吸附的充分性。采用半干法净化工艺，活性炭喷入装置设置在除尘器前的管道上，干态活性炭以气动形式通过喷射风机喷射入除尘器前的管道中，通过在滤袋上和烟气的接触进行吸附去除重金属和二噁英类物质。

c. 工艺和装置中采取的防火、防爆措施

（a）厂房中采取的防火措施。根据主厂房的功能及建筑特点，在防火设计上采用在厂房内设置室内消火栓并配备手提式灭火器的方法，用以厂房内的防火需要，消火栓处设置了手动报警装置；在垃圾料斗的上部设置消防淋水。在锅炉进料口处还专门设置了消防水炮，用于进料口处的自动灭火设施；在配电室及主控制室还配置了手提式气体灭火器，以防止电气火灾的发生。

（b）防电击、防火、防爆等安全防范措施。低压厂用配电系统采用中性点直接接地的 TN-S（或 TN-C-S）系统。插座回路及移动式用电设备均采用防漏电保护装置供电。

在重要场所安装应急照明灯，在疏散通道及出口处，安装疏散指示灯及出口标志灯。检修用便携式工作灯及隧道等潮湿场所的灯具，采用 36V 安全电压。安装高度低于 2.4m 及锅炉本体照明采用不高于 36V 的安全电压供电。

主厂房、烟囱、油库、冷却塔等建（构）筑物装设避雷装置。大型金属设备及管道均应接地，并利用梁、柱及基础内的钢筋构成接地网。防止雷电侵袭。

所有电气设备正常不带电的金属部分均应接地。输油管道等应做防静电跨接。

在散发爆炸性、腐蚀性和有害气体的房间，通风机采用防爆型排风机。

（c）空压储罐的防爆措施。对于空压储罐设备和管道，根据介质的压力和温度，对设备、管道材质和壁厚以及阀门的选择，留有足够的安全裕度。

d. 垃圾储坑实行密闭负压操作的防风险措施。垃圾储存坑结构按密闭厂房设计，各个泄漏点为垃圾进料门和料斗平台消防通道门（该门为密封门），燃烧所需空气由一次风机从垃圾坑抽取，本项目设 3 台风机，保证垃圾坑保持微负压状态（约 5mm 水柱）。

e. 减少二噁英产生的风险防范措施。在入炉垃圾中严格防止工业废弃物混在生活垃圾中，特别是含氯高的废弃物如合成皮革、电缆皮、化工废弃物等。同时控制含铜等金属废料进入垃圾储坑。当发现以上垃圾较多时，马上将以上垃圾用抓斗抓到一处集中，然后将其清理出垃圾储坑，送往专门的危险废物焚烧厂或填埋场处理。

当二燃室温度趋向低于 850℃ 时，DCS 控制室声光报警，告之操作员，注意调节温度控制步骤。必要时自动启动油泵向燃烧室内喷入燃油，以帮助提高二燃室温度，防止二噁英分解不完全。只有当温度高于 850℃ 时，声光报警才会消失。

当烟气出口氧气含量趋向低于 6% 时，DCS 控制室声光报警，告之操作员，注意调节氧量，提高送风机出力。必要时，DCS 启动自动控制方式，调高送风机变频器的频率。防止低氧量时二噁英分解不完全。只要当氧量高于 6% 时，声光报警才会消失。

活性炭储存罐设置料位检测装置，并在 DCS 上显示。当料位低时，DCS 声光报警，提醒添加活性炭。只有当料位高于危险料位时，声光报警才会消失。

f. 水环境风险防范措施。水环境风险方面，基地应设置污水处理缓冲池其大小至少同时满足 2d 基地污水的容量全基地污染区域的初期雨水量；按照 CJJ 90—2009 基地设有柴油罐，应设有消防废水收集池不小于消防废水的最大产生量，全基地应设有水污染事故的应急预案。

g. 应急预案：略。

综上所述，本规划方案实施过程环境风险可控，如严格执行本报告提出的环境风险减缓措施，加强生产管理，保证生产安全，则本规划方案的环境风险可以接受。

④ 累积性生态风险分析　垃圾处理对生态环境的累积性影响主要表现为：其一，SO_2、NO_x 进入大气环境后随降雨形成酸雨，影响生态环境系统；其二，二噁英类、重金属铅、汞、镉等进入环境中，在生态系统中累积，影响土壤质量、毒害现有植被，通过摄食在食物链中富集、放大，造成毒害作用，进而影响到整个生态系统安全。

本规划的 SO_2、NO_x 的排放量占本市大气环境二类区剩余容量的 0.57%，1.58%，将会略为增加本市酸雨频率，但所增加的酸雨量对生态环境造成的影响极小。

二噁英类为持久性污染物，可进入食物链中富集、放大，本规划排放二噁英贡献最大值仅占标准值的 0.08%，在生态系统中累积影响的贡献值极小。

对于垃圾收运站、垃圾处理中心、垃圾应急系统在设计、建设过程中，应可能融入现代美学观念，与周围景致协调，尽量减少对原有生态景观的破坏。

⑤ 固体废物环境影响分析　本规划的固体废物主要为垃圾焚烧设施产生的炉渣、飞灰、废弃活性炭。

1）炉渣处理。炉渣是由陶瓷、砖石碎片、石头、玻璃、熔渣和其他金属及可燃物组成的不均匀混合物。炉渣的矿物组成较简单，主要为 SiO_2、$CaAl_2Si_2O_8$ 和 Al_2SiO_5，也含少量的 $CaCO_3$、CaO 和 $ZnMn_2O_4$ 等。由此可知，炉渣的化学性质比较稳定，耐久性比较好。分别用我国标准浸出方法和美国 TCLP 浸出方法测得的炉渣浸出毒性试验结果，炉渣的重金属浸出浓度均很低，处置和利用时对环境可能造成的危害不大，从这个角度看，炉渣的资源化利用前景十分乐观。

炉渣中的铁和有色金属可回收利用，大量研究和工程实践表明，对炉渣进行适当的预处理以满足建筑材料所规定的技术要求后，炉渣的资源化率用，如道路基层和底基层骨料、填埋场覆盖材料和石油沥青路面或水泥/混凝土的替代骨料等是完全可行的，并且只要管理得当,可以做到不对环境造成影响。

2)飞灰处理

垃圾焚烧后,经脱硫和吸附处理后的飞灰中含有重金属,如 Zn、Pb、Hg、Cd 及二噁英等,这些金属呈阳离子或氧化物或原子状态,很容易在水中浸出,应按危险废物处理。

焚烧飞灰按危险废物处理,严格执行《危险废物储存污染控制标准》(GB 18596—2001)的有关规定,对焚烧飞灰采用浓相气力输送。焚烧飞灰在产生地必须进行必要的固化和稳定化处理之后方可运输,飞灰:水泥=100:20(质量比),喷入适量水泥(约飞灰+水泥之和的 10%~15%),经检测符合《生活垃圾填埋场污染控制标准》(GB 16889—2008)要求的可填埋,对于不能用该标准要求的固化飞灰应送有资质的单位处理。

3)废活性炭。垃圾焚烧项目产生的废弃活性炭属于危险废物(废物类别 HW18,废物代码 802-005-18),应交由有资质的单位处理。

只要建立和实施固体废物的环境管理制度,对固体废物实行分类管理,并对危险固物作安全处置,将使垃圾焚烧对环境可能造成各种危害的风险大大降低,固体废物对环境的影响是可以接受的。

⑥ 垃圾收集、运输及储存过程影响分析 略。

⑦ 死禽死畜卫生处理环境影响分析 考虑广州市统一规划部署,广州市计划在 2015 年年底在广州生态循环经济园区内,建设死禽死畜卫生处理中心,每日处理死禽死畜尸体的能力由目前的 60t 提高到 100t 以上。因此,本规划的死禽死畜卫生处理规划没有实施的必要。届时只要能够做好死禽死畜运输安全的保障,则死禽死畜处理不会对区域的环境产生明显的不良影响。

⑧ 建筑垃圾和余泥渣土处置环境影响分析 略。

⑨ 市水域环境卫生管理规划环境影响分析 水域环境卫生管理规划是对区域的地表水自净功能提升积极措施,通过落实码头、打捞船、巡视船舶等实施,可减少或避免区域地表水受到外界污染或安全威胁的机会,对地表水系的环境生态影响重大。具体的码头实施时要避开饮用水源保护区,尤其是饮用水取水口,将码头实施对地表水的干扰或污染降到最低程度。

⑩ 现有垃圾填埋场封场后的环境影响分析 填埋场封场后,填埋机械设备产生的噪声已停止,噪声对外环境的影响基本可恢复至填埋前水平;由于封场植被的垦复及水保设施的完善,水土流失得到较好的控制;由于垃圾运输已停止,原由垃圾运输车对进场道路两侧的环境敏感点环境质量影响基本消除。但填埋场封场不等于填埋场运行停止,封场后应继续保留渗滤液处理系统运行管理和导排填埋气体,继续进行填埋气体、渗滤液处理及环境与安全监测等运行管理,直至垃圾降解稳定,无渗滤水、废气的产生。整个填埋堆体达到稳定状态后,其对外环境的影响可降至最低点,但仍必须加强地下水水质跟踪监测,经监测、论证和有关部门审定后,可以对土地进行适宜的开发利用,如作为观赏性苗木基地和青少年环境教育基地。采取上述对策后,填埋场封场后可保证对外环境的影响降到最低程度。

(10)公众参与

(略)。

(11)规划方案的环境保护与管理对策

(略)。

(12)困难与不确定性

① 规划环境影响评价中的困难和不确定性分析

1) 现状资料收集方面的困难。本评价工作力求尽量多收集有关的资料，但由于历史原因，该区域内的历史监测资料不完整，同时因时间较紧、社会发展资料等未能进行全面系统的调查，可能遗漏部分信息。但评价基本上把握了关键信息，不影响总体评价结论。

2) 统计数据处理方面的不确定性。评价中使用的统计数据主要包括两大部分：一部分是规划资料中的统计数据；另一部分是通过其他渠道收集的统计数据。由于统计数据的统计口径有一些差异以及规划过程中对规划的修改，部分数据存在一定差异。尽管存在这样的差异，但课题组发现具体数据间的差别一般都不大，同时课题组在遇到统计数据不一致时，尽量通过多种渠道对数据进行校核，总体在规划层面上不影响对规划的把握，不影响评价结论。

3) 相关规划的缺失和不完善。垃圾处理规划环境影响评价的重要内容之一是分析规划和其他相关规划的符合性，即分析评价垃圾处理规划和其他相关规划的相互关系和相互影响，从而避免垃圾处理规划和其他相关规划出现冲突和矛盾。但是在实际工作中常常出现规划范围内相关规划缺失的情况，给分析评价带来一定的困难；有的相关规划不够完善或规划的水平和垃圾处理规划不相对应，或规划范畴不匹配，难于在同一个水平和区域上进行对比和评价使得规划符合性分析工作达不到应有的深度和得出可靠的结论。

4) 环境背景变化和预测的困难。规划中拟实施的规划行为具有较长的时间跨度，在较长的时间跨度内自然环境和社会环境是会发生变化的，尤其是社会环境的变化的可能会相当的大。环境影响评价是要在搞清楚环境背景或称之为现状的情况下，分析、预测即将实施的工程行为可能对环境会产生的影响，为工程的决策提供依据。规划环境影响评价的环境背景可以采用幕景分析的方法进行模拟，但是不可能像环境现状调查一样准确，在环境背景预测的基础上进行规划水平年的环境影响预测，预测的难度无疑是相当大的。

5) 公众参与不确定性。由于规划的概括、全局特性，普通公众很难提出非常宏观的建议，而规划有些内容在编制阶段不便于公开，这也是规划环评公众参与面临的难题。因此，规划环评公众参与往往以专家咨询为主，而普通公众的意见和要求很难充分反映，这是今后需加注意的。

② 解决规划环境影响评价困难和不确定性问题的对策　鉴于规划环境影响评价过程中的困难和不确定性问题，在进行规划环境影响评价时，以及在后续的环境管理中，应有针对性地采取一些对策，以解决这些困难，弥补这些问题带来的环境影响预测的不确定性和评价结论不可靠。为此提出对策如下。

1) 早期介入，与规划同步进行。早期介入是规划环境影响评价的原则之一，由于规划编制时间较早，编制机构对早期介入的理解还不够深入。

2) 体现时间尺度的环境背景调查和预测，采取动态的环境背景分析预测，进行不同规划时间尺度的环境影响预测

规划环境影响应该采取动态的观念分析预测环境背景，预测是建立在了解环境系统运动和变化规律的基础上，运用那些依据过去和现在掌握的有关知识，对规划的行为产生的未来影响的范围、程度、性质和状态及其后果进行估计和推测。规划对环境的影响和后果的估计和推测，是以一定的环境背景为参照的，虽然正常情况下环境的变化是个缓慢的过程，规划环境影响评价在环境背景分析中应该动态地分析过去、现在和将来的环境背景，其目的是对应不同是规划时段预测环境影响时，应采用不同时段的环境背景进行预测。

3) 根据近期和远景规划，实施不同深度的评价。规划的不确定性是不可避免的客观存在，为了避免评价出现过大的失误与偏差，应该根据不同规划水平年的可靠程度，进行不同

深度和精度的评价。近期水平年的规划行为实施的可能性最大，所提出的项目也最有可能上马，所以，在本规划的环境影响评价中，对即将实施的规划内容进行重点分析、评价。

4）广泛参与、多部门合作。由于垃圾处理规划涉及规划区的不同行业和不同部门，因此，在进行规划环境影响评价的过程中，我们广泛争取各部门、各方面人士的广泛的参加和支持。规划环境影响评价的公众参与不仅在项目区，还要在较高的层次上广泛征求对规划的意见，吸纳他们的意见到评价中。

5）环境影响评价的监测和跟踪评价。为了弥补规划环境影响评价可能出现的偏差或不准确等问题，规划环境影响评价的后续工作至关重要。本规划环评加强规划实施过程中的环境监测，掌握环境的变化情况，特别是要进行跟踪评价，评估规划实施后的实际环境影响，对于有近、远时间跨度的规划项目，在近期规划实施以后进行全面的跟踪评价，重新评估原有的环境影响评价结论是否准确，及时发现问题，调整、修订原来的规划或根据评估的结果，补充和完善环境保护措施，以便更好地发挥规划环境影响评价的作用，消除和降低因规划失效造成的环境影响，从源头上控制环境问题的产生。

（13）垃圾收运处理规划综合论证及调整建议

（略）。

（14）环境监测与跟踪评价方案

① 环境跟踪评价　结合此次规划环评评价结论、减缓措施以及存在的不足，提出跟踪评价方案。

跟踪评价方案需至少关注于以下几个方面：规划实施后的实际环境影响；减缓措施是否得到了有效贯彻和实施；确定为进一步提供规划的环境影响所需的改进措施；经验和教训。此次规划各阶段的跟踪计划安排见表 14-46。

表 14-46　跟踪评价计划安排

跟踪评价介入时期	评价目的及内容	实施单位
第 1 阶段，规划近期实施完成后（2016 年）	结合监测资料，对规划近、中期执行情况回顾分析，结合监测资料，分析规划阶段性环境保护目标实施情况；规划与各级规划的符合情况，规划方案的优化调整建议采纳情况；减缓措施的落实情况及有效性分析，并提出下一步实施的建议与措施	垃圾收运系统的主管部门、当地环境主管部门
第 2 阶段，规划远期实施完成后（2020 年）	对规划远期执行情况进行回顾，分析规划阶段性环境保护目标实施情况；规划与各级规划的符合情况，规划方案的优化调整建议采纳情况；减缓措施的落实情况及有效性分析，提出修正措施	
第 3 阶段，远景规划实施完成后（2030 年）	分析市环境质量、环境卫生演变与本规划实施的关系，分析长期的累积影响；提出加强垃圾处理中心、收运系统、垃圾应急系统的环境监管建议与措施	

② 环境监测计划　根据环境影响分析结论，制定区域性监测、管理方案，长期监测规划各阶段实施后的环境影响，并进行监督。监测指标体系参照此次规划环评的评价指标体系、累积影响评价指标体系制订。

监测计划包括此次规划各个实施阶段，每次均应包括建设前期监测、施工期环境监理、各阶段规划实施后监测，具体要求见表（略）。

（15）评价结论与建议

① 规划环评的综合结论　本规划符合《珠江三角洲地区改革发展规划纲要（2008～2020 年）》、符合《××市国民经济和社会发展第十二个五年规划纲要》以及相关城市发展

规划，与《广州市固体废物污染防治规划中期修编》在规划目标、垃圾分类收集、新建垃圾处理处置的要求上是一致的。规划推荐垃圾综合处理基地选址基本符合《广东省环境保护规划纲要（2006～2020 年）》的相关要求，距离饮用水源保护区、环境空气一类区较远，满足区域相关环保规划的要求。

通过对规划推荐垃圾综合处理基地环境影响预测分析可知，在落实了本报告提出的一系列污染防治措施后，垃圾综合处理基地周边环境影响在可接受范围内，综合处理基地的环境风险可控。

公众意见调查统计表明，有关单位、专家及附近居民对本项目的建设持肯定的态度，明确支持本规划的实施的单位和个人占 100％，专家无反对意见，同时提出了切合实际的环境保护要求。规划编制单位认真考虑和研究了公众意见，表示将严格遵守有关法律法规，采取具体可行的污染防治措施和严格的管理制度，控制本规划实施期污染物的排放，保护好区域的生态环境。对公众提出的意见和建议，规划编制单位表示全部采纳，于项目规划实施过程中妥善落实。

② 规划调整建议　略。

练习题

1. 建设项目工程分析的作用是什么？
2. 建设项目工程分析有哪些主要方法？
3. 简述污染影响类建设项目工程分析的基本内容。
4. 简述公路工程建设项目工程分析要点。
5. 简述油田、油气开采项目工程分析要点。
6. 简述航运码头工程建设项目的工程分析要点。
7. 简述水电工程建设项目的工程分析要点。
8. 建设单位应在报批建设项目环境影响报告书前采用什么形式征求有关单位、专家和公众的意见？
9. 需要进行环境影响评价公众参与的建设项目类型有哪些？
10. 建设项目环境影响评价公众参与实行的基本原则是什么？
11. 简述建设项目环境影响评价公众参与的基本要求。

参 考 文 献

[1] 金腊华，邓家泉，吴小明．环境评价方法与实践［M］．北京：化学工业出版社，2005．

[2] 陆书玉 主编．环境影响评价［M］．北京：高等教育出版社，2001．

[3] 环境保护部环境工程评估中心．环境影响评价相关法律法规［M］．北京：中国环境出版社，2014．

[4] 环境保护部环境工程评估中心．环境影响评价技术导则与标准［M］．北京：中国环境出版社，2014．

[5] 环境保护部环境工程评估中心．环境影响评价技术方法［M］．北京：中国环境出版社，2014．

[6] 何德文，李铌，柴立元．普通高等教育"十一五"国家级规划教材—环境影响评价［M］．北京：科学出版社，2008．

[7] 夏海芳．建设项目环境污染防治措施［J］．化学工程与装备，2013，（4）：184-185．

[8] 高廷耀，顾国维，周琪．水污染控制工程．第3版．［M］．北京：高等教育出版社，2007．

[9] 郝吉明，马广大．大气污染控制工程．第2版．［M］．北京：高等教育出版社，2002．

[10] 毛东兴，洪宗辉．环境噪声控制工程［M］．北京：高等教育出版社，2010．

[11] 宋云，尉黎，王海见．我国重金属污染土壤修复技术的发展现状及选择策略［J］．环境保护，2014，42（9）：32-36．

[12] 李社锋，李先旺，朱文渊 等．污染场地土壤修复技术及其产业经营模式分析［J］．环境工程，2013，31（6）：96-100．

[13] 刘兆昌．供水水文地质［M］．北京：中国建设工业出版社，2011．

[14] 国家环境保护总局．地表水环境质量标准（GB 3838—2002）［S］．2002.04.28 发布．

[15] 国家环境保护总局．地下水质量标准（GB/T 14848—93）［S］．1993.12.30 发布．

[16] 国家环境保护部．环境空气质量标准（GB 3095—2012）［S］．2012.02.29 发布．

[17] 国家环境保护部．土壤环境质量标准（修订）．（GB 15618—2008，征求意见稿）［EB/OL］．［2014-05-08］．http：//www.xishanhuanan.com/uploads/1207270435333533.pdf．

[18] 国家环境保护部．声环境质量标准（GB 3096—2008）［S］．2008.02.29 发布．

[19] 国家环境保护部．建设项目环境影响评价分级审批规定［EB/OL］．［2009-01-16］．http：//www.mep.gov.cn/gkml/hbb/bl/200910/t20091022_174586.htm．

[20] 国家环境保护部．建设项目环境影响评价分类管理目录［EB/OL］．［2008-09-02］．http：//www.mep.gov.cn/gkml/hbb/bl/200910/t20091022_174583.htm．

[21] 国家环保部．环境影响评价技术导则 总纲（HJ 2.1—2011）［EB/OL］．［2011-09-08］．http：//kjs.mep.gov.cn/hjbhbz/bzwb/other/pjjsdz/201109/t20110908_217113.htm．

[22] 国家环保部．环境影响评价技术导则 大气环境（HJ 2.2—2008）［EB/OL］．［2008-12-31］．http：//kjs.mep.gov.cn/hjbhbz/bzwb/other/pjjsdz/200901/t20090105_133276.htm．

[23] 国家环保部．环境影响评价技术导则 地表水环境（HJ/T 2.3—93）［EB/OL］．［1993-09-18］．http：//kjs.mep.gov.cn/hjbhbz/bzwb/other/pjjsdz/199404/t19940401_68474.htm．

[24] 国家环保部．环境影响评价技术导则 地下水环境（HJ 610—2011）［EB/OL］．［2011-02-11］．http：//kjs.mep.gov.cn/hjbhbz/bzwb/other/pjjsdz/201102/t20110216_200855.htm．

[25] 国家环保部．环境影响评价技术导则 声环境（HJ 2.4—2009）［EB/OL］．［2009-12-23］．http：//kjs.mep.gov.cn/hjbhbz/bzwb/other/pjjsdz/201001/t20100107_183907.htm．

[26] 国家环保部．环境影响评价技术导则 生态影响（HJ 19—2011）［EB/OL］．［2009-12-23］．http：//kjs.mep.gov.cn/hjbhbz/bzwb/other/pjjsdz/201104/t20110414_209205.htm．

[27] 国家环保部．开发区区域环境影响评价技术导则（HJ/T 131—2003）［EB/OL］．［2003-08-11］．http：//kjs.mep.gov.cn/hjbhbz/bzwb/other/pjjsdz/200309/t20030901_86687.htm．

[28] 国家环保部．建设项目环境风险影响评价技术导则（HJ/T 169—2004）［EB/OL］．［2003-08-11］．http：//kjs.mep.gov.cn/hjbhbz/bzwb/other/pjjsdz/200412/t20041211_63369.htm．

[29] 中华人民共和国环境保护部．规划环境影响评价技术导则 总纲（HJ 130—2014）．［EB/OL］．［2014-06-04］．http：//kjs.mep.gov.cn/hjbhbz/bzwb/other/pjjsdz/201406/t20140610_276688.htm．

[30] 林盛群，金腊华 编．水污染事件应急处理技术与决策．北京：化学工业出版社，2009．

[31] 金腊华 编著．大学生文化素质教育丛书-生态环境保护概论．广州：暨南大学出版社，2009．

[32] 福建省环境科学研究院 编．宁德市城市总体规划（2011～2030）环境影响篇章（简本）．［EB/OL］．［2014-09-

28］. http：∥www. ndghj. gov. cn/news/tzgg/2014-10-02/526. html.

［33］ 中山大学 编．珠海宝塔石化有限公司烯烃项目一期工程加氢和制氢联合装置技术改造项目环境影响报告书（简本）．［EB/OL］．［2014-11-28］. http：∥www. zhdz. gov. cn/ZWGK/ZWXXGKML/ ZWXXGKML _ QT/HBGS/Article/201411/ 1461293 _ 2014 _ 11 _ 28 _ 16336644. shtml.

［34］ 广州市环境保护科学研究院 编．东南西环市政化—东圃立交改造工程环境影响报告书（简本），［EB/OL］［2014- 06-17］. http：∥www. griep. com. cn/index. php? module＝content&action＝ view&contented ＝1093.

［35］ 广州市环境保护科学研究院 编．从化市环境卫生设施专项规划（2009～2020）环境影响报告书（简本）．［EB/ OL］［2013-11-14］. http：∥www. chcg. gov. cn/show. asp? id＝103&Bid＝1&Sid＝11.